U0389521

NATIONAL PUBLICATION FOUNDATION

聚集诱导发光丛书

唐本忠 总主编

聚集诱导发光之簇发光

袁望章 等 著

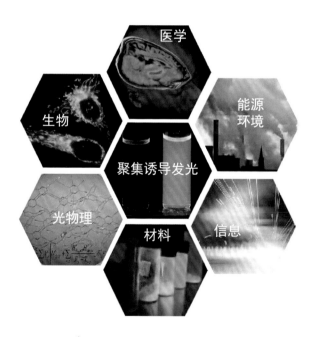

科学出版社

北京

内 容 简 介

本书为"聚集诱导发光丛书"之一。不同于显著大π发光体系,非典型簇发光化合物体系将为发光材料,特别是有机发光材料提供新的内涵,将为聚集诱导发光(AIE)研究提供新的增长方向,将启发人们更加重视聚集态(凝聚态)光物理性质的探索。全书总结了具有 AIE 特性的簇发光体系的最新研究进展,阐述了不同类型的 AIE 型簇发光化合物,包括有机非典型发光化合物簇、金属簇及典型-非典型复合簇,从结构、合成方法、一般性质、发光机理与应用等方面展开论述,并从光物理性质角度阐述了聚合物效应及典型-非典型体系的簇效应,最后对这一领域的未来发展进行了展望。

本书适合有机发光、有机电子学领域及相关领域的科技工作者和研究生参考。

图书在版编目(CIP)数据

聚集诱导发光之簇发光/袁望章等著. —北京:科学出版社,2023.9
(聚集诱导发光丛书/唐本忠总主编)
国家出版基金项目
ISBN 978-7-03-076025-8

Ⅰ. ①聚… Ⅱ. ①袁… Ⅲ. ①光学—研究②光化学—研究 Ⅳ. ①O43②O644.1

中国国家版本馆 CIP 数据核字(2023)第 132352 号

丛书策划:翁靖一
责任编辑:翁靖一 高 微/责任校对:杜子昂
责任印制:师艳茹/封面设计:东方人华

科学出版社 出版
北京东黄城根北街 16 号
邮政编码:100717
http://www.sciencep.com
河北鑫玉鸿程印刷有限责任公司 印刷
科学出版社发行 各地新华书店经销
*
2023 年 9 月第 一 版 开本:B5(720×1000)
2023 年 9 月第一次印刷 印张:22
字数:440 000
定价:198.00 元
(如有印装质量问题,我社负责调换)

聚集诱导发光丛书

编 委 会

◆◆◆ 总　　序 ◆◆◆

　　光是万物之源，对光的利用促进了人类社会文明的进步，对光的系统科学研究"点亮"了高度发达的现代科技。而对发光材料的研究更是现代科技的一块基石，它不仅带来了绚丽多彩的夜色，更为科技发展开辟了新的方向。

　　对发光现象的科学研究有将近两百年的历史，在这一过程中建立了诸多基于分子的光物理理论，同时也开发了一系列高效的发光材料，并将其应用于实际生活当中。最常见的应用有：光电子器件的显示材料，如手机、电脑和电视等显示设备，极大地改变了人们的生活方式；同时发光材料在检测方面也有重要的应用，如基于荧光信号的新型冠状病毒的检测试剂盒、爆炸物的检测、大气中污染物的检测和水体中重金属离子的检测等；在生物医用方向，发光材料也发挥着重要的作用，如细胞和组织的成像，生理过程的荧光示踪等。习近平总书记在2020年科学家座谈会上提出"四个面向"要求，而高性能发光材料的研究在我国面向世界科技前沿和面向人民生命健康方面具有重大的意义，为我国"十四五"规划和2035年远景目标的实现提供源源不断的科技创新源动力。

　　聚集诱导发光是由我国科学家提出的原创基础科学概念，它不仅解决了发光材料领域存在近一百年的聚集导致荧光猝灭的科学难题，同时也由此建立了一个崭新的科学研究领域——聚集体科学。经过二十年的发展，聚集诱导发光从一个基本的科学概念成为了一个重要的学科分支。从基础理论到材料体系再到功能化应用，形成了一个完整的发光材料研究平台。在基础研究方面，聚集诱导发光荣获2017年度国家自然科学奖一等奖，成为中国基础研究原创成果的一张名片，并在世界舞台上大放异彩。目前，全世界有八十多个国家的两千多个团队在从事聚集诱导发光方向的研究，聚集诱导发光也在2013年和2015年被评为化学和材料科学领域的研究前沿。在应用领域，聚集诱导发光材料在指纹显影、细胞成像和病毒检测等方向已实现产业化。在此背景下，撰写一套聚集诱导发光研究方向的丛书，不仅可以对其发展进行一次系统地梳理和总结，促使形成一门更加完善的学科，推动聚集诱导发光的进一步发展，同时可以保持我国在这一领域的国际领先优势。为此，我受科学出版社的邀请，组织了活跃在聚集诱导发光研究一线的十几位优秀科研工作者主持撰写了这套"聚集诱导发光丛书"。丛书内容包括：聚集诱导发光物语、聚集诱导发光机理、聚集诱导发光实验操作技术、力刺激响应聚集诱导发光材料、有机室温磷光材料、聚集诱导发光聚合物、聚集诱导发光之簇发光、手性聚集诱导发光材料、聚集诱导发光之生物学应用、聚集诱导发光之光电器件、聚集诱导荧光分子的自组装、聚集诱导发光之可视化应用、聚集诱导发光之分析化学和聚集诱导发光之环境科学。从机理到体系再到应用，对聚集诱导发光研究进行了全方位的总结和展望。

历经近三年的时间，这套"聚集诱导发光丛书"即将问世。在此我衷心感谢丛书副总主编彭孝军院士、田禾院士、于吉红院士、秦安军教授、王东教授、张浩可研究员和各位丛书编委的积极参与，丛书的顺利出版离不开大家共同的努力和付出。尤其要感谢科学出版社的各级领导和编辑，特别是翁靖一编辑，在丛书策划、备稿和出版阶段给予极大的帮助，积极协调各项事宜，保证了丛书的顺利出版。

材料是当今科技发展和进步的源动力，聚集诱导发光材料作为我国原创性的研究成果，势必为我国科技的发展提供强有力的动力和保障。最后，期待更多有志青年在本丛书的影响下，加入聚集诱导发光研究的队伍当中，推动我国材料科学的进步和发展，实现科技自立自强。

唐本忠

中国科学院院士

发展中国家科学院院士

亚太材料科学院院士

国家自然科学奖一等奖获得者

香港中文大学（深圳）理工学院院长

Aggregate 主编

前 言

聚集诱导发光（AIE）概念自 2001 年由唐本忠院士提出以来，历经 20 多年，无论在机理研究、发光材料种类发展还是技术应用开发等方面，均取得了巨大进步。除众多芳香族 AIE 体系外，最近不含芳（杂）环、单键-重键交替单元等大共轭结构的发光材料也引起了人们的广泛关注。这些体系通常具有浓度增强发光、AIE 特性、激发波长依赖性发射及普遍的磷光甚至超长寿命室温磷光发射。与典型发光体系相比，这些体系通常仅含杂原子（N、O、S、P 等）、双键（C＝C、N＝N）、氰基（CN）等富电子单元。对此类非典型发光化合物的发光现象观察甚至可追溯到几百年前，但对其发光机理的理解却始终困扰着人们。近 20 年来，人们在合成化合物、生物分子等不同非芳香族体系中又偶然发现了类似现象，并重新开始重视起来。针对不同体系，人们提出了氧化、羰基聚集、质子转移等机理，但彼此间缺乏关联，因此不具有普适性。例如，近年来的实验证明早期提出的氧化机理是不正确的。

2012 年，课题组学生在实验室紫外光下观察到大米的明亮蓝光发射。这一缕绚丽的蓝光也正式开启了我们在非典型发光化合物领域的研究。在天然产物（大米、单糖、淀粉、纤维素等）光物理性质研究的基础上，我们提出富电子单元的簇聚及电子云重叠与构象刚硬化导致发光的机理，即簇聚诱导发光（CTE）机理。随后研究显示单纯的构象刚硬化无法使化合物产生有效发射，而"簇生色团"的形成对发光至关重要。CTE 机理可以很好地解释不同非典型发光化合物的光物理行为，并可用来指导新型发光化合物的发现与分子设计。同时，CTE 机理也可扩展至含苯环等的芳香体系。

簇者，从竹也，本义为小竹丛生。其作动词时意为"丛集"或"聚集"，如《史记·独断》有云"律中太簇，言万物始簇而生"；作名词时意为"聚集的团或堆"，如"花团锦簇"。而在化学中，簇通常指尺寸介于简单分子与纳米粒子之间的原子或分子的集合。我们对簇发光体系的描述，正好包含了上述不同的内涵。簇发光源于富电子单元的簇聚及其电子离域扩展与构象刚硬化。本书将着重描述具有 AIE 特性的簇发光材料，聚焦于不含芳（杂）环大共轭单元的有机非典型发光化合物，并在此基础上向芳香体系进行了延伸，同时对金属簇发光体系进行了简单介绍。为满足学生读者的需求，我们结合自己的研究体会，在书的前面两章，对光物理过程的基本知识进行了简单介绍，以期对大家有所帮助。此外，在快速发展的同时，簇发光领域仍面临着诸多挑战，如簇发光体系更清晰的物理图像的获得、更合理可靠的理论计算、最佳发射波长的可控调节、发光效率的提高等。因此，在最后一章，我们尝试对这些挑战进行了讨论。

在本书的撰写过程中，我课题组的同学在材料收集、初稿撰写过程中付出了大量的时间与心血。每周的组会，我们均会花一部分时间来沟通总体思路、各章节素材的选取，并密切关注领域最新研究进展。这样的讨论及每周写作的些许进展使我们信心逐步增强，尤其使我有机会重新审视并反思自己的工作。同时，由于著者水平有限，成书之际，亦诚惶诚恐。书中不足与疏漏在所难免，恳请读者朋友们批评指正。希望本书能够抛砖引玉，使更多学者关注簇发光，促进这一领域更快更好发展，并推动 AIE 研究的进一步蓬勃发展。

至此成书之时，我要感谢我的博士生导师，唐本忠教授、郑强教授和孙景志教授。三位恩师不仅指引了我的学术生涯，更不断给予我鼓励与帮助。他们的言传身教与求是精神始终鞭策和激励着我。特别感谢唐老师提供机会让我们对这一领域进展进行总结。北京师范大学汪辉亮教授参与了第 4 章和第 8 章内容的撰写，青岛大学谭业强教授参与了第 5 章内容的撰写。由衷感谢两位老师百忙之中抽出时间参与本书的撰写。同时，感谢丛书副总主编与编委、科学出版社丛书策划编辑翁靖一等对本书出版的大力支持。

本书的出版也离不开各类项目基金的雪中送炭。在此诚挚地感谢国家自然科学基金委员会（52073172、51822303、51473092、21104044）、上海市科学技术委员会（20ZR1429400、15QA1402500）、上海市教育委员会（20SG11）、青岛大学生物多糖纤维成形与生态纺织国家重点实验室（KF2020107、2017 KFKT01）及上海交通大学在科研基金方面的大力支持，本书的部分研究工作正是在上述基金的支持下完成的。

最后，我要感谢那些一直在背后默默支持与鼓励我的家人、师长、亲友与学生。你们都是我的榜样，是我前行路上的万丈光芒。

袁望章

2023 年 4 月于上海交通大学

目 录

第1章 绪论

1.1 发光概念和历史

1.1.1 发光的基础概念

光是一种客观存在的物质，兼具波动性和粒子性。同时光也是能量的一种形态，能以电磁波的形式由一个物体传播至另一个物体，并在传播过程中无须任何物质作媒介。这种能量的传递方式称为辐射。辐射的形式多种多样，光曾被认为是粒子，也曾被认为是以波动形式传播。经过漫长的争论后人们意识到光的波粒二象性，即从本质上讲，光既是电磁波，也是粒子。光只能传递量子化的能量，且光的传播方向就是波的传播方向。光是一种电磁波，电磁波的波长范围很宽，包含了无线电波、红外辐射、可见光、紫外辐射、X 射线、γ 射线等（图 1-1）。其中，波长范围在 380～780 nm 的电磁波能引起人眼的视觉反应，因而称为可见光。不同波长的光所呈现的颜色各不相同，其对应关系大致如下：紫色（380～440 nm）、靛色（440～485 nm）、蓝色（485～500 nm）、绿色（500～565 nm）、黄色（565～590 nm）、橙色（590～625 nm）及红色（625～780 nm）。由单一波长组成的光称为单色光，但实际上严格的单色光几乎不存在。所有光源产生的光都占据光谱中的一段，不同的是宽窄之分。随着波长增加（频率降低），可见光的颜色逐渐由紫色向红色转换。而波长低于紫色的电磁辐射称为紫外辐射，波长高于红色的辐射部分称为红外辐射。紫外辐射的短波段可以延伸到 10 nm，再短的波段则属于 X 射线、γ 射线的范围；而比红外辐射（1 mm）波长更长的波段属于微波、无线电波和长无线电波的范围。

日常生活中光无处不在。太阳的发光、火焰的发光、白炽灯的发光、手机和计算机屏幕的发光、萤火虫的发光及海洋生物的发光都是我们常见的发光现象（图 1-2），但是其发光类型与原理却不尽相同。最初，人们理解的发光主要是白热光（incandescence），如太阳辐射光和火焰发光，此类发光是从热能中来的，即

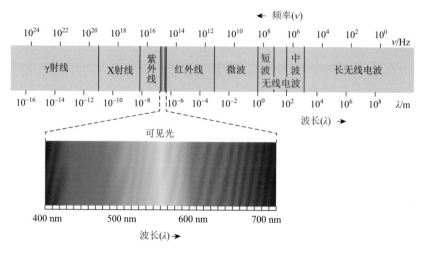

图 1-1 电磁波谱图

图 1-2 生活中的发光现象

源自物质的热辐射。温度在绝对零度以上的任何物体都有热辐射，而温度不够高时物体的辐射波长大多数在红外区，人眼无法看见。随着温度的升高，辐射总功率增大，辐射的光谱分布向短波长方向移动。当物体加热到足够高温度时，热辐射的波长移动至可见光部分，它就开始发出肉眼可见的光。然而本书所讨论的发光与热辐射发光不同。物质（分子、原子、离子或其聚集体等）受到外界能量激发后（如光吸收），其电子发生跃迁导致物质由基态升至激发态。处于激发态的物质在随后返回基态的过程中可能会伴有光辐射的现象，称为发光（luminescence）。换句话说，这种发光是物质不经过热阶段而将其内部吸收的能量直接以光能的形式释放出来的过程。"luminescence"一词来源于拉丁语词根"lumen"（光）。它最初由德国物理学家和科学历史学家 Eilhard Wiedemann 于 1888 年以 "luminescenz" 的名称提出[1]，其最开始用于描述包括白热光等所有发光现象，后来特指激发态电子的非平衡辐射。热辐射是一种平衡辐射，它具有普遍性，基本上只与温度有关而与物质的种类无关。而发光是叠加在热辐射背景上的一种非平衡辐射，只有特定的物质才可以产生发光现象。这种发光不会影响物体的温度，因此也称为冷光（cold light）[2]。发光又不同于其他非平衡辐射，其延续时间比光的振动周期长很多（$\gg 10^{-14}$ s）。而其他如反射、散射、轫致辐射等几乎都是无惯性的，其持续时间与光波振动周期处在同一量级（10^{-14} s）。因此，用辐射时间很容易将发光与其他非平衡辐射区分开来。

发光分类有许多原则，如根据发光物质的化学组成、激发方式、用途等进行分类。其中依据激发方式可将发光分为：

（1）光致发光（photoluminescence，PL）：用外来光激发物体引起的发光现象。其发射波长一般大于激发波长。医用 X 射线机的发光原理就是用 X 射线激发荧光粉，从而产生可见光。

（2）电致发光（electroluminescence，EL）：由电能直接转换为光能的发光现象，过去也称为场致发光。日光灯是电致发光和光致发光的结合：灯中的汞原子由于两电极放电而被激发，汞原子发出的紫外光被管壁上的荧光粉吸收转换成可见光。电视、手机等屏幕的发光也是电致发光。

（3）射线及高能粒子发光（radioluminescence，RL）：由放射性物质激发的发光。早期，钟表或仪表上的发光涂料就是利用放射发光，它们含荧光粉和放射性物质氚或镭。

（4）化学发光（chemiluminescence）：由化学反应引起的发光。某些化学反应，特别是氧化反应释放的能量可以激发电子，如化合物鲁米诺的化学发光。

（5）生物发光（bioluminescence）：在生物体中发生的一种特殊形式的发光现象，如萤火虫、栉水母等的发光。

（6）声致发光（sonoluminescence）：指当液体中的气泡受到高频声波（机械波）的作用时，气泡爆聚并迸发出极短暂亮光的现象。

（7）摩擦发光（triboluminescence）：前缀 "tribo" 来源于希腊语 "tribein"，意为摩擦，是指一些固体在受到机械力作用时的发光现象。例如，酒石酸、蔗糖晶体在研磨时的发光；透明胶带受到撕扯瞬间的发光等。

按激发态激子的类型则可将发光分为：①荧光（fluorescence），由激发单重态（excited singlet state）跃迁至基态的发射；②自由基发光，由激发双重态（excited doublet state）跃迁至基态的发射；③磷光（phosphorescence），由激发三重态（excited triplet state）跃迁至基态的发射。

本书中主要讨论的是通过光致发光来研究物质的荧光和磷光等次级辐射现象。

1.1.2 发光（冷光）的研究历史

　　人们对发光现象的记载早在公元前就有了。《诗经·东山》卷有"町畽鹿场，熠耀宵行"，这是早期人们对萤火虫发光的记载。随后在西汉淮南王刘安主持编纂的《淮南子·说林训》中也有"抽簪招燐，有何为惊"的对静电导致发光的描述。《战国策·楚策一》及《史记·李斯列传》中均有关于"夜光之璧"的记载，同时《史记》还有关于夜明珠的记录，《后汉书·西域传》则有关于"夜光璧""明月珠"的相关记载。这些都是中国早期光与发光现象的记录。同样，在公元前384～前322年古希腊亚里士多德的 *De Anima* 一书中也有关于生物发光的记载。然而，把发光现象作为实验科学研究对象却是从500年前才开始的。1565年，西班牙内科医生兼植物学家 Nicholas Monardes 记录了一种用来治疗肝脏和肾脏疾病的木材 *Lignum nephriticum*[3]，其水浸泡液暴露于光线时可以发出独特的蓝光[4]，图 1-3（a）和（b）很好地还原了这一现象。这是西方学者认为的最早的关于荧光现象的记录材料。在那个时候，这种浸泡液被用于治疗肾脏或者泌尿系统疾病，而其蓝色荧光的根源却难以深入研究。后来随着科技的进步，科研人员解析了这种高效荧光化合物的结构[4-6]。这种物质实际上并不存在于木材 *Lignum nephriticum* 中，而是由树中所含的类黄酮化合物在水和空气中氧化产生的，其反应过程如图 1-3（c）所示。

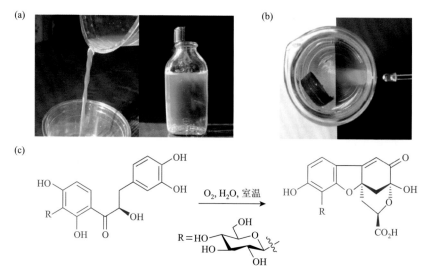

图 1-3　*Lignum nephriticum* 的水浸泡液在阳光下（a）及 **400 nm LED** 灯照射下（b）的发光照片；（c）由 *Lignum nephriticum* 提取物得到发光分子的反应示意图[5]

1602 年，Vincenzo Cascariolo 在意大利博洛尼亚发现博洛尼亚石（Bolognian stone）经烧炼之后的产物可以发光。并且这种天然的重晶石（主要成分是 $BaSO_4$）放在阳光下曝晒后，拿到暗处仍可发光，有时甚至长达数年之久，这是早期关于余辉的报道。后来研究发现，这种显著的长余辉现象可能源于其中的 Cu 和 Bi 等杂质离子[7]。

随后在 19 世纪 20 年代，剑桥大学矿物学教授 Edward Daniel Clarke[8]和法国矿物学家 René Just Haüy[9]先后发现并报道了发光的氟化物晶体——萤石（fluorite），如图 1-4 所示。当时虽不清楚其发光机理，但后来萤石的发光得到了很好的解释[10]：纯的萤石是无色且不发荧光的，但天然萤石中含有很多稀土元素。绿色来源于 Sm^{2+} 对自然光中蓝光和红光的吸收，而紫外线下的深蓝光则是源于 Eu^{2+} 的荧光，其发光能态涉及 7 个未成对电子，因此它们的自旋多重度为 8。Sm 和 Eu 两种元素在萤石中的含量为 10～100 μg/g。

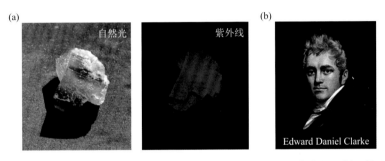

图 1-4　（a）绿色萤石晶体（来自英国 Weardale）在自然光和紫外光照射下的照片；（b）Edward Daniel Clarke 肖像照[2]

1834 年，苏格兰物理学家 David Brewster 爵士在 "On the colours of natural bodies" 中描述了叶绿素的红色荧光[11]。他发现当一束阳光穿过绿色的叶绿素乙醇萃取液后，从侧面可观察到红色光，并认为这种发射与萤石晶体发出的蓝光是相似的。1845 年，John Herschel 爵士配制了硫酸奎宁酸溶液并首次观察到其在 450 nm 光照下的天蓝色荧光[12]。虽然 David Brewster 和 John Herschel 没能详细解释他们发现的荧光现象，但为后来斯托克斯（Stokes）的实验奠定了坚实的基础。

尽管前期人们已经在自然界多种矿物质、植物和动物（如昆虫）中观察到了发光现象，但直到 19 世纪中叶，合成化学和物理学的先驱们才以发光现象、分子组成和分子结构定义了发光。研究人员正式对发光进行系统的科学研究始于 170 多年前。1852 年，英国数学家和物理学家 Stokes 在研究奎宁和叶绿素的荧光时发现，它们的发射波长要比入射光的波长更长。Stokes 首次阐明了这种现象不是光的漫反射，而是由物质吸收光后重新发出不同波长的光，并将其称为荧光[13]。这是"荧光"这一术语的首次提出，它源自首先被观察到这种独特现象的物质——萤石。随后，"荧光"被广泛用于描述某些物质经"紫外辐射"后观察到的发光现象。通常，这些物质吸收一个波长的辐射，并立即以不同的波长（通常更长）进行新的辐射（即发射）。虽然法国物理学家 Edmond Becquerel 早在 1842 年就提出了关于发射光的波长更长的相似结论[2]，但事实上他观察到沉积在纸上硫化钙的发光是磷光，而 Stokes 定义的是荧光。此外，Stokes 还发现了光强度与物质浓度成正比的现象，并对荧光的猝灭和自猝灭现象进行了研究，提出了应用荧光进行定量分析的可能。随后，人们自然地发现了荧光和磷光与传统认知中的白热光不同，它们不需要很高的温度并且也不会放出明显的热量，所以人们称之为"冷光"。科研人员随后又发现了很多违反斯托克斯（Stokes）定律的现象。例如，1871 年 Eugen Lommel 发现用钠火焰的黄光激发萘红溶液时，可检测到微弱的绿光[14]。同样，1886 年 Franz Stenger 发现了荧光素和曙红样品的荧光波长都比其激发波长要短[15]。尽管人们发现了很多反 Stokes 位移的现象，但在当时却没能给出很合理的解释，直到 19 世纪末，著名物理学家 Albert Einstein（阿尔伯特·爱因斯坦）将普朗克量子理论应用于发光及光电效应。他认为分子的运动可提供反 Stokes 定律所需的能量。并且爱因斯坦就此观点和波兰物理学家 Joseph de Kowalski 展开了讨论。Joseph de Kowalski 认为如果这个假设是正确的，那么在更高的温度下 Stokes 定律的偏差应该更大。随后，Joseph de Kowalski 研究了温度对罗丹明发光的影响，证明了爱因斯坦的观点[16]。随着反 Stokes 定律研究的深入，人们发现当分子振动能转化为反 Stokes 的辐射时，周围介质可被冷却。后来科研人员依据这一原理，开发了新型制冷方法——反 Stokes 荧光制冷，即利用发射和激发光子的能量差实现制冷[17]。

在众多科研人员都在争论 Stokes 定律的时候，Edmond Becquerel 将他的研究集中在磷光上。他于 1857 年设计制造了磷光计，并用其测量了各种化合物的磷光衰减时间，甚至可以确定小于 0.1 ms 的磷光寿命[18]。这是第一个时间分辨的光致发光实验，自此带来了发光领域的革命[19]。基于量子理论应用的扩大和检测技术的进步，人们对于发光的研究逐步深入和完善。下面将简述部分科学家在发光相关领域的重要贡献。

法国物理学家 Jean Baptiste Perrin（诺贝尔物理学奖获得者）在 1918 年发现并讨论了溶液在高浓度下发光减弱的问题[20]。随后于 1919 年，德国物理学家 Otto Stern（诺贝尔物理学奖获得者）和 Max Volmer 共同提出荧光猝灭理论（Stern-Volmer 方程），首次探索了发光分子猝灭过程的动力学[21, 22]。

1922 年，Jean Baptiste Perrin 提出了用亚稳态的概念解释热活化延迟荧光（thermally activated delayed fluorescence，TADF）的现象，这也是首次使用能级图来展示分子对光的吸收和发射[23]。1924 年，Jean Baptiste Perrin 的儿子 Francis

Perrin 开始在他父亲的实验室工作并于同年观察到了 α 磷光（E 型延迟荧光）[2]。随后于 1925 年，Jean Baptiste Perrin 正式建立了基于亚稳态概念的 E 型延迟荧光模型[24]。同年，Francis Perrin 又研究了溶液中荧光偏振的黏度相关性[25]，并于 1926 年提出重要的荧光偏振理论[26]。即用偏振光激发荧光分子的过程中，若在激发时分子保持"静止"，则该分子发射的光在固定的平面上也是偏振的；然而，如果分子旋转或者翻转，那么发射光的偏振平面将不同于初始激发光的偏振平面，也就是荧光去偏振现象。同时他还提出了 Perrin 方程，间接测定了溶液中的荧光寿命，并在随后几年中不断完善荧光偏振理论，为后来荧光偏振技术的应用奠定了理论基础。

　　Alexander Jablonski（图 1-5）是著名的波兰物理学家，由于他的卓越贡献被科学界称为荧光光谱学之父。但他的科研历程却颇为曲折。早在 1916 年他便开始在 Kharkov 大学进修原子物理学，而随后的战乱（第一次世界大战）使他不得不停止学业入伍服役，直到 1921 年他才重新回到学校（University of Warsaw），并于 1930 年获得博士学位。随后 Alexander Jablonski 继续留在物理系从事理论与实验工作，专注于光致发光的偏振研究。他总结了前人的理论和经验，详细区分了吸收和发射中的跃迁，并分析了导致发光偏振的各种因素，最终于 1933 年提出了著名的 Jablonski 能级图[27]。该图谱至今一直是科研人员解释荧光、磷光、延迟荧光等动力学过程的重要工具。后来，由于第二次世界大战，Alexander Jablonski 又被迫停止科研工作入伍参战。直到 1946 年，他回到饱受战争摧残的波兰，并当选为 Nicolaus Copernicus 大学物理系主任。在 Alexander Jablonski 的领导下，该系逐步成为世界前沿的原子和分子物理学研究中心，为光学领域的发展做出了重要贡献。

Alexander Jablonski
(1898—1980)

图 1-5　Alexander Jablonski 肖像照及其代表作论文首页[27]

Gilbert Newton Lewis（图 1-6）是美国著名的物理化学家，我们熟知的共价键电子理论和广义酸碱概念（路易斯酸碱）便是由他提出的。Gilbert Newton Lewis 曾 41 次被提名诺贝尔化学奖，但却从未获得。虽然他自己未能得到诺贝尔奖的青睐，但他指导的学生中有 5 位诺贝尔化学奖得主，是名副其实的宗师泰斗。Gilbert Newton Lewis 在发光领域也有重要的贡献。1944 年，他和他指导的最后一位学生 Michael Kasha 证实了三线态跃迁导致磷光的产生[28]。在此之前，人们猜想磷光来源于一个亚稳态电子能级而非一个实在的本征电子能级。尽管两年后 Gilbert Newton Lewis 教授与世长辞，但 Michael Kasha 一直坚持发光机理的研究，并在 1950 年指出对于存在多个激发态的分子，光子仅能由最低激发态发射并以荧光或磷光的形式发射，因此发射光的波长与激发光的波长无关[29]。这便是著名的 Kasha 规则（Kasha's rule），这一规则深化了对荧光（磷光）发射光物理过程的认识。

Gilbert Newton Lewis   Michael Kasha
(1875—1946)   (1920—2013)

图 1-6 **Gilbert Newton Lewis 与 Michael Kasha 肖像照**

1948 年，Theodor Förster 基于经典力学和量子力学方法，提出了完整的偶极-偶极能量转移（dipole-dipole energy transfer）理论，也被称为 Förster 共振能量转移（Förster resonance energy transfer，FRET）理论[30]。它可以理解为当两个分子的振动频率相同且距离较近时，则可能发生能量转移（类似于一个振动的音叉可引起附近另一个具有相同频率音叉振动）。FRET 是一种通过供体-受体之间偶极-偶极相互作用发生的非辐射能量转移过程，其适合分子间距为 1～10 nm 的能量转移。在光激发下，电子激发态的供体能量被转移到基态的受体。当供体和受体都是荧光团时，FRET 也经常被称作"fluorescence resonance energy transfer"，即荧光共振能量转移。然而这种习惯性的称谓是有问题的，因为 FRET 是非辐射能量转移过程，并没有通过荧光转移。依据 FRET 理论，科研人员不仅研发出光谱尺（spectral ruler）——一种依靠荧光信号变化来测量分子间距离的工具，而且还通过 FRET 技术研制出多种荧光探针并广泛应用于蛋白质和基因标记中，为生命科学的发展做出了重要贡献。FRET 理论可以很好地解释很多有机体系中的"敏化荧光"现象，但对于无机固体的"敏化磷光"现象（包括禁阻跃迁转移）却很少涉及，所以拓宽能量转移理论的适用范围也非常重要。1953 年，美国罗切斯特大学物理学教授 David Dexter 提出了电子交换能量转移（electron exchange energy transfer）理论[31]，又被称为 Dexter 能量转移理论。电子交换能量转移是发生在供体和受体分子的电子云相互重叠的能量转移现象，其作用距离小于共振能量转移，为 0.5～1.5 nm。在供体分子同受体分子相互碰撞时（波函数在空间区域相互重叠），处于激发态的供体分子与处于基态的受体分子交换电子，使受体分子变为激发态而供体分子返回基态。这一理论将能量转移范围扩展到包括通过禁阻跃迁的转移，可以很好地解释许多体系的"敏化磷光"现象。

1962 年，日本科学家下村修（Osamu Shimomura）在一种学名为 *Aequorea victoria* 的水螅虫类水母中发现并提纯了可以光致发光的蛋白质[32]（当时称为水母素）——绿色荧光蛋白（green fluorescent protein，GFP），如图 1-7 所示。随后他还研究了钙离子增强这种蛋白质的发光，并于 1963 年在 *Science* 上报道了钙和水母素发光的关系[33]。这一发现启发了学者们用该荧光蛋白来检测钙离子的浓度，使水母素成为第一个具有空间分辨能力的钙离子检测物质。虽然 Osamu Shimomura 是第一位报道荧光蛋白的学者，但他对绿色荧光蛋白的应用前景并不感兴趣。因此直到 20 世纪 90 年代初，科学家才通过克隆技术得到绿色荧光蛋白的 cDNA，并且研究了其表达的氨基酸序列。随后在 1994 年，美国科学家 Martin Chalfie 成功地通过基因重组技术使得除水母以外的其他生物（如 *Escherichia coli*、*Caenorhabditis elegans* 等）也能产生绿色荧光蛋白[34]。这不仅证实了绿色荧光蛋白与活体生物的相容性，还促使科研人员建立了利用绿色荧光蛋白监测基因表达和定位蛋白质的策略（绿色荧光蛋白发光并不需要其他底物或者共同作用因子）。因此在 Martin Chalfie 的研究报道之后，大量的科研人员投入到绿色荧光蛋白的研究中。美籍华裔生物化学家钱永健（Roger Yonchien Tsien）系统地研究了绿色荧光蛋白的工作原理，并用化学方法对其进行改造和修饰，在 1996 年报道了发光效率大大增强的荧光蛋白，并解析得到了单晶结构[35, 36]。随后，Roger Yonchien Tsien 课题组还研发出了红色荧光蛋白[37]、蓝色荧光蛋白[38]、黄色荧光蛋白[39]，极大地拓宽了其应用范围。目前生物实验室普遍使用的荧光蛋白大部分是 Roger Yonchien Tsien 团队改造的变种。因为 Osamu Shimomura、Martin Chalfie 和 Roger Yonchien Tsein 在发现和改造荧光蛋白等方面做出的突出贡献，2008 年他们共同获得了诺贝尔化学奖。

2008年诺贝尔化学奖

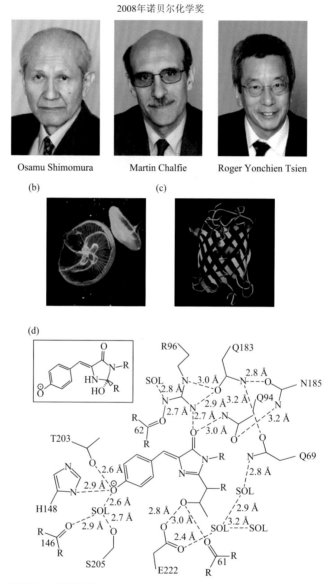

(a)

Osamu Shimomura   Martin Chalfie   Roger Yonchien Tsien

(b)   (c)

(d)

图 1-7 （a）2008 年诺贝尔化学奖得主 Osamu Shimomura、Martin Chalfie 及 Roger Yonchien
Tsien 肖像照；（b）含有 GFP 的 *Aequorea victoria* 水母；（c）GFP 的结构示意图；
（d）GFP 的生色团及其相互作用示意图[36]

19 世纪末，德国科学家 Ernst Karl Abbe 发现了可见光的衍射极限[40,41]，并将
光学显微镜的极限定义为可见光波长的一半，大约 0.2 μm。这意味着科研工作者
用光学显微镜可以分辨单个细胞和细胞器，但却无法分辨如 DNA 和蛋白质等尺
寸更小的物质。尽管后来人们又研制出了理论分辨率为原子尺寸级别的电子显微

镜，但电子显微镜拍摄样品的高真空环境要求及电子束的热效应等问题，致使电子显微镜无法完全适用于观察和拍摄生物样品（尤其是需要保持生物活性的样品）。因此，要想进行分子生物学的研究，就需要着眼于突破光学显微镜的分辨率极限。1989 年，美国斯坦福大学教授 William Esco Moerner 等利用吸收光谱在 4 K 温度下探测到了单个并五苯分子的信号，这是人类首次测量到单个分子的光吸收信号[42]。随后 1992 年，在贝尔实验室工作的美国物理学家 Eric Betzig 一改前人远场光学的思路，设计出了扫描近场光学显微镜（scanning near-field optical microscope）[43]，并于次年通过该显微镜首次捕捉到了单个分子的荧光信号[44]。William Esco Moerner 和 Eric Betzig 的工作都为单分子显微镜（single molecule microscope，SMM）技术打下了基础。单分子显微镜可以将单个分子的荧光打开或者关掉，科研人员可以反复对同一区域进行成像，每次只允许少数分散的几个分子发光，最后将这些图像叠加就可以获得分辨率达到纳米尺度的图像。2006 年，Eric Betzig 首次使用单分子显微镜对溶酶体膜进行观察和拍摄，用实验验证了单分子信号实现超高分辨率成像的设想[45]。在 William Esco Moerner 和 Eric Betzig 建立单分子显微镜技术的同时，德国科学家 Stefan Walter Hell 在 1994 年也提出了打破光学衍射极限的构想[46]，并在 2000 年发明了一种受激发射损耗显微术（stimulated emission depletion microscopy，STED）[47]。STED 技术通过两束激光的共同作用来实现成像。其中一束激光用于激发荧光分子使其发光，另一束激光负责抵消大部分荧光，只留下一块纳米大小的荧光区域。这样，通过逐个区域扫描样品，就可获得分辨率高于阿贝（Abbe）极限的图像。随后 Stefan Walter Hell 不断改进 STED 技术，并于 2006 年展示了 STED 在绿色荧光蛋白上的应用[48]；2008 年，他利用 STED 技术实时观察和拍摄了囊泡的运动[49]；2012 年，他再次利用 STED 技术实现了连续观测活小鼠的神经突触生长过程[50]。他的努力极快地推动了超分辨率荧光显微成像技术的发展与进步。由于 William Esco Moerner、Eric Betzig 和 Stefan Walter Hell 对超高分辨荧光显微技术领域的原创性贡献，三位科学家于 2014 年被授予诺贝尔化学奖（图 1-8）。

2014年诺贝尔化学奖

(a)

Eric Betzig   Stefan Walter Hell   William Esco Moerner

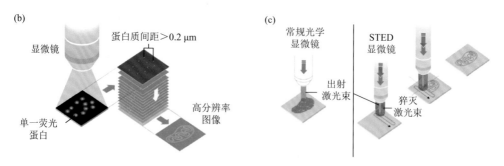

图1-8 （a）2014年诺贝尔化学奖得主 Eric Betzig、Stefan Walter Hell 及 William Esco Moerner 肖像照；（b）SMM 技术示意图[51]；（c）STED 技术示意图[51]

进入21世纪以来，随着众多光学、化学、材料学、物理学、电子学及相关交叉领域科学家们的前赴后继和技术领域的巨大进步，无论是发光新材料开发、发光机理研究，还是发光技术的应用都得到了飞速发展。国内非常多的科研学者在此都做出了重要的贡献。

有机发光二极管（organic light emitting diode，OLED）自被发明以来[52]，由于其具有响应时间短、柔韧轻薄、广色域、色彩艳丽和功耗低等优点，在学术研究和工业领域一直备受关注。OLED 属于电致发光器件，其核心部分是电子和空穴结合产生光子的发光层。根据激子统计（exciton statistics）理论，当电子和空穴复合后会存在四种自旋状态，产生四分之一的单重态激子和四分之三的三重态激子。第一代 OLED 材料由于无法利用三重态激子，其理论激子利用效率限制在25%以内，使得早期 OLED 材料未能在显示技术领域大规模使用。1998年，马於光院士提出利用三重态提高器件效率的概念[53]，首次报道了三重态金属-配体电荷转移（MLCT）激发态电致发光现象［图1-9（a）］。成功将高三重态发光效率的过渡金属 Os(Ⅱ)配合物用作有机电致发光器件的发射层［图1-9（b）］，扩展了有机电致发光器件材料的范围，为提高 EL 效率提供了新的途径。随后，美国 Stephen Forrest 教授课题组以相似的概念开发了 Ir 配合物高效磷光器件材料[54]，由于其优异的性能成为第二代 OLED 发光材料。除了利用三重态激子发射的磷光材料提高器件效率外，科研人员还重点关注如何提高单重态激子的形成比例（X_s）。1999年，曹镛院士首次报道了单重态激子比例大于25%（约50%）的聚对苯撑乙烯（PPV）荧光器件[55]，并提出小的激子束缚能或大的单重态激子生成截面可能是导致自旋统计失效、X_s 大于25%的原因。2000年，Friend 教授课题组也报道了 X_s 大于25%的共轭聚合物器件[56]。同年，帅志刚教授根据曹镛院士和 Friend 教授的研究，通过计算电荷转移（charge-transfer，CT）过程中 PPV 单重态和三重态激子的形成截面比，发现了键-电荷（bond-charge）效应对单重态和三重态激子的形成概率的影响，提出 CT 过渡态模型，用以解释自旋态在该过程的选择性[57]。

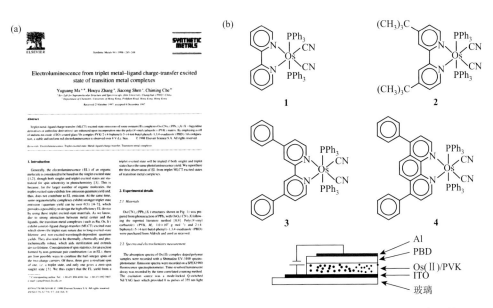

图 1-9 （a）马於光院士报道磷光器件论文首页；（b）Os(Ⅱ)配合物分子结构及其 EL 器件示意图[53]

除了 PPV 为代表的共轭聚合物材料外，TADF 材料也可以有效提高 X_s 以突破传统激子利用极限。2009 年，Adachi 教授课题组利用锡卟啉化合物首次报道了电激发下的 TADF 现象[58]。2012 年，Adachi 教授课题组[59,60]展示了一种通过电子供体和受体的 CT 态实现高效 TADF 的策略，使单重态激子比例高达 85%，而这一策略的理论内量子效率甚至可达 100%。随后，Adachi 教授课题组不断优化分子结构设计，取得众多突破和进展[61-63]，实现了接近磷光器件效率的高效 TADF 器件，TADF 材料因此也被誉为第三代电致发光材料。然而，早期的 TADF 材料存在一些问题。由于大部分 TADF 分子具有强 CT 特性，其最低激发单重态 S_1 和最低激发三重态 T_1 能隙很小 [图 1-10（a）]，虽然实现了很高的 T_1 到 S_1 转化率，但降低了 S_1 的辐射跃迁速率，所以不易兼具高 X_s 和高荧光发射效率。并且在高电流密度下，处于 T_1 激子的累积导致较为严重的效率滚降问题[64]。同阶段，马於光院士课题组基于多年 CT 态材料研究提出了杂化局域-电荷转移（hybridized local and charge-transfer，HLCT）激发态[65,66]和热激子（hot-exciton）策略[67]，从理论上有望解决 TADF 机理的问题 [图 1-10（b）]。其设计思路为制备兼具 CT 态和局域激发（locally-excited，LE）态特性的激子束缚能适中的材料[66]。分子体系中的供体（donor）和受体（acceptor）相互作用适中，使其虽具有 CT 态特征但最低激发单重态 S_1 不是 CT 态而是 LE 态，即具有杂化激发态。并且 T_1 和高能激发三重态的能隙较大，CT 态激子在高能激发态进行反系间窜越过程（热激子过程），而辐射发光来源于 LE 态激子。因此，HLCT 材料的热激子策略在理论上既可以实现兼具高 X_s 和高荧光发射效率，又可以解决 T_1 激子积累导致的效率滚降问题，为新一代电致发光材料的发展做出了重要贡献［图 1-10（c）］。

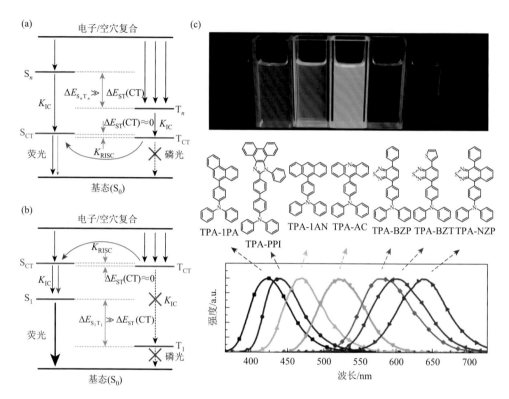

图 1-10 （a）TADF 过程能级图；（b）"热激子"过程能级图；（c）一系列基于"热激子"原理的发射照片、分子结构和光谱展示[68]

不同于上述传统闭壳分子电致发光，2015 年李峰教授团队首次报道了自由基发光的 OLED 器件[69]，提出了双重态电致发光理论（图 1-11）。发光自由基材料和上述三代电致发光材料最大的不同在于稳定自由基分子属于开壳分子体系，其基态和第一激发态都具有双重态的特征，在电激发下生成双重态激子的辐射跃迁都是自旋允许，因此从理论上讲其内量子效率也可以达到 100%[70]。基于双重态电致发光理论，李峰教授课题组随后又陆续开发出高效的黄光、橙光、红光和近红外自由基发光材料，其自由基掺杂薄膜制备的 OLED 器件最大外量子效率达到 27%[71]，其内量子效率已接近 100% 的理论上限。鉴于其独特的 EL 材料设计理念和优异的发光性能，双重态发光材料具有很高的学术价值和深远的实际意义，为新一代电致发光材料的开发提供新颖的视角。

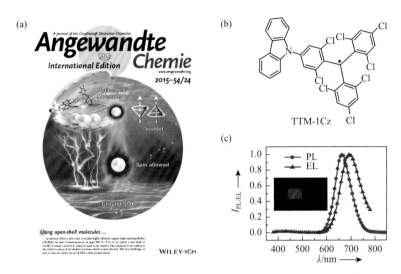

图 1-11 （a）首次报道自由基的双重态电致发光期刊封面；（b）发光自由基分子 TTM-1Cz 结构；（c）TTM-1Cz 掺杂薄膜的 PL 光谱及其 OLED 器件的 EL 光谱[69]

　　通常，有机单发射荧光团一般具有较小的 Stokes 位移的发射，然而有些化合物由于基态和激发态的结构、构象和电子排布等的明显差异，使其具有较大的 Stokes 位移、多重发射等光物理特性[72]。研究这类特殊的化合物对于理解有机发光材料的激发态结构、电子传输性质及机械运动-光信号转换都具有深刻的意义。2015 年，田禾院士团队[73, 74]报道了 N, N'-二取代-二氢二苯并[a, c]吩嗪（DPAC）类化合物的大 Stokes 位移和蓝光、红光双发射的特性，并在深入研究其马鞍形结构和发射的关系后提出了"振动诱导发光"（vibration induced emission，VIE）机理[74]。DPAC 类分子在激发态下分子振动会导致平面化，使其发光行为能够对环境改变做出相应的变化。随后，田禾院士团队围绕该类分子的基态/激发态结构和构型依赖的特性，进行了一系列构效关系的探索[75-78]，并展示了 VIE 分子在荧光探针[79]、分子尺[80]、光电导[81]和动态发光材料[72]等方面的应用，为光诱导智能材料的设计和动态化学理论研究做出了重要的贡献。

　　传统有机发光化合物通常具有刚性大共轭结构，其在稀溶液中发光很好，但在高浓度溶液或在聚集态（如纳米粒子、胶束、固体薄膜、粉末、晶体等）下发光变弱甚至完全消失，其现象如图 1-12（a）所示。这便是常见的浓度猝灭和聚集导致猝灭（aggregation-caused quenching，ACQ）现象[82]。为克服 ACQ 问题，人们采用化学、物理或工程的方法（如引入大位阻的非芳香环状化合物或脂肪链修饰、掺杂等）来降低分子间聚集，减少激子间相互作用，从而抑制有机发光体的 ACQ 效应。然而其效果并不理想，分子聚集常常只是部分或暂时被抑制，而在很多情况下，单分子原本优异的光学性能也在修饰中大打折扣。从物理化学的焓熵角度看，有机化合物在固态下的聚集行为是一个自发过程，刻意抑制分子聚集并不能从根本上解决 ACQ 问题。

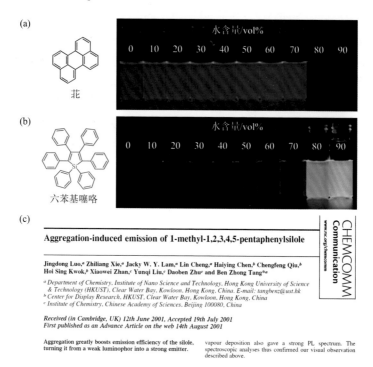

(a)

花

(b)

六苯基噻咯

(c)

Aggregation-induced emission of 1-methyl-1,2,3,4,5-pentaphenylsilole

CHEMCOMM
Communication
www.rsc.org/chemcomm

Jingdong Luo,[a] Zhiliang Xie,[a] Jacky W. Y. Lam,[a] Lin Cheng,[a] Haiying Chen,[b] Chengfeng Qiu,[b]
Hoi Sing Kwok,[b] Xiaowei Zhan,[c] Yunqi Liu,[c] Daoben Zhu[c] and Ben Zhong Tang[*a]

[a] Department of Chemistry, Institute of Nano Science and Technology, Hong Kong University of Science & Technology (HKUST), Clear Water Bay, Kowloon, Hong Kong, China. E-mail: tangbenz@ust.hk
[b] Center for Display Research, HKUST, Clear Water Bay, Kowloon, Hong Kong, China
[c] Institute of Chemistry, Chinese Academy of Sciences, Beijing 100080, China

Received (in Cambridge, UK) 12th June 2001, Accepted 19th July 2001
First published as an Advance Article on the web 14th August 2001

Aggregation greatly boosts emission efficiency of the silole, turning it from a weak luminophor into a strong emitter.

vapour deposition also gave a strong PL spectrum. The spectroscopic analyses thus confirmed our visual observation described above.

图 1-12 （a）花分子在四氢呋喃/水（THF/H$_2$O）中的 ACQ 现象；（b）六苯基噻咯分子在 THF/H$_2$O 中的 AIE 现象[94]；（c）AIE 首次报道论文首页[83]

vol%表示体积分数

    2001 年，香港科技大学唐本忠院士团队偶然发现一种噻咯衍生物——1-甲基-1,2,3,4,5-五苯基噻咯在薄层层析板（TLC）上不发光，但随着溶剂的挥发，荧光从无到有且逐渐增强[83]。同样，六苯基噻咯也呈现类似性质。当这类分子溶解于良溶剂时，在紫外光激发下几乎不发光，而在加入水等不良溶剂生成纳米聚集体后，可发出强烈的荧光 [图 1-12（b）]。这与 ACQ 现象正好相反。据此，唐本忠院士课题组提出了聚集诱导发光（aggregation-induced emission，AIE）的新概念，并在此基础上进行了一系列深入研究。AIE 概念的提出为解决 ACQ 问题提供了一条坦途。经过 20 余年的发展，AIE 材料在光电器件、化学传感、生物检测和成像、疾病诊疗、过程监控与可视化等领域展现出巨大潜力，在材料开发、机理研究与高科技应用方面取得了巨大成就。同时，AIE 逐渐成为研究聚集体科学的平台，很多优秀的学术成果不断在这个平台上涌现。例如，AIE 材料因在固态下的高效发射使其成为研究力致发光变色理想的工具。力致发光材料是一类重要的智能材料。早期，依赖于物理分子堆积模式变化的有机荧光变色材料非常罕见，因为传统有机发光化合物的 ACQ 效应导致其在聚集态下发光非常微弱，以至于难以观察到明显的发光变色现象[84]。从 2011 年开始，池振国教授团队陆续报道了多种具有力致发光变色的 AIE 化合物[84-87]，发现力致发光变色是许多 AIE 化合物的共性，提出压致荧光变色聚集诱导发光（piezofluorochromic aggregation-induced emission，PAIE）并探索了该类化合物的构效关系，这些研究为力致发光变色材料的设计合成提供了理论基础和较为普适的策略。在前期探索的基础上，池振国教授团队于 2015 年首次报道了聚集诱导热活化延迟荧光（AIE-TADF）材料的力致发光现象[88]。随后，他们又于 2017 年和 2018 年分别报道了纯有机磷光材料的力致发光[89, 90]和力致长余辉发光现象[91]。近年来，池振国教授团队又提出主客体激子转移、极性分子转子掺杂氢键有机框架（HOFs）[92]等力致发光材料的设计策略[93]，为力致发光智能材料领域的发展注入了活力。

近年来，AIE 不断与材料学、生物学、能源和环境等其他研究领域进行整合，为这些领域注入了新的活力。可以预期，未来 AIE 将会在基础理论研究与应用方面取得更多重要突破。

1.2 有机发光化合物概述

具有光致发光性质的有机发光材料在照明器件、痕量物质传感检测、紫外防伪染料、原位（in situ）细胞与组织成像、智能探针系统及有机发光二极管等方面有着极其广泛的应用[95-100]。相比经典的无机发光材料（主要是基于稀土元素的化合物）和金属基发光材料，有机发光材料具有成本低廉、易于合成与设计的优点，因而得到研究者的广泛关注。典型有机发光材料，无论 ACQ 型或 AIE 型，一般以芳香环（简称芳环）、芳香杂环（简称芳杂环）或重复单键-重键单元为发射中心，具有显著的大共轭结构。传统 ACQ 材料通常具有平面刚性结构，在溶液中以单分子状态溶解时，具有良好的荧光发射能力。AIE 材料克服了传统发光材料的 ACQ 性质，更适合在聚集态或固态使用。因其特殊的光物理性质和广阔的应用前景，AIE 材料成为近年来研究者关注的热门话题。

目前，除经典芳香发光化合物外，越来越多不含典型生色团（即非典型生色团）的发光化合物见诸报道。越来越多的实验数据证明这些发光是体系的本征发光，而非源自体系中可能含有的微量未知杂质。非典型发光化合物不仅增加了新的有机发光物质种类，而且更新了人们对有机发光材料的认识。值得注意的是，非典型发光化合物通常表现出浓度增强发光和 AIE 性质。即其稀溶液发光微弱甚至完全不发光，但随浓度增大，其发光逐步增强；在纳米聚集体或固体状态时，也呈现明显发光。非典型发光化合物因其制备方法简单、生物相容性好、毒性低、环境友好等优点而受到广泛关注，其在生物细胞成像、药物递送、防伪标识、信息存储与保密、离子与炸药检测等方面具有重要应用前景。从含有氨基的树枝状聚酰胺-胺（polyamide amine，PAMAM）到聚乙烯亚胺（PEI）和聚丙烯亚胺（PPI），科研人员认为氨基特别是三级叔氨基是其发光中心形成的重要原因。随着研究的逐步深入，其他研究者认为羰基、羟基、氰基和（硫）醚等富电子单元也是非典型发光化合物发光的重要原因。针对不同体系，研究者提出各种各样的研究机理，但目前仍未达成最终统一，具体情况将在后续章节详细讨论。

1.2.1　有机发光化合物的分类

有机发光化合物按其不同的单分子与聚集体发光行为，可分为聚集导致猝灭（ACQ）化合物和聚集增强发光（aggregation-enhanced emission，AEE）/聚集诱导发光（AIE）化合物。前者自 20 世纪 50 年代以来被广泛研究[101]，成为教科书中关于有机化合物光物理性质的广泛认知；而后者则在 21 世纪初才被系统性地研究与总结，成为近 20 年的研究热点之一。按照有机化合物光致发光所经历的光物理过程来分类，可分为荧光材料、磷光材料、自由基发光材料等，其中以荧光材料最为常见。近年来，纯有机室温磷光（room-temperature phosphorescence，RTP）和自由基发光材料与机理的研究也不断深入，成为有机发光材料的研究热点。

1.2.2　传统 ACQ 型有机发光化合物

传统荧光生色团多为具有大 π 共轭结构的刚性平面分子，在稀溶液（单分子状态）中有很高的荧光量子效率，但在聚集态下荧光强度减弱甚至完全猝灭，即发生了 ACQ。其主要原因是聚集态中分子间的相互作用导致激子非辐射能量转换或形成了不利于荧光发射的新物种。值得注意的是，固态化合物发光与其分子排列方式密切相关。一般而言，H 聚集体易于形成强的分子间 π-π 相互作用，形成不利于发光的激基缔合物[102, 103]。尤其当这些芳香化合物含有大平面盘状/平面棒状的芳环（带）时，π-π 堆积会更强烈。这种聚集体的激子通常会通过非辐射衰变或松弛回到基态，导致发光体的发射猝灭。而 J 聚集[104]、X 聚集[105, 106]和 M 聚集[107]则可获得相对较高的固态发光效率。同时，高浓度溶液也可能产生内滤效应（inner filter effect），使部分荧光分子不能够被完全激发，或由于激发谱与发射谱交叠，光发射被自身吸收，从而导致荧光强度下降，呈现浓度猝灭发光效应。上面所提到的芘分子即为典型的 ACQ 分子，其 THF 稀溶液发射出明亮的蓝光，但随着不良溶剂 H_2O 的加入，其在 THF/H_2O 混合液中发光强度不断减弱直至不发光 [图 1-12（a）]。经典荧光染料如荧光素和罗丹明的固体粉末几乎不发光，也是由于激子在固态的强相互作用导致了 ACQ 现象的出现。

实际应用中，如 OLED 显示与照明、生物影像、有机激光等，往往需要发光材料在聚集态或固态使用。以往，研究者主要通过分散荧光发射体，以得到在单分子状态的高效发光材料。化学结构修饰、物理共混或掺杂、晶体工程等方法都被尝试用来降低分子间的聚集，从而抑制经典有机发光体的 ACQ 效应[94]。但这些方法往往需要复杂的分子设计，合成路线及后处理耗时费力，从而使生产难度大、制备成本高昂，因此不利于大规模工业化生产。这一缺陷使得 ACQ 材料的发展受到严重制约。并且在这些体系中，分子的聚集常常只是部分或暂时被抑制，在其结构和状态被改变时，发光体依然会重新聚集。甚至在很多情况下，原本优异的光学性能（高量子效率等）也在修饰后被大打折扣，丧失了其优势所在。因此，刻意抑制分子聚集或者进行结构修饰，并不能从根本上解决常见有机发光材料的 ACQ 问题。

1.2.3 新型聚集诱导发光化合物

随着越来越多的有机发光体系被研究报道，科研人员逐渐发现 ACQ 现象并不是有机发光分子聚集时唯一可能的光物理现象。以往对于有机发光体 ACQ 现象的认识存在一定的片面性和局限性。2001 年，唐本忠院士课题组报道了 1-甲基-1, 2, 3, 4, 5-五苯基噻咯在四氢呋喃（良溶剂）中几乎不发光，但随着向其中加入水（不良溶剂）的含量逐渐增加，其发光强度逐渐增强。当水含量达到 80% 以上时，该体系发出明亮的绿色荧光 [图 1-12（b）]。更令人惊讶的是，该化合物在纯的固体粉末和晶体状态下也有着明亮的荧光发射。这与早前广泛报道的传统有机发光化合物的 ACQ 现象相反，唐本忠院士团队把这种现象命名为聚集诱导发光（AIE）现象[83]。

分子内运动受限（restriction of intramolecular motions，RIM）机理被广泛接受作为 AIE 分子发光机理的普适解释 [图 1-13（a）]。其中，根据运动模式的不同，RIM 还可以细分成两种受限机理：分子内转动受限（restriction of intramolecular rotation，RIR）和分子内振动受限（restriction of intramolecular vibration，RIV）。AIE 有机发光材料大多数具有高度扭曲的分子结构。当其处于聚集态时，空间受限及分子间相互作用（氢键、范德华力等）使分子内旋转位垒增加，分子内转动与振动受阻，非辐射跃迁受到抑制而辐射跃迁概率增加，因此量子效率提高，从而产生显著的发光现象。然而，随着研究的深入，人们逐渐发现并非所有运动都会导致发光猝灭。近年来，科研人员进行了大量实验和理论计算研究，从而确定了导致非辐射跃迁的关键分子运动形式，并从量子化学角度阐明 AIE 发光化合物的激发态失活途径。唐本忠院士团队在以往的理论基础上，建立了更多不同的分子运动模型来揭示 RIM 机理的内涵[108]，并将其主要分为如下四个种类。

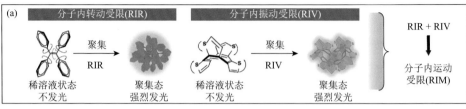

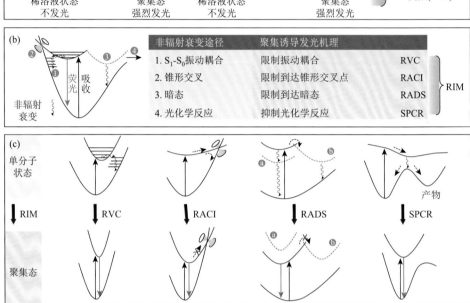

图 1-13 （a）聚集诱导发光机理：RIM 机理，包括 RIR 和/或 RIV；（b）通过阻断各种非辐射途径激活 RIM；（c）发光分子分别在单分子和聚集态下的非辐射和辐射过程的势能面展示[108]

第一种情况，对于分子热运动十分活跃的 AIE 体系，由第一激发单重态（S_1）和基态（S_0）振动耦合引起的内转换（internal conversion，IC）通常十分迅速且远超过荧光发射的速率。例如，AIE 化合物 **1** 会在激发时发生苯环扭转和双键扭曲 [图 1-14（a）]，这使得 S_1 和 S_0 之间有很强的振动相互作用[109]。然而，由于聚集体中 RIM 效应的存在，其聚集体的势能面变得尖锐和陡峭。因此，分子中原子核由于小规模的运动导致的位置变化，都可能会引起巨大的势能提升。在聚集态下，S_1 和 S_0 中的振动模式较少，并且它们的波函数重叠效果较差[110]。因此，由于 S_1-S_0 振动耦合的限制（RVC），AIE 化合物 **1** 在聚集态下能够发光 [图 1-13（c）]。

第二种情况，许多处于激发态的 AIE 分子，由于其分子结构容易产生形变，因而会经历快速且剧烈的分子运动，导致迅速弛豫到锥形交叉点（CI）。其中 S_1 和 S_0 会产生能级简并，振动相互作用的幅度接近无穷大，激子几乎全部通过非辐射衰减回到基态。然而，导致 CI 几何形状的分子运动 [如图 1-14（b）中所示的

AIE 化合物 **2~4** 的分子运动[111-113] 可以在聚集时受到显著限制。所以聚集可以限制 AIE 分子达到锥形交叉点（RACI）[图 1-13（c）]，从而产生有效发射。

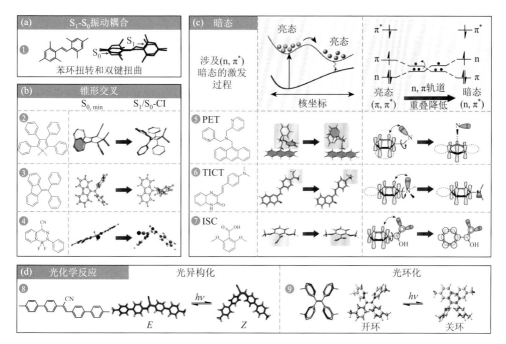

图 1-14 激发态分子运动导致不同非辐射途径的示例[108]

（a）S$_1$-S$_0$ 振动耦合；（b）锥形交叉；（c）暗态和亮态；（d）光化学反应

第三种情况，因为跃迁模式的不同 [如（π，π*）、（n，π*）、（n，σ*）、（π，σ*）]、跃迁轨道空间重叠的差异 [如局域激发（LE）态或电荷转移（CT）态]、自旋多重态的不同（如单重态或三重态）和跃迁对称性的不同（如对称性允许或对称性禁止），有机发光分子的激发态具有不同的特征。一些激发态表现出较小的摩尔吸收率和振子强度，因此导致其具有较低的跃迁概率及比辐射衰减大得多的非辐射衰减常数（$k_{nr} \gg k_r$）。这些类型的激发态有利于非辐射跃迁，因此被定义为暗态。（n，π*）跃迁、CT 态、三重态和对称禁阻跃迁属于荧光的暗态，相应地，（π，π*）跃迁、LE 态、单重态和对称允许跃迁称为亮态。以含杂原子的 AIE 化合物 **5~7** 为例，它们在溶液态的微弱荧光分别归因于光致电子转移（PET）、扭曲分子内电荷转移（twisted intramolecular charge transfer，TICT）和系间窜越（inter-system crossing，ISC）[108, 114, 115]。然而这些光物理过程可统一归属为（n，π*）暗态的猝灭效应。分子中含孤对电子部分的扭曲可调节 n 轨道和 π 平面之间的重叠程度，从而导致 n-π 轨道排序反转，以及（π，π*）亮态向（n，π*）暗态的转变 [图 1-14（c）]。

然而在聚集态下，导致暗态的分子运动受限或暗态的能量升高，使得 AIE 分子在动力学或热力学上难以达到暗态。因此，由于聚集态分子进入暗态的限制（RADS），聚集体更容易进行有效发射。

第四种情况，除了光物理衰变途径外，处于激发态的 AIE 分子可能会发生光化学反应，如光异构化和光环化 [图 1-14（d）]。在被激发后，部分 AIE 分子（如 **8** 和 **9**）会发生构象变化，从而达到反应物和产物之间的"分水岭"，如图 1-13（c）所示。由于强振动耦合或锥形交叉点的存在，此时非辐射衰变占据主导地位[116]。因为光化学反应产物可能是不发光的，所以无法观察到发射。然而在聚集体中，分子运动的限制可以抑制光化学反应（SPCR），有效地避免发射被猝灭。上述四种分类通过示意图和示例总结了与不同非辐射路径相关的机理模型，从而揭示了 RIM 机理更深层次的内涵。

以唐本忠院士为代表的科研人员对 AIE 机理进行了系统研究，有效指导了越来越多具有 AIE 性质的新型发光化合物的合成与发现，并从理论上克服了有机发光化合物的 ACQ 难题，从而极大地拓展了有机发光材料的应用范围。除此之外，AIE 的贡献还不止于此。近年来，越来越多不含芳香基团的发光化合物被报道。这些缺乏典型生色团的化合物在稀溶液状态下不发光，但在浓溶液、纳米悬浮液、薄膜和固体粉末等聚集态下可呈现显著的可见光发射。这些新型 AIE 体系的出现，激发了人们对其发光过程与机理的进一步探索。

1.2.4 非典型发光化合物

近年来，一些不含传统发光基团的化合物被报道也具有本征发光现象，这引起了研究者的极大关注。这些非典型发光化合物一般包括小分子、高分子和超分子聚合物，可以是天然产物、生物分子，也可以是人工合成化合物。其结构一般含有氮（N）、氧（O）、硫（S）、磷（P）等杂原子，包括氨基（—NH_2）、酰胺基（NHCO）、磷酸酯基、氨酯基（NHCOO）、硫醚（—S—）、亚砜（S=O）、砜基（O=S=O）、氰基（C≡N）、双键（C=C、C=N、N=N 等）和羟基（—OH）、醚（—O—）等[117]。与典型发光化合物相比，此类化合物通常具有合成便捷、结构可调、水溶性好、生物毒性小等优点，在绿色发光材料和生物应用等方面具有很好的应用前景。同时，非典型发光化合物发光机理的研究对理解体系中电子的相互作用、研究光物理过程及开发新型发光材料等具有重要意义。正是由于非典型发光化合物具有重要的理论研究价值和广泛的实际应用前景，许多学者开始关注并探索这一领域。

尽管非典型发光化合物领域正在不断取得进步，但由于非典型生色团的多样性和化合物发光行为的复杂性，人们对其发光机理的认识尚未达成统一。针对不同体系，研究者提出了各式各样的发光机理[117]，如氧化、羰基聚集、氢键的形成与电子离域、拓扑结构与端基的影响等，但彼此之间缺乏相互关联。特别地，即便对于同一体系，人们的认识也不相同，发光机理认识的局限性极大地束缚了非典型发光化合物的发展。此外，尽管合成化合物和生物体系的发光在早前均有报道，但多由化学家和生物学家（或生物物理学家）偶然发现。这两个领域均发现了相似的现象，但缺乏相互关联。

因此，探究不同体系的共同特征并建立其背后的关联，对进一步阐明非典型发光化合物的发光机理至关重要。基于这一目的，前期笔者课题组研究了不同体系的发光现象，探寻了各个体系的特征，提出了"簇聚诱导发光"（clustering-triggered emission，CTE）机理[118]。CTE 机理能很好地解释目前报道的非典型发光化合物，可以初步指导发现和设计新的发光体系。CTE 化合物通常具有 AIE 的性质，是 AIE 化合物的一个新类别。本书后续章节将对这一机理加以详细的说明与展示。

1.2.5　纯有机室温磷光化合物

近年来，纯有机室温磷光（RTP）材料因其重要的理论研究价值及其在有机发光二极管、信息防伪加密、化学/生物传感、生物影像等领域的广泛应用前景而备受关注[119-122]。相比于传统无机或有机金属络合物 RTP 材料，纯有机 RTP 材料无论在制备成本、加工性能还是结构设计等方面都具有明显优势。一般情况下，纯有机化合物单重态-三重态间的电子跃迁是禁阻的。虽然可以通过增强自旋-轨道耦合（spin-orbit coupling，SOC）使 ISC 过程更容易发生，从而产生更多的三重态激子，但三重态激子对分子运动、水分、氧气等高度敏感，易通过分子热运动、水分和/或氧气猝灭等方式耗散能量，因此在敞开的室温环境下实现高效纯有机化合物 RTP 发射存在较大困难，致使以往纯有机化合物的磷光研究通常需在低温和无氧条件下进行。2007～2009 年，笔者在浙江大学和香港科技大学唐本忠院士课题组学习期间发现二苯甲酮及其衍生物、对溴联苯等纯有机化合物，在室温条件下，其溶液和无定形态均不发光，但晶体却呈现高效 RTP 发射。一方面，晶体中有效的分子间相互作用限制了分子运动，使其构象刚硬化；另一方面，其晶格也阻隔了外部水、氧气等猝灭剂的渗透，从而使纯有机化合物晶体能够产生 RTP 发射。这一现象被称为结晶诱导磷光（crystallization-induced phosphorescence，CIP）[123]。CIP 现象的发现为获得纯有机 RTP 化合物提供了晶体工程方法，其本质是化合物的构象刚硬化与猝灭剂阻隔。随后，许多纯有机 RTP 晶体体系被报道[124-127]。值得注意的是，通过构筑有效的分子间相互作用，许多无定形和聚合物纯有机 RTP 体系也不断被开发出来[128-130]。

更进一步，如果撤出激发光源后，仍能观测到较强信号的 RTP 发射，这种超长寿命室温磷光（persistent room temperature phosphorescence，p-RTP）将更有利于化合物在生物影像、传感、防伪、保密等领域的应用，但其获得也更具有挑战性。要实现纯有机 p-RTP，需增强 ISC 并有效稳定三重态激子。目前，科研人员主要通过在化合物中引入羰基、杂原子或重原子（如氯、溴、碘）来增强 SOC 作用，从而促进 ISC 过程以产生三重态激子。另外，通过结晶[124, 131]、主客体掺杂[132-135]、空间电子相互作用[136]及分子间相互作用[137]等方式稳定三重态激子，抑制非辐射跃迁，使其在室温条件下以辐射跃迁方式回到基态，实现 p-RTP 发射。基于 CIP，利用晶体密堆积与有效分子间相互作用实现构象刚硬化，同时利用晶格对水、氧气等猝灭剂进行有效阻隔的晶体工程，是目前实现纯有机 p-RTP 的有效手段[123]。黄维院士课题组研究了结晶化合物的分子聚集态与 RTP 性质之间的关系[138]。结果表明，分子排列形成 H 聚集体后，有利于促进 ISC 及三重态激子的产生，同时，H 聚集体有利于稳定三重态激子并产生能级更低、更稳定的陷阱态，实现了 p-RTP 发射。Hirata 教授团队则采用主客体掺杂的方法，即在刚性基质中掺杂少量发光客体化合物，通过抑制客体分子运动获得 p-RTP 发射[135, 139]。研究者使用刚性甾族化合物作为主体分子，掺杂氘代的客体分子。主客体相互作用一方面阻止了氧气的渗入，另一方面使客体分子构象刚硬化，从而获得了 p-RTP 发射。类似地，董宇平教授等报道了一种基于分子间电子供体-受体（D-A）相互作用的主客体掺杂体系[113, 140-142]。主客体分子间存在强烈的电荷转移作用，有利于降低体系的单重态-三重态能级差（ΔE_{ST}）以促进 ISC 过程。结合主客体相互作用产生的构象刚硬化，最终实现了高效 p-RTP 发射。此外，王悦教授等通过将磷光发射种 N-苯基-2-萘胺掺杂到 4,4-二溴联苯的晶体中，开发了一种高效纯有机 p-RTP 材料体系[143]。随后，王悦教授课题组还利用 4,4′-二溴联苯酰弹性弯曲和塑性弯曲之间不可逆转换及 RTP 特性，成功制备了具有可弯曲光波导的 RTP 晶体[144]。

除传统含大 π 共轭结构的化合物可产生 p-RTP 外，非典型发光化合物也能产生 p-RTP，其 p-RTP 现象同样可由 CTE 机理予以合理解释[145]。非典型发光化合物结构中往往存在富含孤对电子（n 电子）的杂原子或基团，使其具有较大的 SOC 常数，从而有利于 ISC 过程。特别地，非典型生色团的簇聚和随之产生的空间共轭不仅使能带展宽、能隙降低，而且还产生了不同的发射种。在有效的分子内与分子间相互作用下，不同"簇生色团"构象刚硬化，从而在不同激发波长下展现出颜色可调的 p-RTP 发射。此部分内容将在后续章节予以详细介绍。

目前，尽管纯有机 p-RTP 领域取得了许多重要进展，但仍然存在诸多问题。首先，p-RTP 产生的机理尚存争议。人们提出了结晶导致的构象刚硬化与猝灭剂阻隔[123]、H 聚集[138]、n-π* 电子相互作用[146]、杂质论[147]等不同猜想。其次，有机

RTP 化合物的磷光量子效率往往较低，通常无法兼顾高效与长寿命。最后，纯有机 p-RTP 发射波长的可调范围仍存在限制，特别是实现近红外波长的 p-RTP 发射依然面临重大挑战。因此，设计开发具有高量子效率、超长寿命、可调发射范围的纯有机 RTP 材料无论在基础研究还是实际应用方面都具有重要意义。

（张　强　袁望章）

参 考 文 献

[1] Wiedemann E. Üeber fluorescenz und phosphorescenz. I. Abhandlung. Annalen der Physik，1888，270（7）：446-463.

[2] Valeur B，Berberan-Santos M N. A brief history of fluorescence and phosphorescence before the emergence of quantum theory. Journal of Chemical Education，2011，88（6）：731-738.

[3] Partington J R. *Lignum nephriticum*. Annals of Science，1955，11（1）：1-26.

[4] Muyskens M，Ed V. The fluorescence of *Lignum nephriticum*：a flash back to the past and a simple demonstration of natural substance fluorescence. Journal of Chemical Education，2006，83（5）：765.

[5] Acuña A U，Amat-Guerri F，Morcillo P，et al. Structure and formation of the fluorescent compound of *Lignum nephriticum*. Organic Letters，2009，11（14）：3020-3023.

[6] Acuña A U，Amat-Guerri F. Early History of Solution Fluorescence：the *Lignum nephriticum* of Nicolás Monardes. Fluorescence of Supermolecules，Polymers，and Nanosystems. Berlin，Heidelberg：Springer，2008.

[7] Lastusaari M，Bettinelli M，Eskola K，et al. The Bologna Stone：history's first persistent luminescent material. European Journal of Mineralogy，2012，24（5）：885-890.

[8] Clarke E D. Account of a newly discovered variety of green fluor spar，of very uncommon beauty，and with remarkable properties of colour and phosphorescence. The Annals of Philosophy，1819，14（34-36）：2.

[9] Haüy R J. Traité de Minéralogie. Paris：Bachelier，1822.

[10] Calderon T，Millan A，Jaque F，et al. Optical properties of Sm^{2+} and Eu^{2+} in natural fluorite crystals. International Journal of Radiation Applications and Instrumentation Part D：Nuclear Tracks and Radiation Measurements，1990，17（4）：557-561.

[11] Brewster D. XIX. On the colours of natural bodies. Transactions of the Royal Society of Edinburgh，1834，12（2）：538-545.

[12] Herschel J F W. IV. Ἀμόρφωτα，no. I.— on a case of superficial colour presented by a homogeneous liquid internally colourless. Philosophical Transactions of the Royal Society of London，1845，135：143-145.

[13] Iriel A，Lagorio M G. Is the flower fluorescence relevant in biocommunication? Naturwissenschaften，2010，97（10）：915-924.

[14] Lommel E. Ueber fluorescenz. Annalen der Physik，1871，219（5）：26-51.

[15] Stenger F. Zur kenntniss der fluorescenzerscheinungen. Annalen der Physik，1886，264（6）：201-230.

[16] de Kowalski J. Influence de la température sur la fluorescence et la loi de Stokes. Le Radium，1910，7（2）：56-58.

[17] Ruan X L，Kaviany M. Advances in laser cooling of solids. Journal of Heat Transfer，2006，129（1）：3-10.

[18] Becquerel E. La Lumière，Ses Causes et Ses Effets. Paris：Firmin Didot frères，fils et cie，1867.

[19] Kayser H，Konen H. Handbuch der Spectroscopie. Leipzig：Herzel，1908.

[20] Perrin J. La fluorescence. Annales de Physique，1918，9（10）：133-159.

[21] Stern O，Volmer M. Über die abklingzeit der fluoreszenz. Physikalische Zeitschrift，1919，20：183-188.

[22] Lakowicz J R. Principles of Fluorescence Spectroscopy. New York：Springer，2006.

[23] Perrin J. Radiation and chemistry. Transactions of the Faraday Society，1922，17：546-572.

[24] Berberan-Santos M N. Pioneering Contributions of Jean and Francis Perrin to Molecular Luminescence. New Trends in Fluorescence Spectroscopy：Applications to Chemical and Life Sciences. Berlin，Heidelberg：Springer，2001.

[25] Perrin F. Theorie de la fluorescence polarisée（influence de la viscosite）. Comptes Rendus，1925，180：581-583.

[26] Perrin F. Polarisation de la lumière de fluorescence. Vie moyenne des molécules dans l'etat excité. Journal de Physique et le Radium，1926，7（12）：390-401.

[27] Jablonski A. Efficiency of anti-Stokes fluorescence in dyes. Nature，1933，131（3319）：839-840.

[28] Lewis G N，Kasha M. Phosphorescence and the triplet state. Journal of the American Chemical Society，1944，66（12）：2100-2116.

[29] Kasha M. Characterization of electronic transitions in complex molecules. Discussions of the Faraday Society，1950，9：14-19.

[30] Förster T. Zwischenmolekulare energiewanderung und fluoreszenz. Annalen der Physik，1948，437（1-2）：55-75.

[31] Dexter D L. A theory of sensitized luminescence in solids. Journal of Chemical Physics，1953，21（5）：836-850.

[32] Shimomura O，Johnson F H，Saiga Y. Extraction，purification and properties of aequorin, a bioluminescent protein from the luminous hydromedusan，aequorea. Journal of Cellular and Comparative Physiology，1962，59（3）：223-239.

[33] Shimomura O，Johnson F H，Saiga Y. Microdetermination of calcium by aequorin luminescence. Science，1963，140（3573）：1339-1340.

[34] Chalfie M，Tu Y，Euskirchen G，et al. Green fluorescent protein as a marker for gene expression. Science，1994，263（5148）：802-805.

[35] Heim R，Tsien R Y. Engineering green fluorescent protein for improved brightness，longer wavelengths and fluorescence resonance energy transfer. Current Biology，1996，6（2）：178-182.

[36] Ormö M，Cubitt A B，Kallio K，et al. Crystal structure of the aequorea victoria green fluorescent protein. Science，1996，273（5280）：1392-1395.

[37] Campbell R E，Tour O，Palmer A E，et al. A monomeric red fluorescent protein. Proceedings of the National Academy of Sciences，2002，99（12）：7877-7882.

[38] Ai H W，Shaner N C，Cheng Z，et al. Exploration of new chromophore structures leads to the identification of improved blue fluorescent proteins. Biochemistry，2007，46（20）：5904-5910.

[39] Shaner N C，Campbell R E，Steinbach P A，et al. Improved monomeric red，orange and yellow fluorescent proteins derived from *Discosoma* sp. red fluorescent protein. Nature Biotechnology，2004，22（12）：1567-1572.

[40] Abbe E. Beiträge zur theorie des mikroskops und der mikroskopischen wahrnehmung. Archiv für Mikroskopische Anatomie，1873，9（1）：413-468.

[41] Helmholtz，Fripp H. On the limits of the optical capacity of the microscope. Monthly Microscopical Journal，1876，16（1）：15-39.

[42] Moerner W E，Kador L. Optical detection and spectroscopy of single molecules in a solid. Physical Review Letters，1989，62（21）：2535.

[43] Betzig E, Trautman J K. Near-field optics: microscopy, spectroscopy, and surface modification beyond the diffraction limit. Science, 1992, 257 (5067): 189-195.

[44] Betzig E, Chichester R J. Single molecules observed by near-field scanning optical microscopy. Science, 1993, 262 (5138): 1422-1425.

[45] Betzig E, Patterson G H, Sougrat R, et al. Imaging intracellular fluorescent proteins at nanometer resolution. Science, 2006, 313 (5793): 1642-1645.

[46] Hell S W, Wichmann J. Breaking the diffraction resolution limit by stimulated emission: stimulated-emission-depletion fluorescence microscopy. Optics Letters, 1994, 19 (11): 780-782.

[47] Klar T A, Jakobs S, Dyba M, et al. Fluorescence microscopy with diffraction resolution barrier broken by stimulated emission. Proceedings of the National Academy of Sciences, 2000, 97 (15): 8206-8210.

[48] Willig K I, Kellner R R, Medda R, et al. Nanoscale resolution in GFP-based microscopy. Nature Methods, 2006, 3 (9): 721-723.

[49] Westphal V, Rizzoli S O, Lauterbach M A, et al. Video-rate far-field optical nanoscopy dissects synaptic vesicle movement. Science, 2008, 320 (5873): 246-249.

[50] Berning S, Willig K I, Steffens H, et al. Nanoscopy in a living mouse brain. Science, 2012, 335 (6068): 551.

[51] Betzig E, Hell S W, Moerner W E. The Nobel Prize in chemistry 2014. https://www.nobelprize.org/prizes/chemistry/2014/press-release/. 2014.

[52] Tang C W, VanSlyke S A. Organic electroluminescent diodes. Applied Physics Letters, 1987, 51 (12): 913-915.

[53] Ma Y G, Zhang H Y, Shen J C, et al. Electroluminescence from triplet metal: ligand charge-transfer excited state of transition metal complexes. Synthetic Metals, 1998, 94 (3): 245-248.

[54] Baldo M A, O'brien D F, You Y, et al. Highly efficient phosphorescent emission from organic electroluminescent devices. Nature, 1998, 395 (6698): 151-154.

[55] Cao Y, Parker I D, Yu G, et al. Improved quantum efficiency for electroluminescence in semiconducting polymers. Nature, 1999, 397 (6718): 414-417.

[56] Ho P K H, Kim J S, Burroughes J H, et al. Molecular-scale interface engineering for polymer light-emitting diodes. Nature, 2000, 404 (6777): 481-484.

[57] Shuai Z, Beljonne D, Silbey R J, et al. Singlet and triplet exciton formation rates in conjugated polymer light-emitting diodes. Physical Review Letters, 2000, 84 (1): 131-134.

[58] Endo A, Ogasawara M, Takahashi A, et al. Thermally activated delayed fluorescence from Sn^{4+}-porphyrin complexes and their application to organic light emitting diodes: a novel mechanism for electroluminescence. Advanced Materials, 2009, 21 (47): 4802-4806.

[59] Goushi K, Yoshida K, Sato K, et al. Organic light-emitting diodes employing efficient reverse intersystem crossing for triplet-to-singlet state conversion. Nature Photonics, 2012, 6 (4): 253-258.

[60] Uoyama H, Goushi K, Shizu K, et al. Highly efficient organic light-emitting diodes from delayed fluorescence. Nature, 2012, 492 (7428): 234-238.

[61] Cui L S, Gillett A J, Zhang S F, et al. Fast spin-flip enables efficient and stable organic electroluminescence from charge-transfer states. Nature Photonics, 2020, 14 (10): 636-642.

[62] Chan C Y, Tanaka M, Lee Y T, et al. Stable pure-blue hyperfluorescence organic light-emitting diodes with high-efficiency and narrow emission. Nature Photonics, 2021, 15 (3): 203-207.

[63] Mamada M, Katagiri H, Chan C Y, et al. Highly efficient deep-blue organic light-emitting diodes based on rational

molecular design and device engineering. Advanced Functional Materials，2022，32（32）：2204352.

[64] Masui K，Nakanotani H，Adachi C. Analysis of exciton annihilation in high-efficiency sky-blue organic light-emitting diodes with thermally activated delayed fluorescence. Organic Electronics，2013，14（11）：2721-2726.

[65] Li W J，Pan Y Y，Xiao R，et al. Employing ～100% excitons in OLEDs by utilizing a fluorescent molecule with hybridized local and charge-transfer excited state. Advanced Functional Materials，2014，24（11）：1609-1614.

[66] Li W J，Liu D D，Shen F Z，et al. A twisting donor-acceptor molecule with an intercrossed excited state for highly efficient，deep-blue electroluminescence. Advanced Functional Materials，2012，22（13）：2797-2803.

[67] Yao L，Zhang S T，Wang R，et al. Highly efficient near-infrared organic light-emitting diode based on a butterfly-shaped donor-acceptor chromophore with strong solid-state fluorescence and a large proportion of radiative excitons. Angewandte Chemie International Edition，2014，53（8）：2119-2123.

[68] 杨兵，马於光. 新一代有机电致发光材料突破激子统计. 中国科学：化学，2013，43（11）：1457-1467.

[69] Peng Q，Obolda A，Zhang M，et al. Organic light-emitting diodes using a neutral π radical as emitter：the emission from a doublet. Angewandte Chemie International Edition，2015，54（24）：7091-7095.

[70] Cui Z，Abdurahman A，Ai X，et al. Stable luminescent radicals and radical-based LEDs with doublet emission. CCS Chemistry，2020，2（4）：1129-1145.

[71] Ai X，Evans E W，Dong S Z，et al. Efficient radical-based light-emitting diodes with doublet emission. Nature，2018，563（7732）：536-540.

[72] Zhang Z Y，Sun G C，Chen W，et al. The endeavor of vibration-induced emission（VIE）for dynamic emissions. Chemical Science，2020，11（29）：7525-7537.

[73] Zhang Z Y，Wu Y S，Tang K C，et al. Excited-state conformational/electronic responses of saddle-shaped N, N'-disubstituted-dihydrodibenzo[a, c]phenazines：wide-tuning emission from red to deep blue and white light combination. Journal of the American Chemical Society，2015，137（26）：8509-8520.

[74] Huang W，Sun L，Zheng Z W，et al. Colour-tunable fluorescence of single molecules based on the vibration induced emission of phenazine. Chemical Communications，2015，51（21）：4462-4464.

[75] Chen W，Chen C L，Zhang Z Y，et al. Snapshotting the excited-state planarization of chemically locked N, N'-disubstituted dihydrodibenzo[a, c]phenazines. Journal of the American Chemical Society，2017，139（4）：1636-1644.

[76] Zhang Z Y，Chen C L，Chen Y A，et al. Tuning the conformation and color of conjugated polyheterocyclic skeletons by installing ortho-methyl groups. Angewandte Chemie International Edition，2018，57（31）：9880-9884.

[77] Huang Z H，Jiang T，Wang J，et al. Real-time visual monitoring of kinetically controlled self-assembly. Angewandte Chemie International Edition，2021，60（6）：2855-2860.

[78] Jin X，Li S F，Guo L F，et al. Interplay of steric effects and aromaticity reversals to expand the structural/electronic responses of dihydrophenazines. Journal of the American Chemical Society，2022，144（11）：4883-4896.

[79] Humeniuk H V，Rosspeintner A，Licari G，et al. White-fluorescent dual-emission mechanosensitive membrane probes that function by bending rather than twisting. Angewandte Chemie International Edition，2018，57（33）：10559-10563.

[80] Chen W，Guo C X，He Q，et al. Molecular cursor caliper：a fluorescent sensor for dicarboxylate dianions. Journal of the American Chemical Society，2019，141（37）：14798-14806.

[81] Zou Q，Chen X Y，Zhou Y，et al. Photoconductance from the bent-to-planar photocycle between ground and

excited states in single-molecule junctions. Journal of the American Chemical Society, 2022, 144 (22): 10042-10052.

[82] Weiss J. Fluorescence of organic molecules. Nature, 1943, 152 (3850): 176-178.

[83] Luo J D, Xie Z L, Lam J W Y, et al. Aggregation-induced emission of 1-methyl-1, 2, 3, 4, 5-pentaphenylsilole. Chemical Communications, 2001 (18): 1740-1741.

[84] Li H Y, Zhang X Q, Chi Z G, et al. New thermally stable piezofluorochromic aggregation-induced emission compounds. Organic Letters, 2011, 13 (4): 556-559.

[85] Zhang X Q, Chi Z G, Li H Y, et al. Piezofluorochromism of an aggregation-induced emission compound derived from tetraphenylethylene. Chemistry: An Asian Journal, 2011, 6 (3): 808-811.

[86] Zhang X Q, Chi Z G, Zhang J Y, et al. Piezofluorochromic properties and mechanism of an aggregation-induced emission enhancement compound containing N-hexyl-phenothiazine and anthracene moieties. Journal of Physical Chemistry B, 2011, 115 (23): 7606-7611.

[87] Zhang X Q, Chi Z G, Xu B J, et al. End-group effects of piezofluorochromic aggregation-induced enhanced emission compounds containing distyrylanthracene. Journal of Materials Chemistry, 2012, 22 (35): 18505-18513.

[88] Xu S D, Liu T T, Mu Y X, et al. An organic molecule with asymmetric structure exhibiting aggregation-induced emission, delayed fluorescence, and mechanoluminescence. Angewandte Chemie International Edition, 2015, 54 (3): 874-878.

[89] Yang J, Gao X M, Xie Z L, et al. Elucidating the excited state of mechanoluminescence in organic luminogens with room-temperature phosphorescence. Angewandte Chemie International Edition, 2017, 56 (48): 15299-15303.

[90] Yang J, Ren Z C, Xie Z L, et al. AIEgen with fluorescence-phosphorescence dual mechanoluminescence at room temperature. Angewandte Chemie International Edition, 2017, 56 (3): 880-884.

[91] Mu Y X, Yang Z Y, Chen J R, et al. Mechano-induced persistent room-temperature phosphorescence from purely organic molecules. Chemical Science, 2018, 9 (15): 3782-3787.

[92] Huang Q Y, Li W L, Yang Z, et al. Achieving bright mechanoluminescence in a hydrogen-bonded organic framework by polar molecular rotor incorporation. CCS Chemistry, 2022, 4 (5): 1643-1653.

[93] Li W L, Huang Q Y, Yang Z, et al. Activating versatile mechanoluminescence in organic host-guest crystals by controlling exciton transfer. Angewandte Chemie International Edition, 2020, 59 (50): 22645-22651.

[94] Zhao Z, Zhang H K, Lam J W Y, et al. Aggregation-induced emission: new vistas at the aggregate level. Angewandte Chemie International Edition, 2020, 59 (25): 9888-9907.

[95] Xu S, Chen R F, Zheng C, et al. Excited state modulation for organic afterglow: materials and applications. Advanced Materials, 2016, 28 (45): 9920-9940.

[96] Jiang K, Wang Y H, Li Z J, et al. Afterglow of carbon dots: mechanism, strategy and applications. Materials Chemistry Frontiers, 2020, 4 (2): 386-399.

[97] Zhang Q S, Li B, Huang S P, et al. Efficient blue organic light-emitting diodes employing thermally activated delayed fluorescence. Nature Photonics, 2014, 8 (4): 326-332.

[98] Ostroverkhova O. Organic optoelectronic materials: mechanisms and applications. Chemical Reviews, 2016, 116 (22): 13279-13412.

[99] Niu S, Yan H X, Li S, et al. Bright blue photoluminescence emitted from the novel hyperbranched polysiloxane-containing unconventional chromogens. Macromolecular Chemistry and Physics, 2016, 217 (10): 1185-1190.

[100] Jiang K，Zhang L，Lu J F，et al. Triple-mode emission of carbon dots: applications for advanced anti-counterfeiting. Angewandte Chemie International Edition，2016，128（25）：7347-7351.

[101] Förster T，Kasper K. Ein konzentrationsumschlag der fluoreszenz. Zeitschrift für Physikalische Chemie，1954，1（5-6）：275-277.

[102] Meinardi F，Cerminara M，Sassella A，et al. Superradiance in molecular H aggregates. Physical Review Letters，2003，91（24）：247401.

[103] Davydov A S. The theory of molecular excitons. Soviet Physics Uspekhi，1964，7（2）：145-178.

[104] Kobayashi T. J-aggregates. Sinapore：World Scientific，1996.

[105] Xie Z Q，Xie W J，Li F，et al. Controlling supramolecular microstructure to realize highly efficient nondoped deep blue organic light-emitting devices：the role of diphenyl substituents in distyrylbenzene derivatives. Journal of Physical Chemistry C，2008，112（24）：9066-9071.

[106] Xie Z Q，Yang B，Li F，et al. Cross dipole stacking in the crystal of distyrylbenzene derivative：the approach toward high solid-state luminescence efficiency. Journal of the American Chemical Society，2005，127（41）：14152-14153.

[107] Zhou J D，Zhang W Q，Jiang X F，et al. Magic-angle stacking and strong intermolecular π-π interaction in a perylene bisimide crystal：an approach for efficient near-infrared（NIR）emission and high electron mobility. Journal of Physical Chemistry Letters，2018，9（3）：596-600.

[108] Tu Y J，Zhao Z，Lam J W Y，et al. Mechanistic connotations of restriction of intramolecular motions（RIM）. National Science Review，2021，8（6）：4-7.

[109] Zhang H K，Liu J K，Du L L，et al. Drawing a clear mechanistic picture for the aggregation-induced emission process. Materials Chemistry Frontiers，2019，3（6）：1143-1150.

[110] Bu F，Duan R H，Xie Y J，et al. Unusual aggregation-induced emission of a coumarin derivative as a result of the restriction of an intramolecular twisting motion. Angewandte Chemie International Edition，2015，54（48）：14492-14497.

[111] Peng X L，Ruiz-Barragan S，Li Z S，et al. Restricted access to a conical intersection to explain aggregation induced emission in dimethyl tetraphenylsilole. Journal of Materials Chemistry C，2016，4（14）：2802-2810.

[112] Li Q S，Blancafort L. A conical intersection model to explain aggregation induced emission in diphenyl dibenzofulvene. Chemical Communications，2013，49（53）：5966-5968.

[113] Lei Y X，Dai W B，Tian Y，et al. Revealing insight into long-lived room-temperature phosphorescence of host-guest systems. Journal of Physical Chemistry Letters，2019，10（20）：6019-6025.

[114] Tu Y J，Liu J K，Zhang H K，et al. Restriction of access to the dark state：a new mechanistic model for heteroatom-containing AIE systems. Angewandte Chemie International Edition，2019，58（42）：14911-14914.

[115] Tu Y J，Yu Y Q，Xiao D W，et al. An intelligent AIEgen with nonmonotonic multiresponses to multistimuli. Advanced Science，2020，7（20）：2001845.

[116] Chung J W，Yoon S J，An B K，et al. High-contrast on/off fluorescence switching via reversible E-Z isomerization of diphenylstilbene containing the α-cyanostilbenic moiety. Journal of Physical Chemistry C，2013，117（21）：11285-11291.

[117] Tang S X，Yang T J，Zhao Z H，et al. Nonconventional luminophores：characteristics，advancements and perspectives. Chemical Society Reviews，2021，50（22）：12616-12655.

[118] Gong Y Y，Tan Y Q，Mei J，et al. Room temperature phosphorescence from natural products：crystallization matters.

Science China Chemistry，2013，56（9）：1178-1182.

[119] Wang S，Yu G C，Wang Z T，et al. Enhanced antitumor efficacy by a cascade of reactive oxygen species generation and drug release. Angewandte Chemie International Edition，2019，58（41）：14758-14763.

[120] Su Y，Phua S Z F，Li Y B，et al. Ultralong room temperature phosphorescence from amorphous organic materials toward confidential information encryption and decryption. Science Advances，2018，4（5）：eaas9732.

[121] Jiang K，Wang Y H，Cai C Z，et al. Conversion of carbon dots from fluorescence to ultralong room-temperature phosphorescence by heating for security applications. Advanced Materials，2018，30（26）：1800783.

[122] Wang T，Su X G，Zhang X P，et al. Aggregation-induced dual-phosphorescence from organic molecules for nondoped light-emitting diodes. Advanced Materials，2019，31（51）：1904273.

[123] Yuan W Z，Shen X Y，Zhao H，et al. Crystallization-induced phosphorescence of pure organic luminogens at room temperature. Journal of Physical Chemistry C，2010，114（13）：6090-6099.

[124] Gong Y Y，Zhao L F，Peng Q，et al. Crystallization-induced dual emission from metal- and heavy atom-free aromatic acids and esters. Chemical Science，2015，6（8）：4438-4444.

[125] Gong Y Y，Tan Y Q，Li H，et al. Crystallization-induced phosphorescence of benzils at room temperature. Science China Chemistry，2013，56（9）：1183-1186.

[126] Shen Q J，Pang X，Zhao X R，et al. Phosphorescent cocrystals constructed by 1, 4-diiodotetrafluorobenzene and polyaromatic hydrocarbons based on C—I···π halogen bonding and other assisting weak interactions. CrystEngComm，2012，14（15）：5027-5034.

[127] Pang X，Wang H，Wang W Z，et al. Phosphorescent π-hole···π bonding cocrystals of pyrene with halo-perfluorobenzenes（F，Cl，Br，I）. Crystal Growth & Design，2015，15（10）：4938-4945.

[128] Hirata S，Vacha M. White afterglow room-temperature emission from an isolated single aromatic unit under ambient condition. Advanced Optical Materials，2017，5（5）：1600996.

[129] Su Y，Zhang Y F，Wang Z H，et al. Excitation-dependent long-life luminescent polymeric systems under ambient conditions. Angewandte Chemie International Edition，2020，59（25）：9967-9971.

[130] Yan Z A，Lin X H，Sun S Y，et al. Activating room-temperature phosphorescence of organic luminophores via external heavy-atom effect and rigidity of ionic polymer matrix. Angewandte Chemie International Edition，2021，60（36）：19735-19739.

[131] Song J M，Ma L W，Sun S Y，et al. Reversible multilevel stimuli-responsiveness and multicolor room-temperature phosphorescence emission based on a single-component system. Angewandte Chemie International Edition，2022，61（29）：e202206157.

[132] Li D F，Lu F F，Wang J，et al. Amorphous metal-free room-temperature phosphorescent small molecules with multicolor photoluminescence via a host-guest and dual-emission strategy. Journal of the American Chemical Society，2018，140（5）：1916-1923.

[133] Ma X K，Zhang W，Liu Z X，et al. Supramolecular pins with ultralong efficient phosphorescence. Advanced Materials，2021，33（14）：2007476.

[134] Zhou Q，Liu M，Li C C，et al. Tunable photoluminescence properties of cotton fiber with gradually changing crystallinity. Frontiers in Chemistry，2022，10：805252.

[135] Hirata S，Totani K，Zhang J，et al. Efficient persistent room temperature phosphorescence in organic amorphous materials under ambient conditions. Advanced Functional Materials，2013，23（27）：3386-3397.

[136] Zheng S Y，Zhu T W，Wang Y Z，et al. Accessing tunable afterglows from highly twisted nonaromatic organic

AIEgens via effective through-space conjugation. Angewandte Chemie International Edition，2020，59（25）：10018-10022.

[137] Bian L F，Shi H F，Wang X，et al. Simultaneously enhancing efficiency and lifetime of ultralong organic phosphorescence materials by molecular self-assembly. Journal of the American Chemical Society，2018，140（34）：10734-10739.

[138] An Z F，Zheng C，Tao Y，et al. Stabilizing triplet excited states for ultralong organic phosphorescence. Nature Materials，2015，14（7）：685-690.

[139] Hirata S. Molecular physics of persistent room temperature phosphorescence and long-lived triplet excitons. Applied Physics Reviews，2022，9（1）：011304.

[140] Chen X Q，Dai W B，Wu X H，et al. Fluorene-based host-guest phosphorescence materials for information encryption. Chemical Engineering Journal，2021，426：131607.

[141] Liu X Q，Dai W B，Qian J J，et al. Pure room temperature phosphorescence emission of an organic host-guest doped system with a quantum efficiency of 64%. Journal of Materials Chemistry C，2021，9（10）：3391-3395.

[142] Yang J H，Wu X H，Shi J B，et al. Achieving efficient phosphorescence and mechanoluminescence in organic host-guest system by energy transfer. Advanced Functional Materials，2021，31（52）：2108072.

[143] Wei J B，Liang B Y，Duan R H，et al. Induction of strong long-lived room-temperature phosphorescence of N-phenyl-2-naphthylamine molecules by confinement in a crystalline dibromobiphenyl matrix. Angewandte Chemie International Edition，2016，55（50）：15589-15593.

[144] Liu H，Bian Z Y，Cheng Q Y，et al. Controllably realizing elastic/plastic bending based on a room-temperature phosphorescent waveguiding organic crystal. Chemical Science，2019，10（1）：227-232.

[145] Dou X Y，Zhou Q，Chen X H，et al. Clustering-triggered emission and persistent room temperature phosphorescence of sodium alginate. Biomacromolecules，2018，19（6）：2014-2022.

[146] Yang Z Y，Mao Z，Zhang X P，et al. Intermolecular electronic coupling of organic units for efficient persistent room-temperature phosphorescence. Angewandte Chemie International Edition，2016，55（6）：2181-2185.

[147] Bilen C S，Harrison N，Morantz D J. Unusual room temperature afterglow in some crystalline organic compounds. Nature，1978，271（5642）：235-237.

发光化合物的光物理基础

2.1 光致发光相关的基本概念

在前面已经提到，发光物质可通过多种方式受激发射，其中光致发光被广泛研究，并取得了许多重要成果。本章内容主要介绍光致发光的光物理过程及与其相关的一些基本概念。

2.1.1 分子轨道和电子跃迁

分子轨道是化学中用以描述分子内电子波动特性的函数，通常由原子价壳层的原子轨道线性组合而成。分子轨道可以具体说明分子的电子排布，通常用波函数（状态函数）ψ 表示。与原子轨道相似，分子轨道也有不同能级，每个轨道最多能容纳两个自旋方向相反的电子。分子轨道中的电子也是首先占据能量最低的轨道，然后随着轨道能量的升高依次排布。按照分子轨道理论，原子轨道的数目与形成的分子轨道数目相等，如两个原子轨道相互作用产生两个分子轨道，其中一个分子轨道是两个原子轨道的波函数相加，另一个是两个原子轨道波函数相减[1]：

$$\psi_1 = \varphi_1 + \varphi_2 \qquad \psi_2 = \varphi_1 - \varphi_2$$

式中，ψ_1 与 ψ_2 分别为两个分子轨道的波函数；φ_1 和 φ_2 分别为两个原子轨道的波函数。在分子轨道 ψ_1 中，两个原子轨道波函数符号相同，它们之间的作用类似于波峰和波峰叠加相互加强；而在分子轨道 ψ_2 中，因为两个原子轨道波函数符号相反，其作用类似于波峰和波谷叠加相互减弱，并在波峰和波谷"相遇"处出现一个节点。将两个分子轨道波函数平方后可以得到分子轨道电子云密度分布，如图 2-1 所示[1]。

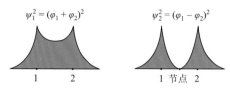

图 2-1　分子轨道电子云密度分布示意图

　　由图 2-1 可知，分子轨道 ψ_1 在两个原子核之间的电子云密度很大，该分子轨道比原来的原子轨道能量更低、更稳定，称为成键轨道；而分子轨道 ψ_2 在两个原子核之间的电子云密度很小，其能量比原来的原子轨道能量更高，称为反键轨道。成键轨道、反键轨道和孤立原子轨道（非键轨道）的能量情况如图 2-2 所示。

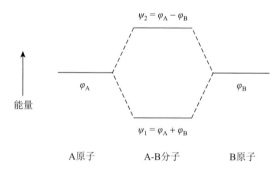

图 2-2　相等的原子轨道与组成的分子轨道的能量示意图

　　分子在光致发光过程中主要涉及五种类型的分子轨道：σ 成键轨道和 σ* 反键轨道、π 成键轨道和 π* 反键轨道及 n 非键轨道。其轨道能量高低分布如图 2-3 所示。

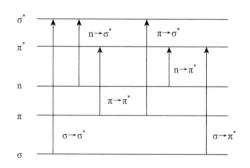

图 2-3　常见有机分子的轨道能级分布和电子跃迁类型

　　（1）σ 和 σ* 轨道：当原子的电子云沿键轴方向重叠，且电子云分布沿键轴呈圆柱形对称时，其形成的轨道为 σ 轨道（反键轨道为 σ* 轨道），生成的键为 σ 键。

两个 s 轨道重叠，或是一个 s 轨道和一个 p 轨道重叠，以及两个 p 轨道重叠都可以形成 σ 键。σ 键是组成分子骨架的主要化学键。

（2）π 和 π* 轨道：当原子的 p 轨道相互平行时，其侧面电子云有最大的重叠，这样形成的轨道称为 π 轨道（反键轨道为 π* 轨道），生成的键称为 π 键。π 和 π* 轨道的电子云都分布在分子平面的两侧。π* 轨道一般有两个截面，一个在分子的平面，另一个在两个原子之间且与分子骨架平面垂直。羰基的 π 和 π* 轨道的电荷分布与烯烃不太相同，其 π 轨道电荷密度偏向电负性比较强的氧原子，而 π* 轨道中电子偏向碳原子。

（3）n 轨道：在含有杂原子的分子中，杂原子的未共用电子对基本不参与分子的成键体系，其未成键轨道称为 n 轨道，其上的电子称为 n 电子。例如，由 O、N、P、S、F、Cl、Br、I 等外层电子较多的原子组成的分子，通常有 n 电子存在。又如，在羰基化合物中，O 原子孤对电子存在于未成键的 2p 轨道，即 n 轨道。

电子跃迁是指电子由一个能级状态到另一个能级状态的变化过程，并且在这一过程中会伴随着能量的吸收和释放。上述五种轨道中的电子分别称为 σ 电子、σ* 电子、π 电子、π* 电子和 n 电子，而它们对应的常见电子跃迁类型为 σ→σ*、σ→π*、π→σ*、n→σ*、π→π* 和 n→π*，其跃迁情况如图 2-3 所示。其中在光致发光中讨论较多的是 n→π* 和 π→π*（或写作 n-π* 跃迁和 π-π* 跃迁）。粒子中的电子发生哪种跃迁不是随机的，而是会遵循一定的规律，称为跃迁的选择定则（selection rule），也称光选律或选律。光选律就是描述在一定条件下，电子在不同能级轨道间跃迁的概率。由于光选律对电子跃迁及有机分子的光致发光非常重要，因此在后面会进一步介绍。

2.1.2 电子激发态

1. 电子组态

将电子按照能量高低依次填充到分子轨道上可以得到分子的电子组态。电子组态是原子、离子或分子电子状态的一种标志，电子组态又称为电子构型。例如，碳原子的电子组态为 $1s^2 2s^2 2p^2$；氧原子的电子组态为 $1s^2 2s^2 2p^4$；甲醛分子的基态（S_0）电子组态为 $(1s_O)^2 (1s_C)^2 (2s_O)^2 (\sigma_{CH})^2 (\sigma_{CH'})^2 (\sigma_{CO})^2 (\pi_{CO})^2 (n_O)^2 (\pi_{CO}^*)^0 (\sigma_{CO}^*)^0$。其中括号右上角的数字表示该轨道上的电子数目，因为光致发光主要涉及最高占据分子轨道（HOMO）和最低未占分子轨道（LUMO），则甲醛分子电子组态（基态）S_0 可简化为 $(\pi_{CO})^2 (n_O)^2 (\pi_{CO}^*)^0$。

2. 激发态的产生

在光致激发过程中，物质吸收入射光（absorption，可用 A 表示）并将光子能量传递给分子，从而使分子激发，电子由基态 S_0 跃迁至第一电子激发单重态（S_1）或更高的激发态（少数情况下还可以直接跃迁至三重态[2, 3]），通常这一吸收跃迁过程经历的时间约为 10^{-15} s。跃迁所涉及两个能级间的能量差等于吸收光子的能量。紫外和部分可见光区的光子能量较高，足以引起电子发生能级跃迁。以甲醛分子为例，处于基态的甲醛分子 HOMO 为 π 和 n，且这两个轨道各分布有两个电子。当甲醛分子吸收光能后，其 n 轨道上的一个电子可以被激发到 $π^*$ 轨道上，这种跃迁称为 n-$π^*$ 跃迁。在这种激发态下，甲醛分子的一个电子仍然排布在 n 轨道，而另一个被激发跃迁的电子排布在 $π^*$ 轨道上，此时这种状态（电子组态）可以表示为 $(π_{CO})^2(n_O)^1(π_{CO}^*)^1$。同样，当基态的甲醛分子吸收光子的能量后，其 π 轨道上的电子也可以被激发到 $π^*$ 轨道上，这种跃迁称为 π-$π^*$ 跃迁，其电子组态表示为 $(π_{CO})^1(n_O)^2(π_{CO}^*)^1$。当然在一定条件下，n 轨道上的一个电子可以通过 n-$σ^*$ 跃迁到 $σ^*$ 轨道上，表示为 $(π_{CO})^2(n_O)^1(π_{CO}^*)^0(σ_{CO}^*)^1$。一般情况下，有机分子外层 HOMO 为非键的 n 轨道或成键的 π 轨道，LUMO 通常是 $π^*$ 轨道。例如，甲醛、丙酮和苯乙酮等含杂原子的分子，其氧原子上的孤对电子常处于 HOMO 上，这类分子倾向于发生 n-$π^*$ 跃迁。

3. 激发态的多重态

在适当强度的磁场影响下，分子或原子吸收和发射光谱中谱线的数目称为分子或原子的多重态，用 $2S+1$ 表示。其中 S 为电子自旋角动量量子数的代数和，其数值为 0 或 1。一个电子的自旋量子数 m_s 可以是 $+1/2$ 或 $-1/2$。根据泡利不相容原理，在同一轨道里的两个电子必定是自旋配对的（自旋方向相反），其中一个电子的自旋量子数为 $+1/2$，另一个为 $-1/2$，且分别用↑和↓表示。如果分子轨道上所有电子都是自旋配对的，那么它的自旋量子数的代数和（S）就等于 0，其多重态 $2S+1$ 就为 1。将这种多重态为 1 的分子状态称为单重态或单线态，用符号 S 表示。大多数有机分子的基态都是处于单重态的，常用 S_0 表示。当分子吸收能量后一个电子跃迁到能量较高的轨道上，且被激发电子仍保持自旋方向不变时，这时分子处于激发的单重态。可以用 S_n 表示第 n 激发单重态，例如，用 S_1 表示第一激发单重态。如果电子在跃迁的过程中还伴随着自旋方向的变化，分子便具有两个自旋不配对的电子，即 S 等于 1。这时的分子便处于激发的三重态（或称三线态），用符号 T 表示，并用 T_n 表示第 n 激发三重态。甲醛分子不同的跃迁类型和对应的能级如图 2-4 所示。除单重态和三重态，一些分子还可以具有其他多重态，例如，具有单电子稳定自由基的有机分子，其多重态为 2，基态为双重态（或称双线态）；稀土元素钆含有 7 个未成对电子，它的多重态为 8，即八重态。不同多重态的性质各异，其发光的情况也不一样，后面将介绍光致发光中几个重要的多重态。

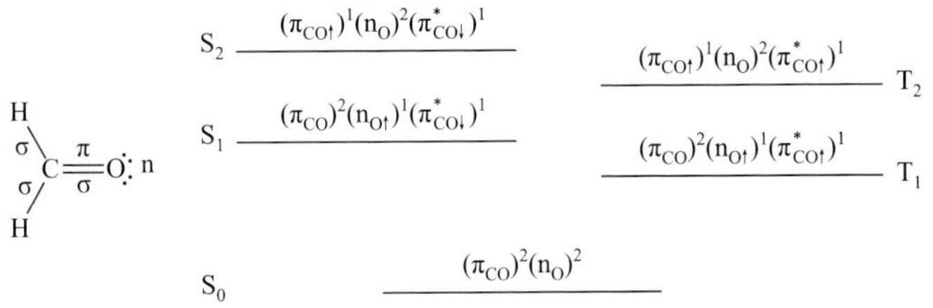

$$S_2 \quad \overline{\quad (\pi_{CO\uparrow})^1(n_O)^2(\pi_{CO\downarrow}^*)^1 \quad}$$

$$\overline{\quad (\pi_{CO\uparrow})^1(n_O)^2(\pi_{CO\uparrow}^*)^1 \quad} \quad T_2$$

$$S_1 \quad \overline{\quad (\pi_{CO})^2(n_{O\uparrow})^1(\pi_{CO\downarrow}^*)^1 \quad}$$

$$\overline{\quad (\pi_{CO})^2(n_{O\uparrow})^1(\pi_{CO\uparrow}^*)^1 \quad} \quad T_1$$

$$S_0 \quad \overline{\quad\quad (\pi_{CO})^2(n_O)^2 \quad\quad}$$

图 2-4　甲醛分子的价键结构和电子能级分布示意图

2.1.3　激发态的衰减

激发态分子由于处于高能不稳定状态，很容易通过化学失活和物理失活的方式释放能量回到基态，这一过程称为激发态的衰变（decay）或失活（deactivation）。在光致发光中，激发态分子主要通过辐射跃迁和非辐射跃迁等分子内物理失活过程返回基态。同时在一些情况（如聚集体）下，能量转移和电荷转移等物理作用也会导致激发态分子失活。

1. 非辐射跃迁过程

如果分子由激发态返回基态或由高级激发态降至低级激发态的过程中没有光子的发射，而是将激发能通过热能形式耗散，这个过程称为非辐射跃迁。非辐射跃迁过程一般包括振动弛豫（vibrational relaxation，VR）、内转换（IC）和系间窜越（ISC）等。

（1）振动弛豫：由于原子核在其平衡位置附近振动，故分子的基态和激发态中又包含一系列振动能级。处于基态的分子吸收辐射后通常会被激发到某一激发态的高级振动能级上。随后在很短的时间内（$10^{-14} \sim 10^{-12}$ s），激发态分子将过剩能量以热的形式传递给周围环境，同时自身衰变至同一激发态的最低振动能级上，这一过程称为振动弛豫。

（2）内转换：内转换是发生在相同多重态能级之间的非辐射跃迁。分子经过振动弛豫到达激发态（S_n）的最低振动能级后，会通过内转换过程快速（10^{-12} s）跃迁到较低电子能级（S_{n-1}）的等能量的振动能级，即实现高级激发态的低振动能级和低级激发态高振动能级间的耦合，致使位于 S_n 分子的激发能变为 S_{n-1} 的振动能。随后再通过振动弛豫到达 S_{n-1} 的最低振动能级，通过这种方式最后降至基态 S_0。内转换效率与能级间隔大小和势能曲线交叉程度有关。能级间隔越小，势能曲线交叉程度越大，内转换效率越高。

（3）系间窜越：系间窜越是发生在分子内不同多重态之间的非辐射跃迁。即激发态分子经过系间窜越之后，其电子自旋方向会发生反转，实现激发单重态到激发三重态间的转变。随后再通过内转换和振动弛豫到达 T_1 的最低振动能级，最后返回基态。和内转换类似，由于分子单重态振动能级和三重态振动能级有重叠，则可以发生 S 和 T 振动能级的耦合，实现系间窜越。然而，依据电子跃迁选律，不同自旋多重态（如 S 和 T）间的跃迁是禁阻的，所以需要一定的条件才能实现单重态和三重态间的转变（详见本章 2.2.2 节）。

2. 辐射跃迁和 Kasha 规则

（1）辐射跃迁：分子由激发态返回基态的过程中，有时会伴随着光子的发射，这样的过程称为辐射跃迁。辐射跃迁通常包括荧光（fluorescence，常用 F 表示）和磷光（phosphorescence，常用 P 表示）。发光分子的辐射跃迁如果发生在激发单重态（通常为第一激发单重态 S_1）至基态过程中，则发射的光为荧光；而辐射跃迁如果发生在激发三重态（主要为第一激发三重态 T_1）至基态的过程中，则伴随的发光为磷光。

（2）Kasha 规则：发光分子被激发后，会从较高的激发态经过振动弛豫和内转换等非辐射跃迁过程快速降至最低激发态（S_1 或 T_1）。由于该过程中非辐射跃迁的速率通常非常快且远大于辐射跃迁，所以一般不会发射可见光。随后在最低激发态下降至基态的过程中，由于第一激发态和基态之间能隙较大，非辐射跃迁速率较小，所以才会发生辐射跃迁，即伴随着荧光或磷光的发射。因此，光的发射或光化学反应大部分情况都是从最低激发态开始的，这就是著名的Kasha 规则[4]。依据 Kasha 规则，可以得出如下推论：光致发光的波长、寿命、峰形均与激发波长无关[5]。几乎同时，苏联科学家 S. I. Vavilov 提出了著名的Vavilov 法则（Vavilov's law），即光致发光的量子效率与激发波长无关，这同 Kasha规则是等价的。现在，人们也常将这两个规则合称为 Kasha-Vavilov 规则（Kasha-Vavilov's rule）[6, 7]。上述规则成立的前提是内转换速率远大于辐射跃迁速率，这对绝大多数有机发光体系是适用的。但 Kasha 规则还会有例外的情况，这在后面会详细讨论。

3. 发光寿命与量子效率

发光寿命与量子效率是发光物质的两个重要物理参数，不仅可以直观地反映物质发光行为的基本特性，而且对荧光或磷光发射的光物理过程及发光机理的研究至关重要。

（1）发光寿命：定义为发射强度衰减到初始强度的 $1/e$ 时所需要的时间，通常用 τ 表示。寿命可以分为荧光寿命 τ_f 和磷光寿命 τ_p，其都与激发态的衰变过程有关，所以也常被定义为激发态各种衰变速率常数之和的倒数。

（2）发光量子效率：量子效率是指物质吸收的光子在某一光物理过程中利用

的效率，在光致发光的研究中也称为量子产率。其中，发光量子效率定义为物质吸收光后所发射光量子数与其吸收光量子数之比，常用 Φ 表示。其表达式为

$$\Phi = k_r/(k_r + \sum k_i) \tag{2-1}$$

其中，Φ 为发光量子效率；k_r 为发光速率常数；$\sum k_i$ 为所有非辐射失活过程速率常数之和。发光量子效率包括荧光量子效率（Φ_f）和磷光量子效率（Φ_p）。在对整体光物理过程进行描述时，内转换和系间窜越过程也可以表达其相应的量子效率，分别为 Φ_{ic} 和 Φ_{isc}。发光量子效率反映了电子跃迁过程中辐射跃迁和非辐射跃迁的竞争，是体现物质发光性能的关键参数。

目前，对于小于 10^{-5} 的量子效率，仪器测量比较困难，因此人们习惯将 10^{-5} 作为一个标准，即能检测到的发光（荧光或磷光）的量子效率大于 10^{-5}[5]。虽然量子效率可以区分"亮"与"暗"[8]，但发光的强度（I）不完全取决于量子效率，其还与物质对光子的吸收能力有关，这在后面会进一步讨论。

2.1.4　Jablonski 能级图

综合上述分子吸收和发射过程中辐射跃迁与非辐射跃迁，可将其总结在 Jablonski 能级图中[9]，通过 Jablonski 能级图（图 2-5）可简洁直观地描述光致发光相关的光物理过程。

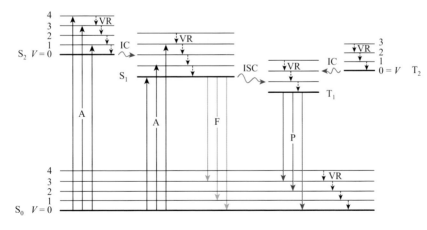

图 2-5　光致发光过程的 Jablonski 能级图

2.2　分子内光物理过程及其相关理论

2.1 节简明介绍了有机分子光致发光过程中的基本概念。为了更系统地理解光

致发光现象及其光物理过程，本节将更深入地讨论基态和激发态、辐射跃迁和非辐射跃迁的相关理论。

2.2.1 光致发光分子吸收与发射的相关理论

1. 电子排布规律

电子排布规律是指电子在基态的原子和分子中排布所遵循的规则，是研究者结合元素按周期表排列的思想与光谱学基态原子电子组态的实验事实所总结的普遍规律，主要包括泡利不相容原理（Pauli exclusion principle）、洪德定则（Hund's rule）、能量最低原理和构造原理（aufbau principle）。

1）泡利不相容原理

在同一原子和分子中不能有两个或两个以上的电子处于完全相同的状态，即不能有两个或两个以上的电子具有完全相同的四个量子数（主量子数 n、角量子数 l、磁量子数 m 和自旋量子数 m_s），电子这样的排布规律称为泡利不相容原理[10]。其具体表现为：同一轨道最多可以容纳两个电子，并且处于同一轨道中的两个电子的 n、l 和 m 三个量子数都是相同的，所以根据泡利不相容原理这两个电子的 m_s 一定不相同，即自旋方向相反，常用↑↓表示。

2）洪德定则

在处于基态的原子或分子中，电子在能量相同的轨道（即等价轨道）上排布时，尽可能地以自旋平行的方式（即自旋量子数相同）占据更多不同的轨道，从而使总能量降低，这种排布规律称为洪德定则[11, 12]。因此，一般情况下，当等价轨道上的电子处于全充满或半充满状态时能量最低，最为稳定。

3）能量最低原理和构造原理

当原子或分子处于基态时，在不违背泡利不相容原理的前提下，其核外电子排布一般优先占据能量较低的轨道，使整个原子或分子的总能量最低。核外电子的这一排布规律称为能量最低原理。构造原理是用来描述随着核电荷递增新增电子的填入顺序。该顺序不是完全按照轨道的能量高低来制定，而是遵循能量最低原理，优先填入使整个原子能量最低的轨道，具体排布如图 2-6 所示。

通常，当分子中的所有电子均满足上述排布规则时，该分子则处于能量最低最稳定的状态，即基态。相反，当分子中的电子不完全遵守排布规则时，该分子的能量较高且不稳定，此时分子的状态称为激发态。换言之，处于基态的分子符合泡利不相容原理、洪德定则和构造原理的电子排布方式且能量最低。当分子吸收能量后，其电子发生跃迁破坏了原来的电子排布，分子由基态变为激发态。然而，随着研究的深入，科研人员发现一些分子虽然不完全符合电子排布规律却仍然处于基态。图 2-7 为违反构造原理和洪德定则的分子示例[13, 14]。

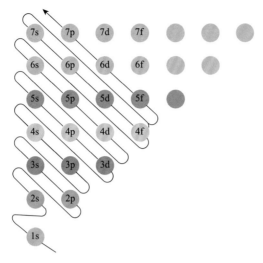

图 2-6　构造原理示意图

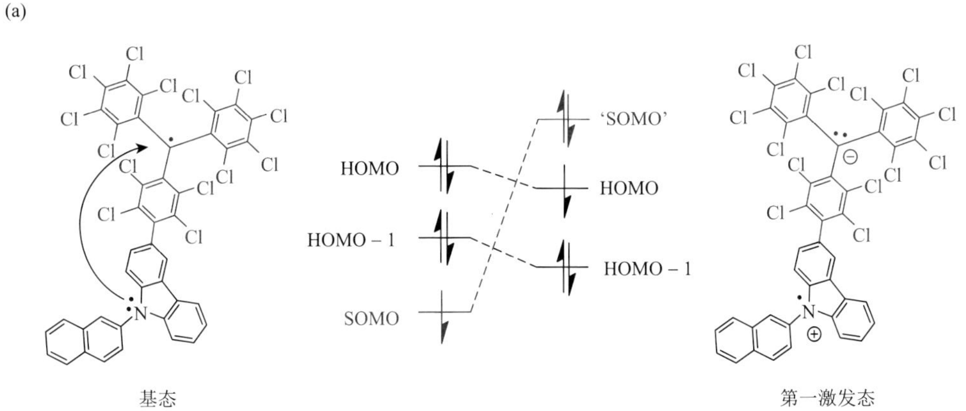

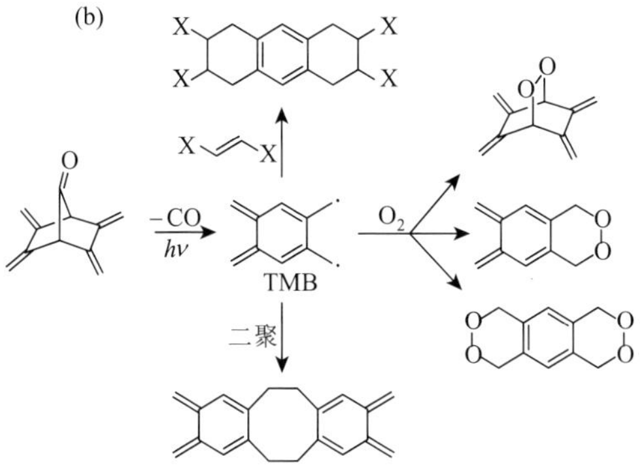

(a)

基态

第一激发态

(b)

TMB

二聚

图 2-7　（a）违反构造原理的稳定自由基化合物[13]；（b）违反洪德定则的四亚甲基苯类化合物[14]

SOMO 表示单占分子轨道

2. 分子与光的相互作用和对光的吸收

根据 2.1.2 的介绍可知，在光致发光过程中，基态分子通过吸收光子使其到达激发态。这一过程主要涉及两个概念：分子与光的相互作用及分子对光的吸收。这两个概念相辅相成，但侧重点不同。光吸收偏向于吸光能力的描述，而相互作用更多的是对作用过程和能量的表示。

1）分子与光的相互作用

在第 1 章中已经提到光也是能量的一种形态，能以电磁波的形式传播，其能量 E 与其波长 λ 或频率 ν 相关，即

$$E = h\nu \tag{2-2}$$

$$\lambda = c/\nu \tag{2-3}$$

式中，E 为一个光子的能量；h 为普朗克（Planck）常量，约为 6.626×10^{-34} J·s（1.58×10^{-37} kcal/mol）；c 为光速，约为 3.0×10^{8} m/s。由于光具有波粒二象性，则电子可以与光波相互作用，其作用力表达式为

$$F = e\varepsilon + eHV/c \approx e\varepsilon \tag{2-4}$$

式中，e 为一个电子的电荷，其值约为 1.6022×10^{-19} C；V 为电子的运动速度；ε 为电场强度；H 为磁场强度；c 为光速。由于光速远大于电子运动的速度，所以电场作用力 $e\varepsilon$ 远大于磁场作用力 eHV/c，因此电子与光的相互作用力 F 主要由电场力决定。由于分子的大小为纳米尺度，光与分子相互作用的时间约为 10^{-15} s。而分子最快的运动是化学键的伸缩运动，约为 10^{-13} s，仍然比光与分子作用慢得多。因此在分子与光相互作用的时间内，分子的几何构型来不及改变。但电子的运动周期约为 10^{-16} s，所以在分子与光相互作用的同时，电子有足够的时间完成在不同轨道间的跃迁。那是否所有的光与分子相互作用必然可使电子产生跃迁呢？

显然并非如此，要使电子完成从低能级向高能级的跃迁，就必须吸收足够的能量。根据式（2-2）可知，不同波长的光所具有的能量不同，只有当光波提供的能量满足电子跃迁前后的能量差 ΔE，才能实现电子在这两个能级间的跃迁，即

$$\Delta E = E_2 - E_1 = h\nu = hc/\lambda \tag{2-5}$$

在电子跃迁相关表述中常以 eV·s（电子伏·秒）为能量单位，则经换算的普朗克常量 h 约为 4.136×10^{-15} eV·s。将光速 c 和 h 的数值代入到式（2-5）中，得到 $\Delta E = 1240$ nm·eV/λ。通常有机分子激发所需要的能量在 167.2～585.2 kJ/mol，由式（2-5）可换算其对应的波长，即波长为 200～700 nm 的光可有效地激发常见有机分子。

2）光的吸收和 Lambert-Beer 定律

不同于分子与光的相互作用，分子对光的吸收是以宏观实验为导向的。当入

射光通过具有一定厚度的介质时，一部分光被介质吸收，剩下的光透过介质，称为透射光。化合物的吸收使得透射光的强度小于入射光，而这一吸收特性可以用 Lambert-Beer 定律来描述，其表达形式如下：

$$I = I_0 \times 10^{-\alpha l} \text{ 或 } A = \lg(I_0/I) = \alpha l \tag{2-6}$$

式中，I_0 为入射光的强度；I 为透射光的强度；l 为通过样品的光程长度；A 为吸光度；α 为吸收系数。对于固态和气态的样品，$\alpha = N\sigma$ [N 为原子数密度（atomic number density）；σ 为吸光截面（optical cross section）]；对于液态样品，$\alpha = \varepsilon c$ [ε 为摩尔消光系数（molar extinction coefficient）；c 为摩尔浓度]。在研究有机分子吸收时常用溶液，因此摩尔消光系数 ε 是描述有机分子对光吸收能力的重要参数。同时，根据分子与光的相互作用可知，分子吸收光会产生电子跃迁，所以摩尔消光系数与电子跃迁也有着重要关系，这部分在下节"跃迁的选择定则"会进一步讨论。

3. 跃迁的选择定则

由前面的讨论可以认识到，电子的跃迁是光致发光光物理过程的核心内容。对于不同分子，由于元素组成、构型和构象的差异，它们对光的吸收也不同。即便对于同一分子，其在不同的条件下对光的吸收往往也存在差异。上一节提到，描述分子吸光能力的摩尔消光系数与电子跃迁有着重要的对应关系，通常是吸光能力强的分子发生跃迁的概率更大。不同分子或不同条件下，电子跃迁的概率也不尽相同，甚至差距悬殊。因此，对于分子而言，研究影响电子跃迁概率的因素至关重要，光选律正是这一研究领域的重要成果[5, 15]。

根据费米黄金定则（Fermi's golden rule），耦合的始态和终态的跃迁主要由其微扰矩阵元描述，用符号 $\langle H \rangle$ 表示：

$$\langle H \rangle = \langle \psi_i \,|\, \mu \,|\, \psi_f \rangle = \int \psi_i \mu \psi_f \, \mathrm{d}\tau \tag{2-7}$$

式中，ψ_i 和 ψ_f 分别为始态和终态的波函数；$\mathrm{d}\tau$ 为所有电子坐标体积元之积；μ 为偶极矩算符，用来表示一种相互作用。对于电子跃迁的情况，$\mu = er$，其中 e 为电子电荷，r 为电荷移动距离。此时微扰矩阵元 H 则称为跃迁偶极矩或跃迁矩（transition moment），以此来度量电子跃迁过程中从始态到终态电荷转移的程度。跃迁矩可理解为由于光与分子相互作用所产生的瞬时偶极极化。当跃迁矩为零时，表示这一跃迁是严格禁阻的（strictly forbidden），称为禁阻跃迁；而当跃迁矩不为零时，表示这一跃迁是允许的，称为允许跃迁。当然，跃迁选择定则是用来描述电子发生跃迁的概率，所以当跃迁矩 H 越大时，表明相应状态下的跃迁越容易发生。反之，则越不容易发生。

虽然式（2-7）可在一定程度上描述跃迁的概率，但由于真实情况影响因素过多，求解这一体系的波函数非常困难。为较为简单地求解这一体系的波函数，奥本海默及其导师玻恩考虑到原子核和电子的质量与移动速度相差非常大，将电子和原子的运动近似看作是可分的。所以体系波函数可简化为电子波函数与原子核波函数的乘积，这就是玻恩-奥本海默近似（Born-Oppenheimer approximation）[16]。依据玻恩-奥本海默近似，可将上述分子运动的波函数分解为核运动、电子自旋和电子轨道三个波函数的乘积，即

$$\langle H \rangle = \int \psi_i \mu \psi_f d\tau = \int \theta_i \theta_f d\tau_N \int S_i S_f d\tau_s \int \psi_i \mu \psi_f d\tau_e \qquad (2\text{-}8)$$

式中，i 和 f 分别为跃迁的始态和终态。该表达式常用于描述分子吸收跃迁，所以 i 和 f 也常分别用来表示基态和激发态。由于跃迁矩已被近似表达为三个波函数的乘积，所以当其中任意一个积分为零时，则跃迁矩为零，相应的跃迁是禁阻跃迁。鉴于此，根据这三个波函数分别讨论核运动、电子轨道运动和电子自旋运动对跃迁的影响。

1）核运动和弗兰克-康登原理

电子的跃迁速率比核运动快得多，因此在吸收跃迁的过程中，分子的几何形状和动量来不及变化。并且原子核间距基本保持不变，因此跃迁前后原子核运动波函数有效重叠程度最大，这两个振动能级之间的跃迁概率最大，这便是弗兰克-康登（Franck-Condon）原理[5, 17-19]。这种始态和终态几何构型不变的跃迁称为垂直跃迁，即描述核运动的波函数 $\theta_i\theta_f$ 在跃迁前后基本不变，其积分 $\int\theta_i\theta_f d\tau_N$ 趋近于 1，在这种条件下该积分已经不再影响跃迁矩的变化。总之，根据弗兰克-康登原理，当始态和终态分子的原子核位置没太大变化，即核运动速度基本为零时，电子跃迁才有可能发生[20]。

2）电子自旋

依据泡利不相容原理和分子轨道理论，假设 α 和 β 分别表示两种相反的自旋状态，那么可以用 α 和 β 表示出电子自旋运动积分的所有情况，经简单归纳可以分为自旋不变和自旋改变两种状态，表达式如下：

（1）跃迁前后自旋方向改变：$\int S_i S_f d\tau_s = \int \alpha\beta d\tau_s = 0$；

（2）跃迁前后自旋方向不变：$\int S_i S_f d\tau_s = \int \beta\beta d\tau_s = \int \alpha\alpha d\tau_s = 1$。

由此可知，当始态和终态电子自旋方向相同时，其自旋运动积分为 1，这种情况是允许的，称为自旋允许；而当始态和终态电子自旋方向相反时，其自旋运动积分为 0，则这种情况是禁阻的，称为自旋禁阻。

3）宇称选律和轨道重叠

描述电子运动波函数积分 $\int \psi_i \mu \psi_f d\tau_e$ 的值主要由始态和终态分子轨道的对映性和重叠情况决定[5]。

（1）对映性：分子轨道对映性的判断主要取决于分子轨道（波函数）通过对称中心反演之后其符号是否发生改变。如果符号不改变，则称这种轨道为对映

（gerade）轨道，常用 G 表示；如果符号改变，则称这种轨道为非对映（ungerade）轨道，常用 U 表示。在光致发光过程中，电子跃迁是通过吸收一个光子引起的，由于光子具有波动性，则要求电子跃迁前后其轨道的对映性发生改变，即 U→G 或 G→U 是允许的，而 U→U 或 G→G 是禁阻的。例如，对于甲醛分子而言，π 轨道和 n 轨道是 U，而 π^* 轨道和 σ 轨道是 G，所以当仅考虑轨道对映性时，$\pi \to \pi^*$ 和 $n \to \pi^*$ 跃迁是允许的，而 $\sigma \to \pi^*$ 跃迁是禁阻的。

（2）轨道重叠：轨道的重叠情况是指在电子跃迁前后两个轨道（波函数）重叠程度的多少，可用轨道重叠积分（overlap integral）来表示。当在同一区域内两个轨道有部分重叠，如苯的 π 和 π^* 轨道，则与这两个轨道相关的跃迁是允许的。而当始态和终态的波函数完全没有重叠时，如甲醛的 n 轨道和 π^* 轨道，则这两个轨道间电子跃迁是禁阻的。由于电子轨道积分涉及轨道对映性和轨道重叠两方面，因此在分析跃迁禁阻或允许时应全面考虑[8]。

综上，当跃迁的始态和终态原子核的位置和动量基本不变，电子自旋方向相反，跃迁前后描述分子轨道的波函数有较大重叠且对映性发生变化时，这样的跃迁是允许的；反之，当存在上述任意一个禁阻因子时，跃迁矩为零，这样的跃迁是禁阻的。

4）跃迁选择定则的修正

选择定则是判断分子中的电子在吸收光子后是否能发生相关电子能级跃迁的重要依据，然而在很多时候，根据光选律计算跃迁矩为零的跃迁却没有严格的禁阻，如常见的"自旋翻转"和 n-π^* 跃迁。这是因为上述光选律都是基于"零级状态"分子的描述，即未考虑原子核的振动，化学键的伸缩、弯曲振动及分子间相互作用等因素，把分子理想化为孤立和静止的。所以为了完善跃迁的选择定则，需将分子的实际运动考虑进去，以进行相应修正。补充修正的内容主要包括分子的运动、旋轨耦合和旋旋耦合等[8]。

（1）分子的运动：由于分子总在不停地运动，包括原子的振动，化学键的弯曲、伸缩振动及转动，这便有可能改变分子轨道的重叠程度和对映性，从而有可能使某些跃迁由禁阻变为允许。

（2）旋轨耦合（spin-orbit coupling）：是自旋轨道耦合的简称，也称为自旋轨道相互作用（spin-orbit interaction）或自旋轨道效应（spin-orbit effect），指粒子因自旋运动与轨道运动产生的相互作用。因为电子在轨道上的运动可以产生磁场和磁矩，这种磁场方向与轨道平面垂直，很有可能会对电子的自旋产生影响。当旋轨耦合作用很强时，电子自旋方向甚至会发生翻转，使自旋禁阻变为允许。

（3）旋旋耦合（spin-spin coupling）：在核化学和核物理中，旋旋耦合（也称为自旋-自旋耦合、J-耦合或间接偶极-偶极耦合）是通过连接两个自旋的化学键介导的。它是两个核自旋之间的间接相互作用，产生于原子核和局域电子之间的超精细相互作用。类似于旋轨耦合，电子自旋运动产生的磁场和磁矩也有可能对自旋相位产生影响。但一般情况下这样的磁场强度很小，远不足以导致相位翻转，仅有极少数分子（如双自由基体系）才会导致自旋多重态的改变。

2.2.2　非辐射衰变过程

如上所述，非辐射跃迁是指激发态分子由高电子能级衰减到低电子能级，并不伴随诸如荧光和磷光等辐射现象的跃迁过程，其主要包括振动弛豫、内转换、系间窜越等。一般情况下，激发态分子在能量衰减过程中首先经历振动弛豫耗散能量而到达激发态的低振动或零振动能级（最低振动能级），然后经由内转换、系间窜越等非辐射跃迁降低至低电子能级的高振动能级上。振动弛豫仅发生在同一电子能级的振动能级之间，而内转换和系间窜越发生在不同电子能级间的跃迁。因此相比于振动弛豫，内转换和系间窜越要复杂得多，并且其对分子的光致发光影响更大。科研人员也常常认为振动弛豫属于非辐射跃迁过程，但不是严格的非辐射跃迁，因此下面讨论以内转换和系间窜越为主的非辐射跃迁。

1. 非辐射跃迁的影响因素

上节主要介绍了吸收跃迁的选择定则，而非辐射跃迁的过程也与跃迁选择定则有关，但又不完全相同。影响非辐射跃迁的主要因素包括如下几个方面。

（1）弗兰克-康登积分（Franck-Condon integral）：在描述吸收跃迁选择定则时，提到弗兰克-康登原理和垂直跃迁的概念，由于电子跃迁速率远大于原子核振动速度，跃迁前后描述原子核振动的波函数基本不变，即始态和终态波函数 χ_i 和 χ_f 基本一致，则核振动波函数的重叠积分 $\langle\chi_i|\chi_f\rangle$ 趋近于最大值 1。始态和终态核振动重叠积分 $\langle\chi_i|\chi_f\rangle$ 也称为弗兰克-康登积分，是弗兰克-康登原理的量子力学表达式，表示跃迁发生的概率。而重叠积分的平方 $\langle\chi_i|\chi_f\rangle^2$ 称为弗兰克-康登因子（Franck-Condon factor，FCF），其值与电子跃迁速率、电子吸收和发射谱峰的强度成正比。与吸收和辐射跃迁一样，非辐射跃迁也是垂直跃迁，也符合弗兰克-康登原理。当始态和终态核构型越相近，其核振动重叠积分 $\langle\chi_i|\chi_f\rangle$ 的值越大，非辐射跃迁也越容易发生。

（2）态密度（density of state）：单位能量间隔的振动能级数称为态密度（也称为能态密度）。能态密度越大表示振动能级越密集，那么两个电子能级的振动能级简并的概率就更大。因此，能态密度越大越有利于非辐射跃迁。

（3）能隙（energy gap）：两个不同的电子能级之间的能差称为能隙，常用 ΔE 表示。能隙越小，两个不同的电子能级的振动能级越容易发生简并，更容易发生非辐射跃迁。这也可用弗兰克-康登原理来解释，因为弗兰克-康登因子 $\mathrm{FCF} \approx \mathrm{e}^{-\alpha\Delta E}$，

能隙 ΔE 越小，FCF 越大，核振动重叠积分 $\langle\chi_i|\chi_f\rangle$ 的值越大，则越容易发生非辐射跃迁。

（4）宇称选律（parity selection rule）：吸收辐射跃迁的宇称选律与非辐射跃迁是相反的。当始态和终态的分子轨道对映性相反时，吸收和辐射跃迁是允许的，而非辐射跃迁则是禁阻的；当始态和终态的分子轨道对映性相同时，非辐射跃迁是允许的，而吸收和辐射跃迁是禁阻的。

2. 内转换

内转换简单来说就是从高电子能级向相邻相同多重度的低电子能级的辐射跃迁，通常可以表示为 $S_n{\rightarrow}S_{n-1}$ 和 $T_n{\rightarrow}T_{n-1}$。激发态之间的内转换速率非常快，其速率常数一般为 $10^{11}\sim10^{13}\ s^{-1}$。而从第一激发态到基态的内转换速率却慢得多，速率常数约为 $10^{-8}\ s^{-1}$。在光致发光光物理过程的研究中，内转换速率常数 k_{ic} 和内转换量子效率 $\varPhi_{ic}$ 是描述内转换性质的重要物理参数。

（1）内转换速率常数：影响内转换速率常数的主要因素包括分子刚性、能隙、温度和氘代等。①分子刚性：内转换通常发生在高能态的零振动能级和低能态的振动能级的简并，所以分子内的振动可以促进非辐射跃迁。分子的刚性会大大降低分子内的振动，因而会导致内转换速率常数的降低。②能隙：始态和终态的能隙对内转换速率常数有很大影响，能隙减小会增加始态和终态振动能级的重叠，进而促进内转换的发生，增加内转换速率常数。③温度：温度的变化会影响分子内振动，温度升高会使分子振动活跃，进而增加内转换速率常数。④氘代：氘代会减弱分子内振动，因此分子中的氢元素被氘代后会使内转换速率常数减小。

（2）内转换量子效率：内转换量子效率 $\varPhi_{ic}$ 是被吸收的光子在内转换过程中利用效率的量度，与内转换速率常数 k_{ic} 呈正相关。因此，上述内转换速率常数的影响因素同样适用于内转换量子效率。

3. 系间窜越

根据前文介绍，系间窜越一般是发生在高能激发单重态和低能激发三重态之间或者是第一激发三重态和基态之间的非辐射跃迁，可表示为 $S_n{\rightarrow}T_m$ 和 $T_1{\rightarrow}S_0$。激发态之间的系间窜越速率相比于内转换过程慢了很多，其速率常数一般为 $10^6\sim10^{11}\ s^{-1}$。然而 $T_1{\rightarrow}S_0$ 过程更慢，速率常数甚至小于 $10^3\ s^{-1}$。同样，人们常用系间窜越速率常数 k_{isc} 和系间窜越量子效率 $\varPhi_{isc}$ 来描述系间窜越的性质。k_{isc} 和 $\varPhi_{isc}$ 的影响因素包括重原子效应（heavy atom effect，HAE）、电子组态、温度、能隙、氘代及氧和氙的微扰等。

（1）重原子效应：重原子的近磁场通过自旋轨道耦合对分子的单重态和三重态产生微扰，使单重态和三重态能级混合，增加了系间窜越速率，从而使部分单重态-三重态的跃迁由禁阻变为允许，进而可以提高三重态的布居，这就是重原子效应[5]。重原子通过自旋轨道耦合作用使电子实现自旋反转的具体过程涉及较多量子化学和数学知识，在此仅做较为通俗粗浅的解释。如图 2-8 所示，开始时电子边自旋边绕原子核旋转（+1/2），旋转方向为顺时针。但如果把电子视为静止，原子核则围绕着自旋的电子做逆时针转动。由于原子核的转动，它会在电子附近产生一个与轨道平面垂直的磁场，最终电子在这个磁场中受到磁力作用并使它的自旋方向发生翻转（−1/2）。重原子效应随着原子序数（Z）的增大而增大（自旋轨道耦合的哈密顿算符 H_{SO} 大致与 Z^4 成正比），因为当核电荷数（序数）增大时，磁场的强度也增强，致使电子更容易受其影响。重原子效应不仅能够提高 $S_n \rightarrow T_m$ 和 $T_1 \rightarrow S_0$ 的系间窜越速率，也可使部分单重态-三重态的吸收跃迁由禁阻变为允许。

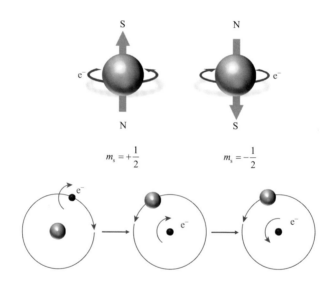

$$m_s = +\frac{1}{2} \qquad\qquad m_s = -\frac{1}{2}$$

图 2-8　电子在自旋轨道耦合作用下引起自旋翻转示意图[5]

　　（2）电子组态：因为 ISC 过程伴随着电子的自旋翻转，为保持动量守恒，则需要电子在相互垂直的轨道间跃迁来平衡动量的改变，只有这样 ISC 才可以发生。因此 ISC 过程受到跃迁前后电子组态的影响，需要符合 El-Sayed 选择规则（El-Sayed's selection rule）[21]。以羰基为例，当轨道类型改变时，最低激发单重态 S_1 到最低激发三重态 T_1 的系间窜越速率会加快。原因之一是轨道类型改变可减小 S_1 和 T_1 的能级差（ΔE_{ST}），增加两个能级混合概率，使得 ISC 的速率加快。这也可以从另一个角度考虑，在两个能级间的跃迁不仅要求能量守恒，还需要动量守恒。所以当电子在相互垂直的轨道跃迁时，会通过改变其自旋方向来平衡角动量的变化，从而使其从 S_1 跃迁至 T_1。

（3）温度：一般情况下，k_{isc} 随温度的升高而增加，但当温度很低（小于 100 K）时，温度的变化对 k_{isc} 影响很小。

（4）能隙：能隙对 ISC 过程的影响类似于 IC，即当能隙越小时，k_{isc} 越大。

（5）氘代：氘代会减弱分子振动，从而降低 ISC 过程的速率，尤其是降低 $T_1 \rightarrow S_0$ 的 k_{isc}，从而可提高磷光量子效率。

（6）氧和氙的微扰：通常在 k_{isc} 较小时，体系中的氧和氙可增加 ISC 过程速率，但当 k_{isc} 较大时，其速率提高的效果很不明显。

2.2.3　荧光

荧光通常是分子从第一激发单重态到基态的辐射跃迁，一般指的是瞬时荧光，其发射一般是纳秒级（约 10^{-8} s）。荧光发射是有机分子光致发光最常见的辐射现象，已被广泛研究和报道。

1. 产生条件

物质荧光发射的能力主要和其激发态性质有关。在仅考虑分子结构不考虑外界条件的情况下，首先，化合物需要对光有较强的吸收，即需要满足光选律中吸收跃迁部分或完全允许的条件并具有较大的摩尔消光系数，这样才能有效地将分子由基态转变为激发态。其次，该化合物分子在发生多重态不变的跃迁时其吸收光子的能量要小于化合物分解的最低能量，保证分子在激发态时不发生化学变化（不发生光化学反应）而以纯物理过程回到基态。最后，荧光发射需要在与磷光和非辐射跃迁的竞争中占主导地位，即具有相对较大的荧光发射速率。

2. 描述荧光性质的主要参数

描述荧光性质的主要参数包括：荧光寿命、荧光速率常数、荧光量子效率和荧光强度等。

（1）荧光寿命：指荧光发射强度衰减到初始强度的 1/e 时所需要的时间，通常用 τ_f 表示。当激发态的分子仅存在光物理衰变且荧光发射发生在 S_1 的辐射跃迁时，则

$$\tau_f = \tau_s = 1/(k_f + k_{ic} + k_{isc}) \tag{2-9}$$

式中，τ_s 为 S_1 的寿命；k_f 为荧光速率常数；k_{ic} 和 k_{isc} 分别为内转换和系间窜越的速率常数。在实际应用中，通常还需要用到自然荧光辐射寿命 τ_f^0，它表示一个物质荧光的固有寿命，定义为荧光速率常数的倒数，即

$$\tau_f^0 = 1/k_f \tag{2-10}$$

并且人们常用经验公式计算自然荧光辐射寿命 τ_f^0 的近似值，即

$$\tau_f^0 = 10^{-4}/\varepsilon_{max} \qquad (2\text{-}11)$$

式中，ε_{max} 为最大摩尔消光系数。

（2）荧光速率常数：描述分子由激发单重态辐射跃迁至基态的快慢，常用 k_f 表示。荧光速率常数和自然荧光辐射寿命 τ_f^0 互为倒数的关系，即 $k_f = 1/\tau_f^0$。并且依据经验式（2-11）推算可得

$$k_f = 10^4 \varepsilon_{max} \qquad (2\text{-}12)$$

该式表明，分子的荧光速率常数是分子本身的固有属性，仅和分子的最大摩尔消光系数 ε_{max} 有关，而与外界环境无关。但是当分子的其他跃迁速率远大于荧光速率时，则仍然观测不到荧光，即 k_f 只是影响荧光的重要因素之一。

（3）荧光量子效率：定义为物质荧光发射光量子数与其吸收光量子数之比，常用 Φ_f 表示。同时也可以表示为荧光速率常数与所有辐射和非辐射失活过程中速率常数之和的比值，当仅研究分子内光物理过程时常简化为

$$\Phi_f = k_f/(k_f + k_{ic} + k_{isc}) \qquad (2\text{-}13)$$

Φ_f 不仅与物质的组成及结构有关，同时还受外界环境的影响，这在下面会进一步详细讨论。

（4）荧光强度：指发射荧光的强度，常用 I_f 表示。荧光强度不是物质的固有性质，与物质的荧光量子效率和物质吸收的光强 I_a 相关，即

$$I_f = I_a \Phi_f \qquad (2\text{-}14)$$

3. 影响因素

影响分子光致荧光发射的因素主要可以分为化学结构和环境因素，包括分子激发态电子组态、离域基团、刚硬化结构、重原子效应、溶剂和温度的影响等。

1）分子激发态电子组态

在前面已经提到，荧光发射通常来自第一激发单重态 S_1 的辐射跃迁。在有机化合物中，S_1 一般有两种电子组态，分别是经过 $\pi \rightarrow \pi^*$ 的 (π, π^*) 态和经过 $n \rightarrow \pi^*$ 的 (n, π^*) 态。由于 (π, π^*) 和 (n, π^*) 轨道重叠程度不同，其相关跃迁的允许和禁阻程度也不同，从而导致对于荧光发射的影响有很大差别。$\pi \rightarrow \pi^*$ 吸收跃迁通常是一个允许过程，而吸收和辐射跃迁具有相同的选择定则，所以 $\pi^* \rightarrow \pi$ 的辐射跃迁也是一个允许过程。相反，由于 n 和 π^* 轨道不在同一平面，$n \rightarrow \pi^*$ 的吸收跃迁原则上是禁阻的，导致其吸光系数远小于 $\pi \rightarrow \pi^*$ 跃迁。所以对于 S_1 为 (n, π^*) 的简单酮类化合物，其荧光发射通常都比较弱。

2）离域基团

在典型纯有机发光（荧光或磷光）化合物中，其分子一般都含有共轭（π）体

系，并且大部分具有较强荧光发射的物质都具有共轭环状结构，如芳环和芳杂环。因为较大共轭结构可有效降低第一激发单重态 S_1 (π, π^*) 和基态 S_0 的能隙，进而更容易实现 $\pi \rightarrow \pi^*$ 吸收跃迁产生激发态和 $\pi^* \rightarrow \pi$ 辐射跃迁产生荧光发射。

但在非典型发光化合物中，分子仅含有少量甚至不含共轭基团，其单分子状态一般无法观察到荧光或仅能检测到极其微弱的荧光发射。但当其处于聚集态时，分子中富电子基团产生簇聚，n 电子和/或 π 电子间相互作用及其与轨道的相互作用，使体系形成较大的离域扩展[22, 23]，使能级增加，能隙降低，进而极大地增加了电子吸收跃迁和辐射跃迁概率，产生较为明显的荧光（磷光）发射。

与单分子状态不同，分子处于聚集态时，耦合作用或轨道之间的混合导致电子跃迁选律部分失效，因此难以完全依赖选律来判断和解释电子跃迁的禁阻、允许及荧光、磷光发射。尤其是对于不含大共轭基团的非典型发光化合物体系，其聚集体和单分子状态性质差异巨大。并且在选律中跃迁矩的经典表达式是通过玻恩-奥本海默近似简化而得，当分子处于聚集态时其近失效，因此不适用。虽然典型和非典型发光化合物的分子组成与结构存在很大差异，但它们在分子内（典型体系）或分子间（非典型体系）均可产生有效的电子离域。因此，可进一步总结为，具有可产生有效电子离域的基团，常有助于其荧光发射。

3）刚硬化结构

分子的刚硬化结构可增强荧光发射。这可从两方面理解：①构象刚硬化可有效抑制分子内振动与转动，而非辐射跃迁通常发生在高能态的零振动能级和低能态的振动能级之间，所以抑制分子内运动可减弱激发态分子的非辐射跃迁，进而增强荧光。②分子的刚硬化结构可有效降低跃迁过程中分子几何构型的改变。根据弗兰克-康登原理，跃迁前后原子核几何构型的变化越小，核振动波函数重叠越大，有利于在激发态寿命内经辐射跃迁回到基态[5]，从而使发光增强。

4）重原子效应

如上节所述，重原子效应（包括内部重原子效应与外部重原子效应）可有效地增加 $S_n \rightarrow T_m$ 系间窜越速率，增加三重态组分的比例，进而会使荧光量子效率 Φ_f 降低。例如，在多数芳族碳氢化合物（如苯、萘、蒽等）中，其溶液 Φ_f 多大于 1%（如 9,10-二苯基蒽在环己烷中 Φ_f 高达 90%）。但当芳环上的氢被氯、溴、碘等重元素取代后，会使其 Φ_f 大大降低，甚至难以检测。虽然重原子效应会使 Φ_f 降低，但可有效地增加系间窜越的量子效率 Φ_{isc}，进而可增加其磷光量子效率。

值得注意的是，对于某些体系，特别是 AIE 化合物，重原子的引入可使化合物在聚集态产生更强的分子间相互作用，从而增强荧光发射。童辉研究员、王利祥研究员等报道了具有 AIE 活性和高度平面构象的烯胺酮衍生物，发现溴代产物晶体的 Φ_f 是未取代化合物晶体的 10 倍[24]。单晶分析和理论计算显示这一异常荧光行为是由于溴化形成了分子间 Br···Br 卤键，不仅有效地阻断了非辐射弛豫途径，而且促进了辐射过程。钱兆生教授等发现在重原子取代的 1, 1-二甲基-2, 3, 4, 5-四甲基噻咯衍生物中，重原子无法有效促进 SOC 及减少 S_1 与 T_1 间的能级差，但其增强的分子间相互作用及诱导的分子振动受限协同促进了化合物固体 Φ_f 的提高[25]。同时，在重原子取代的脂肪族环酰胺晶体中，由于分子簇聚产生空间共轭、重原子效应促进体系 SOC 及重原子自身电子可离域共享等协同作用，袁望章等实现了其晶体的高效红光及红外光 RTP 发射[26]。

5）溶剂

同一种物质在不同的溶剂中，其荧光发射的波长和强度可能存在显著差异。溶质与周围溶剂的相互作用导致溶质分子稳定化的现象称为溶剂化（solvation）。在光物理过程中，这种由溶剂化导致分子物理化学性质发生变化的现象常称为溶剂效应（solvent effect）。溶剂效应对荧光发射影响的研究通常是在单分子或稀溶液条件下进行的，在这样的条件下，溶质与溶剂分子的相互作用远大于溶质分子之间的相互作用。然而当化合物为浓溶液或固态时，溶质分子间的相互作用大大增强，相应的溶剂效应对荧光发射的影响逐渐减弱，分子间相互作用逐渐成为影响荧光发射的主要因素。因此在研究聚集态或浓溶液的荧光现象时，溶剂效应在单分子态得出的结论不再适用，需要综合考虑多种因素。下面只讨论几种典型的溶剂效应对荧光的影响，而不作具体定性的结论。

（1）溶剂极性。根据前述 Franck-Condon 原理，在荧光分子吸收跃迁过程中，电子的跃迁速率远大于原子核的振动速率，因此在电子跃迁前后其核的几何构型不发生变化，而电子占据轨道（电子云）发生了较大的变化。所以通常荧光分子在激发态和基态的偶极矩并不相同，即两种状态的极性不同，激发态的极性较基态大。对于多数荧光分子，极性溶剂对基态和激发态都具有稳定化作用，可使其能量降低。但极性大的状态受极性溶剂稳定化作用更强，能量降低得更多。而极性小的状态受到的稳定化作用较弱，能量降低较少。因此，随溶剂极性改变，化合物在吸收和/或发射谱图上可能呈现红移或蓝移现象。最典型的例子就是分子内电荷转移（intramolecular charge transfer，ICT）和扭曲分子内电荷转移（TICT）现象。

1959 年，Lippert 等报道了荧光染料分子 4-二甲氨基苯甲腈（DMAB）具有"特殊"的双发射性质[27]，其在四氢呋喃（THF）溶液中有两个发射峰，并且随着溶剂极性增大，波长更长的峰相对强度增强且发生红移。由于当时科研人员普遍发现一个荧光分子在相同条件下只会出现一个发射峰，而且 Kasha 也提出了分子的发光总是来自能量最低激发态的规则，所以这样的单分子双发射现象在当时来讲是不常见的。对于这样的"特殊"现象，Lippert 提出了如下解释：DMAB 在溶液中存在两个激发态的互变异构（图 2-9），一个是正常的分子形态，另一个是离子形态，在发射谱图中正好对应两个峰。其中，离子形式的激发态更易受溶剂极性影响，溶剂稳定化作用更强，波长更长的峰来自离子形态的 DMAB，而

受溶剂极性影响不显著的峰则来自分子形态的 DMAB，这便是 ICT 理论。随后
Z. R. Grabowski 和 K. Rotkiewicz 在 Lippert 研究的基础上对更多相似分子进行了
研究，得到了 *N*, *N*-二甲氨基在激发态会经历旋转的结论[28]。当二甲氨基和苯环平
面成一个夹角时，原来共轭的电荷体系变为电子转移体系，提高了基态的能量，使
得激发态和基态的能量差变小，从而导致波长更长的发射峰出现。并且极性溶剂
对这一扭曲的电荷转移结构具有稳定作用，因此溶剂极性增大会使其发射波长更
加红移，这便是 Grabowski 在 1979 年提出的 TICT 理论[29]。随后，Wolfgang Rettig
统计了 Grabowski 在 1973 年后发表的一系列化合物，在 Grabowski 的基础上进一
步完善了 TICT 理论[30]，推动了人们对这一理论的广泛认可。

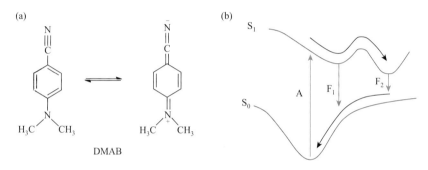

图 2-9　（a）DMAB 在激发态下的两种形态；（b）DMAB 基态和激发态势能曲线

（b）中 A 表示吸收，F_1 和 F_2 表示两种荧光发射

需要指出的是，TICT 效应是 ICT 效应的一种特殊情形。具有电子供体和电子
受体的化合物会呈现 ICT 效应，但是否是 TICT 需要进一步甄别，而不能简单一
概而论。通常温度升高会增加非辐射跃迁，从而降低发光强度，而 TICT 涉及分
子扭转，温度升高反而有利于扭转发生，因此会使 TICT 发射增强。利用这一特
殊性质，实验上，人们常依据发射峰强度随温度的变化情况来判断是否是 TICT
发射。2020 年，徐兆超研究员联合新加坡科技设计大学刘晓刚教授，利用实验/
理论相结合，提出了对不同荧光体系是否存在 TICT 的预测判据。他们发现在 S_1
势能面上，当旋转势垒（ERB）较高、驱动能（EDE）较大时，分子不倾向于形
成 TICT 态；当 ERB 为正，EDE 为负时，分子会部分形成 TICT 态；而当 ERB 为
零且 EDE 为负时，分子倾向于大量形成 TICT 态[31]。

（2）重原子效应。溶剂的重原子效应对荧光发射的影响类似于卤素取代对分
子的影响。溶剂（如氯仿）中的卤原子具有扩展其八隅体的能力，当溶剂的卤素
原子接近离域基团（如苯环）时，其电子可以离域扩展到重原子价层，进而增加
SOC 作用，使荧光量子效率降低。

（3）氢键。溶剂不仅可与基态的溶质形成氢键，还可与激发态的溶质形成氢键。通常，氢键更容易影响含有孤对电子的基态或激发态，可以稳定基态或激发态的构象，进而影响其能级间的间隙，导致荧光发射峰发生偏移。并且溶剂的氢键常可增强非辐射跃迁，从而降低溶质分子荧光量子效率。

6）温度

通常降低体系的温度可以有效提高荧光量子效率。温度降低后，分子的振动、转动受到部分或完全抑制，从而有效减缓了非辐射跃迁的速率，而辐射跃迁过程的速率不随温度变化，因此当温度降低后有利于激发态分子以辐射跃迁的形式回到基态，提高了荧光量子效率。还可以从另一个角度考虑，当温度升高时，分子运动剧烈，激发态（S_1）的分子更容易弛豫到与基态（S_0）的锥形交叉点，振动相互作用的幅度接近无穷大，激发态分子几乎全部通过非辐射衰减回到基态。

4. 延迟荧光

不同于纳秒级的瞬时荧光，处于三重态的分子到达单重态，随后经辐射跃迁返回基态的过程称为延迟荧光（delayed fluorescence，DF）。由于三重态的参与，延迟荧光的寿命可达到微秒至秒级，与磷光相当。DF 根据转化方式通常分为热活化延迟荧光（TADF）和三重态-三重态湮灭（triplet-triplet annihilation，TTA）。

1）TADF

TADF 最早发现于四溴荧光素（eosin）体系[32]，因此又被称为 E 型延迟荧光。处于三重态的分子经过热活化获得一定的能量后，可经反向系间窜越（reverse intersystem crossing，RISC）到达单重态，然后辐射跃迁产生荧光 [图 2-10（a）]。具有 TADF 性质的化合物其 S_1 和 T_1 的能级差（用 ΔE_{ST} 表示）较小，并且其荧光效率在一定的范围内通常会随温度升高而增大，在低温下其延迟荧光很弱甚至完全消失，因此在某些情况下可以用上述特征来区分 TADF 和磷光及 TTA。由于 TADF 可以很好地利用三重态激子，所以其在电致发光器件领域具有广泛的应用，基于 TADF 的电致发光材料甚至被誉为第三代 OLED 材料（详见第 1 章）。

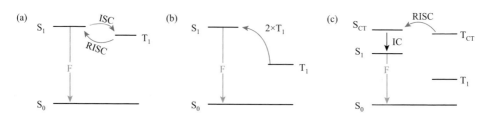

图 2-10　TADF（a）、TTA（b）和热激子过程（c）能级示意图

2）TTA

TTA 产生的延迟荧光又称为 P 型延迟荧光，最早是被 Dikun 教授等在芘（pyrene）等稠环化合物的溶液中观察到的[7, 33]。TTA 过程是一种基本的光化学现象，当两个处于三重态的激子发生相互作用（通常为碰撞）时，可以发生能量转移，其中一个升至激发单重态，另一个返回基态。随后处于激发单重态的分子会继续辐射跃迁产生荧光，即经 TTA 过程产生的延迟荧光［图 2-10（b）］。整个过程可以表示为

$$T_1(\uparrow\uparrow) + T_2(\downarrow\downarrow) \longrightarrow S_1(\uparrow\downarrow) + S_0(\uparrow\downarrow) \tag{2-15}$$

$$S_1 \longrightarrow S_0 + h\nu_{DF} \tag{2-16}$$

虽然都可以产生延迟荧光，但是 TTA 和 TADF 机理不同，TTA 不需要较小的 ΔE_{ST}，并且有报道称超过热活化阈值温度的 TADF 能够与 TTA 竞争并提供延迟荧光[34]。所以略大的 ΔE_{ST} 可以使 TTA 更有效[35]。从统计学可知，TTA 仅有 1/9 概率可以产生延迟荧光，其 TTA 速率常数通常接近于扩散控制的速率常数[5]，因此其延迟荧光的强度会受到溶液黏度的影响。经一定的近似和公式推导，P 型延迟荧光的强度与入射光强度的平方成正比，其寿命在一定条件下为磷光的 1/2[8]。

3）热激子过程

与 TADF 相似，热激子（hot-exciton）产生荧光也需要经历 RISC 过程。但是这个 RISC 过程并不是发生在 $T_1 \to S_1$，而是发生在更高能级之间（如 $T_2 \to S_2$），这也是热激子策略设计的核心。如第 1 章所述，Adachi 教授课题组在 2009 年开始设计基于 TADF 的电致发光器件[36]，但是早期 TADF 器件难以兼具高激子利用率和高荧光效率，并且三重态激子浓度猝灭效应也不易克服[37]。同期，马於光院士等基于 CT 态材料的杂化激发态（HLCT）理论[38, 39]，提出了热激子策略[40]，从理论上很好地解决了这些问题。如图 2-10（c）所示，由于 T_{CT} 与 T_1 有足够大的能隙，其 IC 速率有效降低，使得 T_{CT} 和 S_{CT} 间的 RISC 速率可以与 T_{CT} 的 IC 速率相竞争，促使三重态激子可以有效地转移至 S_{CT}，再经 IC 降至 S_1，最后辐射跃迁产生荧光。上述过程实现了激子转化和激子辐射通道的分离，CT 的热激子进行 $T \to S$ 的转化，局域激发（locally-excited，LE）态 S_1 的激子负责发光，因此可以兼具高激子利用率和高荧光效率。同时，因为高能三重态和 T_1 间存在较大的能隙，从而可以避免 T_1 激子的累积，理论上可以有效减小因 TTA 造成的高密度点留下效率滚降的问题[41]。

2.2.4　磷光

在有机分子中，自旋禁阻的三重态-单重态的光子发射称为磷光。与来自激发单重态到基态的辐射跃迁（荧光）不同，磷光通常都是从 T_1 到 S_0 的辐射跃迁（Kasha

规则）。发射磷光的 T_1 一般不直接由 S_0 吸收跃迁形成，它主要来自 S_1 的 ISC 过程，ISC 属于非辐射跃迁，会耗散一部分能量。处于 T_1 的激子通常不稳定，容易被猝灭。并且 T_1 到 S_0 的辐射跃迁是自旋禁阻的，其速率常数较小，在与荧光及非辐射跃迁的竞争中一般处于劣势，因此在很多情况下磷光发射要比荧光弱得多。所以如何有效增强磷光一直是科研人员非常感兴趣的问题，接下来也主要通过"如何增强磷光"这一话题来介绍磷光部分的内容。

1. 三重态和单重态性质比较

1）能量

根据洪德定则[11, 12]，三重态的能量总是低于相应具有相同电子构型的单重态，如 $E_S(n, \pi^*) > E_T(n, \pi^*)$、$E_S(\pi, \pi^*) > E_T(\pi, \pi^*)$。分子在某一状态下的能量是由零级近似的轨道能 E_0、一级近似的电子排斥能 K 及根据泡利不相容原理所推演的电子交换能 J（对电子排斥能的一级校正）共同决定的。对于同一分子 S_1 和 T_1，由于其具有相同的 $(HOMO)^1(LUMO)^1$ 电子构型，所以其轨道能和电子排斥能相同。然而 S_1 的两个电子自旋相反，根据泡利不相容原理所构筑的"量子直觉"，这两个电子存在着相互"黏合"的倾向。因此其平均排斥能比经典模型（$E_0 + K$）偏高，需要加上电子交换能 J 来校正。相反，T_1 的两个电子自旋平行，则其存在着相互"排斥"的倾向，平均排斥能偏低，需要减去 J。以甲醛分子经 n→π^* 跃迁的 S_1 和 T_1 为例，其 S_1 和 T_1 的经典模型计算值都为 $E_0(n, \pi^*) + K(n, \pi^*)$，经过电子交换能的校正可得两激发态的能量分别为

$$E_S = E_0(n, \pi^*) + K(n, \pi^*) + J(n, \pi^*) \tag{2-17}$$

$$E_T = E_0(n, \pi^*) + K(n, \pi^*) - J(n, \pi^*) \tag{2-18}$$

所以 S_1 的能量明显大于 T_1，并且其能级差 ΔE_{ST} 为两倍的电子交换能，即

$$\Delta E_{ST} = E_S - E_T = 2J(n, \pi^*) \tag{2-19}$$

由式（2-19）可知，ΔE_{ST} 是由电子交换能决定的，而电子交换能的大小又正比于 HOMO 和 LUMO 重叠积分的值，因此 ΔE_{ST} 的值正比于 HOMO 和 LUMO 的重叠程度[42]。当 HOMO 和 LUMO 重叠程度较小（如 n, π^*）时，则 S_1 和 T_1 的能量差值较小；而当重叠程度较大（如 π, π^*）时，则 S_1 和 T_1 能量差值较大。单重态和三重态能量差值 ΔE_{ST} 是影响 ISC 过程的重要因素；同时，ΔE_{ST} 也极大地影响了由 S_1 到 T_1 的反向系间窜越，这一过程是产生有效热活化延迟荧光的前提，与磷光发射过程相互竞争。因此，ΔE_{ST} 会在较大程度上影响磷光发射，根据重叠积分判断 ΔE_{ST} 非常重要。

2）磁性

三重态的分子（原子）在轨道上因存在两个自旋平行的电子，故具有一个磁

动量，是顺磁性的；而单重态的分子（原子）是自旋相反的，没有磁动量，是抗磁性的。因此在外磁场中，三重态可分裂为三个 Zeeman 能层，而单重态则不分裂。因此，可用电子自旋共振波谱仪来检测三重态是否存在。

3）激发态寿命

通常激发态是高能不稳定状态，会在很短时间内经跃迁回到相对稳定的基态，所以激发态寿命都很短。但对激发单重态（S_1）和激发三重态（T_1）而言，其寿命还是存在很大差异。总体来讲，S_1 的寿命一般在纳秒或皮秒级，而 T_1 的寿命可达到微秒、毫秒、秒级甚至更长，远长于 S_1 的寿命。这主要是因为分子经 T_1 衰变到基态的过程中，其电子跃迁是自旋禁阻的，所以会经历更长的时间。需要指出的是，延迟荧光过程由于三重态的参与，其寿命也可达到微秒至秒级。这也说明，不能通过简单的寿命长短来判断化合物的发光是荧光还是磷光。

2. 磷光的光物理过程及重要参数

根据 Jablonski 能级图［图 2-11（a）］可知，磷光发射光物理过程一般包含以下几个步骤：光吸收、内转换、系间窜越及磷光发射。物质吸收光子后，其电子经吸收跃迁使分子由 S_0 升至激发单重态 S_n（$n \geq 1$）以产生激子，由于自旋允许所以这一过程很容易发生。随后根据 Kasha 规则，S_n（$n \geq 1$）的分子经过振动弛豫和内转换等非辐射跃迁过程快速衰减至 S_1（或更高的单重态，为方便描述这里只考虑 $S_1 \rightarrow T_1$ 的过程）。随后一部分 S_1 的分子经辐射跃迁（荧光）或内转换的方式回到基态。同时，SOC 等作用使单重态到三重态的禁阻跃迁变为部分允许，另一部分 S_1 的分子经 ISC 过程到达 T_1。激子迅速传输到 T_1 的最低振动能级，并通过磷光发射和非辐射跃迁的方式衰变为基态。为了评估整个光物理过程，科研人员引入了速率常数 k、量子效率 Φ 和寿命 τ 等重要参数，其量子效率和寿命的表达式如下[43]：

$$\Phi_p = \Phi_{isc} k_p \tau_p \qquad (2\text{-}20)$$

$$\Phi_{isc} = \frac{k_{isc}}{k_f + k_{ic} + k_{isc}} \qquad (2\text{-}21)$$

$$\tau_p = \frac{1}{k_p + k_{nr}} \qquad (2\text{-}22)$$

式中，k 为描述每个光物理步骤中速率的常数，包括从 $S_1 \rightarrow S_0$ 跃迁的内转换速率常数 k_{ic}、荧光发射速率常数 k_f、系间窜越速率常数 k_{isc}、磷光发射速率常数 k_p，以及 $T_1 \rightarrow S_0$ 的非辐射跃迁速率常数 k_{nr}；Φ_p 和 Φ_{isc} 分别为磷光量子效率和 ISC 过程的量子效率；τ_p 为磷光寿命。不同于荧光的短寿命，磷光通常具有长寿命的特点，因此除了磷光量子效率外，磷光寿命也是需要重点关注的内容。

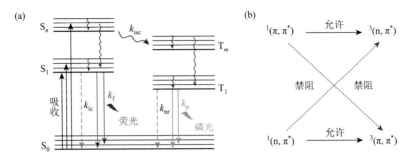

图 2-11 （a）纯有机化合物光物理过程的 Jablonski 能级图；（b）El-Sayed 规则示意图

3. 影响磷光发射的因素及其理论研究

前面已经较为详细地介绍了影响荧光发射的主要因素。其中离域、构象刚硬化、重原子效应等对磷光同样有效。磷光的光物理过程较为复杂，且磷光量子效率与磷光寿命相互关联，下面主要通过公式推导的方式来厘清其中的联系，并深入讨论影响磷光发射的因素。

将式（2-21）和式（2-22）组合后，式（2-20）可转换为式（2-23）：

$$\Phi_p = \cfrac{1}{\left(\cfrac{k_f + k_{ic}}{k_{isc}} + 1\right)\left(\cfrac{k_{nr}}{k_p} + 1\right)} \qquad (2\text{-}23)$$

根据式（2-22）和式（2-23），可以得出一系列初步结论。首先，要获得高效的室温磷光，必须在抑制荧光发射和非辐射衰减的同时提高系间窜越和磷光发射速率。此外，在追求长的磷光寿命时，需要降低非辐射跃迁速率及磷光发射速率，但 k_p 的降低可能导致磷光效率降低。因此，想要获得兼具长寿命和高效的室温磷光材料，则需要找到 Φ_p 和 τ_p 的平衡点。

根据上述说明，系间窜越速率常数（k_{isc}）和磷光发射速率常数（k_p）在磷光过程中起着至关重要的作用。所以结合理论研究对这些参数有一个清晰的了解是很重要的。首先根据"费米黄金法则"的近似，可以对初始状态 $|i\rangle$ 到最终状态 $|f\rangle$ 的 ISC 速率进行如下定性分析[44]：

$$k_{isc} = \frac{2\pi}{\hbar}\left|H_{if}\right|^2 \delta(E_i - E_f) \qquad (2\text{-}24)$$

式中，H_{if} 为哈密顿（Hamiltonian）模型参数，其值应比绝热能隙（E_i–E_f）小得多，从而确保前者近似，而 δ 的引入为非辐射跃迁提供了能量守恒。

此外，在磷光过程中，由于自旋轨道耦合作用才得以打开系间窜越通道，其通道打开的速率与系间窜越速率常数（k_{isc}）相关。因此式（2-24）中的 H_{if} 可以用 SOC 哈密顿量（H_{soc}）代替，其计算公式如下[43]：

$$H_{soc} = \frac{Ze^2}{2m^2c^2r^3}LS \tag{2-25}$$

式中，r 为轨道半径；L 和 S 分别为轨道动量和自旋角动量；e、m 和 c 为通用常数，其值分别为 1.6×10^{-19} C、9.1×10^{-31} kg 和 3.0×10^8 m/s。通常 Slater 原子轨道 r^{-3} 算子的期望值包括 Z^3，因此式（2-25）中的 H_{soc} 取决于核电荷（Z）的四次方，这很好地解释了为什么重原子的存在有利于 ISC 过程。

结合式（2-24）和式（2-25）并用短时间和高温近似简化之后，k_{isc} 最终值总结如下[45]：

$$k_{isc} = \frac{2\pi}{\hbar} |\langle S | H_{soc} | T \rangle|^2 \sqrt{\frac{\pi}{\lambda k_B T}} \exp\left[-\frac{(\Delta E_{ST} - \lambda)^2}{4\lambda k_B T} \right] \tag{2-26}$$

式中，$\langle S|H_{soc}|T \rangle$ 为单重态（S）和三重态（T）之间的 SOC 模型参数；ΔE_{ST} 为公式中提到的两个电子状态之间的能隙；k_B 和 T 分别为玻尔兹曼常量（1.38×10^{-23} J/K）和环境温度；重组能 λ 为描述 ISC 过程中核变化贡献的特征参数。

由 El-Sayed 规则[21]［图 2-11（b）］可知，当轨道类型改变时，单重态和三重态之间系间窜越才会发生。例如，从 $^1(\pi, \pi^*)$ 到 $^3(n, \pi^*)$ 的 ISC 过程通常比到 $^3(\pi, \pi^*)$ 的 ISC 更快。并且根据报道[44]，$\langle^1(\pi, \pi^*)|H_{soc}|^3(n, \pi^*)\rangle$ 比 $\langle^1(\pi, \pi^*)|H_{soc}|^3(\pi, \pi^*)\rangle$ 大近两个数量级。由此可知，可以通过增强 SOC 来促进 ISC。除了 SOC 模型参数外，降低 ΔE_{ST} 和增加 λ 也是加速 ISC 的方式。由前面介绍可知 ΔE_{ST} 由电子交换能直接确定，它与 HOMO 和 LUMO 波函数的空间重叠呈线性正相关。因此，可以通过引入较大扭曲或者电荷转移（CT）结构减少空间重叠，从而获得较低的 ΔE_{ST}。但是，ΔE_{ST} 至少应高于 0.37 eV，以避免从三重态到单重态的反向系间窜越过程，导致 TADF 现象的发生[46, 47]。但通过合理分子设计，构筑较小 ΔE_{ST} 分子正是目前 TADF 体系研究的重要方面[46, 48]。λ 由 ISC 期间的正常模式的频率及两个电子状态的平衡几何之间的位移来确定。

此外，如式（2-20）和式（2-22）所示，当计算 Φ_p 和 τ_p 时都需要磷光发射速率常数 k_p，而此值可通过如下方程估算[44]：

$$k_p = \frac{64\pi^4}{3h^4c^2} \Delta E_{T_1S_0}^3 |\mu_{T_1 \to S_0}|^2 \tag{2-27}$$

式中，h 为普朗克常量；$\Delta E_{T_1S_0}$ 和 $\mu_{T_1 \to S_0}$ 分别为 T_1 和 S_0 之间的能隙和跃迁偶极矩。其中 $\mu_{T_1 \to S_0}$ 的定义如下[49]：

$$\mu_{T_1 \to S_0} = \sum_k \frac{\langle T_1 | H_{soc} | S_k \rangle}{{}^3E_1 - {}^1E_k} \times \mu_{S_k \to S_0} + \sum_m \frac{\langle T_m | H_{soc} | S_0 \rangle}{{}^3E_m - {}^1E_0} \times \mu_{T_m \to T_1} \tag{2-28}$$

k 的总和涉及所有单重态，m 的总和涉及所有三重态。显然，结合式（2-27）和式（2-28）可知，k_p 与 $\Delta E_{T_1 S_0}$ 和 $\mu_{T_1 \to S_0}$ 呈正相关，而 $\mu_{T_1 \to S_0}$ 却与单重态和三重态的能隙成反比。所以，当讨论磷光发射速率时需要考虑多个因素。但毫无疑问，增强 SOC 是产生高效磷光最有效的途径之一。

（张　强　袁望章）

参考文献

[1] 邢其毅. 基础有机化学. 3 版. 北京：高等教育出版社，2005.

[2] Amemori S，Sasaki Y，Yanai N，et al. Near-infrared-to-visible photon upconversion sensitized by a metal complex with spin-forbidden yet strong S_0-T_1 absorption. Journal of the American Chemical Society，2016，138（28）：8702-8705.

[3] Liu D Y，Zhao Y J，Wang Z J，et al. Exploiting the benefit of $S_0 \to T_1$ excitation in triplet-triplet annihilation upconversion to attain large anti-Stokes shifts：tuning the triplet state lifetime of a tris (2, 2′-bipyridine) osmium(ii) complex. Dalton Transactions，2018，47（26）：8619-8628.

[4] Kasha M. Characterization of electronic transitions in complex molecules. Discussions of the Faraday Society，1950，9：14-19.

[5] Turro N J. Modern Molecular Photochemistry. Sausalito：University Science Books，1991.

[6] Klán P，Wirz J. Photochemistry of Organic Compounds：from Concepts to Practice. Chichester：Wiley，2009.

[7] Birks J B. Photophysics of Aromatic Molecules. London: Wiley-Interscience，1970.

[8] 晋卫军. 分子发射光谱分析. 北京：化学工业出版社，2018.

[9] Jablonski A. Efficiency of anti-Stokes fluorescence in dyes. Nature，1933，131（3319）：839-840.

[10] Pauli W. Über den zusammenhang des abschlusses der elektronengruppen im atom mit der komplexstruktur der spektren. Zeitschrift für Physik，1925，31（1）：765-783.

[11] Boyd R J. A quantum mechanical explanation for Hund's multiplicity rule. Nature，1984，310（5977）：480-481.

[12] Hund F. Linienspektren：und Periodisches System der Elemente. Berlin，Heidelberg：Springer-Verlag，2013.

[13] Guo H Q，Peng Q M，Chen X K，et al. High stability and luminescence efficiency in donor-acceptor neutral radicals not following the Aufbau principle. Nature Materials，2019，18（9）：977-984.

[14] Borden W T，Iwamura H，Berson J A. Violations of Hund's rule in non-Kekule hydrocarbons: theoretical prediction and experimental verification. Accounts of Chemical Research，1994，27（4）：109-116.

[15] Jaffé H H，Orchin M. Theory and Applications of Ultraviolet Spectroscopy. New York：John Wiley & Sons，1962.

[16] Born M，Oppenheimer R. Zur quantentheorie der molekeln. Annalen der Physik，1927，389（20）：457-484.

[17] Franck J，Dymond E G. Elementary processes of photochemical reactions. Transactions of the Faraday Society，1926，21：536-542.

[18] Condon E. A theory of intensity distribution in band systems. Physical Review，1926，28（6）：1182-1201.

[19] Coolidge A S，James H M，Present R D. A study of the Franck-Condon principle. Journal of Chemical Physics，1936，4（3）：193-211.

[20] Siebrand W. Radiationless transitions in polyatomic molecules. I . Calculation of Franck-Condon factors. Journal of Chemical Physics，1967，46（2）：440-447.

[21] Lower S，El-Sayed M. The triplet state and molecular electronic processes in organic molecules. Chemical Reviews，1966，66（2）：199-241.

[22] Gong Y Y，Tan Y Q，Mei J，et al. Room temperature phosphorescence from natural products：crystallization matters. Science China Chemistry，2013，56（9）：1178-1182.

[23] Zhou Q，Cao B Y，Zhu C X，et al. Clustering-triggered emission of nonconjugated polyacrylonitrile. Small，2016，12（47）：6586-6592.

[24] Li H，Shu H Y，Liu Y，et al. Aggregation-induced emission of highly planar enaminone derivatives：unexpected fluorescence enhancement by bromine substitution. Advanced Optical Materials，2019，7（8）：1801719.

[25] Xiong Z P，Wang Z N，Liu L X，et al. Breaking classic heavy-atom effect to achieve heavy-atom-induced dramatic emission enhancement of silole-based AIEgens with through-bond and through-space conjugation. Advanced Optical Materials，2021，9（22）：2101228.

[26] Zhu T W，Yang T J，Zhang Q，et al. Clustering and halogen effects enabled red/near-infrared room temperature phosphorescence from aliphatic cyclic imides. Nature Communications，2022，13（1）：2658.

[27] Lippert E，Lüder W，Boos H. Fluoreszenzspektrum und Franck-Condon-prinzip in lösungen aromatischer verbindungen//Mangini A. Advances in Molecular Spectroscopy. Oxford：Pergamon Press，1962.

[28] Rotkiewicz K，Grellmann K，Grabowski Z. Reinterpretation of the anomalous fluorescense of pn，n-dimethylamino-benzonitrile. Chemical Physics Letters，1973，19（3）：315-318.

[29] Grabowski Z R. Twisted intramolecular charge transfer states（TICT）：a new class of excited states with a full charge separation. Nouveau Journal de Chimie，1979，3：443-454.

[30] Rettig W. Charge separation in excited states of decoupled systems：TICT compounds and implications regarding the development of new laser dyes and the primary process of vision and photosynthesis. Angewandte Chemie International Edition，1986，25（11）：971-988.

[31] Wang C，Qiao Q L，Chi W J，et al. Quantitative design of bright fluorophores and AIEgens by the accurate prediction of twisted intramolecular charge transfer（TICT）. Angewandte Chemie International Edition，2020，59（25）：10160-10172.

[32] Parker C A，Hatchard C G. Triplet-singlet emission in fluid solutions. Phosphorescence of eosin. Transactions of the Faraday Society，1961，57：1894-1904.

[33] Dikun P，Petrov A，Sveshnikov B Y. Duration of the phosphorescence of benzene and its derivatives. Journal of Experimental and Theoretical Physics，1951，21：150-163.

[34] Dias F B. Kinetics of thermal-assisted delayed fluorescence in blue organic emitters with large singlet-triplet energy gap. Philosophical Transactions of the Royal Society A：Mathematical，Physical and Engineering Sciences，2015，373（2044）：20140447.

[35] Chiang C J，Kimyonok A，Etherington M K，et al. Ultrahigh efficiency fluorescent single and bi-layer organic light emitting diodes：the key role of triplet fusion. Advanced Functional Materials，2013，23（6）：739-746.

[36] Endo A，Ogasawara M，Takahashi A，et al. Thermally activated delayed fluorescence from Sn^{4+}-porphyrin complexes and their application to organic light emitting diodes：a novel mechanism for electroluminescence. Advanced Materials，2009，21（47）：4802-4806.

[37] Masui K，Nakanotani H，Adachi C. Analysis of exciton annihilation in high-efficiency sky-blue organic

light-emitting diodes with thermally activated delayed fluorescence. Organic Electronics，2013，14（11）：2721-2726.

[38] Li W J，Pan Y Y，Xiao R，et al. Employing ～100% excitons in OLEDs by utilizing a fluorescent molecule with hybridized local and charge-transfer excited state. Advanced Functional Materials，2014，24（11）：1609-1614.

[39] Li W J，Liu D D，Shen F Z，et al. A twisting donor-acceptor molecule with an intercrossed excited state for highly efficient，deep-blue electroluminescence. Advanced Functional Materials，2012，22（13）：2797-2803.

[40] Yao L，Zhang S T，Wang R，et al. Highly efficient near-infrared organic light-emitting diode based on a butterfly-shaped donor-acceptor chromophore with strong solid-state fluorescence and a large proportion of radiative excitons. Angewandte Chemie International Edition，2014，53（8）：2119-2123.

[41] 杨兵，马於光. 新一代有机电致发光材料突破激子统计. 中国科学：化学，2013，43（11）：1457-1467.

[42] Hirata S. Recent advances in materials with room-temperature phosphorescence：photophysics for triplet exciton stabilization. Advanced Optical Materials，2017，5（17）：1700116.

[43] Baryshnikov G，Minaev B，Ågren H. Theory and calculation of the phosphorescence phenomenon. Chemical Reviews，2017，117（9）：6500-6537.

[44] Gao X，Bai S M，Fazzi D，et al. Evaluation of spin-orbit couplings with linear-response time-dependent density functional methods. Journal of Chemical Theory and Computation，2017，13（2）：515-524.

[45] Ma H L，Lv A Q，Fu L S，et al. Room-temperature phosphorescence in metal-free organic materials. Annalen der Physik，2019，531（7）：1800482.

[46] Uoyama H，Goushi K，Shizu K，et al. Highly efficient organic light-emitting diodes from delayed fluorescence. Nature，2012，492（7428）：234-238.

[47] Yang Z Y，Mao Z，Xie Z L，et al. Recent advances in organic thermally activated delayed fluorescence materials. Chemical Society Reviews，2017，46（3）：915-1016.

[48] Chan C Y，Tanaka M，Lee Y T，et al. Stable pure-blue hyperfluorescence organic light-emitting diodes with high-efficiency and narrow emission. Nature Photonics，2021，15（3）：203-207.

[49] Peng Q，Niu Y L，Shi Q H，et al. Correlation function formalism for triplet excited state decay：combined spin-orbit and nonadiabatic couplings. Journal of Chemical Theory and Computation，2013，9（2）：1132-1143.

第3章

>>

非典型发光化合物的簇聚诱导发光

3.1 非典型发光化合物简介

近年来，一些不含典型芳香发光基团或交替单键-重键共轭单元的化合物所具有的本征光致发光现象引起了研究者的极大关注（图 3-1）。由于结构差异明显，为了与典型大共轭发光化合物区分开来，研究者一般将其称为非典型发光化合物（nonconventional luminophores）或非传统发光化合物（nontraditional luminophores）*。从分子量上区分，这些非典型发光化合物包括小分子化合物、聚合物；从化合物组成单元的连接方式上区分，包括共价化合物和超分子化合物。其化合物的类别包括天然产物、生物分子和经由人工合成的化合物。这些非典型发光化合物的结构中一般含有 N、O、S、P 等杂原子，包括氨基（—NH_2）、酰胺基（NHCO）、磷酸酯基、氨酯基（NHCOO）、硫醚（—S—）、亚砜（S＝O）、砜基（O＝S＝O）、氰基（C≡N）、双键（C＝C、C≡N、N＝N 等）和羟基（—OH）、醚（—O—）等，以及这些单元组合而成的新基团，如酸酐、酰亚胺、磺酸基等[1, 2]。由于大量杂原子及极性基团的存在，与典型发光化合物相比，此类非典型发光化合物通常具有结构可调性好、合成便捷、水溶性好、生物毒性小等优点。许多此类发光化合物是绿色环保的可持续发展材料，如蛋白质、多肽、糖类天然产物、聚硅氧烷等[1]。目前，非典型发光化合物在加密防伪、生物影像、生物与化学传感与检测、有机发光二极管等方面具有良好的应用前景[1-4]。同时，对于非典型发光化合物的发光机理研究对理解体系中电子间及电子与轨道间的相互作用、光物理过程及其影响因素，开发新型发光材料等具有重要意义。正是由于非典型发光化合物具有重要的理论研究价值和广泛的实际应用前景，许多学者开始关注并探索这一领域。

---

* 由于 AIE 概念的提出，人们常将 ACQ 化合物称为传统发光化合物，将 AIE 化合物称为非传统发光化合物。不含大共轭单元而仅含非典型生色团的化合物，通常表现出 AIE 性质，自然可认为是非传统发光化合物。但与常见芳香 AIE 化合物及 ACQ 化合物相比，其结构具有独特特征，因此笔者更倾向于称之为非典型发光化合物。

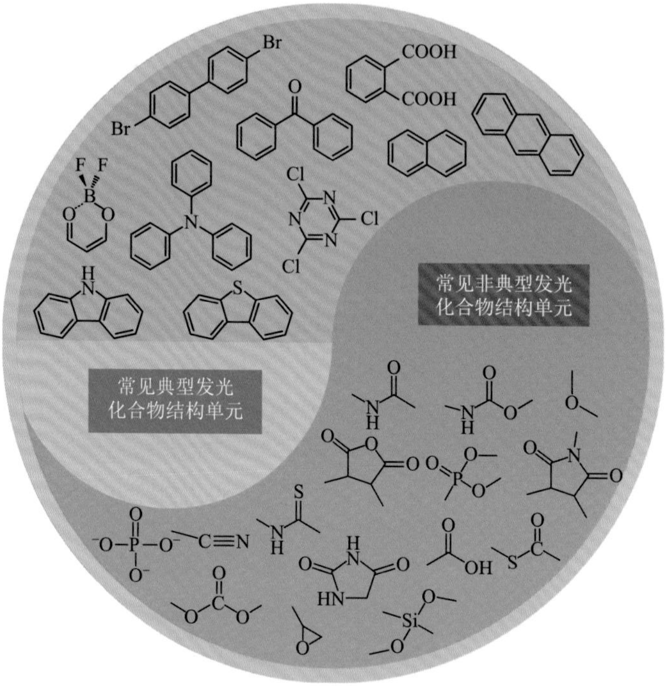

图 3-1 典型大共轭发光化合物与非典型发光化合物的发光生色团结构对比

对于非典型发光化合物发光现象的报道具有较长的历史。早在 1605 年，培根等观察到糖块的摩擦发光现象，之后研究者对糖的摩擦发光进行了深入的研究[5, 6]，然而关于糖类体系的光致发光现象在近期才重回研究者的视野。20 世纪 70 年代，已有文献描述了在缺乏传统大共轭芳香结构的物质中，观察到不同寻常的蓝色荧光现象。Arthur M. Halpern 等发现 1, 4-二氮杂二环[2.2.2]辛烷等非芳香族胺类在气态与溶液中能够受激产生发射[7, 8]。研究者将这一现象归因为：胺类的电子与邻近溶剂分子之间的电荷作用，能够稳定溶剂分子簇聚体的里德伯态（Rydberg state），从而产生发射。受限制于当时的认知水平，这一现象并未得到重视与更深入的研究。同时，研究者认为是溶剂所主导的发射，非芳香化合物本身的发光性质并未得到重视。1986 年，Mieloszyk 等报道了聚乙烯醇（PVA）薄膜的荧光和磷光发射，其荧光发射范围主要集中在 260～420 nm 之间，而其磷光发射在低温下可以达到约 580 nm[9]。因此，研究者认为虽然 PVA 一直被认为是一种较好的研究荧光染料的聚合物基质，但需要采用 420 nm 以上的激发光源，才能有效地减少 PVA 自身吸收与发射对荧光染料的光学性质的影响。同时，研究者认为聚合产物的 UV 吸收源自未完全反应的碳碳双键。20 世纪 90 年代，Donald A. Tomalia 等观察到其合成的非芳香聚酰胺-胺（PAMAM）型树枝状高分子具有弱的蓝色荧光发射，但由于当时对发光基团认识的局限性，研究者普遍认为缺乏传统发色团的 PAMAM 是不能发射荧光的，其发光现象是由少量荧光杂质引起的[10-12]。2001 年，Goodson 和 Tomalia 等[13]发现提纯后的 PAMAM 分子仍具有荧光发射。除上述报道之外，20 世纪 90 年代，研究者发现纤维素等天然产物也能够产生光致发光。1993 年，Olmstead 和 Gray 发现不同来源的纤维素在机械搅拌后生成的纸浆在紫外光照射下均能够发射蓝色荧光[14]，并且纸浆的发射波长相较于纤维素存在一定红移，而且纸浆的发射波长会随着其制浆过程的不同而发生改变。从此之后，较多的有关非芳香聚合物的发光性质的研究被逐渐报道。

与传统发光化合物相比，这些新的发光体显示出浓度增强发光的性质，而不是常见的浓度引起荧光猝灭。同时，这些发光化合物的发射强度甚至在固态中会进一步增强，远大于溶液状态下的发射强度。值得注意的是，尽管非典型发光化合物的发射具有激发波长依赖性，改变激发波长可获得不同波长的发射[1-3]，但截至目前，主要报道的发射波长仍以蓝光、绿光、黄光等短波长可见光为主。具有较长波长的非典型发光化合物仍然鲜为报道。同时，大多数非典型发光化合物光致发光的量子效率较低，很难达到与典型发光化合物类似的水平。如何通过分子工程设计和非典型生色团簇聚状态的调控来获得高效红光和近红外发射，仍有待探索。

3.2 簇聚诱导发光机理

3.2.1 簇聚诱导发光机理简介

尽管非典型发光化合物这一研究领域正在不断取得发展和进步，但由于分子结构中非典型生色团的多样性和化合物发光行为的复杂性，人们对其发光机理的认识尚未达成统一。针对不同体系，研究者提出了各式各样的发光机理，如氧化、羰基聚集、氢键的形成与电子离域、拓扑结构与端基的影响等。这些猜想在其对应的具体结构中似乎能够较好地解释发光现象的产生，但不同猜想之间彼此缺乏关联。特别地，即便对于同一体系，不同研究者的认识也不相同。以具有代表性的 PAMAM 体系为例，早期研究者认为三级胺对其发光具有重要影响，并认为其本身不能发光，氧化后才能发光。Lin 等通过对 PAMAM 氧化产物的分析，提出不饱和羟胺的形成是其发光的原因[15]。这一氧化机理在很长一段时间内影响着人们的认识，至今仍有研究者将含脂肪胺体系的发光归结为氧化。同时，人们研究了端基（—OH、—NH$_2$ 及—COOH）、分子量、聚合物拓扑结构（线形、树枝状、超支化）及 pH 等对 PAMAM 光发射的影响，并认为这些因素对其是否发光具有重要影响。然而，朱新远教授等的工作显示，无论线形还是超支化 PAMAM，其稀溶液均不发光，但在良溶剂/不良溶剂混合物中形成聚集体后两者均能显著发光[16]。同时，两种不同拓扑结构的 PAMAM 薄膜也能发光。这些结果说明脂肪胺的氧化和聚合物拓扑结构均不是发光的必要因素。

对于发光机理认识的局限性，极大地束缚了非典型发光化合物的发展。许多非典型发光化合物的报道都属偶然发现，而不能做到系统预测及合理设计。此外，值得注意的是，尽管非芳香合成化合物及生物体系的发光现象在早前均有报道，但多由化学家和生物学家偶然发现。这两个领域往往会发现相似的现象，但却缺乏相互关联。因此，探究不同体系的共同特征，建立其背后的关联，对进一步阐明非典型发光化合物的发光机理至关重要。

2013 年，袁望章等在研究大米、淀粉、纤维素等天然产物发光过程中，提出了富电子单元的簇聚是其发光的根本原因。"簇生色团"（clustered chromophore）的形成与电子离域共享及构象刚硬化使化合物在固态能受激发射。这一机理后来被称为"簇聚诱导发光"（CTE）。为建立不同体系的关联，袁望章等研究了聚丙烯腈（polyacrylonitrile，PAN）合成高分子体系及非芳香氨基酸、多肽、聚肽等生物分子，发现其具有共同的发光特性，并均可用 CTE 机理合理解释[16-18]。目前，CTE 机理能很好地解释已报道许多非典型发光化合物的发光性质，并能初步指导发现和设计新的发光体系。本书的主要内容也将围绕着这一机理进行展开。

CTE 机理的提出，源于一次偶然的好奇与观察。2012 年，笔者所在课题组博士生龚永洋（张永明教授与笔者共同指导博士生，现为桂林理工大学材料科学与工程学院副研究员）等发现普通大米在紫外光照射下能够发射强烈蓝光[图 3-2（a）]，呈现显著的光致发光现象[19]。由于大米是不同天然产物所组成的混合物，为进一步阐释其发光现象的来源，随后，对其主要成分——淀粉的光物理性质进行了系统研究。研究发现，淀粉稀溶液在室温下不发光，但其固体粉末可被紫外光激发呈现明亮的蓝光发射［图 3-2（b）]。纤维素与淀粉具有相同的化学组成，但葡萄糖单体单元的键接方式不同。研究发现其光发射行为与淀粉类似，均为产生蓝光发射［图 3-2（c）]。后续在其他天然产物，包括壳聚糖、葡聚糖、葡萄糖、木糖等固体粉末中均观察到类似光致发光现象。上述结果说明光致发光在糖类化合物中是普遍存在的。值得一提的是，这些天然产物不仅能发射荧光，其固体具有室温磷光（RTP）发射。这一现象即使是在芳香大共轭有机分子中也较为少见。一系列有趣现象吸引着我们去思考这些生活中常见物质的发光机理。

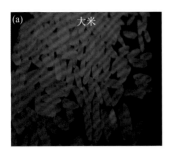
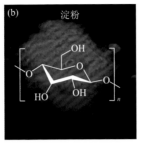
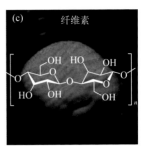

图 3-2　（a）大米的光致发光现象；（b）淀粉结构式及其固体的光致发光现象；（c）纤维素结构式及其固体的光致发光现象（$\lambda_{ex} = 365$ nm）[19]

通过分析淀粉与纤维素的结构式，可以发现这些分子除氢原子及饱和碳（sp^3）原子外，结构中存在大量富电子氧原子。其整个体系中只存在饱和单键（σ 键），不存在传统荧光物质中广泛存在的不饱和键（如 π 键等）。根据饱和 C—C、C—O、C—H 及 O—H 键的紫外吸收可知，其在紫外光波段的照射下无法从单分子层面激发产生可见光区域的发射。同时，饱和碳原子和氢原子的所有电子为 σ 电子，其进一步发生电子离域的可能性较低。据此，研究者推测氧原子中的孤对电子是化合物发光的根源，因为其存在离域的可能性。但孤立氧原子及其未成键电子无法对紫外光产生足够吸收响应，故不会被有效激发，不能产生可见光发射。在排除了单分子的发光之后，笔者等认为这一发射源于聚集态的发射，尤其是氧原子聚集后的发射。

具体而言，氧原子的簇聚及其孤对电子在簇生色团中所产生的空间电子云重叠（电子离域），能起到类似于化学键共轭结构中电子离域的效果。簇聚产生了更丰富的能级，并使其能级下降，能隙降低，从而易于激发并产生可见光发射。因而，具有充分电子空间离域的富电子簇生色团是淀粉、纤维素等天然产物发光的原因。在糖类体系中，氧簇作为簇生色团，其氧原子间间距较小，易于产生电子相互作用和离域扩展。因此，固态发光可理解为：化合物中氧原子在固态簇聚时，当分子内、分子间氧原子间距小于其范德华半径之和时，会产生有效的电子相互作用，使体系离域扩展，有效共轭长度增加，同时构象刚硬化形成，从而易于受激发射。此外，体系中存在着大量的氢键，这不仅使构象刚硬化，也使氧原子更容易产生电子相互作用进而离域扩展，从而有利于发光。同时，聚合物链的缠结、偶极-偶极相互作用、范德华力相互作用等进一步有益于簇生色团的构象刚硬化，减少非辐射跃迁，提高发光效率。

除淀粉、纤维素等多糖天然产物，一些合成聚合物的发射也可用簇聚诱导发光机理加以解释。以 PAN 体系为例，其是一种由饱和碳氢主链及不饱和氰基侧基组成的聚合物。周青等[20]的研究显示，PAN 的 N, N-二甲基甲酰胺（N, N-dimethyl formamide，DMF）稀溶液基本不发光，随着浓度增加，蓝色光致发光现象逐渐呈现。浓度进一步增大，发光现象更趋明显，发光强度逐渐增强 [图 3-3（a）和（b）]，表现出浓度增强发光行为。同时，PAN 固体粉末和薄膜在紫外光激发下均呈现出明亮的蓝光发射，其量子效率高达 16.9%。需要强调的是，PAN 稀溶液（1.25×10^{-4} mol/L）即便在 77 K 也几乎不发光，而向更稀溶液（1.25×10^{-5} mol/L）中加入不良溶剂二氯甲烷（dichloromethane，DCM）使 PAN 聚集形成纳米悬浮液，却能观察到典型的 AIE 现象。这些结果说明 PAN 单分子分散稀溶液不能产生有效发射，单纯构象刚硬化也不能使其发光，而簇聚对 PAN 发光至关重要。

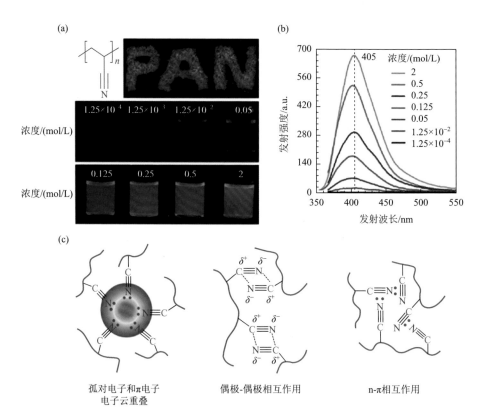

图 3-3 （a）PAN 的结构式及其固态和 DMF 溶液的发光照片（λ_{ex} = 365 nm）；（b）不同浓度 PAN/DMF 溶液的发射光谱（λ_{ex} = 365 nm）；（c）PAN 氰基簇中可能存在的相互作用示意图[20]

　　PAN 浓溶液、纳米聚集体及固体的有效发光说明 PAN 聚集体中一定存在能形成簇聚体发射种的富电子结构。在 PAN 中，饱和碳主链并不能够发光，因而可能产生簇聚发光的单元一定是氰基。氰基的富电子 N 原子及其三键上的离域 π 电子为形成空间电子离域提供了可能。因而，PAN 浓溶液、纳米聚集体及固体粉末与薄膜的光发射可用 CTE 机理合理解释：当 PAN 处于上述状态时，其侧链氰基簇聚形成簇生色团。在这些氰基簇中，氰基彼此靠近，其中可能存在 n-π 相互作用、偶极-偶极相互作用、π-π 堆积、孤对电子间相互作用等［图 3-3（c）］，从而形成有效的空间电子云重叠（电子离域）。这样的空间电子离域可以很好地降低激发态的能量，从而有利于激发。同时，这些相互作用的存在也使簇生色团构象更加刚硬化，减少非辐射跃迁的发生，促进辐射跃迁产生发光。此外，PAN 分子链缠结也有利于氰基簇的构象刚硬化。在上述因素的共同作用下，非芳香高分子所形成的富电子簇能够受激产生发射。PAN 体系光物理性质和发光机理的研究深化了研究者对非典型发光化合物本征发光的认识，为进一步阐明发光机理，合理设计合成新的非典型发光化合物并探索其应用奠定了基础。

　　总结上述天然产物与合成大分子体系，可以得到 CTE 机理及其相对应的一般规律：非典型发光化合物在单分子状态下无法被紫外光有效激发而产生发射，这是由于其单分子的基态、激发态能隙大，对应的吸收波长与激发波长较短，发射波长也相应地处于紫外区；随着分子聚集程度的增加，体系中形成了大量富电子簇聚体发射种，由于这些簇聚体中广泛存在着电子空间离域，故其产生更丰富的能级且能隙变小，能够较好地吸收紫外光，甚至可吸收可见光，因而其发射红移至可见光甚至近红外区域。同时，由于单重态、激发三重态能隙变小，系间窜越变得可能，磷光发射也可能产生。同时氢键、范德华力、偶极-偶极相互作用等也能使簇聚体发射种构象刚硬化，因而能更好地抑制非辐射跃迁，并更好地促进辐射跃迁而产生较好的发光（图 3-4）。

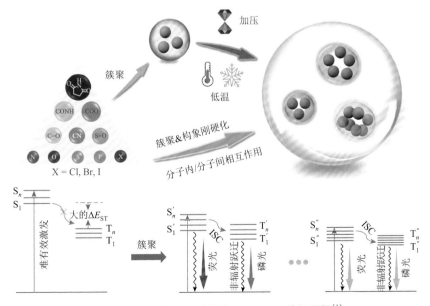

图 3-4　CTE 机理示意图和 Jablonski 能级图解[1]

CTE 机理也可用 Jablonski 能级图加以形象说明。具体而言，非芳香化合物单分子的激发态能级较高，其激发单重态和基态之间的能级差 ΔE 较大，因而紫外光无法产生有效的激发。相对应地，单分子也无法产生发射，即无法产生光致发光。然而，随着聚集程度的提升，聚集体中的电子离域程度变大，因而其激发态的能级也相应降低。因此，其 ΔE 也逐渐降低，并且在达到一定阈值后能够被紫外光所激发。电子因此能够受激达到激发单重态，后又通过辐射跃迁回到基态并以光子的形式释放能量。这就是非芳香化合物的簇聚体能够发射荧光的原因。在降低能级的同时，簇聚程度的提升也能够促进聚集体分子构象的刚硬化，从而抑制簇生色团的振动、转动能量耗散，即减少非辐射跃迁。非辐射跃迁作为辐射跃迁的竞争过程，对三重态激子影响重大，容易导致三重态激子无法进行光子发射，即磷光被猝灭。因而簇聚体的形成也有利于稳定三重态，从而产生簇聚诱导的磷光发射。

值得注意的是，CTE 机理中的簇聚体（cluster）主要指的是富电子的簇聚体发射种，是一种微观的概念。几个相邻的分子能够形成簇聚体发射种，高分子链也能够通过分子链的缠结及分子内/间相互作用形成簇聚体发射种。即使对单一组分，包括具有较为确切结构与分子排列的单晶，其也能够形成不同的簇聚体发射种。CTE 机理中的簇聚体发射种并不一定需要形成宏观上的聚集体，其广泛存在于各种固态与液态非典型发光化合物中，是一种微观的概念，其大小不同于聚集体尺寸。CTE 机理主要强调电子的空间离域形成的富电子簇聚体发射种，其往往具有多样性特征。

总体来讲，具有 CTE 性质的发光化合物大多数具有 AIE 性质，是 AIE 化合物中的一个新的类别。但许多人往往存在这样一种疑惑，即 AIE 和 CTE 有何联系与区别？笔者认为可从如下两个方面予以理解。

（1）如果将 AIE 视为一种广义的光物理现象，与 ACQ 相对，即单分子溶液不发光或发光很弱，而聚集态发光增强，其本质是化合物构象刚硬化使非辐射跃迁减少，辐射跃迁增加。从唯象学角度看，CTE 类化合物几乎都具有 AIE 现象。CTE 机理是对非典型发光化合物 AIE 现象的一种详细解释，将发射中心归为富电子单元簇聚体，为"什么样的聚集态能够发光"这一问题给出了一种合理解释。

（2）AIE 机理主要强调了分子转动振动受限导致的发射，通常单分子本身在构象刚硬化时能发光。CTE 则强调了富电子簇聚体及其相应的空间电子离域在聚集态发射中的重要性，其针对的非典型发光化合物仅靠构象刚硬化通常无法产生有效发射。因而可以认为 CTE 机理对非典型发光化合物的 AIE 现象提供了更加细节和具体的机理解释，强调了聚集体中电荷空间离域及相互作用的重要性。同时，CTE 机理也能够更好地指导非典型发光化合物的设计，以获取具有更突出光物理性质的聚集态发射化合物。

3.2.2 小分子的簇聚诱导发光现象

在簇聚诱导发光机理的发展初期，相关研究主要集中在非芳香聚合物领域，这一方面与人们的偶然发现密切相关，另一方面则可能是聚合物较小分子而言，其溶液更容易产生富电子单元簇聚而发光。随着不同非典型发光体系的发现及发光机理认识的深入，特别地，模型化合物单晶结构分析证实了富电子单元间相互作用（如葡萄糖中 O···O 相互作用）的存在，这些进展有力地促进了人们对小分子簇聚诱导发光的探索。同时，相较于高分子的分子量分布及高分子链聚集态结构的无序性，对于有机小分子确切单晶结构的解析，更加有助于研究者理解非典型生色团之间的相互作用，以及相应的富电子簇聚体发射种的产生。这对于非典型发光化合物的结构-发光性能关系的研究，具有更好的启发意义。

受到大米及其主要成分淀粉的发光现象的启发，袁望章等发现小分子单糖也具有光致发光现象，并将其归因为单糖晶体中较为广泛存在的氧原子之间的相互作用[21]所导致的发射。这些相互作用一方面可以导致电子云重叠（空间电子离域），使能隙变窄，有助于发光；另一方面也能进一步稳定晶体结构与分子构型，减少激发态能量的非辐射耗散。如图 3-5 所示，以 D-木糖为例，其单晶在不同波长紫外光下均具有明显的蓝色光致发光现象。其相对应的 PL 光谱也证明了稳态发射主要集中在 400~450 nm 之间的蓝色可见光区域。在关闭紫外光后，研究者观察到了与 PL 发射颜色所不同的余辉，其颜色随着激发波长的红移也显示出了由蓝色到绿色的红移趋势。通过延迟光谱（延迟时间 $t_d = 0.1$ ms）研究发现，其延迟发射的寿命在 100 ms 以上，可以归属为超长寿命室温磷光（p-RTP）发射。同时，浓度增强发光和明显的激发波长依赖性也符合簇聚诱导发光化合物的一般特性。因而，研究者猜测这一单糖的发光机理与多糖相似，也为"氧簇"的形成所导致的发光。通过单晶 XRD（SC-XRD）数据可知，D-木糖分子内与分子间均存在较多 O···O 相互作用。研究者认为，当单晶结构解析得到的原子间距离小于两个原子的范德华半径之和时，两个原子间的电子会离域扩展，从而形成空间共轭。由于氧原子存在孤对电子，因而其可以产生较好的电子空间离域，形成多种富电子簇聚体发射种。为进一步证实这一猜想，研究者采用理论化学计算得到了 D-木糖单分子与多聚体的 HOMO 与 LUMO 分布。由计算结果可知，D-木糖多聚体的 LUMO 分布在多个 D-木糖分子之上，体现出在激发态下较好的电子离域现象。这一计算结果与实验结果吻合较好，充分证明了 D-木糖单晶中存在电子离域及空间电子云重叠。这些实验和理论结果都说明 D-木糖的发光来源为富电子"氧簇"的形成。类似"氧簇"导致的非芳香聚合物和小分子的发射也被广泛报道[22, 23]，进一步证明了 CTE 机理的普适性。

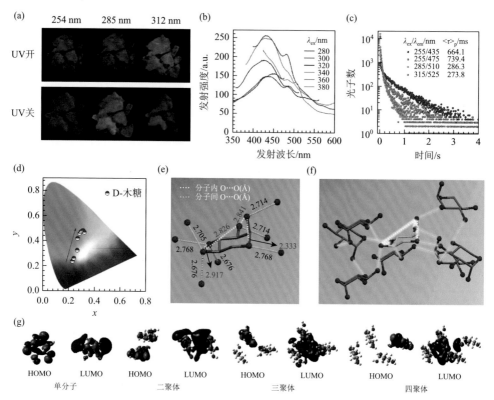

图 3-5 （a）D-木糖在不同激发波长下的发光及余辉照片；（b）D-木糖在不同激发波长下的稳态光谱；（c）D-木糖在不同激发波长与发射峰处的室温磷光寿命；（d）D-木糖在不同激发波长下的余辉 CIE 坐标；D-木糖单晶中一个分子周围的 O···O 相互作用（e）及其分子排列（f）；（g）D-木糖单分子至四聚体的 HOMO、LUMO 电子密度分布[21]

　　除较为常见的 O、S、N、P 等原子序数较小的杂原子外，具有更为复杂电子结构的非金属重原子也具有较多可离域的孤对电子，因而也可能通过形成富电子的簇聚体产生光致发光现象。而其中卤族元素，即元素周期表ⅦA 族元素，主要包括氟（F）、氯（Cl）、溴（Br）、碘（I）等，也可能形成簇聚体产生光致发光现象。袁望章等[24]发现非芳香含卤化合物在聚集态具有明显的光致发光性质，并将发光机理归因于富电子的卤族元素所形成的"卤簇"的发射。如图 3-6（c）所示，六氯乙烷和四氯季戊烷在 312 nm 紫外光下能够分别产生蓝绿光和蓝光发射。而在 365 nm 紫外光下，两种物质的发射均产生变化，体现出非典型发光化合物的典型特征：激发波长依赖性发射。研究者认为，由于这些分子能够形成卤键相互作用，在聚集态下，形成具有空间电子离域的簇生色团［图 3-6（a）］。同时，卤素的引入也可以促进重原子效应的产生，有利于得到三重态的发射。因而，研究者也观察到了上述物质具有低温磷光甚至超长寿命室温磷光发射性质。

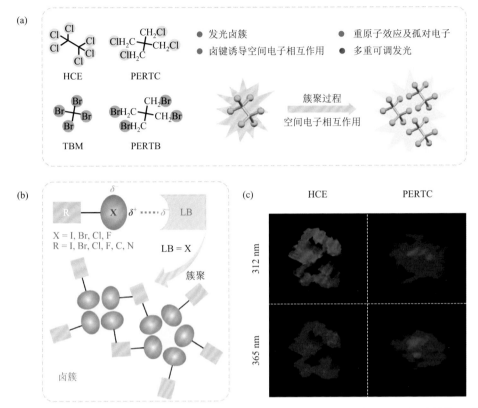

图 3-6　（a）具有光致发光现象的非芳香卤代烷结构及其发光机理示意图；（b）"卤簇"形成示意图；（c）六氯乙烷（HCE）、四氯季戊烷（PERTC）在不同激发波长下的光致发光照片[24]

　　上述研究表明，非芳香小分子晶体的光致发光现象也可用簇聚诱导发光机理解释。这些富电子单元的簇聚体能够通过电子相互作用形成空间共轭，同时使构象刚硬化。因此，处于聚集态的非芳香小分子也能够受激发光，且其发射具有与高分子类似的显著激发波长依赖性。这是由于即便在单晶体系中，依然能够形成不同的簇聚体发射种，从而使其发射具有动态可调性。这一独特性质与典型发光化合物在通常条件下的单一发射截然不同，对研究有机材料光物理过程具有重要意义，同时也为进一步开拓非典型发光材料的应用提供了空间。

3.2.3　通过簇聚诱导发光机理设计高性能非典型发光化合物

　　随着越来越多非典型发光化合物的发现与报道，研究者渐渐总结出一些非典型发光化合物结构的规律，以及调控和提升其发光性能的方法。基于这些认识，研究者开始通过 CTE 机理设计合成高性能非典型发光化合物。
　　基于 CTE 机理，富电子非典型生色团的簇聚状态对发射影响较大。因而，如何实现更紧密的簇聚及更大程度的电子离域是设计高性能非典型发光化合物时需要解决的问题。为实现这一目标，通常采用的方法是引入更多的非共价键相互作用，包括氢键、卤键、配位作用、偶极-偶极相互作用及离子相互作用等。下面所述有关聚丙烯酸等非芳香聚合物的例子，即为这一设计原则的体现。同时，通过调控分子的聚集程度也可实现对非典型发光化合物的发射性质的调节。该部分的具体调节方法及详细实验实例将在本书后续章节加以详细阐释。

依据 CTE 机理，袁望章等引入了大量富电子氮、氧原子以构筑富电子的体系。氢键、偶极-偶极相互作用等非共价相互作用的引入可进一步促进簇聚体发射种的形成与稳定，以及促进空间电子离域。研究者设计并合成了聚丙烯酸（PAA）、聚丙烯酰胺（PAM）和聚（N-异丙基丙烯酰胺）（PNIPAM）三种非芳香聚合物，并发现其具有较好的发光性质[25]。研究者也发现，聚合物不同侧基可调节分子间相互作用，从而影响其光物理性质。如图 3-7（a）所示，上述三种聚合物都显示出本征蓝色发射。此外，关灯后，PAA 和 PAM 固体还表现出 p-RTP 发射。同时，虽在敞开体系下 PNIPAM 固体没有产生可见的磷光发射，但在氮气或真空中，研究者观察到明亮的 p-RTP［图 3-7（b）］。研究者认为羧基或酰胺基团的聚集使聚

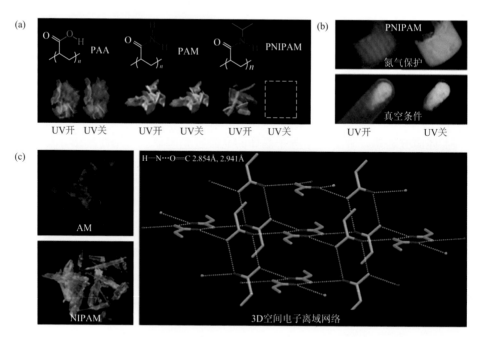

图 3-7　（a）PAA、PAM 和 PNIPAM 固体在 312 nm 紫外光照射下或停止照射后的发光照片；（b）PNIPAM 固体在氮气或真空中在 312 nm 紫外光照射下或停止照射后的发光照片；（c）在 312 nm 紫外光下拍摄的 AM 和 NIPAM 晶体的照片，以及 AM 晶体中 C＝O···N 相互作用示意图[25]

合物具有光致发光的能力。特别是 C=O 和 N 杂原子的存在也可促进 ISC 过程，从而促进了三重态激子的产生。对于 PAA 和 PAM，相对较小的侧基导致了更密实的分子堆积，能更好地阻止氧气和其他猝灭剂的进入。与之相比，异丙基（i-Pr）的引入增加了 PNIPAM 固体的透氧性，从而导致空气中三重态的氧猝灭。

为进一步研究三种聚合物的发光机理，研究者表征了丙烯酰胺（AM）和 N-异丙基丙烯酰胺（NIPAM）单体的单晶。两种晶体在环境条件下均发出蓝光 [图 3-7（c）]。尽管这两种晶体均未呈现 p-RTP 发射，但在 77 K 低温下，由于分子热运动被进一步抑制，因此研究者观察到了低温磷光现象。单晶结构分析验证了强分子间相互作用的存在，如图 3-7（c）中的 AM 晶体所示，N⋯O=C 分子间相互作用构成了 3D 空间电子离域网络，扩展了空间电子离域，并使"簇生色团"的构象刚硬化，从而产生明亮的 PL 发射。

上述实验结果不仅进一步支持了 CTE 机理，同时也证明了 CTE 机理作为非典型发光化合物设计指导依据的可行性。这一认识对设计高效非典型发光化合物体系，开发新的有机 RTP 材料及拓展传统非芳香分子的应用具有重要意义。事实上，近几年，研究者已基于 CTE 机理开发出了多种高效非典型发光化合物体系。本书将在后续章节详细介绍这些进展。

3.3 非典型发光化合物的一般光物理性质

3.3.1 浓度增强发光

早期，对 PAMAM、PEI 等含脂肪胺体系，人们通常在固定浓度或能够观察到发光的较窄浓度范围内研究。同一浓度下不同拓扑结构、不同代数树枝状化合物、不同端基的聚合物等发光行为表现出明显差异。这一现象导致研究者将是否发光归结为不同结构、端基等差异。这些认识具有片面性，忽略了不同状态下非典型生色团之间相互作用的差异。对于最初非典型发光化合物的文献报道"不发光"的体系，在适当条件下形成聚集，也能产生有效发射。正如前面所述，非典型发光化合物的发射源自不同种类的簇聚体，而非单个分子或者是生色团的发射，因而非典型发光化合物的发光与其聚集程度密切相关，有效的发射往往是在聚集体中才能实现。这一特点在溶液状态下的表现即为浓度增强发光的现象。

具体来讲，在极稀溶液状态（一般情况下浓度为 $10^{-6} \sim 10^{-4}$ mol/L）中，非典型发光化合物几乎不发光，因此难以检测到信号。这与传统芳香荧光染料的现象不同，在该浓度下荧光素、罗丹明等染料已经可以达到很强的荧光发射。对于非典型发光化合物，在此低浓度下，由于溶质分子充分地分散在溶剂中，形成聚集体的概率较小，溶质分子是以单分子的形式分散于溶液体系中，因而在此条件下测得的光谱主要体现的是单分子的发光性质。而由于本身缺乏共轭结构,分散状态下的非典型发光化合物并不能得到有效激发,因而非典型发光化合物的稀溶液往往是不发光的。

随着浓度升高,非典型发光化合物发生聚集的可能性逐渐增大。其主要的聚集驱动力包括分子间非共价相互作用,如氢键、偶极-偶极相互作用等;对于大分子体系,高分子链内与链间的链缠结也需要考虑。当非典型发光化合物的聚集程度达到一定阈值,即形成了能被紫外光激发并发出可见光的簇生色团时,便可产生相应的能检测到的光致发光现象。随着浓度的升高,非典型发光化合物的簇聚程度上升,其发光强度也会随之上升。

如图 3-8 所示,无论是生物大分子海藻酸钠还是小分子 L-赖氨酸,均体现出

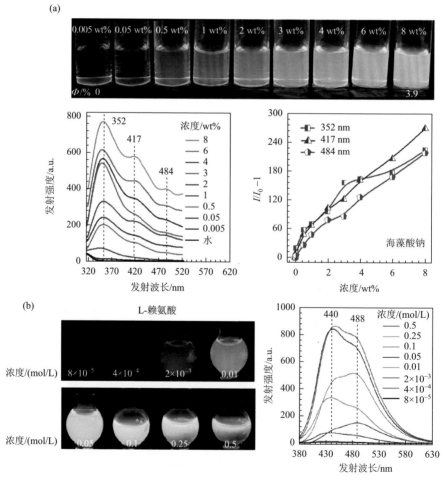

图 3-8 (a)海藻酸钠浓度增强发光现象[23];(b)L-赖氨酸的浓度增强发光现象[26]

wt%表示质量分数

明显的浓度增强发光现象。以海藻酸钠为例，作为一种非芳香性多糖生物大分子，其具有较多富电子 O 原子，在簇聚状态下能形成有效的"氧簇"，进而形成空间共轭，并在构象足够刚硬化时实现发光。同时，由不同发射峰的强度变化曲线可知，在相同浓度下，不同峰位的强度变化对浓度升高的响应不同，这也表明了多重簇聚体发射种的存在。相应地，L-赖氨酸的发射随浓度增加不仅强度增加，还产生了不同的发射峰，且其发射半高宽较宽。这也说明高浓度发射情况较为复杂，具有较多的簇聚体发射种。

3.3.2　聚集诱导发光性质

目前，非典型发光化合物中富电子单元簇聚体的形成通常涉及分子聚集过程，因而自然地，非典型发光化合物也普遍具有聚集诱导发光（AIE）的性质。前面所述的浓度增强发光现象，也可看作是化合物 AIE 性质在溶液中的体现形式。聚集的形态是多种多样的，除浓度增大导致的聚集发光增强外，也可通过形成纳米粒子，或者通过引入不良溶剂形成纳米悬浮液，在较低浓度下通过分子聚集产生发射。以下将以具体实例分别说明上述方法。

香港科技大学唐本忠院士团队在 2007 年报道了马来酸酐-乙酸乙烯酯交替共聚物（PMV）的 AIE 现象[27]。研究者发现 PMV 的四氢呋喃溶液在紫外光下几乎不发光，但其在乙酸正丁酯中形成的纳米悬浮液发射明亮蓝光[图 3-9（a）]。尽管 PMV 的这一独特发光现象在当时未能得到合理解释，但这一体系在后来得到不断发展，成为非典型发光化合物研究的一个模型化合物。依据 CTE 机理，PMV 中的富电子酯基与酸酐单元都应对发光有贡献，且酸酐单元自身已形成了较羰基更大的离域体系，因此可作为整体考虑。在稀溶液状态下，其聚集程度较低，难以形成簇聚体发射种。在形成纳米粒子后，其聚集程度相较于溶液有着较大的提升，因而能够形成较多簇生色团，从而导致其发光现象的产生。需要注意的是，纳米悬浮液中的每一个纳米粒子并非对应一个簇聚体发射种，即聚集体尺寸与非典型簇生色团的大小是有区别的。CTE 机理中的簇生色团发射中心强调的是富电子单元的簇聚，而非整体分子的聚集。因此，簇生色团中电子离域程度的大小及簇的构象刚硬化程度与发光密切相关，而聚集形成的聚集体尺寸大小与发光波长及强度等没有必然联系。

上海交通大学朱新远教授等设计合成了线形 PAMAM（l-PAMAM）与超支化 PAMAM（hb-PAMAM），并对其光物理性质进行了研究[16]。研究者重点关注了不同拓扑结构聚合物的聚集态光物理行为。如图 3-9（b）所示，l-PAMAM 和 hb-PAMAM 稀溶液（10 μg/mL）均无法观测到发光现象，但在水/丙酮混合溶剂中，通过加入不良溶剂析出的纳米聚集体均能发射强烈蓝光，表现出典型的 AIE 特性。这一结果不仅说明拓扑结构不是 PAMAM 发光与否的决定因素，而且排除了氧化是 PAMAM 发光根源的假说。同时，PAMAM 的光物理行为可用 CTE 机理解释：脂肪胺单元与酰胺单元的簇聚，以及簇生色团的构象刚硬化使化合物在聚集态能发光。这一成果揭示了此类非芳香化合物的 AIE 性质并非依赖于特定的拓扑结构，而主要与聚集态有关。无论超支化 PAMAM 还是线形 PAMAM，其聚集后均能产生明显的光发射现象。

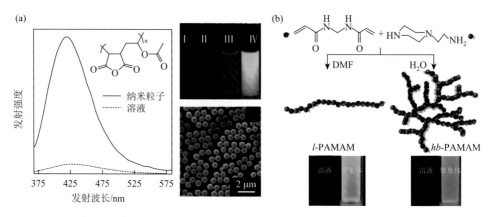

图 3-9 （a）马来酸酐-乙酸乙烯酯交替共聚物形成纳米粒子后的聚集诱导发光现象（λ_{ex} = 365 nm）[27]；（b）不同拓扑结构（线形、超支化）PAMAM 的聚集诱导发光现象（λ_{ex} = 365 nm）[16]

3.3.3 （室温）磷光发射

目前，研究者对非典型发光化合物的研究主要聚焦于荧光。对于磷光发射，以及其他涉及三重态的更复杂的光物理过程关注甚少。由于系间窜越的自旋禁阻特性，以及三重态激子对分子运动、水、氧气等的敏感性，纯有机化合物的室温磷光（RTP）现象较难观测到。例如，在固态时，若不经意间造成样品吸湿，或无法有效阻隔氧气，或分子本身构象刚硬化程度不够，则无法获得显著 RTP 发射。上述因素或许是人们鲜有报道非典型发光化合物磷光发射的主要原因。

但在研究过程中，笔者注意到，许多非典型发光化合物的浓溶液或固体，在低温（如 77 K）时较易观测到磷光发射，且其浓溶液低温磷光具有明显的激发波长依赖性，在 312 nm、365 nm 紫外光照关闭后呈现出不同的余辉颜色。同时，在近五年中，越来越多非芳香有机化合物被发现具有超长寿命室温磷光（p-RTP）发射，如氰基乙酸 [图 3-10（a）][28]、海因 [图 3-10（b）][29] 等。这一性质可主要归因于如下因素：①簇聚体发射种的形成及其对应的空间电子离域不仅使体系能级劈裂，而且能隙降低，从而有利于系间窜越及磷光发射；②非典型发光化合物中较为常见的 C=O、C≡N 和孤立的双键等有助于促进与含有孤对电子的杂原子之间的 n-π* 跃迁，即电子与轨道的相互作用有助于产生更多的三重态激子；③非典型发光化合物中的重原子（S、Br、I 等）有助于促进自旋轨道耦合，从而有助于系间窜越过程；④非典型发光化合物簇生色团中大量的分子内/间相互作用能有效地抑制簇生色团的振动与转动，从而稳定三重态激子，减少其非辐射跃迁；⑤分子间较强的相互作用可隔绝外界环境中的猝灭剂（如水和氧气等），从而更好地稳定三重态激子。而低温磷光相较于 RTP 更常见的原因，在于其通过降温使簇生色团进一步构象刚硬化，抑制了分子的热运动，同时减少了猝灭剂与三重态激子的碰撞接触，从而稳定三重态并减少激发态分子的非辐射跃迁。关于非典型发光化合物 RTP 的更多内容将在本章 3.5 节 "非典型发光化合物的簇聚诱导磷光" 部分详细介绍。

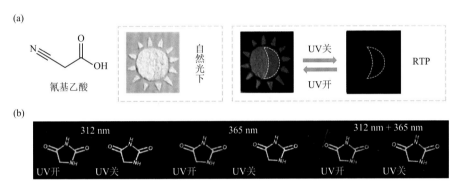

图 3-10　（a）氰基乙酸的光致发光及室温磷光照片[28]；（b）海因晶体在不同激发波长下的光致发光及室温磷光照片[29]

3.3.4　发射的激发波长依赖性

如前文所述，非典型发光化合物的发射来源于其聚集态下的多重簇聚体发射种。结合经典光物理相关理论，每一发射种均具有其对应的最佳激发与发射波长。这一认识依然适用于簇聚体的发射。因而，当采用某一特定波长的激发光源时，非典型发光化合物中的不同簇生色团对该波长有着不同的响应，只有部分簇生色团能够被较好地激发。值得注意的是，不同簇生色团还可能存在着同时被激发和部分能量转移情形。因此，由于簇聚体发射种的多样性，激发波长依赖性是非典型发光化合物最重要的性质之一。同时，这一现象的存在也证明了非典型发光化合物的聚集态发光本质。值得注意的是，由于分子本身是处于热运动中的，以及激发光本身也会为分子提供一部分运动/构型改变的能量，因而非典型发光化合物中各式各样的簇聚体可能并非是一成不变的。相反，这些发射种的形成与改变是一个动态过程，对环境因素有着较高的敏感性。这也增强了非典型发光化合物的激发波长依赖性，以及其对于外部环境，包括温度、压力等的敏感性。

北京师范大学汪辉亮教授等研究了聚衣康酸酐的光物理性质，发现其粉末发光具有明显的激发波长依赖性［图 3-11（a）］[30]。具体而言，随着激发波长的增加，聚衣康酸酐的发射峰产生明显的红移，从 350 nm 左右的紫外区逐渐红移至近 500 nm 的可见光区域。在荧光显微镜下，当分别采用紫外光、蓝光和绿光激发时，粉末分别发出蓝光、绿光和红光。这一现象进一步证明该体系具有典型的激发波长依赖性，存在多发射种，符合非典型发光化合物的一般特征。

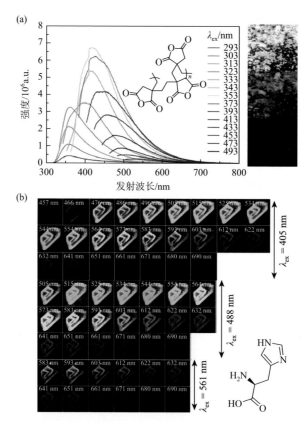

图 3-11　（a）聚衣康酸酐在不同激发波长下的发射光谱及不同激发波长下的荧光显微镜照片[30]；
（b）L-组氨酸晶体在不同激发波长下的共聚焦激光扫描显微镜照片[31]

除聚合物体系外，具有明确晶体结构和分子排列的小分子单晶也具有激发波长依赖性发射。美国康奈尔大学 Alireza Abbaspourrad 教授等研究了多种非芳香氨基酸晶体的光致发光现象。通过共聚焦激光扫描显微镜，在不同激发波长下观察了氨基酸晶体的发射[31]。他们发现在相同波长的激发下，氨基酸晶体具有较宽波长范围的发射，同时这一发射范围会随着激发波长的增大而产生红移。以 L-组氨酸为例 [图 3-11（b）]，当采用 405 nm 波长激发时，观察到了从 466 nm 到 680 nm 的荧光发射。而采用 561 nm 波长激发时，晶体的发射范围主要集中在 583～690 nm 之间。这一现象说明 L-组氨酸晶体发光具有典型的激发波长依赖性的特征。为进一步探究晶体的荧光发射，研究者测试了晶体的荧光寿命，发现其寿命拟合方程中存在多个寿命参数。这一实验进一步证明了即使是在单一激发波长下，依然存在多重发射中心。

非芳香小分子晶体的激发波长依赖性说明，在具有明确结构与分子排列的单晶中，依然存在不同簇聚体发射种，其是通过相邻分子富电子单元间的相互作用与电子离域形成的。这一概念有助于更好地理解小分子晶体的簇聚诱导发光现象。

3.4　不同类型的非典型发光化合物

3.3 节总结了非典型发光化合物光发射的一般特征，并通过具体实例展示了 CTE 机理在解释这些现象时的合理性。事实上，早期关于非典型发光化合物不同机理的提出，在一定程度上与人们的研究体系不同有关，这是因为诸多报道都是基于不同领域的偶然发现。一方面，大家对自己体系的新现象感到兴奋与好奇，并试图找到合理解释；另一方面也因研究条件与数据的局限性而不能完全排除杂质的影响。最终，不同研究者所提出的机理各不相同，且较少被跨领域的其他研究者所知晓。例如，物理化学和材料学方向的研究者更关注如脂肪胺体系和羰基体系，而生物学家和生物物理学家则对生物分子体系兴趣较大。笔者课题组在研究过程中提出了 CTE 机理，并通过不同体系在不同条件下光物理性质的系统研究，找到了诸多共同特征，建立了不同体系间的相互关联。同时，回顾前人研究，发现 CTE 机理也能很好地解释早前不同体系的实验结果。特别地，CTE 机理能指导发现与设计新的非典型发光化合物[5, 16]，而这些结果的取得也进一步说明了 CTE 机理的合理性。因此，CTE 机理在非典型发光化合物中具有一定的普适性。故本节在后续部分总结了非典型发光化合物中天然产物、合成化合物及生物分子体系等的相关情况，并尝试利用 CTE 机理对这些体系进行解释与讨论。

3.4.1　非芳香天然产物

正如笔者课题组发现大米能发光一样，许多生活中的天然产物也表现出光致发光性质。这些现象往往被人忽视,但对于有机发光化合物研究具有较大的启发意义。如图 3-12 所示,生活中常见的鸡蛋及苹果在不同波长的紫外光照射下能发出不同颜色的光。这一现象吸引着研究者进一步解释其发光现象的来源。尤其值得注意的是,熟鸡蛋在 312 nm 紫外光激发下其蛋清部分和蛋黄部分具有不同的发光颜色,该现象在 365 nm 紫外光下也明显。同时,对于熟鸡蛋,不同激发波长下的发光颜色差异显著,其在 312 nm 和 365 nm 紫外光下的发光颜色分别为蓝白色和黄绿色。这说明其具有典型的激发波长依赖性发射特征,符合非典型发光化合物的一般特性。由此看来,在如此常见的天然产物中,也具有对于激发波长响应截然不同的发射种存在。尽管鸡蛋本身成分复杂,但其主要成分蛋白质中富电子单元(包括芳香族氨基酸、非芳香族氨基酸、多肽主链)的簇聚应对其发射具有重要贡献。

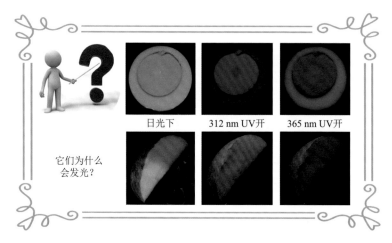

图 3-12　熟鸡蛋及苹果切片在不同波长紫外光下的光致发光现象

　　类似情况在近年来也常见诸报道,单糖、糖苷和多糖等天然产物的光致发光被不断发现,其本征发光具有一定的相似性。此外,在这些体系中,除荧光发射外,RTP 现象也被揭示 [图 3-13(a)]。吉林大学崔学军教授等[32]发现生活中常见的明胶具有浓度增强发光及激发波长依赖性的荧光现象,并用 CTE 机理对其发光进行了解释。与之相似,桂林理工大学龚永洋等发现微晶纤维素(MCC)、2-羟乙基纤维素(HEC)、羟丙基纤维素(HPC)及醋酸纤维素(CA)具有光致发光的性质。MCC、HEC 和 HPC 固体均表现出明亮的荧光及 RTP 发射,而 CA 固体发射相对较弱且无明显 RTP。这些光物理性质可用 CTE 机理很好地理解。在固态,醚基、羟基和羰基的簇聚是化合物发光的根源 [图 3-13(b)]。相对而言,CA 固体的较弱发光归因于其相对较少的氢键及较差的结晶性[33]。

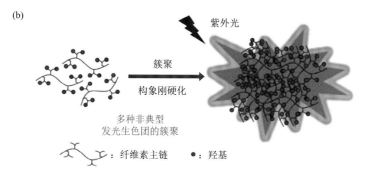

图 3-13 （a）具有光致发光性质的非芳香族天然产物举例；（b）微晶纤维素及其衍生物的簇聚诱导发光机理示意图[33]

　　早前，研究者主要在稀溶液中研究天然蛋白质的发光，并将其归因于三种芳香族氨基酸的发光[34]。然而，如前面所述，非芳香氨基酸及聚氨基酸在聚集态均具有显著的本征荧光性质[26, 31]，这应当促使我们重新思考蛋白质的发光机理，特别是其在聚集态的发光。同时，在许多类似的生物体系中，非芳香分子的簇聚体导致的发光仍值得注意，在本书的后续章节中有关于此部分的详细介绍。

3.4.2　非芳香合成高分子

　　目前，不同于初期的零星发现，许多非芳香合成高分子被报道具有光致发光现象（图 3-14）。从聚合物的拓扑结构分类，包括线形聚合物、树枝状聚合物、超支化聚合物及高度交联的空间网状聚合物。尽管这些聚合物存在较大的结构差异，但是都表现出典型的 CTE 现象。这些实验事实也再次说明 CTE 机理具有良好的普适性，以及富电子单元簇聚体在有机分子聚集态的普遍存在。同时，这些不同拓扑结构的聚合物具有共同的 CTE 特性，说明无论拓扑结构如何，只要通过各种非共价键相互作用达到充分的空间电子离域（又常称为空间共轭），即可形成簇聚体发射种，从而在构象刚硬化的适当条件下发光。此外，值得注意的是，一些非芳香族室温离子液体也被报道具有荧光发射[35]。

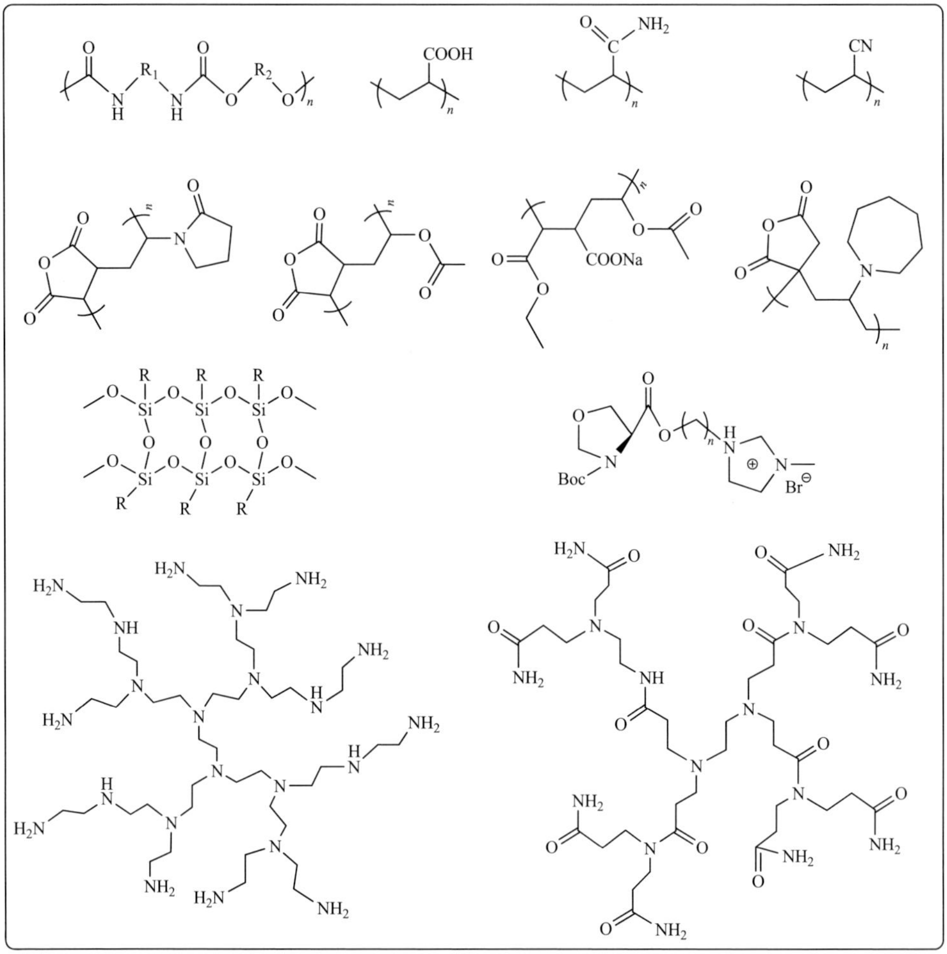

图 3-14 具有光致发光性质的非芳香合成高分子示例

从聚合物的结构单元来分类,这些具有发光性质的非芳香族聚合物可分为共聚物和均聚物。同时,也有研究者对聚合物进行了后处理,如物理共混或化学反应,实现了对化合物光物理性质的调节,特别是对其 RTP 的调控。例如,周青等对聚丙烯酸的离子化处理[25]及窦雪宇等对海藻酸钠的化学接枝[36]等,离子簇的进一步构象刚硬化或新引入生色团在体系中聚集态的多样性赋予材料更优异的发光性质。上述例子说明簇聚诱导发光聚合物具有良好的发射可调性,即可通过不同基团引入调节富电子单元的簇聚状态,如引入新的富电子单元与新的电子相互作用,调节堆砌密度,改变簇生色团构象刚硬化程度等,从而改变化合物发光性质。有关非典型发光化合物发光调控的相关内容,将在后续章节予以详细介绍。

3.4.3　非芳香小分子

随着非典型发光化合物研究的不断推进，研究者发现一些非芳香有机小分子化合物在紫外光照射下也能发光（图 3-15）。从有机化合物来源分，这一类发光小分子涵盖了天然产物（如糖类和尿素）和合成小分子。其结构往往含有较多 N、O、Br、S 等富电子杂原子，且较经典大共轭有机发光化合物具有更简单的分子结构。尽管这些小分子结构差异较大，却均呈现出典型的簇聚诱导发光现象。这进一步说明簇聚诱导发光机理的普适性，同时也说明簇生色团在有机分子中普遍存在。同时，相较于高分子存在一定宽度的分子量分布及高分子链聚集态结构的相对无序性和复杂性，有机小分子的确切单晶结构更有助于分析非典型生色团之间的相互作用，以及相应的富电子簇聚体发射种的产生。

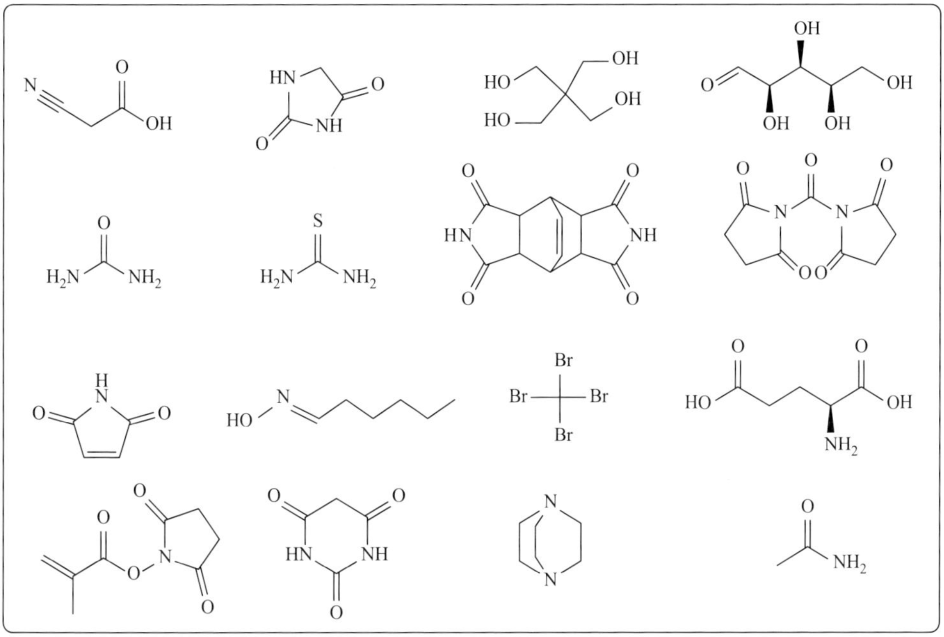

图 3-15　具有光致发光性质的非芳香小分子示例

即便是具有确切结构与规整分子排列的有机小分子单晶，也能形成不同种类的富电子簇聚体，从而形成有效的空间共轭，使其易于受激发射，并具有与高分子体系类似的激发波长依赖性发射。这与典型发光化合物发光通常与激发波长无关形成鲜明对比。

3.4.4　超分子体系

分子间相互作用的存在，最早由约翰尼斯·迪德里克·范德华（Johannes Diderik van der Waals）于 1873 年提出[37]。相应地，这一作用也被命名为"范德华力"（van der Waals force）。此后，越来越多非共价键相互作用被详细研究和定义，其中包括氢键（hydrogen bond）、卤键（halogen bond）、硫键（chalcogen bond）和离子-π 相互作用等（图 3-16）。这些相互作用在非典型发光化合物体系中起着重要作用。

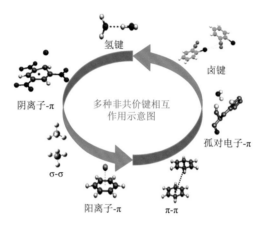

图 3-16　多种非共价键相互作用示意图[38]

1967 年，美国科学家 Charles J. Pedersen 首先发表了关于冠醚的合成和选择性络合碱金属的报告[39]，并揭示了分子和分子聚集体的形态对化学反应的选择性起着重要的作用。Donald J. Cram 等[40]则基于在大环配体与金属或有机分子的络合化学方面的研究，提出了以配体（受体）为主体，以络合物（底物）为客体的主客体化学。法国科学家 Jean-Marie Lehn 则模拟了蛋白质的螺旋结构[41]，并超越了大环与主客体化学的研究范畴，首次提出了"超分子化学"这一概念。他指出："基于共价键存在着分子化学领域，基于分子组装体和分子间非共价键而存在着超分子化学"。1987 年，这三位科学家也因在主客体化学方面的突出贡献而荣获诺贝尔化学奖。

非共价键及超分子相互作用一方面可以增加电子相互作用与离域，另一方面可以构筑新的超分子体系，同时增加体系的构象刚硬化程度，因此在构筑非典型发光化合物、调节其光物理性质方面具有重要作用。正如前面所述，通常非典型发光化合物的发射并非源于单分子，而是来自其聚集态富电子单元的簇聚。这些簇聚体的形成来自非共价键相互作用而非化学键接。因此，CTE 机理本身与超分子化学，尤其是其中的非共价键相互作用有着密切联系。许多超分子化学中的结构设计策略，也可被沿用在非典型发光化合物的设计中，用于调控聚集态结构与相互作用，并最终用于其光物理性质的调节。

　　包合物（inclusion compound）是指一种分子被包嵌于另一物质分子（构成）的空穴结构中形成的包合体，是超分子化学的重要组成部分。其中，具有空穴结构的包合分子称为主体分子（host molecule），被包嵌在内部的分子称为客体分子（guest molecule）。不同类型的主客体可形成不同结构的包合物，如管状、层状、笼状、单分子包合物、分子筛包合物或高分子包合物等。而其中主体分子为环糊精（cyclodextrin，CD）的包合物具有广泛的应用前景[42]，包括载药、凝胶制备、高分子改性等，因而广受关注。浙江大学王幽香、胡巧玲和孙景志教授等[43]通过 α-CD 与二亚乙基三胺之间的包合作用，构建了一种新型超分子超支化聚合物（supramolecular hyperbranched polymer，SHP）。研究者发现，尽管SHP 不含任何经典芳香生色团，但其依然会发出具有激发波长依赖性的宽波段荧光［图 3-17（a）］。与前面讨论类似，SHP 的发光可用 CTE 机理很好地解释。同时，研究者认为 α-CD 在此超分子体系中不仅提供了与胺类结合的识别位点，而且还增加了 SHP 的刚度，从而阻碍了链运动并减少了非辐射跃迁，增强了 SHP的光致发光性能。

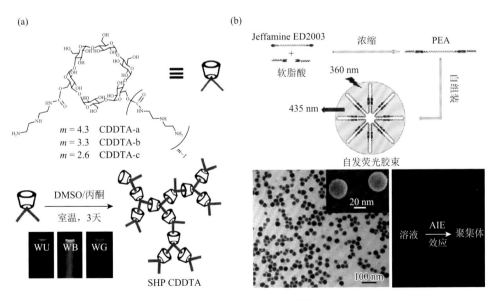

图 3-17　（a）环糊精包合作用促进聚合物荧光发射[43]；（b）一种非芳香荧光胶束的合成及其发光照片[44]

辽宁师范大学刘春艳教授等利用两亲性分子的自组装特性,制备了一种非芳香荧光胶束[44]。这一胶束具有典型的 AIE 特性及浓度增强发光性质 [图 3-17(b)]。研究者将这一现象归因于酰胺基团之间多重氢键相互作用限制了分子内旋转,从而抑制非辐射跃迁,有利于发光,但却没有进一步阐明发光的根源。事实上,依据 CTE 机理,除发光中心构象刚硬化外,富电子单元的簇聚形成发光中心更为关键,氢键同时有利于形成这样的发光中心。富电子单元的簇聚形成有效的空间共轭,不仅有利于激发,也有利于构象刚硬化与辐射跃迁(发光)。

这种非典型发光化合物的超分子体系往往无毒、性质稳定、生物相容性高,因而有望应用于生物医疗领域,如生物成像和药物运输。与之前广泛报道的通过共轭荧光团的物理包封或化学附着制备的荧光发射超分子体系相比,这些新型荧光超分子体系具有内源性荧光发射和稳定的聚集态结构,因而具有更为宽广的应用潜力。

3.4.5 展望:簇聚诱导发光机理的扩展

最初,CTE 机理的提出是为了解释天然产物、生物分子等非芳香发光化合物,但其是否可进一步扩展至芳香体系呢? 即 CTE 机理中的富电子单元能否推广至芳香单元,其簇聚也可形成新的电子离域体系,从而改变化合物的光物理性质呢? 与此同时,芳香单元不同的簇聚方式是否也会形成各种不同的发射种,使其具有一定的激发波长依赖性发射呢? 目前,随着研究的不断深入,这些答案是肯定的。笔者课题组及其他研究组的结果证实,CTE 机理可以合理解释芳香小分子及非共轭芳香聚合物体系的独特光物理行为,因此,其对典型发光化合物的聚集态发光研究也具有借鉴意义。

分子聚集在高浓溶液及固态广泛存在,对于典型芳香发光化合物而言,其聚集态光物理性质也会受到其聚集态影响。特别地,对于一些含较小芳香单元如苯环体系,当其与非典型生色团共存时,两者在聚集态的电子相互作用使其簇聚体呈现出各自单独存在时无法获得的显著发光。这些现象可用 CTE 机理解释。例如,在含苯环的聚合物中,由于高分子链缠结及各种分子链内/间相互作用,苯环单元间及苯环与其他富电子单元间能形成有效的电子云离域(空间共轭),故也能形成不同的富电子簇聚体发射种。同时,考虑到芳香单元自身也可能存在短波发射,故此类化合物可能具有单分子与不同聚集体的多重发射。对于单分子发射与激基缔合物或激基复合物发射,人们已有许多研究,形成了较为完备的知识体系。而对此之外的其他发射,人们探索相对缺乏,CTE 机理正好可帮助人们理解聚集态激基缔合物外的其他长波发射。

笔者课题组在聚对苯二甲酸乙二醇酯(PET)及对苯二甲酸二甲酯(DMTPA)体系浓溶液中观测到了高效蓝光或蓝绿光发射 [图 3-18(a)][45]。相应地,以往报道的 PET 重复单元激基缔合物的发射波长仅为 380 nm 左右，为蓝紫光[46]。借鉴 CTE 机理，对这一显著红于激基缔合物的发射现象进行了解释。PET 结构中存在大量的 $\pi\cdots\pi$、$C=O\cdots\pi$、$O\cdots O$ 及 $O\cdots C=O$ 等相互作用，这些相互作用可促进不同簇聚体的形成，从而通过空间共轭使电子离域扩展 [图 3-18（b）]。因而，扩展的空间电子离域显著地降低了簇聚体 HOMO、LUMO 间能级差，从而降低了激发态辐射跃迁回基态所释放的光子能量。对于 DMTPA，其相应发射波长也因此发生显著红移，达到蓝绿光区域。同时，长波区域的发射也体现出典型的 AIE 特性，这与 PET 短波区域发射所体现的 ACQ 特性不同，表明 PET 中存在较为复杂的单分子和聚集态的多发射中心。这样的 AIE 特性也深化了对 PET 高分子聚集态结构的研究，扩展了 CTE 机理的适用范围。此外，这一体系也呈现出多发射峰的 RTP，包括 420 nm 的单分子 RTP 发射及 480 nm、500 nm 等处的聚集体 RTP 发射。这一现象进一步证实了 PET 体系中单分子-聚集体多发射的存在。

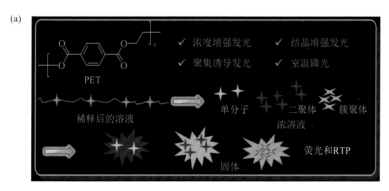

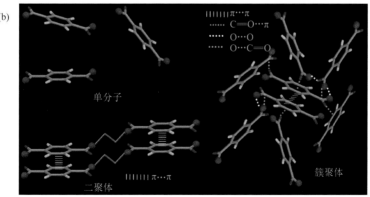

图 3-18　（a）PET 光物理性质概括；（b）PET 中分子间相互作用示意图[45]

与 PET 相似，济南大学姜绪宝教授等研究了甲苯二异氰酸酯（TDI）基聚氨酯（TPU），并发现其在不同聚集态及不同激发波长下具有紫外光和可见光双重发射特性（图 3-19）[47]。具体而言，研究者发现在短激发波长（$\lambda_{ex} \leqslant 320\ nm$）下，TPU 在紫外区（$\lambda_{em} = 355\ nm$）存在一个发射峰，且其与激发波长无关。此外，发射峰强度在更高浓度时逐渐减弱，出现 ACQ 现象。采用更长的激发波长（$\lambda_{ex} \geqslant 340\ nm$）时，该 TPU 的发射红移至可见光区（$\lambda_{em} \geqslant 428\ nm$），且呈现明显的激发波长依赖性。研究者认为紫外区和可见光区的 TPU 发射必定源于不同的发射中心。具体地，稀溶液中观察到的紫外区发射源自芳香高分子单链。即由于苯环周围键接了 N 原子和 C=O 产生了离域扩展，苯环的短波发射也因此红移。而在浓溶液中，高分子链能够通过氢键、范德华力和分子链缠结等相互作用产生簇聚。如同 PET 及 DMTPA 体系一样，簇聚体通过空间共轭降低了 HOMO、LUMO 间的能隙，因而可产生更为红移的可见光发射。与之相似，东北师范大学朱东霞教授等[48]也发现非共轭结构的聚氨酯（PU）具有 AIE 特性。同时，该 PU 体系的高浓度溶液也体现出了与稀溶液不同的长波发射，表明该体系中也存在单分子与聚集体共发射现象。

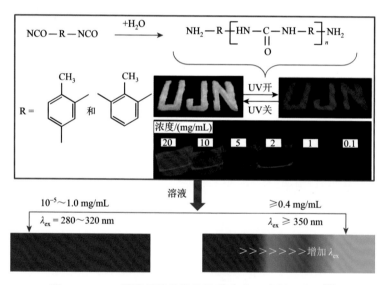

图 3-19 TDI 基聚氨酯的单分子-聚集态双发射示意图[47]

上述研究结果不仅对芳香体系的 AIE 现象进行了更深入的解释，同时也扩展了 CTE 机理的内涵，为解释部分有机分子的聚集态发光提供了借鉴。这些研究也为构筑高效单分子-聚集态双发射体系，以及多发射峰位的调控提供了实例支持。同时，根据光混合理论及白光产生机理，单分子短波发射与聚集态的长波发射或不同聚集态发射相结合有助于构筑单一体系白光发射，从而有利于有机发光化合物的进一步应用。

3.5 非典型发光化合物的簇聚诱导磷光

如前面机理部分所述，有机化合物的光致发光由于涉及的光物理过程不同，可包括荧光发射与磷光发射。前者主要指由激发单重态到基态的辐射跃迁，而后者则是由激发三重态到基态的跃迁过程。对于有机化合物，单重态激子通过系间窜越到达三重态的过程较为困难；同时，三重态激子本身也较不稳定，容易被猝灭。因此，有机发光化合物的磷光发射，尤其是 RTP 发射较难实现。纯有机化合物的磷光在很长一段时间主要在低温冷冻与惰性环境（真空/惰性气体保护）中进行。

纯有机 RTP 材料较传统无机材料而言，研究起步较晚，而且有机体系结构复杂、影响因素众多、光物理过程复杂、发光性质多样，因此到目前为止，很难找到一套普适性的机理用于解释各个体系的发光现象，特别是 p-RTP 的起源。此外，根据经典光物理理论，增大磷光发射的辐射跃迁速率常数可提高磷光量子效率，但同时会导致磷光寿命下降，因而效率和寿命的调控存在最佳平衡点。如何在实际的有机体系中实现这一平衡点，也是研究者所着重关注的方向。抑制非辐射跃迁可有效稳定三重态激子，从而可同时提高磷光效率与寿命，因而研究者也十分关注如何稳定分子构象以减少振动耗散。因此，设计制备高效 p-RTP 材料需要综合考虑多种影响因素，目前依然是众多研究者面临的一大挑战。

为实现有机发光化合物的高效磷光发射，研究者主要采用了两种策略：一是通过促进 ISC 过程，生成更多的三重态激子；二是稳定三重态激子，使之不易被猝灭[49, 50]。对于前者，杂原子、重原子及羰基[51]（促进 n-π^*跃迁）等的引入有助于促进自旋轨道耦合（SOC）从而促进 ISC 过程。对于后者，稳定分子构象有助于减少三重态激子能量的振动耗散；同时，紧密的晶体堆积和聚集结构能够较好地隔绝环境中猝灭剂（如 O_2、H_2O）的渗入，从而减少三重态激子的猝灭。截至目前，研究者已经提出了多种方法以产生或增强有机发光化合物的 RTP 发射，具体的方法包括：结晶[52]、主客体作用[53]、引入卤键[54]、增强 π-π 堆积[55]、氘代[53]及 H 聚集[56]等。

如 3.3.3 节所述，对于非典型发光化合物，分子组成及聚集态结构等特点对其产生磷光发射有着独特优势。具体表现为：①簇聚体的形成有助于稳定分子构象，减少非辐射跃迁，因而可以稳定三重态激子；②由于非典型发光化合物结构上含有较多富电子原子（如 N 和 O 等），这些原子能够通过重原子效应促进 SOC，因而有利于三重态激子的形成；③具有空间电子相互作用的簇聚体能够降低激发态能级，因而有利于光致发光；④簇聚体的紧密堆积也有助于排除外界猝灭剂（如 O_2 和 H_2O）的进入，能够更好地减少三重态激子的猝灭。因而，许多非典型发光化合物被报道具有磷光发射。值得注意的是，郑书源等发现，非芳香硫脲晶体具有纯磷光发射，其 RTP 量子效率可达 19.6%，且可通过压片进一步提升至 24.5%[57]。这一现象更加证实了非典型发光化合物体系由于本身的结构特征，具有得天独厚的三重态发射的可能性。

截至目前，已有许多非芳香有机分子被报道具有磷光发射，包括非芳香聚合物和小分子（图 3-20）。同时，除了低温磷光之外，RTP 甚至是 p-RTP 也相继被报道。这些结果说明了非典型发光化合物在构筑纯有机 RTP 材料方面具有很好的潜力。

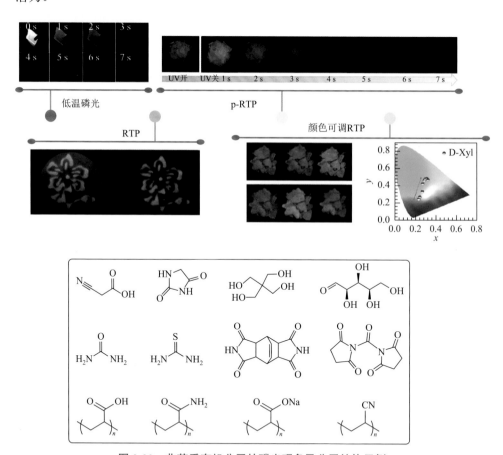

图 3-20 非芳香有机分子的磷光现象及分子结构示例

与此同时，近年来对 RTP 发射波长的调控也引起了广泛的研究兴趣。可调的发射颜色使发光材料在光电应用中具有出色的性能。例如，多色编码的纳米粒子可用作高密度加密数据存储和防伪等的信息载体[58]。迄今为止，研究者可通过调节材料的不同成分、相态和结晶度获得多色发射[59, 60]。尽管以往研究已成功实现了发光材料的多色发射，但开发具有可调发射的单组分晶体仍然面临着巨大挑战[61]。这样的单组分可调发射材料，相较于复合发光材料具有更好的耐候性、更低的制备难度和更稳定的发射波长。

因而，如何得到单组分发射波长可调的 RTP 发射，是现阶段研究者所重点关注的问题之一。非典型发光化合物中往往含有羰基（C＝O）和/或含孤对电子（n 电子）的杂原子或基团，具有较大的 SOC 常数，从而有利于 ISC 过程。同时，非典型生色团的簇聚及随之产生的空间共轭不仅使能带展宽、能隙降低，促进了 ISC 过程，还能诱导产生不同的发射种。在有效的分子内与分子间相互作用下，不同簇生色团构象刚硬化，从而在不同激发波长下展现出颜色可调的 p-RTP 发射。此外，在实现长波发射，如红光甚至近红外光发射领域，典型的大共轭发光化合物存在制备方式烦琐、化合物毒性大等诸多缺点。非典型发光化合物有望通过合理的分子设计克服这些缺点。当前，随着结构设计与机理研究的不断深化，纯有机 RTP 材料的应用研究也有望进一步推进。

迄今，人们已经发现了许多具有激发波长依赖性 p-RTP 的非芳香化合物，包括糖类、海因、戊二酰亚胺衍生物和聚丙烯酸等。这些物质易于制备、价格低廉且生物毒性较小。其中，海因的 p-RTP 寿命可达 1.74 s，磷光量子效率可达 21.8%[29]，这一数据即便在芳香有机化合物中也属于较高值。这也表明非芳香高性能 RTP 材料具有较好的发展前景。

3.6　总结

近年来，一些不含典型芳香发光基团等较大共轭单元的化合物呈现的本征发光现象引起了研究者的极大关注。这一类非典型发光化合物，由于大量杂原子及极性基团的存在，与典型发光化合物相比，通常具有结构可调性好、合成便捷、水溶性好、生物毒性小等优点。作为一种相对绿色环保的发光材料，其在加密防伪、生物成像、有机发光二极管等方面具有突出的应用前景。同时，非典型发光化合物的发光机理研究对理解体系中的电子相互作用、光物理过程及其影响因素，开发新型发光材料等具有重要意义。正是由于非典型发光化合物具有重要的理论研究价值与广泛的实际应用前景，许多学者开始关注并探索这一领域。

对发光机理认识的局限性，极大地束缚了非典型发光化合物的发展。前期，许多非典型发光化合物的报道均属偶然发现，而不能做到合理预测或设计。探究不同体系的共同特征，建立其背后的关联，对进一步阐明非典型发光化合物的发光机理至关重要。笔者研究团队提出了 CTE 机理，研究了不同非典型发光化合物体系在不同条件下的光物理性质，探寻了各体系的共同特征（浓度增强发光、AIE

特性、激发波长依赖性发射、磷光发射等），并建立了不同体系之间的关联。CTE机理强调富电子单元之间的簇聚与空间共轭及构象刚硬化。CTE机理能很好地解释目前报道的许多非典型发光化合物的发射性质，而且可进一步扩展至芳香化合物体系，具有较好的普适性。同时，CTE机理还能初步指导发现和设计新的非典型发光材料，从而进一步凸显了其合理性。基于此，本书的主要内容围绕着这一机理进行展开。

（杨天嘉　袁望章）

参 考 文 献

[1] Tang S X, Yang T J, Zhao Z H, et al. Nonconventional luminophores: characteristics, advancements and perspectives. Chemical Society Reviews, 2021, 50 (22): 12616-12655.

[2] 陈晓红, 王允中, 张永明, 等. 非典型发光化合物的簇聚诱导发光. 化学进展, 2019, 31 (11): 1560-1575.

[3] Jiang N, Zhu D X, Su Z M, et al. Recent advances in oligomers/polymers with unconventional chromophores. Materials Chemistry Frontiers, 2021, 5 (1): 60-75.

[4] Bauri K, Saha B, Banerjeeb A, et al. Recent advances in the development and applications of nonconventional luminescent polymers. Polymer Chemistry, 2020, 11 (46): 7293-7315.

[5] Bacon F. The Advancement of Learning. New York: Oxford University Press, 2000.

[6] Zink J I, Hardy G E, Sutton J E. Triboluminescence of sugars. Journal of Physical Chemistry C, 1976, 80: 248-249.

[7] Halpern A M. The vapor state emission from a saturated amine. Chemical Physics Letters, 1970, 6 (4): 296-298.

[8] Halpern A M, Maratos E. Excimer formation in saturated amines. Journal of the American Chemical Society, 1972, 94 (23): 8273-8274.

[9] Mieloszyk J, Drabent R, Siódmiak J. Phosphorescence and fluorescence of poly(vinyl alcohol)films. Journal of Applied Polymer Science, 1987, 34 (4): 1577-1580.

[10] Tomalia D A, Klajnert-Maculewicz B, Johnson K A M, et al. Non-traditional intrinsic luminescence: inexplicable blue fluorescence observed for dendrimers, macromolecules and small molecular structures lacking traditional/conventional luminophores. Progress in Polymer Science, 2019, 90: 35-117.

[11] Pistolis G, Malliaris A, Paleos C M, et al. Study of poly(amidoamine)starburst dendrimers by fluorescence probing. Langmuir, 1997, 13 (22): 5870-5875.

[12] Wade D A, Torres P A, Tucker S A. Spectrochemical investigations in dendritic media: evaluation of nitromethane as a selective fluorescence quenching agent in aqueous carboxylate-terminated polyamido amine (PAMAM) dendrimers. Analytica Chimica Acta, 1999, 397 (1-3): 17-31.

[13] Varnavski O, Ispasoiu R G, Balogh L, et al. Ultrafast time-resolved photoluminescence from novel metal-dendrimer nanocomposites. Journal of Chemical Physics, 2001, 114 (5): 1962-1965.

[14] Olmstead J A, Gray D G. Fluorescence emission from mechanical pulp sheets. Journal of Photochemistry and Photobiology A: Chemistry, 1993, 73 (1): 59-65.

[15] Lin S Y，Wu T H，Jao Y C，et al. Unraveling the photoluminescence puzzle of PAMAM dendrimers. Chemistry: A European Journal，2011，17（26）：7158-7161.

[16] Wang R B，Yuan W Z，Zhu X Y. Aggregation-induced emission of non-conjugated poly(amido amine)s: discovering，luminescent mechanism understanding and bioapplication. Chinese Journal of Polymer Science，2015，33（5）：680-687.

[17] Yuan W Z，Zhang Y M. Nonconventional macromolecular luminogens with aggregation-induced emission characteristics. Journal of Polymer Science Part A：Polymer Chemistry，2017，55（4）：560-574.

[18] Zhang H K，Zhao Z，Mcgonigal P R，et al. Clusterization-triggered emission: uncommon luminescence from common materials. Materials Today，2019，32：275-292.

[19] Gong Y Y，Tan Y Q，Mei J，et al. Room temperature phosphorescence from natural products: crystallization matters. Science China Chemistry，2013，56（9）：1178-1182.

[20] Zhou Q，Cao B Y，Zhu C X，et al. Clustering-triggered emission of nonconjugated polyacrylonitrile. Small，2016，12（47）：6586-6592.

[21] Zhou Q，Yang T J，Zhong Z H，et al. A clustering-triggered emission strategy for tunable multicolor persistent phosphorescence. Chemical Science，2020，11（11）：2926-2933.

[22] Wang Y Z，Bin X，Chen X H，et al. Emission and emissive mechanism of nonaromatic oxygen clusters. Macromolecule Rapid Communication，2018，39（21）：e1800528.

[23] Dou X Y，Zhou Q，Chen X H，et al. Clustering-triggered emission and persistent room temperature phosphorescence of sodium alginate. Biomacromolecules，2018，19（6）：2014-2022.

[24] Zhao Z H，Ma H L，Tang S X，et al. Luminescent halogen clusters. Cell Report Physical Science，2022，3（2）：100593.

[25] Zhou Q，Wang Z Y，Dou X Y，et al. Emission mechanism understanding and tunable persistent room temperature phosphorescence of amorphous nonaromatic polymers. Materials Chemistry Frontiers，2019，3（2）：257-264.

[26] Chen X H，Luo W J，Ma H C，et al. Prevalent intrinsic emission from nonaromatic amino acids and poly(amino acids). Science China Chemistry，2018，61（3）：351-359.

[27] Xing C M，Lam J W Y，Qin A J，et al. Unique photoluminescence from nonconjugated alternating copolymer poly[(maleic anhydride)-alt-(vinyl acetate)]. proceedings of the ACS National Meeting，Division of Polymer Materials Science Engineering，USA，2007，96：418-419.

[28] Fang M M，Yang J，Xiang X Q，et al. Unexpected room-temperature phosphorescence from a non-aromatic，low molecular weight，pure organic molecule through the intermolecular hydrogen bond. Materials Chemistry Frontiers，2018，2（11）：2124-2129.

[29] Wang Y Z，Tang S X，Wen Y T，et al. Nonconventional luminophores with unprecedented efficiencies and color-tunable afterglows. Materials Horizons，2020，7（8）：2105-2112.

[30] Shang C，Zhao Y X，Wei N，et al. Enhancing photoluminescence of nonconventional luminescent polymers by increasing chain flexibility. Macromolecular Chemistry and Physics，2019，220（19）：1900324.

[31] Ravanfar R，Bayles C J，Abbaspourrad A. Structural chemistry enables fluorescence of amino acids in the crystalline solid state. Crystal Growth and Design，2020，20（3）：1673-1680.

[32] Xu L F，Liang X，Zhong S L，et al. Clustering-triggered emission from natural products: gelatin and its multifunctional applications. ACS Sustainable Chemistry & Engineering，2020，8（51）：18816-18823.

[33] Du L L，Jiang B L，Chen X H，et al. Clustering-triggered emission of cellulose and its derivatives. Chinese Journal

of Polymer Science, 2019, 37 (4): 409-415.

[34] Nienhaus K, Nienhaus G U. Fluorescent proteins for live-cell imaging with super-resolution. Chemical Society Reviews, 2014, 43 (4): 1088-1106.

[35] Borba L C, Griebeler C H, Bach M F, et al. Non-traditional intrinsic luminescence of amphiphilic-based ionic liquids from oxazolidines: interaction studies in phosphatidylcholine-composed liposomes and BSA optical sensing in solution. Journal of Molecular Liquids, 2020, 313: 113525.

[36] Dou X Y, Zhu T W, Wang Z S, et al. Color-tunable, excitation-dependent, and time-dependent afterglows from pure organic amorphous polymers. Advanced Materials, 2020, 32 (47): 2004768.

[37] van der Waals J D. Over de continuïteit van den gas-envloeistoftoestand. Leiden: University of Leiden, 1873.

[38] Mahadevi A S, Sastry G N. Cooperativity in noncovalent interactions. Chemical Reviews, 2016, 116 (5): 2775-2825.

[39] Pedersen C J. Cyclic polyethers and their complexes with metal salts. Journal of the American Chemical Society, 1967, 89 (26): 7017-7036.

[40] Cram D J, Cram J M. Host-guest chemistry. Science, 1974, 183 (4127): 803-809.

[41] Lehn J M. Supramolecular chemistry: receptors, catalysts, and carriers. Science, 1985, 227 (4689): 849-856.

[42] Saenger W. Cyclodextrin inclusion compounds in research and industry. Angewandte Chemie International Edition, 1980, 19 (5): 344-362.

[43] Li W Y, Qu J L, Du J W, et al. Photoluminescent supramolecular hyperbranched polymer without conventional chromophores based on inclusion complexation. Chemical Communications, 2014, 50 (67): 9584-9587.

[44] Liu C Y, Cui Q B, Wang J, et al. Autofluorescent micelles self-assembled from an AIE-active luminogen containing an intrinsic unconventional fluorophore. Soft Matter, 2016, 12 (19): 4295-4529.

[45] Chen X H, He Z H, Kausar F, et al. Aggregation-induced dual emission and unusual luminescence beyond excimer emission of poly(ethylene terephthalate). Macromolecules, 2018, 51 (21): 9035-9042.

[46] Gong Y Y, Zhao L F, Peng Q, et al. Crystallization-induced dual emission from metal- and heavy atom-free aromatic acids and esters. Chemical Science, 2015, 6 (8): 4438-4444.

[47] Cao H Y, Li B, Jiang X B, et al. Fluorescent linear polyurea based on toluene diisocyanate: easy preparation, broad emission and potential applications. Chemical Engineering Journal, 2020, 399 (1): 125867.

[48] Jiang N, Li G F, Zhang B H, et al. Aggregation-induced long-lived phosphorescence in nonconjugated polyurethane derivatives at 77 K. Macromolecules, 2018, 51 (11): 4178-4184.

[49] Hirata S. Recent advances in materials with room-temperature phosphorescence: photophysics for triplet exciton stabilization. Advanced Optical Materials, 2017, 5 (17): 1700116.

[50] Zhao W J, He Z K, Tang B Z. Room-temperature phosphorescence from organic aggregates. Nature Reviews Materials, 2020, 5: 869-885.

[51] Zhao W J, He Z K, Lam Jacky W Y, et al. Rational molecular design for achieving persistent and efficient pure organic room-temperature phosphorescence. Chem, 2016, 1 (4): 592-602.

[52] Yuan W Z, Shen X Y, Zhao H, et al. Crystallization-induced phosphorescence of pure organic luminogens at room temperature. Journal of Physical Chemistry C, 2010, 114 (13): 6090-6099.

[53] Hirata S, Totani K, Zhang J X, et al. Efficient persistent room temperature phosphorescence in organic amorphous materials under ambient conditions. Advanced Functional Materials, 2013, 23 (27): 3386-3397.

[54] Bolton O, Lee K, Kim H J, et al. Activating efficient phosphorescence from purely organic materials by crystal

design. Nature Chemistry，2011，3（3）：205-210.

[55]　Yang J，Zhen X，Wang B，et al. The influence of the molecular packing on the room temperature phosphorescence of purely organic luminogens. Nature Communications，2018，9：840.

[56]　An Z F，Zheng C，Tao Y，et al. Stabilizing triplet excited states for ultralong organic phosphorescence. Nature Materials，2015，14（7）：685-690.

[57]　Zheng S Y，Hu T P，Bin X，et al. Clustering-triggered efficient room-temperature phosphorescence from nonconventional luminophores. ChemPhysChem，2020，21（1）：36-42.

[58]　Lee J，Bisso P W，Srinivas R L，et al. Universal process-inert encoding architecture for polymer microparticles. Nature Materials，2014，13（5）：524-529.

[59]　Farinola G M，Ragni R. Electroluminescent materials for white organic light emitting diodes. Chemical Society Reviews，2011，40（7）：3467-3482.

[60]　Irie M，Fukaminato T，Matsuda K，et al. Photochromism of diarylethene molecules and crystals：memories，switches，and actuators. Chemical Reviews，2014，114（24）：12174-12277.

[61]　Gu L，Shi H F，Bian L F，et al. Colour-tunable ultra-long organic phosphorescence of a single-component molecular crystal. Nature Photonics，2019，13（6）：406-411.

第4章

>>

含氮非典型发光化合物

　　近年来，研究者发现了许多天然产物和合成化合物（如淀粉[1]、纤维素[2]、尼龙[3]、聚丙烯腈[4]、尿素[5]等）在紫外光激发下能产生荧光、延迟荧光甚至磷光。然而，与典型发光化合物不同，这些化合物共轭程度很低，且分子结构中缺少典型生色团，但往往含有杂原子（N[6-8]、O[9-13]、P[14]、S[15]等）及其衍生官能团，如双键（C＝C、C＝N 等）、炔基（C≡C）、氰基（C≡N）、羟基（OH）、羧基（O＝COH）、羰基（C＝O）、酯基（O＝COR）、酰胺（O＝CNH₂）等。这些原子和官能团中富含孤对电子（n 电子）和 π 电子，在聚集态下能产生簇生色团，并通过电子相互作用产生空间共轭，使得能带展宽、能隙降低，可被紫外光激发产生激子。随后，通过氢键、卤键和离子键等一系列分子内或分子间相互作用稳定激子，使其以辐射跃迁的形式回到基态，产生光致发光现象。

　　在众多经典发光体系中，氮原子引入可促进 n 电子与 π 电子的相互作用，提高自旋轨道耦合（SOC）常数，促进系间窜越（ISC）过程。更值得注意的是，氮原子及其衍生基团，如氰基、胺基、酰胺基、酰亚胺基、脲基、氨酯基等，能通过簇聚产生簇生色团，而含此类生色团的非典型发光化合物在合适的条件下能够受激发产生发光现象，如图 4-1 所示。当前，随着研究的不断推进，越来越多的含氮非典型发光化合物被报道，然而对于其发光机理的认识仍存在争议，尚未完全明晰。此外，化合物的发光颜色、发光寿命、量子效率与其结构之间的构效关系也有待进一步探索。

　　基于上述背景，本章从含氮支化发光聚合物出发，利用簇聚诱导发光（CTE）机理对聚酰胺-胺（PAMAM）[16-32]、聚乙烯亚胺（PEI）[33-36]等支化聚合物的发光现象进行阐释，以期在前人研究的基础上增加一些新的思考，并结合最近报道的实验结果，给出更合理的说明。随后，总结归纳了含氮线形聚合物（聚酰胺[37,38]、聚丙烯酰胺[39,40]、聚氨酯[41]、聚醚胺[42]等）的发光现象，其同样可用 CTE 机理

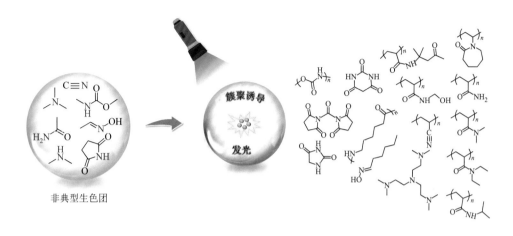

图 4-1 含氮非典型发光化合物的构筑及其簇聚诱导发光示意图

进行合理解释。此外，由于聚合物缺乏明确的分子结构，许多构效关系难以完全厘清，因此总结归纳了含氮小分子（尿素[5]、丁二酰亚胺衍生物[43]、海因[44]、马来酰亚胺衍生物[45, 46]、巴比妥酸[47]等）的发光性质。通过对这些小分子的单晶结构进行解析，可获得更多含氮基团簇聚形成生色团的证据。更重要的是，在晶态条件下，含氮基团的引入有利于促进 SOC 及 ISC 过程，产生三重态激子，实现磷光甚至室温磷光（RTP）发射。本章旨在通过对含氮非典型发光化合物的介绍及其发光机理的分析，为后续相关研究工作提供借鉴与启示。

4.2 含氮支化发光聚合物

PAMAM 是一类研究较早、报道最多且极具代表性的非典型发光聚合物，其结构中含有大量的酰胺基和氨基。1985 年，Tomalia 等[16]第一次合成了树枝状 PAMAM，结构如图 4-2 所示。在随后的研究中，多个研究小组偶然间观察到树枝状 PAMAM 具有弱的蓝色荧光发射，但由于当时对发光基团认识的局限性，研究者普遍认为缺乏典型生色团的 PAMAM 本身是不能发射荧光的，其发光现象是由少量杂质引起的[17, 18]。2001 年，Tomalia 等[19]发现提纯后的 PAMAM 分子仍具有荧光发射。同年，Tucker 等[20]通过光谱和寿命测试确定了端基为羧基的 PAMAM 树枝状大分子具有微弱但可检测的荧光发射，并且随着树枝状大分子代数的增加，其荧光强度和荧光寿命也相应增加。研究者认为树枝状结构中酰胺基的 n-π*跃迁是荧光产生的原因，树枝状大分子代数的增加使得荧光生色团的数量和树枝状内部的结构刚性增加。

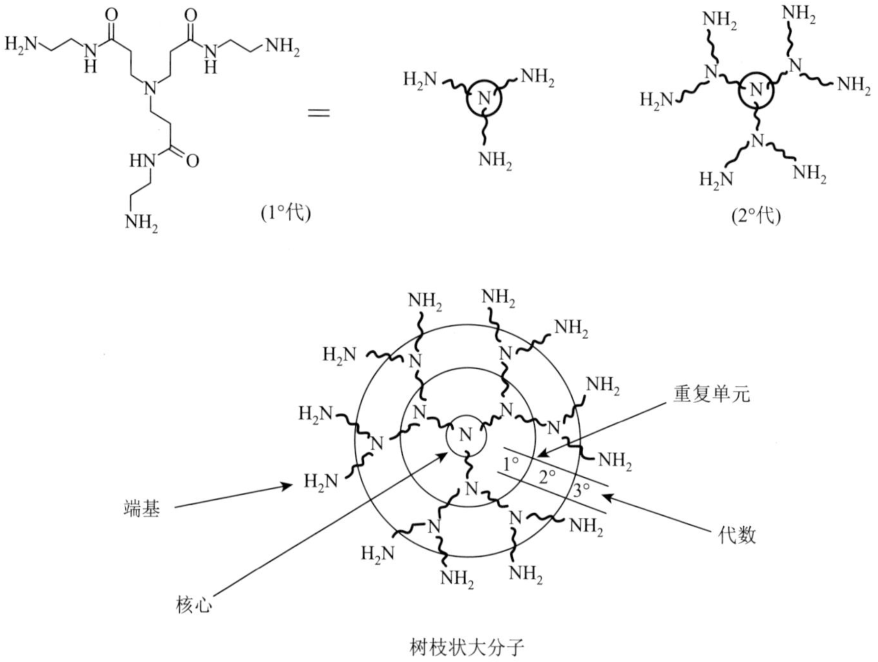

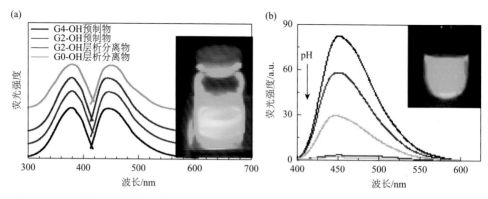

(1°代)　　　　　　　　　　　　　　(2°代)

重复单元

端基

核心

代数

树枝状大分子

图 4-2 树枝状 PAMAM 的结构[16]

2004 年，Lee 等[21]报道了外围羟基化的树枝状 PAMAM 在用过硫酸铵 [(NH₄)₂S₂O₈，ASP]处理后或者在自然环境中放置一段时间后，可发射蓝色荧光，其量子效率高达 58%，且不同代数的 PAMAM 氧化后表现出相同的发射峰位，如图 4-3（a）所示。而同样经过氧化处理的氨基封端的 PAMAM 只发射出十分微弱

(a)

G4-OH预制物
G2-OH预制物
G2-OH层析分离物
G0-OH层析分离物

荧光强度

波长/nm

(b)

pH

荧光强度/a.u.

波长/nm

图 4-3 （a）过硫酸铵处理的羟基封端 PAMAM 的激发与发射光谱，G4-OH、G2-OH 及 G0-OH 的浓度分别为 2.5 μmol/L、10 μmol/L 和 40 μmol/L，插图为在 366 nm 紫外光照射下柱分离后经过硫酸铵处理的 G2-OH 的发光照片[21]；（b）G4 端基为氨基的 PAMAM 树枝状分子在不同 pH 条件下的荧光发射光谱（激发波长为 390 nm），插图为 G4 水溶液（0.7 mmol/L，pH = 2）的发光照片[22]

的蓝色荧光，其荧光强度只有羟基封端 PAMAM 的 0.01%。这些现象似乎表明 PAMAM 的骨架结构对于其发光并不重要，而末端羟基的氧化在蓝色荧光现象的产生过程中起到了关键作用。由此研究者提出氧化机理，认为 PAMAM 的发光现象是由氧化引起的。

随后，Imae 等[22]发现不同代数氨基封端 PAMAM 的荧光强度具有极强的 pH 依赖性，如图 4-3（b）所示。在酸性条件下，末端为氨基、羟基和羧酸的树枝状 PAMAM 均可发射强蓝色荧光，且四代 PAMAM-G4 的荧光强度远高于二代 PAMAM-G2。他们推测树枝状骨架结构是 PAMAM 发出荧光的关键因素，树枝状结构越大，其链段越拥挤，结构更刚性，更有利于荧光发射。PAMAM 的荧光强度与 pH 密切相关，随着 pH 的下降荧光强度增强。他们认为这可能是由于在酸性条件下，质子化的叔胺基使得分子内充满阳离子，它们之间强的排斥作用使得分子链段运动受到限制；或是酸性条件下分子内氢键强度增强，使分子结构更刚性，因此荧光增强；也有可能在酸性环境中发生化学反应生成了新的荧光化学物质。

2007 年，府寿宽教授课题组[23]通过调节丙烯酸甲酯与二乙基三胺的配料比，制备了一系列超支化 PAMAM（*hb*-PAMAM），并报道了其荧光发射现象，如图 4-4 所示。尽管此类 PAMAM 结构规整度不及树枝状 PAMAM，但其发光行为与树枝状 PAMAM 类似，即其荧光发射也受 pH、溶剂、聚合物浓度及端基等因素的影响。

2007 年，Imae 课题组[24]通过研究 PAMAM 和聚丙烯亚胺［poly（propyleneimine），PPI］树枝状大分子在不同条件（pH、老化时间、温度及浓度）下的荧光发射现象，发现其发光中心的形成与 PAMAM 或 PPI 树枝状聚合物中的叔胺基团的质子化程度密切相关。研究者认为 PAMAM 内部的叔胺基团的氧化是荧光发射的根本原因。

2009 年，潘才元教授课题组[25]合成了一种含二硫键的超支化 PAMAM 和线形 PAMAM，如图 4-5（a）所示。与线形 PAMAM 相比，超支化 PAMAM 荧光强度更高。研究者认为这是由于后者含有更多的叔胺基团。通过化学反应将叔胺转化为季铵后，PAMAM 的荧光强度显著降低，这使得研究者更加相信叔胺结构在 PAMAM 产生荧光发射的过程中起到了关键作用。

2011 年，Lin 等[26]通过核磁共振波谱和基质辅助激光解吸电离-飞行时间（MALDI-TOF）质谱相结合的技术，研究了树枝状 PAMAM 与过氧化氢反应过程中的产物。研究者认为 PAMAM 荧光并非源自其本身，而是被氧化后通过 Cope 消除反应生成的不饱和羟胺，如图 4-5（b）所示。

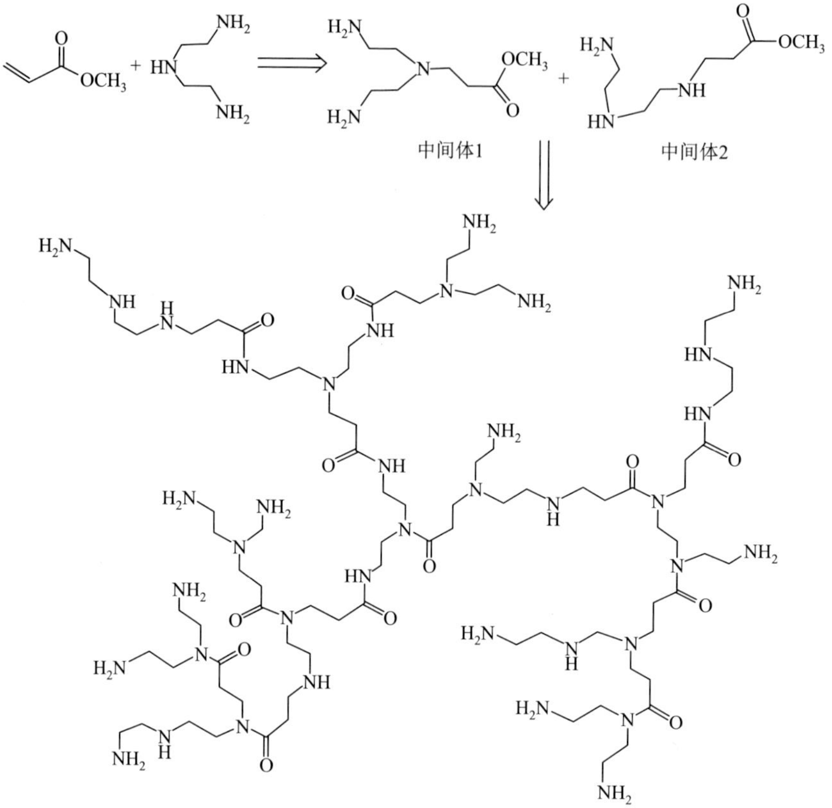

图 4-4　通过迈克尔加成和缩合反应由二乙基三胺和丙烯酸甲酯合成 *hb*-PAMAM 的路线[23]

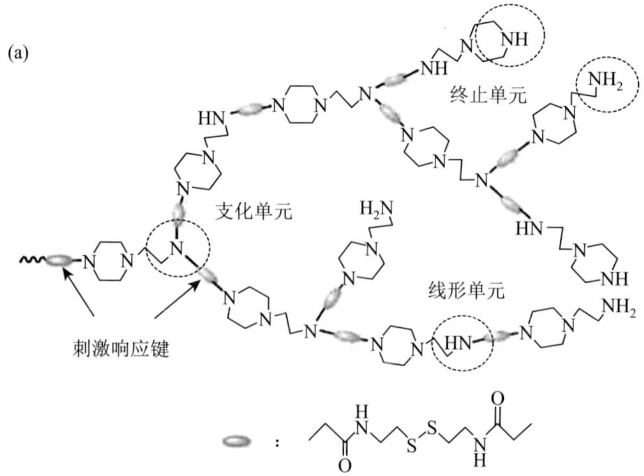

(a)

(b)

H₂O₂
37℃

b

c

d

a

图 4-5　（a）超支化 PAMAM 结构[25]；（b）PAMAM 通过 Cope 消除反应分解的可能机理，其中 a 为反应中心，b、c、d 为消除反应的残余产物[26]

　　此外，王东军课题组[32]报道了含胺基的聚合物、低聚物甚至小分子化合物在热氧化后均可以发射更强的荧光。他们把超支化 PAMAM 进行热氧化处理，发现随着热氧化时间的增长，荧光发射逐渐增强并红移（图 4-6）。还将三乙烯四胺和二乙胺两种小分子胺类化合物分别进行热氧化处理，发现小分子胺类在氧化处理后也可以发射荧光，并随着氧化时间的增长，荧光强度增强且波长红移。这一发现也证明了不止叔胺，伯胺和仲胺小分子在氧化后均可以发射很强的荧光。

　　然而，Stiriba 等[33]对超支化聚乙烯亚胺（hb-PEI）和线形聚乙烯亚胺（l-PEI）的发光行为进行了研究，如图 4-7（a）所示。结果表明，l-PEI 也能像超支化 PAMAM 一样发射很强的蓝光，甚至比树枝状 PAMAM 的发光更强，并且像超支化或树枝状 PAMAM 一样，l-PEI 在酸性条件下或氧化后荧光强度均大幅度增强。同时研究者还发现 PEI 的端基甲基化后也可以使荧光发射增强。上述结果证明树枝状结构或者超支化结构并不是产生荧光的必要条件。此外，l-PEI 的结构中有脂肪伯胺和仲胺基团，没有叔胺基团。由此可以证明脂肪叔胺基团也不是产生荧光的必要条件。

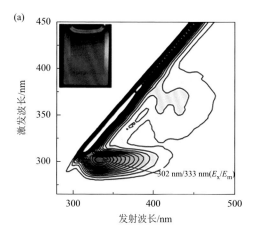

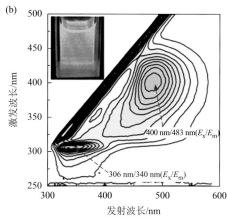

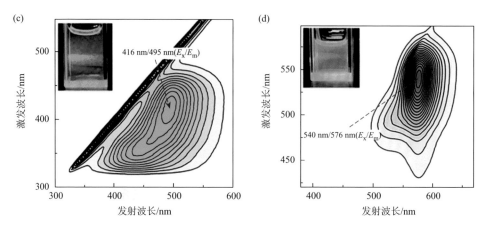

图 4-6　超支化 PAMAM 在加热时间分别为 0 h（a）、4 h（b）、12 h（c）和 18 h（d）的荧光激发（E_x）和发射（E_m）等高线图[32]

　　尽管氧化机理深刻地影响着人们对含氮非典型发光化合物体系的认识和探索，但人们渐渐发现，在不氧化的情况下，这些化合物依然可以在适当条件下被观测到发光。如图 4-7（a）所示，在相同条件下，与 *l*-PEI 发光相比，*hb*-PEI 几乎不发光[33]。而袁望章等[48]发现，*hb*-PEI 稀溶液的确不发光，但随浓度增加，其逐渐开始发光，进一步增加浓度，发光增强，呈现典型的浓度增强发光行为。上述结果说明 PEI 是否氧化及具有哪种拓扑结构均不是其发光的根本原因。

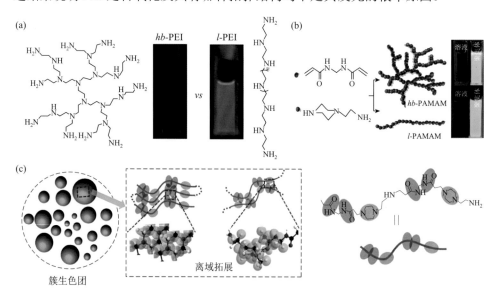

图 4-7　（a）超支化 PEI 和线形 PEI 的化学结构与溶液荧光照片[33]；（b）超支化 PAMAM 和线形 PAMAM 的合成路线及其溶液与纳米聚集体在 365 nm 紫外灯下的发光照片；（c）PAMAM 的发光机理图[27]

特别值得一提的是，2015 年，朱新远教授等[27]发现线形 PAMAM 和超支化 PAMAM 在稀溶液中均不发光，但其浓溶液、纳米粒子及薄膜却能发射强荧光，如图 4-7（b）所示，表现出 AIE 特性。该研究也同时证明胺的氧化和拓扑结构不是 PAMAM 发光的关键。此外，PAMAM 薄膜发射具有激发波长依赖性，表明 PAMAM 的发光来自多个发射种。该研究认为 PAMAM 的发光源于酰胺基和胺基聚集形成的团簇结构，基团间丰富的 n-π 电子相互作用等有利于荧光生色团的形成和构象刚硬化，如图 4-7（c）所示。

事实上，PAMAM、PEI、PPI 等含氮非典型发光化合物的一系列发光现象均可用 CTE 机理予以合理解释。以 PAMAM 为例，其结构中富含胺基（伯胺、仲胺、叔胺）、酰胺基及可能的其他功能端基（如羟基、羧基等），在聚集态可相互靠近形成簇生色团，通过空间电子相互作用使体系离域扩展，从而在（紫外）光激发下产生激子。若体系构象刚硬化程度足够高，激子得以稳定，随后以辐射跃迁的形式返回基态，产生发光现象。另外，由于簇聚产生的生色团种类的多样性，体系中将存在多重发射种，在不同波长光激发下将产生不同的发射，这解释了脂肪胺体系的发射具有激发波长依赖性的原因。此外，通过调节 pH、末端基团修饰等手段可增加簇生色团的构象刚硬化程度，抑制非辐射跃迁，从而使得脂肪胺体系的发光增强。同时，由 CTE 机理可以推知，氧化不是脂肪胺发光的根本原因，未氧化的脂肪胺具有本征发光的性质，而氧化则可引入更多的氧原子，同时增加了功能基团间的相互作用，有利于簇生色团的形成与稳定，因此氧化往往会使得脂肪胺体系的发光增强。

胺基的氧化虽然不是荧光发射的必要条件，但是很多的研究证明胺基的氧化能使荧光发射增强，一些情况下还能使荧光发射红移。遗憾的是，关于胺基氧化生成什么氧化产物，其中哪种氧化产物是关键的荧光生色团等问题虽然有很多的猜测，但都没有给出明确的、令人信服的实验证据。

为确认带胺基非典型荧光物质氧化产物中的发光物质（生色团），汪辉亮课题组[49]选择小分子脂肪胺化合物为模型物，对其进行氧化处理，然后对氧化产物进行分离并对其荧光行为进行研究。小分子脂肪伯胺和仲胺很容易被氧化产生羟胺，羟胺进一步氧化生成 C-亚硝基化合物，这一类化合物通常很不稳定，容易发生重排生成肟或者二聚体结构［图 4-8（a）］。因此，脂肪伯胺和仲胺氧化产物中可能存在羟胺、肟、亚硝基化合物及二聚体。

研究者选取了多种小分子脂肪伯胺、仲胺和叔胺，将其添加到 H_2O_2 溶液中，在 60℃下反应 24 h。所有脂肪胺在氧化之前进行减压蒸馏或重结晶提纯，确保无荧光杂质。大部分未氧化的小分子脂肪胺可以发射很微弱的荧光，但是它们的氧化反应混合物溶液的荧光强度大大增强，并且它们的最大发射波长也发生很大的红移。例如，伯胺正己胺（HA）和仲胺 N-乙基正丁胺（EBA）在氧化之后

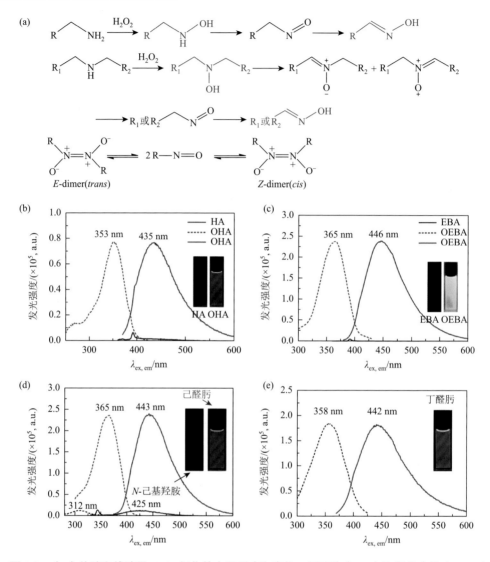

图 4-8　（a）伯胺和仲胺用 H₂O₂ 氧化的主要反应和产物；正己胺（HA）和氧化产物（OHA）（5 vol%）（b），N-乙基正丁胺（EBA）和氧化产物（OEBA）（5 vol%）（c），N-己基羟胺（0.1 mol/L）和己醛肟（0.01 mol/L）（d），丁醛肟（0.01 mol/L）的乙醇溶液（e）的荧光激发谱（虚线）和发射谱（实线）[49]

发射很强的蓝色荧光，相比于原料荧光强度增强了 30 倍 [图 4-8（b）和（c）]，但是叔胺三乙胺（DEA）在氧化之后依旧发射很弱的荧光。对三种同分异构的小分子脂肪胺的氧化产物进行了初步表征，证明伯胺和仲胺能被 H₂O₂ 氧化，生成了含有 C=N 官能团的物质，而叔胺不容易被氧化。

对 HA 和 EBA 的氧化产物进行分离提纯,并对其中能发射荧光的物质进行了结构表征。HA 的氧化产物中主要成分包括 *N*-己基羟胺(*N*-hexylhydroxylamine)和己醛肟(hexanal oxime,HO),两者的产率分别为 52.6%和 18.4%。同时也从 EBA 的氧化产物中分离出了产物丁醛肟(butanal oxime,BO)。在紫外光谱中,HA 和 *N*-己基羟胺几乎没有吸收,而 HO 在 280 nm 处有一个较强的肩峰,在 365 nm 处有一个稍弱的吸收峰。*N*-己基羟胺和 HO 的乙醇溶液的荧光光谱如图 4-8(d)所示。在相同的浓度下,HO 的乙醇溶液的荧光强度是 *N*-己基羟胺溶液的几十倍。EBA 的氧化产物丁醛肟也可以发射很强的蓝色荧光[图 4-8(e)]。这两种肟的最大激发波长和最大发射波长均分别在 360 nm 和 440 nm 左右。由此,可以确认小分子伯胺、仲胺的氧化产物中最主要的荧光生色团是肟。

HO 的荧光发射表现出 AIE 特性。固态 HO 可以发射很强的蓝色荧光,它的最大激发波长和最大发射波长分别为 372 nm 和 443 nm[图 4-9(a)]。HO 溶液的荧光发射表现出浓度增强效应。如图 4-9(b)和(c)所示,随着 HO 浓度的增大,溶液的紫外吸收强度和荧光发射强度均越来越强。随着荧光物质 HO 浓度的增大,HO 在乙醇溶液中的聚集颗粒的粒径越大,荧光强度也越强[图 4-9(d)]。

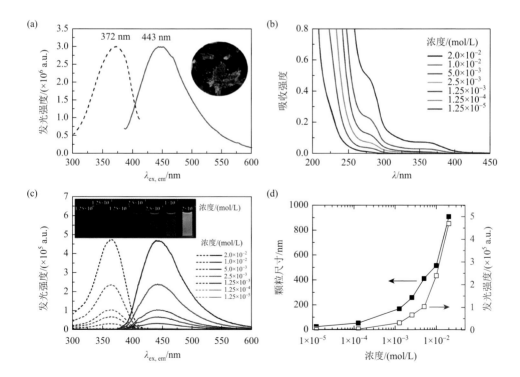

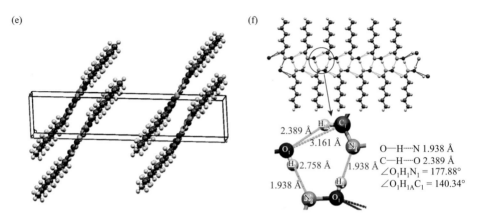

图4-9　（a）HO 固体的荧光激发谱（虚线）和发射谱（实线）；（b）不同浓度 HO 乙醇溶液的
紫外-可见吸收谱图；（c）不同浓度 HO 乙醇溶液的荧光激发谱（虚线）和发射谱（实线）；
（d）HO 荧光强度和聚集体尺寸随 HO 浓度的变化；HO 晶体中分子的堆积排列透视图（e）
和分子在一层中的详细排列（f）[49]

　　HO 单晶结构属于单斜晶系的 $P2_1/c$ 空间群。单晶结构中，HO 分子以分子间氢
键作用 C=N…H—O 和 N=C—H…O 整齐地排列聚集在一起，形成交错排列的层
状结构［图4-9（e）］。氢键 C=N…H—O 和 N=C—H…O 的键长分别为 1.938 Å
和 2.389 Å，键角分别为 177.88°和 140.34°，这些氢键作用使得每三个 HO 分子
形成一个环状的结构，这些环一个个紧密地排列在一起［图 4-9（f）］。这种紧
密聚集的结构使得 p-π 共轭结构更紧密，肟基团的电子云包括 π 电子云和孤对电
子会因结构的紧密而重叠，这样就增加了结构的共轭程度使得结构变得更刚性。
刚性的结构会限制分子的振动和旋转，导致了激发态电子更多的辐射衰变，从而
发射荧光。而且，层与层之间的交错排列使得 C=N 官能团之间不会存在 π-π 堆
积，这是该化合物不会存在聚集诱导猝灭而是表现聚集诱导发光特点的一个重要
原因。HO 分子中的肟基团通过氢键作用形成的聚集结构是荧光发射的原因。

　　此外，研究者还采用基组为 B3LYP/6-31G(d)的 DFT 方法计算了 HO 单个分子
和多个 HO 分子以氢键作用连接在一起的构象的 HOMO 和 LUMO。HO 分子数从
1 到 4 的四种构象的前线轨道能量及它们的能带隙如表 4-1 所示。随着分子数量的
增多，HOMO-LUMO 的能量差（能带隙）越来越小，这意味着多个 HO 分子以氢
键作用聚集形成的构象更容易受激发。但分子的聚集使得分子变得更刚性，阻碍
了分子的运动，位于激发态的电子更多地以辐射的形式回到基态，从而发射荧光。
综上所述，理论计算和实验测试结果都证明了 HO 分子通过氢键作用形成的聚集
体对其荧光发射起到了很重要的作用。

表 4-1　不同分子数构象 HOMO-LUMO 能级的 DFT 计算结果[49]

分子数	E(HOMO)/eV	E(LUMO)/eV	ΔE/eV
1	−6.797	0.2721	7.069
2	−6.283	−0.068	6.215
3	−6.302	−0.125	6.177
4	−6.204	−0.188	6.016

随着研究的不断推进，一系列新的含氮支化发光聚合物被合成和报道，其中许多发光性质优异的化合物在防伪和生物医学等领域表现出了良好的应用前景。

2015 年，冯圣玉课题组[28]合成了一种含硅树枝状聚酰胺-胺[siloxane-poly (amido amine)，Si-PAMAM]，如图 4-10 所示。其在未经任何氧化、酸化等处理条件下，可被紫外光激发产生蓝色荧光。Si-PAMAM 甲醇溶液的荧光强度随着不良溶剂（水）的增加而快速增强，表现出 AIE 特性。与不含硅的 PAMAM 相比，Si-PAMAM 中的 Si—O—Si 结构更具柔性，并且存在 N→Si 配位键，使得羰基更容易簇聚产生发色团，进而产生荧光发射。除羰基外，笔者认为其他富电子单元也应参与了簇聚。

朱新远课题组[29]将 β-环糊精引入到超支化聚酰胺-胺（HPAAs）末端，合成了一种含 β-环糊精的 HPAAs（HPAA-CDs），如图 4-11 所示。研究者发现随着 β-环糊精含量的逐渐提高，HPAA-CDs 的荧光强度逐渐增强，这是由于分子链末端的β-环糊精分子抑制了链的振动与转动，抑制非辐射跃迁，使荧光发射增强。另外，β-环糊精的引入提高了 HPAA-CDs 的生物相容性，使其可以与 DNA 结合形成复合物，实现了遗传物质的运输，也可以负载罗丹明 B 分子，具有潜在的载药应用。

(a)

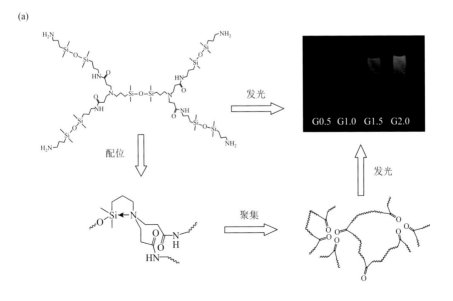

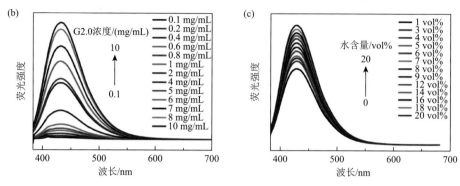

图 4-10　（a）Si-PAMAM 的发光机理；（b）二代 Si-PAMAM 树枝状大分子（G2.0）在不同浓度甲醇溶液中的荧光光谱（激发波长为 285 nm）；（c）二代 Si-PAMAM 树枝状大分子在不同比例甲醇/水混合溶剂中的荧光光谱（激发波长为 285 nm）[28]

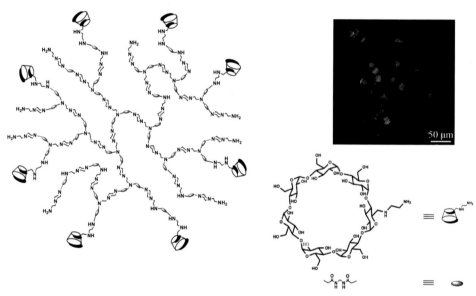

图 4-11　HPAA-CDs 的结构，插图为用 HPAA-CD6.1/pDNA 复合物培养 2 h 的 COS-7 细胞的激光扫描共聚焦显微镜（CLSM）图像；绿色荧光来自 HPAA-CD6.1，蓝色荧光来自细胞核（细胞核被 DAPI 染色）[29]

　　2016 年，陈宇课题组[34]利用缩水甘油对超支化聚乙烯亚胺（HPEI）进行修饰，得到了羟基封端的聚乙烯亚胺（HPEI-OH），通过进一步的聚合反应，得到了一种以 HPEI 为核、超支化聚甘油（HPG）为壳的超支化接枝共聚物（HPEI-g-HPG），如图 4-12 所示。研究者发现，在 352 nm 紫外光激发下，HPEI、HPG 和 HPEI-OH 的水溶液（1 mg/mL）均不发光，而 HPEI-g-HPG 能发出蓝色荧光，其发射峰位约为 470 nm，且发光强度随着 HPG 接枝量的增加而增强。HPEI 经过氧化后可以产生荧光发射，而 HPG 经过氧化后仍不能发光，氧化后的 HPEI-*g*-HPG 的荧光强度显著增强，并且其荧光峰位未发生移动，因此，研究者认为 HPEI-*g*-HPG 的荧光发射是源于氧化后的叔胺。外围的 HPG 则起到抑制猝灭剂进入 HPEI 结构和抑制分子链运动的双重作用，因此 HPEI-*g*-HPG 的荧光随着外围 HPG 厚度的增加而增强。实际上，根据 CTE 机理，富电子氨基的聚集可以形成簇生色团，羟基与氨基的相互作用有利于生色团的构象刚硬化，进而在紫外光激发下产生荧光发射。虽然该研究工作在机理阐述方面存在局限性，但其为提高 PEI 的荧光强度提供了有效的途径，而且 HPG 壳层使得共聚物具有更好的生物相容性，有助于进一步功能化改性，在生物医学领域有更为广阔的应用前景。

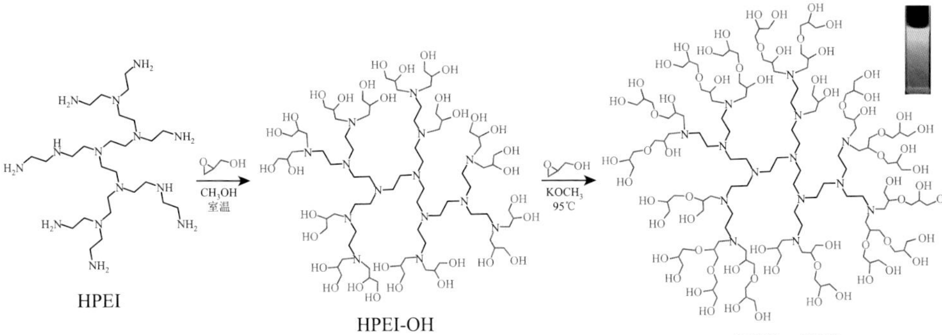

图 4-12　HPEI-*g*-HPG 共聚物的制备路线及发光照片[34]

2019 年，师冰洋课题组[30]报道了一种末端含 C=N 键的 PAMAM（F-G5），发现其具有本征的绿色荧光发射 [图 4-13（a）]。将 F-G5 用聚乙二醇（PEG）修饰后可提高生物相容性，同时发光性质也得以保留。如图 4-13 所示，在 485 nm 紫外光激发下，F-G5-PEG 可以发射出明亮的绿色荧光，由于未被修饰的 PAMAM 在该条件下不发光，研究者认为该绿色荧光是 C=N 键的 n-π* 跃迁引起的。F-G5-PEG 的荧光强度不随 pH 的变化而变化，使得其荧光不会受到细胞器中不同 pH 的影响，因此非常适合应用于生物系统。并且 F-G5-PEG 具有很好的抗光漂白特性和生物相容性，对抗癌药物 DOX 具有较高的负载率，有望成为新型的药物载体。

2008 年，程贺等[35]报道了一种温敏性的超支化发光聚合物（PEI-CCA）。结果表明，用环己烷修饰 PEI 的外围后，其荧光强度显著增加，这可能是环己烷的引入增大了 PEI 的空间位阻，使分子结构更加紧凑，有利于构象刚硬化，抑制非辐射跃迁，促进荧光发射，如图 4-14（a）所示。更重要的是，PEI-CCA 的荧光强度随着温度的升高而逐渐降低，呈近线性关系，这是由于温度的升高加剧了分子间的碰撞，非辐射跃迁增强，导致荧光强度降低。该研究表明超支化聚合物的结构对其荧光性质具有重要影响，同时通过结构修饰可构筑具有多重响应性质的发光聚合物。

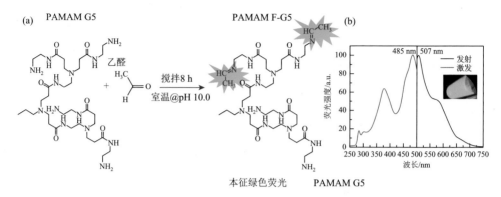

图 4-13 （a）F-G5 的合成路线；（b）F-G5-PEG 的激发和发射光谱[30]

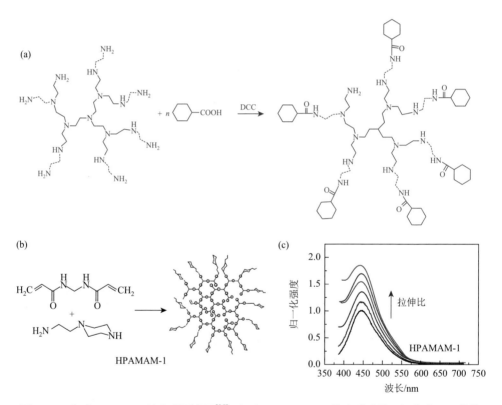

图 4-14 （a）PEI-CCA 的合成示意图[35]；（b）HPAMAM-1 的合成路线；（c）在不同拉伸
比条件下 HPAMAM-1 的荧光光谱[31]

　　2018 年，郝文涛课题组[31]报道了具有可逆力致荧光性质的超支化 PAMAM 材料。研究者利用迈克尔加成法合成了超支化 PAMAM（HPAMAM-1），其化学结构如图 4-14（b）所示。将其制成薄膜后，在受到拉伸时，研究者发现薄膜的荧光明显增强，并且荧光强度和形变率呈线性关系。当拉伸形变达到 250% 时，其荧光强度增强一倍，如图 4-14（c）所示。研究者认为，HPAMAM-1 薄膜的这种力致荧光的性质与其结构密切相关，即当薄膜被拉伸后，分子链结构刚性增强，有助于提高生色团的构象刚硬化，使得荧光发射增强。

李念兵课题组[36]报道了甲醛交联的超支化聚乙烯亚胺（HPEI）的发光性质。结果表明，这些 HPEI 的形态和荧光性质高度依赖于其交联反应的 pH。如图 4-15（a）和（b）所示，在碱性条件下，通过交联反应可得到具有微弱荧光发射的凝胶，而在酸性和中性条件下，则可得到具有明亮发光的水溶性共聚物颗粒（CPs）。研究者提出 HPEI CPs 的荧光发射来源于 HPEI 与甲醛交联过程中形成的席夫碱，同时 HPEI-F CPs 的紧密结构在其强荧光发射中起着重要作用。席夫碱的产生与反应体系的 pH 密切相关，弱酸（pH = 5 或 6.5）环境更利于席夫碱的产生，而 pH 过高或过低都不利于席夫碱的产生。此外，如图 4-15（c）所示，如果将 NaBH$_4$ 加入到 HPEI CPs 分散液中破坏席夫碱的结构，则 HPEI CPs 的荧光强度将显著降低，红外光谱和核磁共振氢谱结果也证明席夫碱的存在。该研究为制备荧光聚合物粒子提供了新的策略，此外，HPEI-F CPs 还表现出在水介质中作铜离子检测荧光探针的潜力。

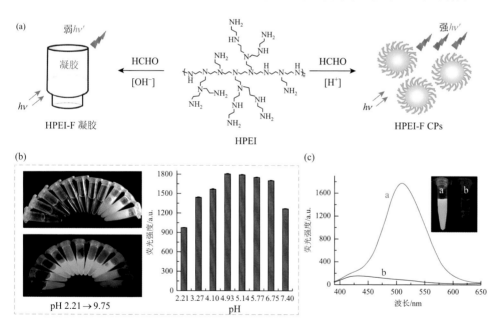

图 4-15　（a）HPEI 和甲醛在不同 pH 条件下的反应示意图；（b）在日光和紫外光（365 nm）下，在不同 pH 条件下合成的 HPEI-F 颗粒和 HPEI-F 凝胶的照片，在 508 nm 的发射波长和不同 pH 条件下合成的 HPEI-F 颗粒和 HPEI-F 凝胶的荧光强度；（c）被 NaBH$_4$ 还原的 HPEI-F 颗粒（曲线 a）和 HPEI-F 颗粒（曲线 b）的荧光光谱（激发波长为 365 nm）及其在 365 nm 紫外光下的照片[36]

聚氨基酯（PAE）也是一类被广泛研究的含脂肪胺结构的非典型发光聚合物。2005 年，吴德成等[50]合成了一系列不同基团（单羟基、伯胺基、二醇）封端的聚氨基酯，合成路线如图 4-16（a）所示。这些聚氨基酯的荧光强度与其封端基团的种类密切相关，并且过硫酸铵和空气的氧化处理能增强其荧光强度。此外，研究者发现，即使是在绝对无氧的条件，由 1-(2-氨基乙基)哌嗪通过迈克尔加成聚合反应合成的超支化聚氨基酯也能发射荧光，研究者推断聚氨基酯的发光是其本身的固有性质，与是否被氧化无关。随后，研究者又合成了一种结构中含有叔胺的线形聚氨基酯，发现其溶液不能发射荧光。因此，研究者认为聚氨基酯的荧光发射源于分子中叔胺/羰基和紧凑树枝状结构的相互作用。

2019 年，颜红侠课题组[51]由柠檬酸和氮甲基二乙醇胺经过一步缩聚反应合成了一种水溶性超支化 PAE，如图 4-16（b）所示。PAE 的荧光发射表现出明显的激发波长依赖性，在很宽的波长范围内可以发射明亮的荧光，通过改变激发波长

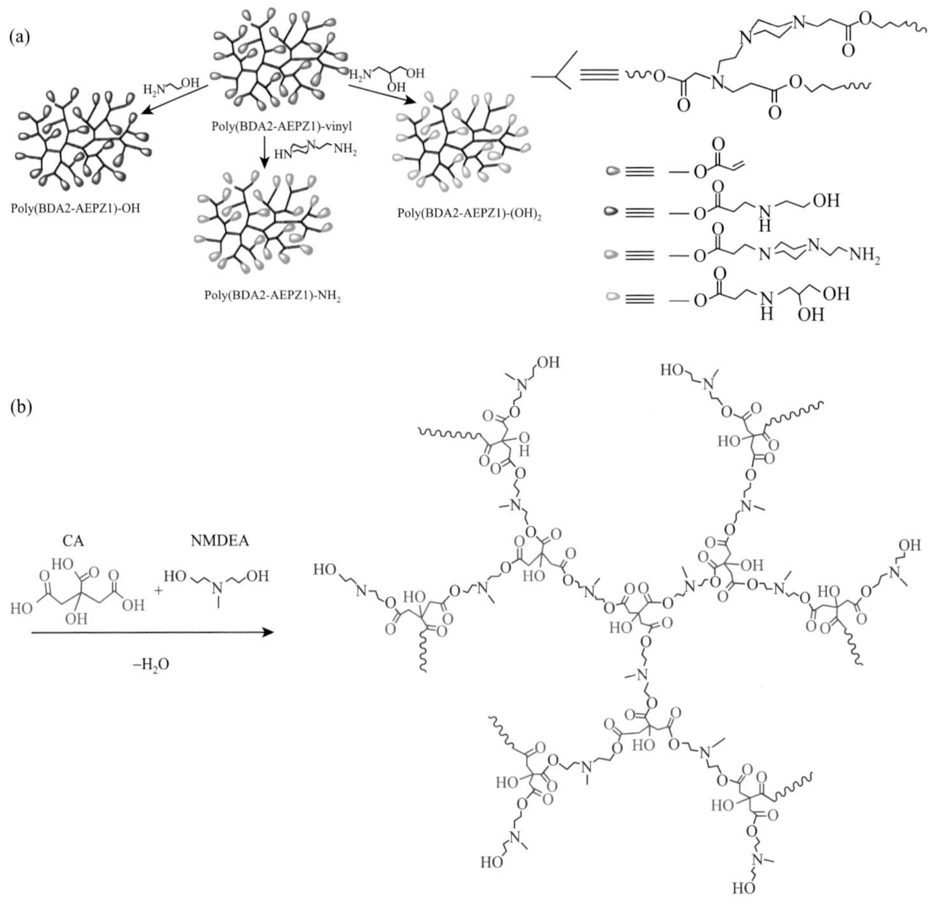

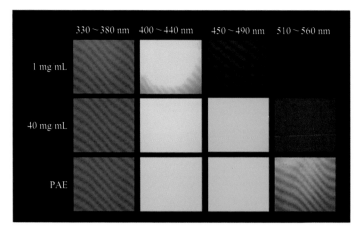

图 4-16　（a）具有不同末端官能团的超支化聚氨基酯的制备路线[50]；（b）聚氨基酯的
合成路线及其多色发光[51]

可以调控 PAE 的发光颜色从蓝色、青色、绿色到红色。此外，PAE 溶液的发光强
度随着浓度的提高而增强，并且其荧光峰位随着浓度的增加显示出显著的红移。
研究者认为 PAE 的发光来自叔胺和酯基自组装聚集形成的发光中心，而其多色发
光性质是由 PAE 自组装体的不均匀性引起的。

2012 年，潘才元课题组[52]合成了一系列不同分子量的超支化聚氨基酯，根据
合成反应时间的不同分别命名为 HypET11、HypET15、HypET20 和 HypET24，其
合成路线和聚合物结构如图 4-17（a）所示。研究者发现这些聚合物的发光强度随
分子量的增加而逐渐增强，如图 4-17（b）所示，这与分子内部的运动相关。即随
着分子量的增加，分子运动逐渐受限，非辐射跃迁速率下降。此外，高分子量的
聚氨基酯中叔胺的含量更高，有利于生色团的聚集产生荧光发射。相较于超支
化聚氨基酯，叔胺位于主链上或侧基上的线形聚合物仅具有非常弱的荧光，这表
明超支化结构对于提高发光效率的重要性，这是由于碰撞弛豫是影响荧光效率的

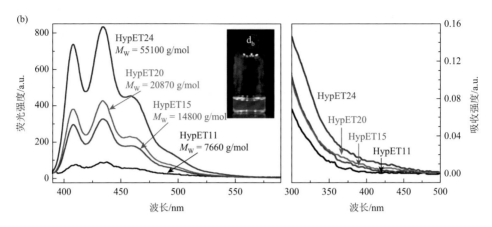

图 4-17 （a）超支化聚合物 HypET 的制备和水解示意图；（b）通过 TMEA 和 EGDA 的迈克尔加成聚合（进料摩尔比为 50：1）的 HypET11、HypET15、HypET20 和 HypET24（反应分别持续 11 h、15 h、20 h 和 24 h）的荧光光谱和紫外吸收光谱，插图是 HypET24 的氯仿溶液（d_b）的发光照片[52]

一个重要因素。与超支化结构相比，线形聚氨基酯具有更强的运动能力，其荧光强度随着碰撞弛豫的增强而逐渐降低。研究者尝试将这些具有较高量子效率（0.11～0.43）的超支化聚氨基酯应用于细胞成像，结果表明，吡喃半乳糖修饰的 HypET 表现出低细胞毒性，可获得明亮的细胞成像。事实上，上述 PAE 发光现象可用 CTE 机理合理解释。首先，叔胺、酯基等富电子单元的簇聚产生离域扩展的簇生色团，其可受激发射。不同相互作用导致簇生色团的多样性，进而产生多色发光。此外，超支化和线形结构对富电子单元簇聚及簇生色团构象刚硬化程度的影响导致其发光量子效率的差异。

4.3 含氮线形发光聚合物

随着对发光机理认识的加深，对于含氮发光聚合物的设计逐渐由支化结构向线形结构扩展，一系列发光性质优异的材料被报道。2016 年，周青等[4]研究了聚丙烯腈（PAN）的光物理性质，进一步证实了 CTE 机理的合理性，加深了对非典型发光化合物发光过程的理解。众所周知，PAN 分子由饱和烃主链和富含电子的氰基组成，没有任何传统的生色团。结果表明，在 PAN 稀溶液中未观察到发光现象，而蓝光发射随浓度的增加而逐渐出现，如图 4-18（a）和（b）所示。此外，PAN 在固态下还能产生延迟荧光和 RTP 发射。为了探索这种独特的发光行为，研究者测试了 PAN 在 N, N'-二甲基甲酰胺（DMF）和 DMF/二氯甲烷

（DCM）混合溶剂中的光致发光性质。其中，DCM 为 PAN 的不良溶剂，可诱导 PAN 链聚集。如图 4-18（c）所示，当 DCM 的体积分数（f_{DCM}）低于 40%时，只能检测到微弱的发光信号。当 f_{DCM} 为 50%时，能观察到弱的蓝光发射，进一步增加 f_{DCM} 值可显著提高发光性能。以上结果表明，聚集对 PAN 的发光具有关键作用。然而，PAN 链结构中并没有传统的发光中心，因此研究者只能将发光原因归结为氰基的聚集。在稀溶液中，PAN 链上的单个氰基无法被激发。只有当分子链聚集时，聚合物链缠结在一起，氰基通过相互作用成簇，如图 3-3（c）所示，通过空间相互作用构成一定的电子离域，包括孤对电子和 π 电子之间的电子交叠，偶极-偶极相互作用和 n-π 相互作用。最终，分子链的振动与转动被限制，同时 n-π*相互作用促进 ISC 过程，实现了 RTP 的发射。该研究工作完美地利用 CTE 机理解释了非共轭 PAN 分子的发光现象，引起了众多科学家对于非典型发光化合物的研究兴趣。

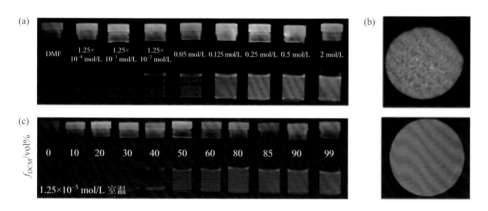

图 4-18　（a）在 365 nm 紫外光下不同浓度的 **PAN/DMF** 溶液照片；（b）在 365 nm 紫外光下 PAN 的固体粉末和薄膜的照片；（c）**DMF/DCM** 混合溶剂中 **1.25 × 10⁻⁵ mol/L PAN** 溶液在 365 nm 紫外线下的照片[4]

　　例如，Saha 等[37]通过自由基聚合反应合成了聚（N-乙烯基己内酰胺）[poly(N-vinylcaprolactam)，PNVCL]，其链结构如图 4-19（a）所示。研究者表征了其光物理性质，并探索了其作为荧光温度计在细胞内温度成像的应用。如图 4-19（b）和（c）所示，PNVCL 的四氢呋喃（THF）溶液具有浓度增强发光的性质，浓溶液具有明显的激发波长依赖性。如图 4-19（d）所示，在荧光显微镜下，通过改变激发源，PNVCL 薄膜的荧光颜色可以从蓝色调节至绿色和红色。该现象的产生可归因于 PNVCL 薄膜中多个发射中心的存在，即根据 CTE 机理，酰胺上的 C═O 基团与 N 原子簇聚会产生有效的电子相互作用，使体系离域扩展，有效共轭长度增加，产生多元的发射能力不同的发射种，同时构象刚硬化，从而易于受激发射，展现出明显的激发波长依赖性。有趣的是，当达到低临界共溶温度（LCST）时，PNVCL 分子在水介质中会发生由卷曲到球状的构象转变，荧光激活。同时这一临界温度（38℃）接近人的体温，研究者巧妙地利用 PNVCL 独特的热响应性质和聚集诱导发光性质设计了荧光温度计。

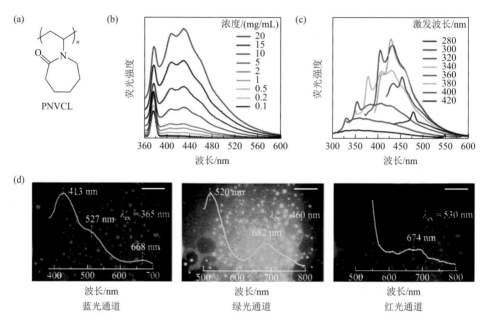

图 4-19　（a）PNVCL 的化学结构；（b）不同浓度 PNVCL/THF 溶液在 365 nm 紫外光激发下的荧光光谱；（c）20 mg/mL PNVCL/THF 溶液在不同激发波长下的荧光光谱；（d）PNVCL 薄膜的荧光显微镜照片[37]

　　近期，袁望章课题组[3]报道了尼龙-6（PA-6）的可调荧光和低温磷光性质。结果表明，PA-6 展现出了明显的 AIE 性质。值得一提的是，用 365 nm 紫外光激发时，经过不同溶剂处理的 PA-6 样品在相同浓度的甲酸（FA）溶液中能显示蓝色和绿色两种荧光，且其浓溶液发光具有明显的激发波长依赖性，如图 4-20（a）～（c）所示，这是由于 PA-6 和 FA 之间形成了可变的簇聚体。为了阐明这一现象，如图 4-20（d）所示，研究者进一步用 PA-6 制备了具有 α 晶（反平行分子排列）结构的浇铸薄膜（PCF），以及具有 γ 晶（平行分子排列）结构的电纺薄膜（PEF）。图 4-20（e）显示了 PCF 和 PEF 在 312 nm 紫外灯下具有明亮的蓝色荧光现象，并且 PCF 的荧光量子效率（8.7%）高于 PEF（3.8%），这是由于反向平行排列的分子具有更加紧密的结构，有利于基团间的电子相互作用，促进了有效的空间共轭的形成，并增强了分子的构象刚硬化程度。将 PCF 和 PEF 冷冻至 77 K，其发光强度显著提高，并且在分别撤去 312 nm 和 365 nm 的激发光后，能观察到蓝色和绿色的余辉。光谱测试结果表明其低温磷光具有明显的激发波长依赖性。PA-6 的发光现象可用 CTE 机理进行合理解释，同时，不同聚集态下的 PA-6 呈现出的不同发光性质也证明了 CTE 的合理性。

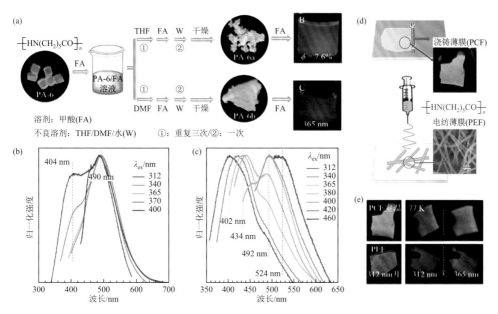

图 4-20 （a）PA-6a 及 PA-6b 固体的纯化程序示意图，15 wt% 的 PA-6a/FA 溶液（B）及 PA-6b/FA 溶液（C）在 365 nm 紫外灯下的发光照片；（b）PA-6a 在不同激发波长下的发射谱；（c）PA-6b 在不同激发波长下的发射谱；（d）PA-6 溶液及其浇铸薄膜、电纺薄膜示意图；（e）PCF 及 PEF 在不同波长紫外灯下的室温及低温发光照片[3]

汪钟凯等[38]选取了两种含有双烯端基和长烷基结构的酰胺化合物（UDA 和 BUDA）作为单体，利用巯基-烯烃加成聚合反应得到了一种新型的聚酰胺共聚物 [P(UDA-co-BUDA)]，如图 4-21（a）所示。与传统聚酰胺相比，P(UDA-co-BUDA) 具有可调的分子间氢键作用、结晶度和力学性能。同时，该聚合物可生物降解，循环使用。研究者通过单向循环拉伸处理，获得了 4 种 P(UDA-co-BUDA) 的弹性体材料（P1～P4），其对应的拉伸形变率分别为 100%、200%、300% 和 400%。结果表明，随着拉伸形变率的提高，材料的力学强度逐渐提升，同时结晶度也有所提高。更值得注意的是，这些聚合物均具有光致发光的现象。以 P4 为例，其最大发射波长为 418 nm，且在荧光显微镜下，利用不同波长的激光激发，发光颜色可由蓝色逐步调节至红色，如图 4-21（c）～（g）所示，证明材料中存在多个发射种。研究者将 P(UDA-*co*-BUDA)弹性体的发光现象归因于酰胺基团的簇聚，即聚合链内和链间存在较强的氢键相互作用，一方面有利于空间共轭作用形成簇生色团，另一方面有利于结晶产生刚硬化的构象。结合上述两点，材料能够在受到紫外光激发后产生激子，并以辐射跃迁的形成回到基态，产生发光现象。该研究工作证实了 CTE 机理用于解释非芳香聚酰胺发光现象的合理性，为解释类似聚合物的发光现象提供了参考。

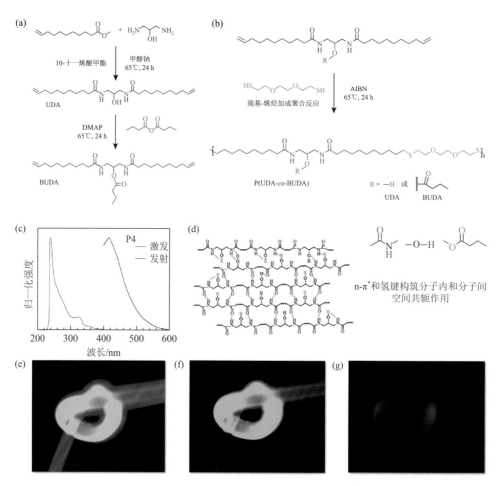

图 4-21　（a）UDA 和 BUDA 单体的设计与制备；（b）P(UDA-*co*-BUDA)的结构及其制备过程；（c）P4 的紫外-可见吸收与 PL 光谱；（d）聚合物发光机理示意图；（e）～（g）P4 纤维在不同激发波长下的荧光显微镜照片[38]

唐本忠院士课题组[39]设计合成了两种聚合物，即聚（*N*-异丙基丙烯酰胺）（R1；PNIPAM）和聚（*N*-叔丁基丙烯酰胺）（R2；PNtBA），化学结构如图 4-22（a）所示。这些聚合物由于独特的热响应性早在 20 世纪 80 年代就受到了广泛关注，而它们的光致发光性质却鲜有研究。研究者发现，这些聚合物的单体在固态下无明显发光，但通过聚乙烯主链将它们连接起来，使酰胺基团相互靠近后能获得明亮的发光，PNtBA 和 PNIPAM 的荧光量子效率分别为 24% 和 7%。更重要的是，尽管两种聚合物的结构相近，PNtBA 和 PNIPAM 表现出完全不同的吸湿性，即 PNIPAM 是一种吸湿性聚合物，如图 4-22（a）所示，吸水肿胀部分（*B* 点）的亮度明显低于聚合物粉末（*A* 点）的亮度。相反，暴露于空气中，非吸湿聚合物 PNtBA 的发光更加均匀。随后，研究者在 PNIPAM 溶液中逐渐加入不良溶剂，随着聚合物聚集程度的增加，PNIPAM 溶液的发光逐渐增强 [图 4-22（b）]。研究表明，聚合物结构中丰富的氢键有利于酰胺基团相互靠近，从而促进空间电子相互作用，有助于形成类似于芳香体系中基于 π 电子相互作用的发色团，如图 4-22（c）所示。而水的存在会干扰酰胺基团的聚集，导致荧光猝灭。

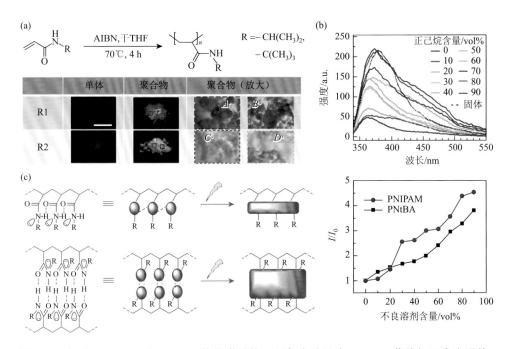

图 4-22 （a）PNIPAM 和 PNtBA 的化学结构、制备方法及在 365 nm 紫外灯下发光照片；（b）10^{-4} mol/L PNIPAM/THF 溶液在加入不同体积分数的正己烷的 PL 光谱，以及 PNIPAM 和 PNtBA 溶液在加入不同含量不良溶剂的发光强度变化；（c）PNIPAM 和 PNtBA 的发光机理示意图[39]

近年来，荧光水凝胶因在医学诊断、生物成像和环境监测等领域的应用而受到了广泛的关注。通常情况下，荧光水凝胶的制备需要使用荧光粉标记水凝胶，在长期使用过程中会产生标记漂白、信号漂移和信息失真等问题。因此，制备自具荧光的水凝胶材料显得尤为必要。2019 年，王玉忠院士课题组[40]制备了一系列自具荧光的聚丙烯酰胺及其衍生物水凝胶，结构如图 4-23（a）所示。结果表明，这些聚合物水凝胶均有明显的荧光发射，同时在形成水凝胶的过程中，荧光强度逐渐提高。以聚丙烯酰胺水凝胶为例，其荧光强度随含水量的提高而逐渐下降，随交联度的提高而逐渐增强，如图 4-23（b）～（d）所示。研究者指出，这些聚合物水凝胶具有明显的 AIE 性质，即随着含水量的下降或交联度的提高，聚合物链的运动逐渐受限，有效地抑制了非辐射跃迁，同时，结构中羰基的聚集形成簇生色团，可被紫外光激发，最终产生荧光发射。显然，该实验结果可用 CTE 机理进行合理解释。但更值得注意的是，这些聚合物的发光产生不仅来自羰基的簇聚，还需要氮、氧等杂原子参与构筑有效的空间共轭结构，从而在紫外光下受激发，经过一系列光物理过程后最终以辐射跃迁的形式回到基态并发射荧光。该研究工作提供了一种全新的制备荧光水凝胶的策略，且荧光强度可调，同时其发光现象也可用 CTE 机理进行合理解释。

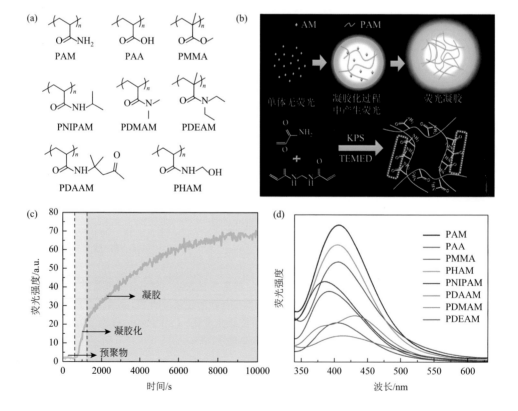

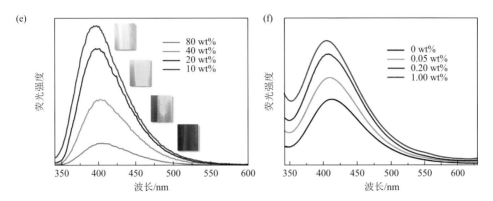

图 4-23 （a）八种聚合物水凝胶的分子结构；（b）聚合物水凝胶的组装及发光机理；（c）基于荧光光谱的 PAM 临界胶束浓度的计算；（d）八种聚合物水凝胶的荧光光谱；（e）不同含水量的 PAM 水凝胶的荧光光谱与 365 nm 紫外光激发下的照片；（f）不同交联剂含量的 PAM 水凝胶的荧光光谱[40]

聚氨酯（polyurethane，PU）是一种非共轭聚合物材料，具有合成步骤简单、机械韧性好、耐磨损和耐低温等优点，广泛应用于形状记忆材料、建筑隔热材料和一些家具织物的部件上。然而，对于聚氨酯的发光特性及其在光电领域的应用却鲜有报道。根据 CTE 机理，聚氨酯的主链中含有富电子的氮、氧原子与羰基，在聚集情况下分子链相互缠结，一方面使得构象刚硬化，另一方面这些基团之间将产生相互作用，产生簇生色团，空间电子离域拓展，有望获得荧光发射。此外，这些杂原子与羰基的存在有利于提高 SOC 常数，促进 ISC 过程和三重态激子的产生，在一定条件下有望实现磷光发射。2018 年，朱东霞等[41]合成了三种聚氨酯材料（PU1、PU2 和 PU3），如图 4-24 所示，以 PU1 为例，其丙酮溶液的发光强度随浓度和不良溶剂浓度的增加逐渐增强，表现出典型的 AIE 性质。同时，PU1 的丙酮浓溶液在 300～500 nm 范围内存在多个发射峰，表明体系中存在多个发射种。此外，PU1 在 77 K 下可观测到超长寿命的磷光发射，持续时间长达 7 s。基于上述实验结果，研究者指出聚氨酯的发光来源于羰基的簇聚，即羰基的孤对电子和 π 电子之间的空间电子交叠产生了发射种，结合聚合物通过链缠结产生的刚性环境，在聚集体中观察到了荧光发射。此外，羰基与杂原子间的相互作用有利于促进 ISC 过程，在低温下充分抑制非辐射跃迁，产生的三重态激子最终以辐射跃迁的形式回到基态发射磷光。然而，结合 PU1 溶液光谱分析，不难发现，其谱图中存在多个尖锐的发射峰，证实在聚集体中存在不止一个发射种，来源于不同的簇生色团。因此，对于这些聚氨酯的发光来源，不能简单地归因于羰基的簇聚，主链中的氮、氧等杂原子也参与了簇聚，产生了多种不同的簇生色团，而这些簇生色团将进一步形成具有不同发射能力的发射种，在光谱中显示出多个发射峰。

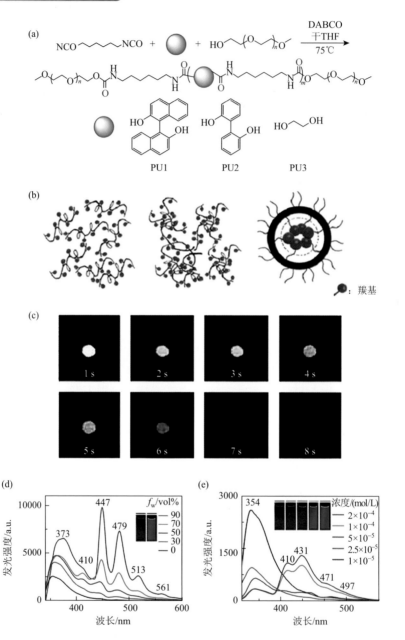

图 4-24 （a）PU1、PU2 和 PU3 的制备示意图；（b）PU1 的发光机理示意图；（c）77 K 下 PU1 的余辉照片；（d）PU1 的丙酮/水溶液（10^{-5} mol/L）在 365 nm 紫外光下的 PL 光谱与发光 照片；（e）不同浓度的 PU1 丙酮溶液在 365 nm 紫外光下的 PL 光谱与发光照片[41]

聚醚胺（PEA）是一种主链为聚醚结构，末端活性官能团为胺基的聚合物。

通过选择不同的聚醚结构，可调节 PEA 的反应活性、韧性、黏度和亲水性等一系列性能，而胺基则提供给 PEA 与多种化合物反应的可能性。2016 年，刘春艳等[42]在一种商用 PEA（Jeffamine ED2003）的末端接上了软脂酸（palmitic acid）结构，组成了一种两亲性的链结构，这种新型的 PEA 分子能在水相中通过分子链弯曲折叠形成球形胶束，通过动态光散射（DLS）和电子显微镜观察表征其粒径大小分别为 54 nm 和 25 nm，如图 4-25（b）和（c）所示。此外，PEA 在水溶液中的荧光强度随浓度的提高而逐渐增强，表现出典型的 AIE 性质，更重要的是，通过荧光强度与溶液浓度的曲线可计算出体系的临界胶束浓度（CMC）。研究者认为，该体系的发光源于酰胺基团。如图 4-25（f）所示，在未形成胶束时，PEA 分子柔性较好，受激发后酰胺基团会通过单键的旋转等非辐射跃迁的形式耗散能量。在形成胶束后，酰胺基团间会产生很强的氢键相互作用，有利于抑制酰胺键的振动与转动和非辐射跃迁，最终产生荧光发射。显然，PEA 胶束的发光现象可用 CTE 机理解释，即其发光来源于酰胺基团的簇聚，单重态激子在刚性的环境下以辐射跃迁的形式回到基态，产生荧光发射。该研究工作报道了一种自具荧光的聚合物胶束，这种胶束无毒，且发光稳定、生物相容性好，在生物医学领域有诸多潜在的用途。

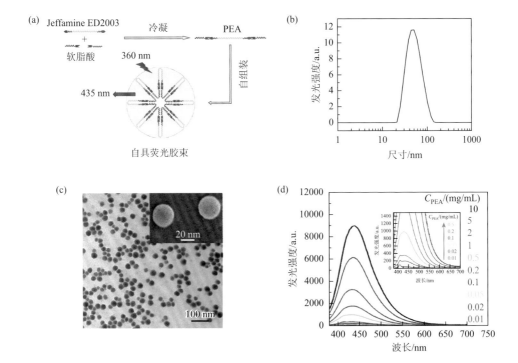

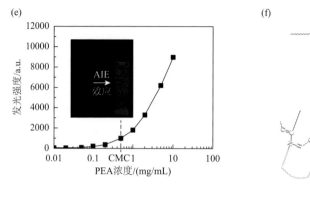

图 4-25 （a）PEA 胶束的制备过程示意图；PEA 胶束的尺寸分布（b）和电子显微镜照片（c）；（d）不同浓度的 PEA 水溶液在 365 nm 激发光下的荧光光谱；（e）基于荧光光谱的 PEA 临界胶束浓度的计算；（f）PEA 胶束的发光机理示意图[42]

4.4 含氮发光小分子

虽然含氮的高分子化合物具有优异的加工性质和发光性质，然而，从机理研究的角度来看，高分子体系组成成分复杂，缺乏确切的晶体结构数据，难以获取准确的构效关系，在一定程度上限制了研究的进一步深入。因此，对于聚合物单体及其衍生小分子化合物发光性质的研究，无论是在理解聚合物的发光行为，还是开发新型含氮发光化合物方面都显得尤为重要。

郑书源等[5]推测尿素（urea）分子应该具有荧光甚至 RTP 发射，原因如下：首先，尿素分子中的氨基之间存在氢键相互作用，有利于构象刚硬化；其次，氮原子的 p 轨道上存在孤对电子，可与羰基上的电子共同产生空间离域，促进 n-π^* 跃迁及 ISC 过程。此外，如果将氧原子替换为硫原子，其重原子效应将有助于提高 SOC 常数并进一步促进 ISC 过程及 RTP 发射。随后，研究者对尿素和硫脲（TU）的发光性质进行了研究。如图 4-26（b）所示，尿素的溶液在浓度低于 0.1 mol/L 时几乎不发光，此时聚集尺寸大约为 84 nm。随着浓度逐渐增加，其发光效率逐渐提高，8 mol/L 的尿素溶液发光效率可达 2.2%，同时聚集尺寸增至 347 nm，证实了 CTE 现象的存在。此外，尿素晶体具有 p-RTP 发射，其量子效率和寿命分别为 1.0% 和 207 ms。将晶体压片后，量子效率可提高至 16.2%，表明晶体堆砌相对较为松散，通过外力可促进分子间的相互作用，提高构象刚硬化，抑制非辐射跃迁，从而提高磷光量子效率。随后，研究者获得了两种硫脲晶体（TU-1 和 TU-2），它们在 520 nm 处均表现出亮绿色的 RTP 发射，量子效率分别为 19.6%（TU-1）和 11.6%（TU-2）。同样，通过加压过程，其量子效率可进一步提高至 24.5%（TU-1）

和 16.1%（TU-2），如图 4-26（d）所示。硫脲与尿素的发光性质再一次证实了 CTE 机理的合理性。更重要的是，计算得到的尿素和硫脲的 SOC（S_1, T_1）常数分别高达 45.9 cm^{-1} 和 150.6 cm^{-1}，再次证实了该体系设计思路的合理性。

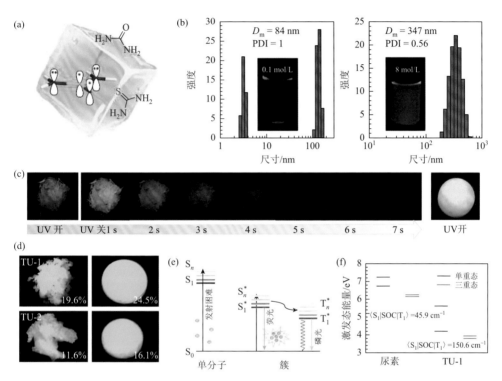

图 4-26　（a）尿素和硫脲的化学结构；（b）0.1 mol/L 和 8 mol/L 尿素溶液的聚集尺寸和在 312 nm 紫外光下的照片；（c）在 312 nm 紫外光激发前后尿素晶体和其压片的照片；（d）在 312 nm 紫外光下硫脲及其压片的照片；（e）CTE 机理示意图；（f）尿素和硫脲的理论计算[5]

近期，郑书源等[43]以丁二酰亚胺（succimide，SI）为原料，在温和条件下利用酰化反应合成了两种衍生物，即 CBSI 和 OBSI，化学结构如图 4-27（a）所示。研究结果表明，CBSI 和 OBSI 在稀溶液中几乎不发光，随着溶液浓度的提高，发光逐渐增强，展现出典型的 AIE 特性。更值得注意的是，CBSI 在晶态下的发光量子效率高达 9.0%。此外，如图 4-27（c）和（d）所示，CBSI 和 OBSI 单晶均具有超长室温磷光发射，CBSI 单晶在不同的激发光源下可呈现出颜色可调的余辉，而 OBSI 的余辉可调性仅在 77 K 出现。为了进一步揭示 CBSI 和 OBSI 的发光机理，研究者解析了两种化合物的单晶结构。如图 4-27（e）所示，两种化合物的分子结构均高度扭曲，明显有别于传统的大平面共轭芳香发光化合物。虽然 CBSI 和 OBSI 晶体结构中缺少传统的大平面共轭结构，但有效的分子间相互作用如 C—H⋯O=C、O=C⋯O=C、C—N⋯O=C 和 O=C⋯C=O，不仅有助于分子构象的刚硬化，抑制了非辐射跃迁，也可促进氮原子上的孤对电子和羰基上的 π 电子在空间的离域，促进 ISC 过程，从而产生大量的三重态激子，这些激子被刚性构象进一步稳定，最终实现了 RTP 发射。此外，通过对 CBSI 的不同聚集态结构的 LUMO 能级电子云分布的计算［图 4-27（f）］可知，其分子内和分子间存在丰富的电子云离域和交叠。而这些不同类型的聚集体将最终形成具有不同发射能力的发射种，在不同激发波长下展现出颜色可调的 RTP 发射。该研究工作为设计非芳香 RTP 材料提供了新的思路，同时推进了研究者对于磷光颜色调节机理的认识。

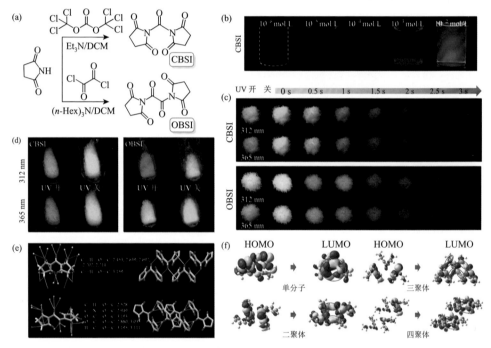

图 4-27　（a）CBSI 和 OBSI 的化学结构和合成路线；（b）CBSI/DMF 溶液在 312 nm 紫外灯下拍摄的照片；CBSI 和 OBSI 单晶分别在 312 nm 和 365 nm 紫外灯照射下和停止照射后拍摄的照片：（c）室温，（d）77 K；（e）CBSI 和 OBSI 的单晶结构解析，数值单位均为 Å；（f）CBSI 的不同聚集体的理论计算[43]

　　DNA 的双螺旋结构是由其主链上的四个碱基，即腺嘌呤（A）、鸟嘌呤（G）、胞嘧啶（C）和胸腺嘧啶（T），按照 A-T 和 C-G 的碱基配对规则，基于氢键等非共价相互作用形成的。王允中等[44]从中得到启发，研究了一种与胸腺嘧啶结构类似的非芳香化合物海因（hydantoin，HA）的发光性质。研究者推测，HA 在晶态下分子间将存在多重氢键的相互作用，结合其自身的环状平面结构，有利于形成刚性的聚集态构象。此外，HA 中的羰基和氮原子的存在有助于促进自旋轨道耦合，进而促进 ISC 过程及三重态激子的产生。综合上述两点，研究者认为在 HA 分子中有望实现 RTP 发射。如图 4-28（a）所示，实验结果表明，HA 水溶液表现出明显的 AIE 性质，即单个 HA 分子由于自身共轭程度不足以被激发，而通过聚集产生簇生色团，可在浓溶液中产生明显的发射。此外，HA 晶体具有超长寿命的室温磷光发射，且在不同激发光源下余辉颜色可调。如图 4-28（b）和（c）所示，当撤去 365 nm 紫外光激发源后，HA 晶体表现出黄绿色的余辉，对应磷光发射峰为 528 nm，磷光寿命长达 1.74 s。而当撤去 312 nm 紫外光激发源后，可观察到天蓝色的余辉，对应磷光发射峰为 456 nm，磷光寿命可达 1.54 s。更值得注意的是，HA 晶体的磷光量子效率高达 21.8%，超越了大多数芳香发光化合物。基于

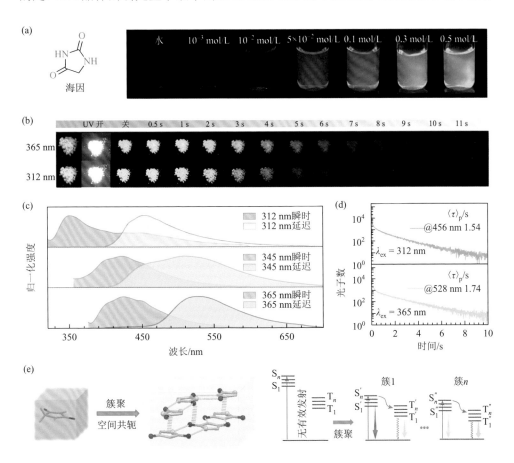

图 4-28　（a）海因化学结构及其水溶液在 312 nm 紫外灯下拍摄的照片；（b）海因晶体分别在 312 nm 和 365 nm 紫外灯照射下和停止照射后拍摄的照片；海因晶体在不同激发波长下的瞬时和延迟光谱（c）及寿命衰减曲线（d）；（e）簇聚诱导发光机理示意图[44]

上述结果，研究者认为，HA 晶体中存在大量的羰基与氮原子的相互作用，这些相互作用有助于空间电子离域，产生空间共轭相互作用，能隙展宽。同时晶体中存在多元的聚集种，在不同的激发源下，可产生多重的发射种，而这些发射种在各个激发波长下占比的不同最终形成了可调的 RTP 发射。该研究工作从一个结构非常简单的含氮小分子入手，揭示了其高效、超长寿命和可调的 RTP 发射的来源，拓展了研究者的视野，同时为后续研究工作奠定了基础。

上述研究表明，空间共轭作用是 HA 发光的一个重要因素，为了进一步探究扭曲构象对海因类化合物发光性质的影响，王允中等[44]合成了两种 HA 的二聚体衍生物，即 MDHA 和 EDHA，其化学结构如图 4-29（a）所示。这两种化合物中的海因环分别通过亚甲基和乙基连接，其分子构象相较于 HA 分子更加扭曲。如图 4-29（b）所示，室温下，在 312 nm 和 365 nm 的紫外光照射下，MDHA 和 EDHA 晶体都表现出蓝色的发光现象，在撤去激发源后，两种晶体均有明显的长余辉发射，且发光颜色可通过激发波长调节。上述现象对应于其在瞬时和延迟光谱中主发射峰位的变化，例如，312 nm 紫外光激发的 MDHA 晶体的 PL 和 RTP 的主发射峰分别位于 357 nm 和 450 nm，而当用 365 nm 紫外光激发时，其 PL 和 RTP 的主发射峰分别移动至 433 nm/450 nm 和 535 nm。同样地，对于 EDHA 晶体，在 312 nm 紫外光激发下的 PL 和 RTP 的主发射峰分别位于 375 nm/430 nm 和 450 nm，而在 365 nm 紫外光激发时分别转变为 446 nm 和 550 nm。寿命测试［图 4-29（c）］表明，在 450 nm（$\lambda_{ex} = 312$ nm）和 535 nm（$\lambda_{ex} = 365$ nm）处监测的 MDHA 的磷光寿命分别为 1.27 s 和 0.76 s，而在 510 nm、450 nm 和 550 nm 监测的 EDHA 的磷光寿命分别为 0.91 s、0.67 s 和 0.73 s（λ_{ex} 分别为 280 nm、312 nm 和 365 nm）。此外，MDHA 和 EDHA 的磷光量子效率分别为 3.6% 和 2.3%。无论是磷光量子效率还是磷光寿命，MDHA 和 EDHA 的数值均低于 HA。为探究其原因，研究者解析了 MDHA 和 EDHA 的单晶结构。如图 4-29（d）所示，以 MDHA 单晶结构为例，其结构更为扭曲，分子间存在 C=O···N—H 和 O=C···O=C 等相互作用，不仅有助于分子构象的刚硬化，抑制了非辐射跃迁，也可促进氮原子上的孤对电子和羰基上的 π 电子在空间的离域，促进 ISC 过程，最终实现了 RTP 发射。但与 HA 单晶结构相比，其堆砌相对松散，分子间作用力弱，对水和氧等猝灭因素的排除作用也较弱，从而削弱了三重态激子的稳定性，导致寿命和量子效率下降。该研究工作阐明了分子构象及其扭曲化对 RTP 性质的影响，对类似研究具有借鉴意义。

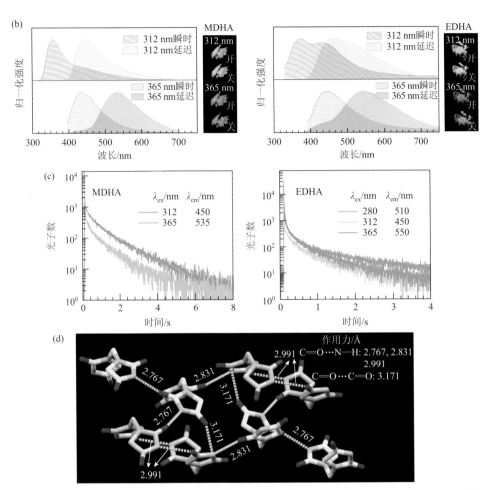

图 4-29　（a）MDHA 和 EDHA 的化学结构和合成路线；（b）分别在 312 nm 和 365 nm 紫外灯照射下和停止照射后拍摄的 MDHA 和 EDHA 照片，以及瞬时光谱和延迟光谱；（c）MDHA 和 EDHA 的寿命衰减曲线；（d）MDHA 的单晶结构解析[44]

近期，王允中等[53]报道了乙酰脲（AU）和氰基乙酰脲（CAU）的发光现象。如图 4-30（a）所示，在 312 nm 紫外灯照射下，AU 和 CAU 的晶体均存在蓝白色的发光，在撤去激发源后，可观察到 5～6 s 的蓝色余辉，即存在超长寿命的室温磷光发射。上述发光现象可用 CTE 机理进行合理解释，即在晶体中，酰胺相互靠近产生簇生色团，出现空间电子离域，能在紫外光激发下产生荧光发射。同时，羰基与氮原子的存在有利于促进 n-π* 跃迁及 ISC 过程，产生三重态激子，在晶态的刚性环境中以辐射跃迁的形式返回基态，产生 RTP 发射。更有趣的是，CAU还表现出热活化延迟荧光（TADF）发射现象。首先，如图 4-30（b）所示，由 CAU的时间分辨延迟光谱分析可知，在延迟发射初期（延迟 0.1 ms，排除纳秒级寿命的荧光发射），CAU 的延迟发射峰位主要有 410 nm、430 nm 和 450 nm 几个峰位，且 410 nm 为主峰位；但是随着发射时间的延长可以发现，410 nm 和 430 nm 左右的发射峰位逐渐减弱，到 5 s 后几乎只存在 450 nm 的发射峰位。截然不同的发射寿命表明：在这个长寿命发光体系中应当存在不同的发光成分。此外，如图 4-30（c）所示，在 340 nm 紫外光激发下，77 K 下的瞬时光谱与室温的瞬时光谱相比多出来 430 nm 和 450 nm 两个明显的肩峰；而在 77 K 下的延迟光谱则与室温测得的相比 430 nm 的主峰变成了肩峰，主峰变为 450 nm。这是由于 TADF 的发射需要反向系间窜越（RISC）过程，而这个过程需要外界热量的参与，当温度降低至 77 K 时则失去了热量的来源，不能通过热活化来实现 RISC 过程，因此 77 K 下 430 nm 峰位的减弱和 410 nm 左右的 TADF 发射峰消失有关。为了进一步证明 CAU 的 TADF 发射，研究者测试了 430 nm 发射峰的变温寿命，如图 4-30（d）所示，随着温度的升高，在 0～0.1 s 内出现了一个较短寿命的衰减，可归属于 TADF 的衰减，其寿命为 13.6 ms。然而，在 AU 中研究者并没有发现 TADF 现象。通过理论计算 [图 4-30（e）] 发现，对于 CAU 而言，无论是单分子还是聚集体，其分子内和分子间都存在酰脲基团与氰基之间的电荷转移（CT），而这种 CT 效应有利于降低单重态与三重态的能级差，促进 RISC 过程，而 AU 结构中不存在 CT 效应，因此并未检测到 TADF 发射。更重要的是，TADF 发射可有效利用单重态和三重态的激子，提高化合物的发光量子效率，CAU 的发光量子效率高达 53.4%，远高于 AU 的量子效率（30.3%）。该研究工作在非典型发光化合物中实现了 TADF 的发射，为今后设计合成具有延迟荧光性质的发光化合物提供了新的思路，也可启发研究人员对非典型 TADF 化合物的发光机理的深入理解。

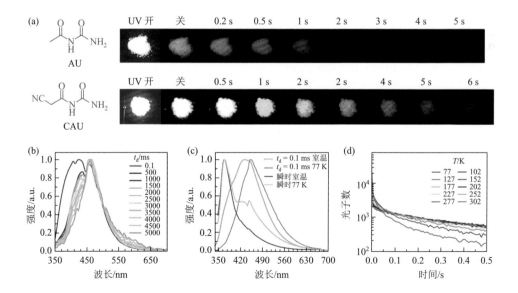

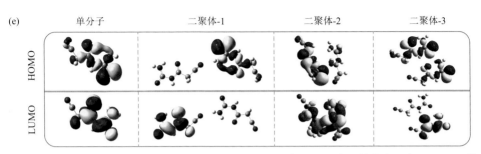

图 4-30　（a）AU 和 CAU 的化学结构和晶体在 312 nm 紫外光激发下的发光现象；CAU 晶体的时间分辨延迟光谱（b），室温和 77 K 下的瞬时和延迟光谱（c），不同温度下的寿命衰减曲线（d），HOMO、LUMO 电子云分布图（e）[53]

  O'Reilly 等[45, 46]制备了一系列马来酰亚胺衍生物，发现其稀溶液的荧光强度与化学结构和溶剂环境密切相关，通过建立该类化合物的数据库有助于筛选出发光性质优异的材料用于荧光探针。如图 4-31 所示，首先，研究者制备了化合物 **1** 和 **2** 并测试其稀溶液的发光性质。对于化合物 **1** 而言，其在环己烷、1,4-二氧六环和甲醇的稀溶液（10 μmol/L）中的荧光量子效率分别为 28%、10% 和 0.43%，即随着溶剂极性的增加而递减。此外，单取代的化合物 **2** 在稀溶液中基本不发光。随后，为了进一步探究取代基对马来酰亚胺衍生物溶液发光性质的影响，研究者制备了化合物 **3～6**。结果表明，化合物 **3** 和 **4** 在非极性溶剂中均有较强的荧光发射，而化合物 **5** 和 **6** 的稀溶液基本不发光。通过对比四个化合物的结构，推测结构中的仲胺取代基（化合物 **3** 和 **4**）和叔胺取代基（化合物 **5** 和 **6**）会对其稀溶液发光性质产生影响。更值得注意的是，化合物 **4** 的稀溶液存在明显的溶致变色现象，发射波长随着溶剂极性的增加逐渐红移，可从 400 nm 位移至 525 nm，证明化合物 **4** 会与不同的溶剂分子产生相互作用，极性越强相互作用越强，有助于溶质分子空间离域拓展使得发射红移。此外，研究者将苯环引入体系中，合成了化合物 **7～14**，而这八种化合物中只有化合物 **7**、**8** 和 **11** 在 1,4-二氧六环的稀溶液中能观察到明显的荧光发射。通过结构对比发现，当苯环直接与马来酰亚胺环共轭时，稀溶液发光容易被猝灭，反之则能够发光。该研究工作合成了一系列含马来酰亚胺结构的荧光分子，研究其在稀溶液甚至单分子状态下的发光性质，通过变换取代基的种类，初步获得了具有 AIE、ACQ 和溶致变色特性的荧光分子，有望作为荧光探针应用于化学品检测领域。

  安众福课题组[47]报道了巴比妥酸和胞嘧啶晶体的超长寿命、颜色可调的 RTP 性质。如图 4-32（a）和（b）所示，当激发波长从 312 nm 移动至 380 nm 时，巴比妥酸晶体的磷光发射主峰位置由 448 nm 位移至 500 nm，表现出了明显的激发波长依赖性，余辉颜色可由深蓝色调节至蓝绿色。同样地，胞嘧啶晶体 RTP 的发射波长可由 420 nm 调节至 470 nm，对应余辉的颜色也出现了从蓝色到绿色的变化。

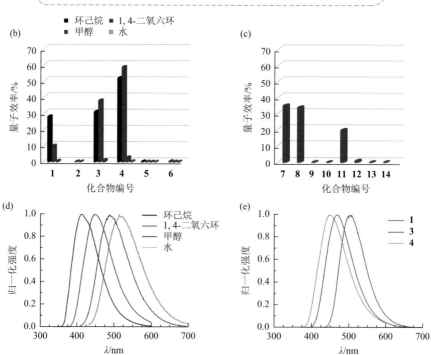

图4-31 （a）DTM、MTM、ABM 和 MAM 系列化合物的结构及其合成路线；（b）和（c）DTM、MTM、ABM 和 MAM 系列化合物的溶液（10 μmol/L）的量子效率；（d）化合物4 的溶液荧光光谱；（e）化合物1、3 和 4 的 1,4-二氧六环溶液荧光光谱[45]

研究者测试了两种晶体在不同发射峰位的磷光寿命，推测可调 RTP 来源于体系中不同的发射中心在不同激发波长下的辐射跃迁。此外，研究者对巴比妥酸和胞嘧啶的单晶结构进行解析，如图 4-32（e）所示，两种晶体中均存在丰富的氢键相互作用（C=O···H—O、N—H···N、N—H···O、C—H···O 和 C=O···H—N），有助于构象刚硬化，稳定三重态激子，实现超长寿命的 RTP 发射。实际上，根据 CTE 机理，巴比妥酸和胞嘧啶晶体的发光性质可作如下合理解释：晶体结构中的多重氢键确实有利于促进构象刚硬化，抑制非辐射跃迁，延长磷光寿命。更重要的是，两种晶体结构中均存在 N···O 相互作用，可促进氮原子上的孤对电子和羰基上的 π 电子在空间的离域，电子离域拓展并进一步形成多重簇生色团，最终在不同激发源下产生多重可调的磷光发射。

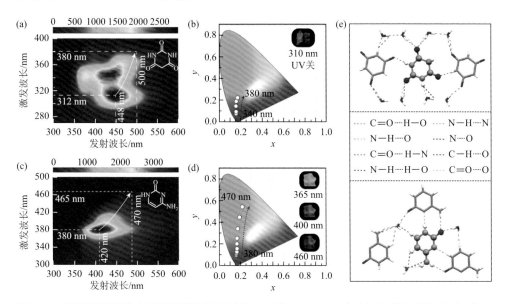

图 4-32　巴比妥酸晶体在不同激发波长下的磷光光谱（a），CIE 色坐标与发光照片（b）；胞嘧啶晶体在不同激发波长下的磷光光谱（c），CIE 色坐标与发光照片（d）；（e）巴比妥酸和胞嘧啶的单晶结构解析[47]

黄维院士课题组[54]报道了两种含三嗪环结构的化合物（DMOT 和 CYAD）并对其发光性质进行表征。如图 4-33（a）～（d）所示，这两种化合物在晶态下均展现出超长寿命的 RTP 发射，且磷光发射峰具有明显的激发波长依赖性，余辉颜色可由蓝色调节至蓝绿色。此外，DMOT 在 430 nm 处的磷光寿命长达 2.45 s，CYAD 在 380 nm 处的磷光寿命可达 0.45 s。为探究这两种化合物可调 RTP 的发射机理，研究者测试了其发射光谱并得到了单晶结构。如图 4-33（f）和（g）所示，DMOT 和 CYAD 晶体的激发谱中显示出两个主要的激发峰位，这两个激发峰相对强度变化对应于两种晶体中单分子和 H 聚集体的 RTP 发射强度占比。此外，DMOT 和 CYAD 在晶体中排列主要采取 H 聚集的形式，同时在同一平面内分子间存在多重氢键相互作用，有助于提高分子受限程度，抑制非辐射跃迁，延长磷光寿命。显然，上述发光现象可利用 CTE 机理进行合理解释。首先，DMOT 和 CYAD 分子间分别存在 N···C 和 N···O 相互作用，可促进氮原子上的孤对电子和三嗪环、羧基上的 π 电子在空间的离域，促进 ISC 过程，同时产生多重簇生色团，在刚性环境下受激后以辐射跃迁的形式回到基态，产生波长可调的 RTP 发射。此外，结合两种晶体的磷光光谱发现，其半峰宽均超过了 100 nm，因此谱图中应当存在两个以上的发射种，而这些发射种发光强度的相对变化导致主峰位的移动。该研究工作也从侧面反映了 CTE 机理对解释多色磷光化合物发光机理的合理性。

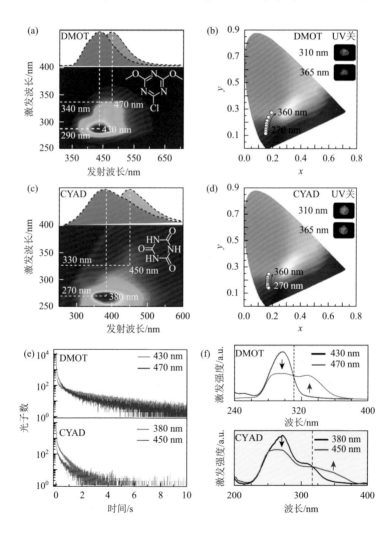

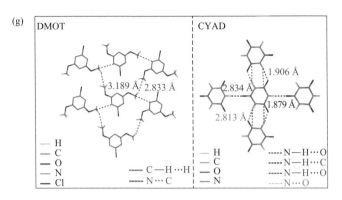

图 4-33 DMOT 晶体在不同激发波长下的磷光光谱（a），CIE 色坐标与发光照片（b）；CYAD 晶体在不同激发波长下的磷光光谱（c），CIE 色坐标与发光照片（d）；（e）DMOT 和 CYAD 晶体寿命衰减曲线；（f）DMOT 和 CYAD 晶体在不同发射波长下的激发光谱；（g）DMOT 和 CYAD 的单晶结构解析[54]

4.5 总结与展望

　　目前，含氮非典型发光化合物已经引起了国内外学者的广泛关注，各种不同类型的化合物已见诸报道。本章主要介绍了含氮支化、线形发光聚合物及发光小分子的研究应用进展。这些化合物在紫外光激发下能产生荧光、延迟荧光、磷光甚至室温磷光的发射，极大地丰富了纯有机发光体系。此外，含氮非典型发光化合物的发光可用 CTE 机理予以合理解释。其核心为，氮原子及其衍生基团（氰基、胺基、酰胺基、酰亚胺基、脲基、氨酯基等）在聚集条件下，电子云相互交叠，产生空间共轭相互作用，离域拓展、能带展宽、能隙降低，形成多元簇生色团。这些簇生色团能在紫外光下受激产生单重态激子，这些激子在刚硬化的构象中被充分稳定，最终以辐射跃迁的形式回到基态，发射荧光。此外，当体系中存在有效的 n-π* 跃迁时，系间窜越通道被打开，单重态激子将通过自旋反转进入三重态，在被充分稳定后以辐射跃迁形式回到基态发射磷光，同时在一些外部条件的诱导下产生反向系间窜越行为，由单重态回到基态，发射延迟荧光。

　　尽管 CTE 机理能够完满地解释含氮非典型发光化合物的发光现象，但对其发射种的具体结构、形成过程仍需进一步厘清。此外，到目前为止，这些发光化合物的应用主要集中在离子检测、防伪加密等领域，有待进一步向生物成像和智能材料领域拓展。我们有理由相信，随着对含氮非典型发光化合物探索的不断深入，许多新的现象和规律将不断被揭示，从而为纯有机发光材料的研究注入新的内涵。

（朱天文　汤赛星　汪辉亮　袁望章）

参 考 文 献

[1] Gong Y Y, Tan Y Q, Mei J, et al. Room temperature phosphorescence from natural products: crystallization matters. Science China Chemistry, 2013, 56（9）: 1178-1182.

[2] Du L L, Jiang B L, Chen X H, et al. Clustering-triggered emission of cellulose and its derivatives. Chinese Journal of Polymer Science, 2019, 37（4）: 409-415.

[3] Chen X H, Yang T J, Lei J L, et al. Clustering-triggered emission and luminescence regulation by molecular arrangement of nonaromatic polyamide-6. Journal of Physical Chemistry B, 2020, 124（40）: 8928-8936.

[4] Zhou Q, Cao B Y, Zhu C X, et al. Clustering-triggered emission of nonconjugated polyacrylonitrile. Small, 2016, 12（47）: 6586-6592.

[5] Zheng S Y, Hu T P, Bin X, et al. Clustering-triggered efficient room-temperature phosphorescence from nonconventional luminophores. ChemPhysChem, 2020, 21（1）: 36-42.

[6] Chen X H, Luo W J, Ma H L, et al. Prevalent intrinsic emission from nonaromatic amino acids and poly(amino acids). Science China Chemistry, 2018, 61（3）: 351-359.

[7] Zhou Q, Wang Z Y, Dou X Y, et al. Emission mechanism understanding and tunable persistent room temperature phosphorescence of amorphous nonaromatic polymers. Materials Chemistry Frontiers, 2019, 3（2）: 257-264.

[8] Wang D S, Wang X, Xu C, et al. A novel metal-free amorphous room-temperature phosphorescent polymer without conjugation. Science China Chemistry, 2019, 62（4）: 430-433.

[9] Wang Y Z, Bin X, Chen X H, et al. Emission and emissive mechanism of nonaromatic oxygen clusters. Macromolecular Rapid Communication, 2018, 39（21）: 1800528.

[10] Fang M M, Yang J, Xiang X Q, et al. Unexpected room-temperature phosphorescence from a non-aromatic, low molecular weight, pure organic molecule through the intermolecular hydrogen bond. Materials Chemistry Frontiers, 2018, 2（11）: 2124-2129.

[11] Dou X Y, Zhou Q, Chen X H, et al. Clustering-triggered emission and persistent room temperature phosphorescence of sodium alginate. Biomacromolecules, 2018, 19（6）: 2014-2022.

[12] Zhao E G, Lam J W Y, Meng L M, et al. Poly[(maleic anhydride)-*alt*-(vinyl acetate)]: a pure oxygenic nonconjugated macromolecule with strong light emission and solvatochromic effect. Macromolecules, 2014, 48（1）: 64-71.

[13] Zhou Q, Yang T J, Zhong Z H, et al. A clustering-triggered emission strategy for tunable multicolor persistent phosphorescence. Chemical Science, 2020, 11（11）: 2926-2933.

[14] Bhattacharya S, Rao V N, Sarkar S, et al. Unusual emission from norbornene derived phosphonate molecule: a sensor for Fe(III)in aqueous environment. Nanoscale, 2012, 4（22）: 6962-6966.

[15] Zhao Z H, Chen X H, Wang Q, et al. Sulphur-containing nonaromatic polymers: clustering-triggered emission and luminescence regulation by oxidation. Polymer Chemistry, 2019, 10（26）: 3639-3646.

[16] Tomalia D A, Baker H, Dewald J R, et al. A new class of polymers: starburst-dendritic macromolecules. Polymer Journal, 1985, 17（1）: 117-132.

[17] Pistolis G, Malliaris A, Paleos C M, et al. Study of poly(amidoamine) starburst dendrimers by fluorescence probing. Langmuir, 1997, 13（22）: 5870-5875.

[18] Wade D A, Torres P A, Tucker S A. Spectrochemical investigations in dendritic media: evaluation of nitromethane as a selective fluorescence quenching agent in aqueous carboxylate-terminated polyamido amine（PAMAM）

dendrimers. Analytica Chimica Acta，1999，397（1-3）：17-31.

[19] Varnavski O，Ispasoiu R G，Balogh L，et al. Ultrafast time-resolved photoluminescence from novel metal-dendrimer nanocomposites. Journal of Chemical Physics，2001，114（5）：1962-1965.

[20] Larson C L，Tucker S A. Intrinsic fluorescence of carboxylate-terminated polyamido amine dendrimers. Applied Spectroscopy，2001，55（6）：679-683.

[21] Lee W I，Bae Y，Bard A J. Strong blue photoluminescence and ECL from OH-terminated PAMAM dendrimers in the absence of gold nanoparticles. Journal of the American Chemical Society，2004，126（27）：8358-8359.

[22] Wang D J，Imae T. Fluorescence emission from dendrimers and its pH dependence. Journal of the American Chemical Society，2004，126（41）：13204-13205.

[23] Cao L，Yang W L，Wang C C，et al. Synthesis and striking fluorescence properties of hyperbranched poly(amido amine). Journal of Macromolecular Science Part A：Pure and Applied Chemistry，2007，44（4）：417-424.

[24] Wang D J，Imae T，Miki M. Fluorescence emission from PAMAM and PPI dendrimers. Journal of Colloid and Interface Science，2007，306（2）：222-227.

[25] Yang W，Pan C Y. Synthesis and fluorescent properties of biodegradable hyperbranched poly(amido amine)s. Macromolecular Rapid Communications，2009，30（24）：2096-2101.

[26] Lin S Y，Wu T H，Jao Y C，et al. Unraveling the photoluminescence puzzle of PAMAM dendrimers. Chemistry：A European Journal，2011，17（26）：7158-7161.

[27] Wang R B，Yuan W Z，Zhu X Y. Aggregation-induced emission of non-conjugated poly(amido amine)s：discovering，luminescent mechanism understanding and bioapplication. Chinese Journal of Polymer Science，2015，33（5）：680-687.

[28] Lu H，Feng L L，Li S S，et al. Unexpected strong blue photoluminescence produced from the aggregation of unconventional chromophores in novel siloxane-poly(amidoamine) dendrimers. Macromolecules，2015，48（3）：476-482.

[29] Chen Y，Zhou L Z，Pang Y，et al. Photoluminescent hyperbranched poly(amido amine) containing beta-cyclodextrin as a nonviral gene delivery vector. Bioconjugate Chemistry，2011，22（6）：1162-1170.

[30] Wang G Y，Fu L B，Walker A，et al. Label-free fluorescent poly(amidoamine) dendrimer for traceable and controlled drug delivery. Biomacromolecules，2019，20（5）：2148-2158.

[31] Yang W，Wang S N，Li R，et al. Mechano-responsive fluorescent hyperbranched poly(amido amine)s. Reactive and Functional Polymers，2018，133：57-65.

[32] Jia D D，Cao L，Wang D N，et al. Uncovering a broad class of fluorescent amine-containing compounds by heat treatment. Chemical Communications，2014，50（78）：11488-11491.

[33] Pastor-Pérez L，Chen Y，Shen Z，et al. Unprecedented blue intrinsic photoluminescence from hyperbranched and linear polyethylenimines：polymer architectures and pH-effects. Macromolecular Rapid Communications，2007，28（13）：1404-1409.

[34] Fan Y，Cai Y Q，Fu X B，et al. Core-shell type hyperbranched grafting copolymers：preparation，characterization and investigation on their intrinsic fluorescence properties. Polymer，2016，107：154-162.

[35] Wang P L，Wang X，Meng K，et al. Thermal sensitive fluorescent hyperbranched polymer without fluorophores. Journal of Polymer Science Part A：Polymer Chemistry，2008，46（10）：3424-3428.

[36] Liu S G，Li N B，Ling Y，et al. pH-mediated fluorescent polymer particles and gel from hyperbranched polyethylenimine and the mechanism of intrinsic fluorescence. Langmuir，2016，32（7）：1881-1889.

[37] Saha B，Ruidas B，Mete S，et al. AIE-active non-conjugated poly(*N*-vinylcaprolactam) as a fluorescent thermometer for intracellular temperature imaging. Chemical Science，2020，11（1）：141-147.

[38] Song L Z，Zhu T Y，Yuan L，et al. Ultra-strong long-chain polyamide elastomers with programmable supramolecular interactions and oriented crystalline microstructures. Nature Communications，2019，10（1）：1315.

[39] Ye R Q，Liu Y Y，Zhang H K，et al. Non-conventional fluorescent biogenic and synthetic polymers without aromatic rings. Polymer Chemistry，2017，8（10）：1722-1727.

[40] Xu H X，Tan Y，Wang D，et al. Autofluorescence of hydrogels without a fluorophore. Soft Matter，2019，15（17）：3588-3594.

[41] Jiang N，Li G F，Zhang B H，et al. Aggregation-induced long-lived phosphorescence in nonconjugated polyurethane derivatives at 77 K. Macromolecules，2018，51（11）：4178-4184.

[42] Liu C Y，Cui Q B，Wang J，et al. Autofluorescent micelles self-assembled from an AIE-active luminogen containing an intrinsic unconventional fluorophore. Soft Matter，2016，12（19）：4295-4299.

[43] Zheng S Y，Zhu T W，Wang Y Z，et al. Accessing tunable afterglows from highly twisted nonaromatic organic AIEgens via effective through-space conjugation. Angewandte Chemie International Edition，2020，59（25）：10018-10022.

[44] Wang Y Z，Tang S X，Wen Y T，et al. Nonconventional luminophores with unprecedented efficiencies and color-tunable afterglows. Materials Horizons，2020，7（8）：2105-2112.

[45] Mabire A B，Robin M P，Quan W D，et al. Aminomaleimide fluorophores：a simple functional group with bright，solvent dependent emission. Chemical Communication，2015，51（47）：9733-9736.

[46] Robin M P，Raymond J E，O'Reilly R K. One-pot synthesis of super-bright fluorescent nanogel contrast agents containing a dithiomaleimide fluorophore. Materials Horizons，2015，2（1）：54-59.

[47] Bian L F，Ma H L，Ye W P，et al. Color-tunable ultralong organic phosphorescence materials for visual UV-light detection. Science China Chemistry，2020，63（10）：1443-1448.

[48] Yuan W Z，Zhang Y M. Nonconventional macromolecular luminogens with aggregation-induced emission characteristics. Journal of Polymer Science Part A：Polymer Chemistry，2017，55（4）：560-574.

[49] Zhang Q，Mao Q Y，Shang C，et al. Simple aliphatic oximes as nonconventional luminogens with aggregation-induced emission characteristics. Journal of Materials Chemistry C，2017，5（15）：3699-3705.

[50] Wu D，Liu Y，He C，et al. Blue photoluminescence from hyperbranched poly(amino ester)s. Macromolecules，2005，38（24）：9906-9909.

[51] Yuan L Y，Yan H X，Bai L H，et al. Unprecedented multicolor photoluminescence from hyperbranched poly(amino ester)s. Macromolecular Rapid Communication，2019，40（17）：1800658.

[52] Sun M，Hong C Y，Pan C Y. A unique aliphatic tertiary amine chromophore：fluorescence，polymer structure，and application in cell imaging. Journal of the American Chemical Society，2012，134（51）：20581-20584.

[53] 王允中. 含酰脲结构的纯有机三线态高效发光材料的发光研究及调控. 上海：上海交通大学，2020.

[54] Gu L，Shi H F，Bian L F，et al. Colour-tunable ultra-long organic phosphorescence of a single-component molecular crystal. Nature Photonics，2019，13（6）：406-411.

第5章

>>

含氧非典型发光化合物

引言

　　氧原子长期以来在光电材料中承担重要作用，一方面，氧原子的富电子特性使烷氧基团成为重要的电子供体，在共轭体系中引入烷氧基可以改变其电子结构，增加供体-受体电子相互作用，进而降低分子的能隙，使发光红移，这一策略已广泛应用于红色和近红外发光材料的设计。另一方面，氧原子的 n 电子能与 π 电子相互作用提高自旋轨道耦合（SOC），进而促进系间窜越（ISC），这一策略可用于开发室温磷光（RTP）材料甚至超长寿命室温磷光（p-RTP）材料，如二苯甲酮、芳酸、芳酯、苯偶酰等都是构建磷光材料的重要结构基元。

　　近年来，一些非典型发光化合物引起了广泛的研究兴趣，其具有易于合成、水溶性好、生物相容性好等优点。与典型发光化合物相比，它们的结构特点是不含芳（杂）环、交替单键-重键等大的共轭结构，而体系中存在着大量氮、氧、硫、磷等杂原子及由其组成的富电子基团，如氨基、羰基、酰胺基等。其中，氧原子在非典型发光化合物体系中起着重要作用，一方面能形成羰基、羟基、烷氧基等不含其他杂原子的富电子基团；另一方面，还能与其他杂原子键合形成肟基、砜基、磷脂基等富电子基团。这些富电子单元的簇聚使得体系能发光。因此，研究含氧非典型发光化合物对于揭示氧原子在其发光过程中的作用具有重要意义，同时也为提高非典型发光化合物发光性能与结构设计提供更大的空间和可能性。

　　本章主要介绍含氧原子等富电子基团的非典型发光化合物，按富电子基团的结构进行如下分类：酸酐及其衍生物、酸及其衍生物、酯及其衍生物、醇和醚及其衍生物、糖类、硅氧烷及其衍生物。基于这一分类原则，本章首先介绍了酸酐及其衍生物的发光性质。自 2007 年唐本忠院士课题组报道了马来酸酐-乙酸乙烯酯交替共聚物（PMV）的聚集诱导发光（AIE）现象后[1]，越来越多的基于酸酐的非典型发光化合物被开发出来，成为研究非典型发光化合物的重要模型体系。酸酐的五元环构象使两个羰基的运动在一定程度上被抑制，大多数研究者将酸酐的发光主要归因于羰基的聚集形成的电子离域和有效的构象刚硬化。为进一步探究羰基在非典型发光化合物中的作用机理及五元环构象是否为羰基聚集发光的必要条件，随后总结了酸及其衍生物和酯及其衍生物的发光性质。尽管没有酸酐结构对于羰基构象多样化的限制，酸及其衍生物和酯及其衍生物在聚集时也能发光。此外，酸及其衍生物在固态下丰富的氢键等相互作用，使簇生色团运动进一步受限，构象刚硬化程度增加，从而观察到了 p-RTP 发射。进一步地，为了探究羰基是否为含氧非典型发光化合物的必要条件，总结了醚、醇及糖类等的发光性质。这一类不含羰基而仅有羟基或烷氧基的化合物在一定的聚集态也能发光，从而说明氧原子的孤对电子在簇聚时也能产生有效的离域扩展，并在适当条件下发光。最后，总结了硅氧烷及其衍生物的发光性质，由于硅原子存在 σ 共轭的特点被广泛应用于光电材料中，因此对硅氧烷及其衍生物发光性质的研究将进一步完善含氧非典型发光化合物体系。本章旨在介绍含氧非典型发光化合物的发光性质，总结其发光的共同点及各类化合物的特点，以期为非典型发光化合物发光机理与构效关系的阐明提供参考，并为新型高效非典型发光材料的开发提供借鉴。

5.2 酸酐及其衍生物

第 3 章已经提到，唐本忠院士课题组于 2007 年在美国化学学会（ACS）会议上首次报道了 PMV 的 AIE 现象［图 3-9（a）］[1]。当时，尽管其机理并不清楚，但 PMV 逐渐成为研究非典型发光化合物的模型体系。2008 年，Andrea 等[2]合成了一种丁二酸酐修饰的聚异丁烯（PIBSA）（图 5-1），发现其正己烷溶液和固体皆能发光，且其在溶液中表现出 AIE 行为。研究者认为是 PIBSA 端基的羰基的聚集从而产生发光。为证明这一机理，通过控制反应时间，制备了一系列不同数量丁二酸酐修饰的 PIBSA，并研究了这些不同官能度 PIBSA 的光物理性质。研究发现反应 4 h 的 PIBSA 在正己烷溶液中发光很弱，这是由于低官能度 PIBSA 在正己烷中溶解较好，羰基的聚集程度较弱。随着反应时间的延长，PIBSA 的官能度逐渐增加，发光强度也随之增强，这是由于更多的羰基在正己烷中发生聚集。研究者对 PIBSA 发光性质的解释是随着羰基的聚集程度的增加，分子间的相互作用增加，从而抑制了非辐射跃迁。研究者又通过吸收光谱、量子效率和对照实验等进一步验证了羰基的聚集对于发光的必要性，并且证明了不含丁二酰亚胺（PIB）结构并不能发光。在当时，这一工作证明了富电子的羰基聚集对 PIBSA 发光的重要性，并且认为羰基的聚集增加能够抑制非辐射跃迁，但没有对发射中心的形成机理进行深入研究和讨论。

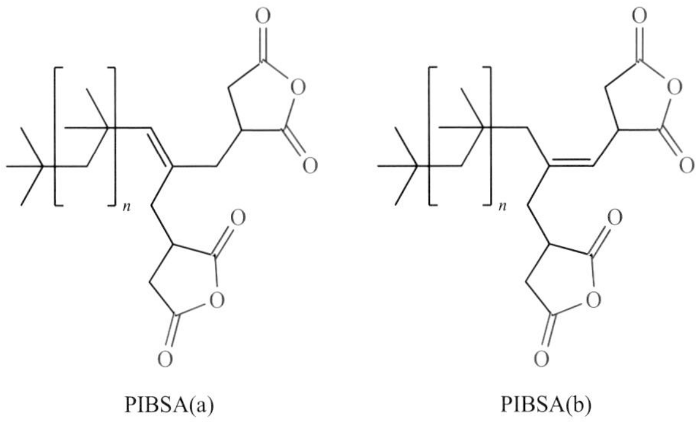

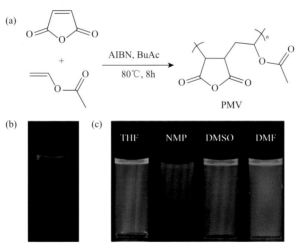

PIBSA(a)   PIBSA(b)

图 5-1 **PIBSA 的两种衍生物**[1]

2015 年，唐本忠院士课题组系统研究了 PMV 在溶液中的光物理性质。5 mmol/L 的 PMV 溶液具有明显的发光，且表现出溶致变色现象（图 5-2）[3]。研究者认为 PMV 的发光来自锁定的羰基簇，而发光呈现溶致变色效应的原因是 PMV 与富电子溶剂形成了络合物。为了证明这一机理，研究了单体马来酸酐（MAh）、乙酸乙烯酯的均聚物，即聚马来酸酐（PMAh）和聚乙酸乙烯酯（PVAc）在溶液中的光物理性质。研究发现只有 PMAh 溶液发光，其他化合物在相同的溶液条件下发光都很弱；此外，PMV 的发光强度随着丁二酸酐水解程度的增加而减弱。因此，PMV 的链状结构和五元环状结构产生了羰基的电子离域和有效的构象刚硬化，这是其在溶液中发光的关键因素。将 PMV 溶于不同溶剂，其展现出了明显的颜色差异［图 5-2（c）］。为了找出诱发发光颜色差异的关键因素，进

图 5-2 （a）PMV 的合成路线；（b）MAh 在 NMP/THF 混合溶剂（5 mmol/L）（19∶1，*V/V*）中的照片；（c）不同 PMV 溶液（5 mmol/L）在 365 nm 紫外光照射下的照片[3]

THF：四氢呋喃；NMP：*N*-甲基吡咯烷酮；DMSO：二甲基亚砜；DMF：*N*,*N*-二甲基甲酰胺

一步研究了马来酸酐均聚物在不同溶剂中的光物理性质，发现紫外-可见吸收光谱和荧光光谱不随溶剂变化而发生明显变化。因此，乙烯酯基团的加入及 PMV 与不同富电子溶剂之间多种多样的相互作用在这种溶剂依赖的变色现象中起到了重要作用。PMV 不仅可以发光，甚至还可以通过变换溶剂而调节发光颜色，为新型的非典型发光化合物提供了设计思路。

为了进一步研究羰基在非典型发光化合物中的作用，2017 年，唐本忠院士等对马来酸酐寡聚物 OMAh4 及其衍生物 PMP 进行了系统研究（图 5-3）[4]。与 PMV不同的是，PMP 是马来酸酐与三甲基戊烯共聚的产物，引入的较大烷基侧基会减弱分子内与分子间羰基相互作用。OMAh4 表现出浓度增强发光性质，且随着浓度增加，其吸收出现了 365 nm 和 458 nm 两个新峰（0.01 mol/L），荧光长波发射明显增加。与其溶液相比，其固体也呈现出强发光。在 365 nm 紫外光照射下，OMAh4溶液和固体分别发射较强的蓝光（430 nm、500 nm）和绿光（500 nm），显示两者不同的聚集态。与之相比，PMP 在溶液和固态下的发光均较弱。他们将 OMAh4的发光归因于羰基聚集，促进电子离域的同时有效限制了分子振动与转动，从而促进发光。OMAh4 在固态时的长波发射是由于羰基簇聚形成的发射中心随着聚集程度的增加而产生了更大的电子离域和更有效的构象刚硬化。

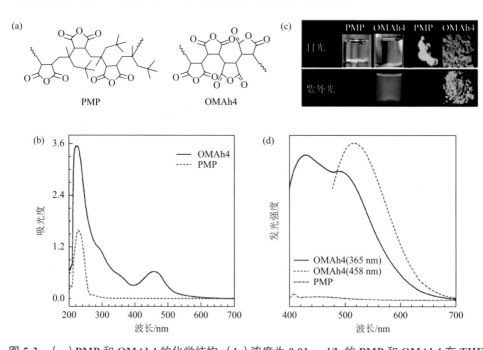

图 5-3　（a）PMP 和 OMAh4 的化学结构；（b）浓度为 0.01 mol/L 的 PMP 和 OMAh4 在 THF中的吸收光谱；（c）在日光和 365 nm 紫外光照射下 PMP 和 OMAh4 溶液及固体的照片；（d）0.01 mol/L PMP（λ_{ex} = 365 nm）和 OMAh4（λ_{ex} = 365 nm 和 458 nm）在 THF 中的 PL 光谱[4]

　　为进一步证明这一机理，他们通过理论计算发现，OMAh4 分子链中两个丁二酸酐单元之间的距离介于 2.84~3.18 Å 之间，远小于 PMP 的两个丁二酸酐单元之间的距离，这些结果表明羰基只有在聚集到一定程度才能发光。并且还发现 n-π* 相互作用存在于 OMAh4 的羰基之间，在这样的相互作用中，存在电子轨道的重叠，进而形成发射中心。吸收光谱显示稀 OMAh4 溶液在长波范围没有吸收，这一结果表明 OMAh4 分子内不足以产生有效的电子离域；随着 OMAh4 溶液浓度的增加，聚集程度随之提高，分子间相互作用产生，形成了足够的电子离域，使其在长波范围产生新的吸收峰。固态 OMAh4 主要展现出长波发射，这说明进一步的聚集使电子离域程度和构象刚硬化继续增加，从而形成了长波发射中心。此外，还研究了聚合单体——马来酸酐及寡聚物中重复单元——丁二酸酐的发光性质，发现二者在溶液和固态时均不发光。他们分析了二者的单晶结构（马来酸酐与丁二酸酐的 CCDC 号分别为 1212552 和 171946），认为二者分子间羰基间距较远，无法形成有效的电子离域。因此，他们认为 OMAh4 的发光可归因于其分子内与分子间羰基间 n-π* 相互作用。需要指出的是，不同于上述观察，笔者实验室发现马来酸酐与丁二酸酐固体在一定条件下均可发光（详见下文）。

　　作为 PMAh 的相关结构基元，上述报道的马来酸酐与丁二酸酐的不发光现象引起了研究者的关注。笔者课题组对马来酸酐与丁二酸酐开展了进一步的研究。结果显示，尽管马来酸酐晶体在室温下发光极弱，但其在低温（77 K）下呈现出明显的发光 [图 5-4（a）][5]。这说明马来酸酐晶体本质上是具有发光能力的，而室温下可能其活跃的分子振动与转动，使受激电子通过非辐射跃迁的形式耗散。而低温下，此类分子运动得到抑制，增加了辐射跃迁概率，从而产生发光。随后对丁二酸酐与马来酰亚胺晶体的研究发现两者在室温下即呈现发光，且丁二酸酐具有 p-RTP 余辉。比较三者的单晶结构，均具有良好的分子间相互作用，因此都能产生电子离域形成簇发射中心，马来酸酐单晶的原子间距总体上要略微远于丁二酸酐和马来酰亚胺的单晶（图 5-4）。根据后续的研究，马来酸酐以三重态的发射为主，三重态的发射对分子振动与转动更加敏感。同时，上述酸酐或酰亚胺分子本身已形成较大的 π 共轭体系（O 或 N 的 p 轨道上 n 电子与 C=O π 电子共轭），从而更有利于分子间形成空间共轭。因此，双键及相对较弱的分子间相互作用导致马来酸酐晶体室温下分子振动与转动活跃，从而使其在室温下几乎不发光。

　　上述结果说明，对于酸酐类非典型发光化合物而言，聚合物链缠结及分子间更强的相互作用有利于非典型生色团（酸酐等富电子基团，不限于羰基或锁定的羰基）的簇聚，从而产生更有效的电子离域及构象刚硬化。但高分子链并不是酸酐类非典型发光化合物发光的必要条件，小分子酸酐在聚集时也能产生有效的电子离域。然而较少的分子间相互作用会导致无法形成有效的构象刚硬化，进而引起单重态激子或三重态激子以非辐射跃迁方式耗散。有效的构象刚硬化可以通过

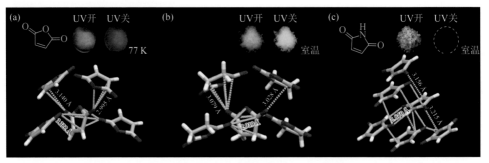

图 5-4 马来酸酐（a）、丁二酸酐（b）和马来酰亚胺（c）晶体在 77 K 或室温条件下在
紫外灯照射/停止照射时的照片和单晶结构[5]

低温或引入氢键等方式实现。因此，酸酐类化合物在室温条件下不发光并非一定是没有形成有效的电子相互作用及离域扩展。

2017 年，乔金樑教授等将 PMV 分散于乙醇中，再用强碱处理，所得产物在液态和固态均发出明亮蓝光，且在加热至 170℃后转为红色发光［图 5-5（a）和（b）］[6]。一系列结构表征发现分散于乙醇的 PMV 与强碱水溶液作用后，并未发生完全水解，而是保留了一部分原有结构，其中的羰基在水中能自组装成刚性结构。这种羰基的聚集能够产生有效的电子离域和构象刚硬化，从而使化合物在水中也能发光。将其充分干燥后，羰基进一步聚集，电子离域程度和构象刚硬化程度增加，使最大发射红移、量子效率增加。加热后，羧基通过消除反应形成碳碳双键，进一步与羰基相互作用，促使其产生红光发射。在唐本忠院士课题组发现 PMV 发光后，这种简单方式可将其制成水溶性好、生物相容性高且固态量子效率可高达 87%的衍生物。将这种非典型发光材料进一步与聚乙烯醇（PVA）或聚乙烯（PE）结合，有望制备成新型光转换农用薄膜[6]。

2018 年，乔金樑教授课题组对 PMV 进一步官能化，引入了更大的羧基取代基，制备出了蓝/红色双荧光发射的非典型发光化合物 PMV/Na［图 5-5（c）］。研究者还发现 PMV/Na 具有多重荧光发射的特点：PMV/Na 固体的荧光发射峰主要是蓝光区和红光区，并且蓝色荧光区的发光具有激发波长依赖性。研究者认为 PMV/Na 的发光是由于羰基聚集产生的空间共轭作用，其中蓝色荧光来自羧酸盐的羰基聚集，而红色荧光来自结构较大的酯基聚集。为证明这一猜测，进一步研究了 PMV 在氢氧化钠水溶液中的水解产物 h-PMV-Na 的发光性质，发现其固体发射主要在 400～500 nm 的蓝光区，与 PMV/Na 的蓝光发射相似，也具有激发波长依赖性。因此，PMA/Na 的蓝色荧光可能是归因于羧酸盐基团的羰基聚集。此外，还研究了 PMV、PMV/Na、h-PMV-Na 固体的紫外-可见吸收光谱，发现 PMV/Na 相比于 PMV 和 h-PMV-Na，在 500～600 nm 有明显的吸收，这一吸收应当归因于酯基的作用。因此，可以认为 PMV/Na 的红色发光来自酯基聚集[7]。随着非典型发光化合物发光机理的完善，笔者认为除了羧基，其他形式的氧原子或富电子基团也参与了发光中心的形成。

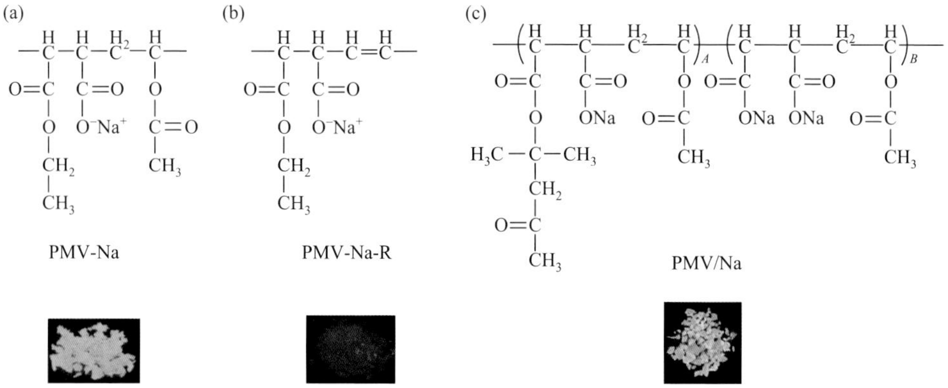

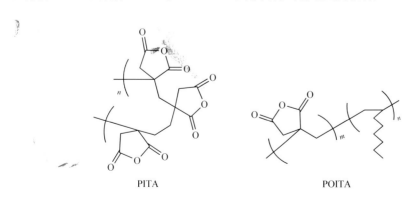

图 5-5　PMV-Na（a）、PMV-Na-R（b）和 PMV/Na（c）的结构式和发光照片[7]

2019 年，汪辉亮教授课题组用衣康酸酐作为结构单元，合成了 PITA 和 POITA 两个非典型发光聚合物（图 5-6）[8]。与 PMV 相似，二者在固体和溶液状态下都能发光，也展现出聚集诱导发光的性质，同样可归因于酸酐簇聚而增强的电子离域和构象刚硬化。而与 PMV 不同的是，PITA 和 POITA 的分子链具有更大的柔性。POITA 引入了更加柔性的烷基链后，发光效率比 PITA 更高；此外，在液体和固体状态下，POITA 的长波发射均比 PITA 明显增强。研究者认为这可归因于柔性基团的引入赋予酸酐基团更大灵活性，从而形成了更有利于发光的簇聚和更大电子离域程度的簇聚。为证明这一机理，测试了 PMV、PITA、POITA 的 DSC 数据，结果表明这三种聚合物的玻璃化转变温度依次递减。这说明当酸酐基团位于侧基时可以降低 PITA 的刚性。此外，POITA 的玻璃化转变温度较低（111.5℃），这可

图 5-6　PITA 和 POITA 的结构式[8]

能是因为己烷的疏水作用形成了具有一定刚性的簇。这些实验结果均说明柔性链段的引入可以增加酸酐的灵活性，从而产生更多有利于发光的簇聚。

5.3 酸及其衍生物

为进一步探究羰基和氢键相互作用在非典型发光化合物体系中的作用，2019 年袁望章等研究了聚丙烯酸（PAA）的发光（图 5-7）[9, 10]。研究发现 PAA 浓溶液、粉末及薄膜均能发光，且具有 AIE 特性，甚至在 254 nm 紫外光激发下也能产生明亮的蓝光。PAA 发光是由于羰基和羟基（即羧基）的簇聚，同时具有强的分子内与分子间相互作用，从而使电子离域扩展及构象刚硬化。此外，还发现 PAA 具有 p-RTP 发射，停止激发后在空气环境中可观察到明亮的余辉，其寿命达 41 ms。他们认为 PAA 中羰基和氧原子富含的孤对电子可促进 SOC 过程，且富电子单元的簇聚使能级展宽、能隙下降，从而降低了单重态与三重态的能级差。这些特点有利于 ISC 过程，从而产生更多的三重态激子。此外，丰富的氢键等非共键相互作用提高了构象刚硬化程度，有利于三重态激子的稳定。进一步离子化 PAA 制得 PAANa 和 PAACa。与 PAA 粉末（4.5%，41.8 ms）相比，PAANa 粉末的磷光效率和寿命同时提高，分别达 7.6%和 139.1 ms；而 PAACa 则具有更长的磷光寿命。这是由于离子键的引入，进一步提高了分子间的相互作用，使构象刚硬化增加，从而有利于磷光发射。利用 PAA 和 PAANa 的 p-RTP 性质及优异的成膜性，可将其应用到防伪、保密等领域。

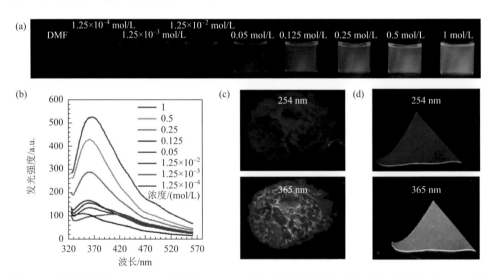

图 5-7 不同浓度的 PAA/DMF 溶液在 365 nm 紫外光下的照片（a）与发射光谱（b）；PAA 固体粉末（c）与薄膜（d）在 254 nm 和 365 nm 紫外光下的照片[10]

同年，黄维院士团队也报道了 PAANa 及其衍生物 PMANa 的发光。他们也观察到 PAANa 在室温下长达数秒的 p-RTP 余辉 [其报道寿命长达 2139 ms，图 5-8（a）]。此外，还发现 PAANa 固体的 p-RTP 具有激发波长依赖性，且低温下依赖性更明显，可实现由蓝光到黄光的调节 [图 5-8（b）][11]。他们将 PAANa 和 PMANa 的发光性质归因于羧酸盐作为生色团而发光，并且羧基在离子键的作用下实现了构象刚硬化从而产生 p-RTP。但是没有对 PAANa 颜色可调的 p-RTP 进行详细解释。根据非典型发光化合物机理的不断完善，笔者认为 PAANa 的多色磷光来自羧基和氧原子聚集形成的不同发射中心，并且这些发射中心的三重态激子在离子键等相互作用下稳定，从而产生 p-RTP。低温下更大范围的磷光颜色可能是由于有部分发射中心对于分子振动与转动比较敏感，在室温条件下通过非辐射跃迁的方式耗散，而低温可以有效抑制能量的非辐射耗散渠道，促进这部分发射中心的发光。

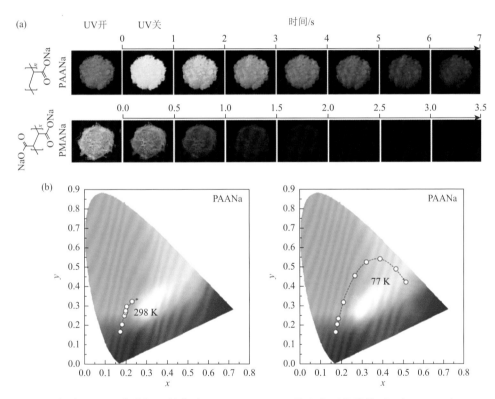

图 5-8　（a）310 nm 紫外灯照射前后 PAANa、PMANa 聚合物固体照片；（b）PAANa 在 298 K 及 77 K 下磷光发射颜色随激发波长的 CIE 色坐标变化[11]

与 PMV 及其衍生物相比，PAA 中羧基缺少五元环的限制，在稀溶液状态下可相对自由的运动。因此，PAA 只有在高浓溶液（如 2 mol/L）才可形成有效的电子离域并同时具有足够的构象刚硬化程度,故而产生发光。在固态,PAA 链缠结丰富的分子内/间氢键相互作用进一步限制了分子振动与转动,使簇生色团得以产生 p-RTP 发射,并可通过引入金属离子形成离子键进一步提高 p-RTP 发射性能。

2020 年,丹麦 Tarekegne 等研究了热处理对 PAA 发光的影响,发现 PAA 发光性能与热处理温度、时间、溶剂种类及 PAA 与溶剂比例有关(图 5-9)[12]。其中,热处理温度和时间对 PAA 发光性能影响最大。随热处理温度升高,PAA 荧光强度逐渐增加,当热处理温度达到一定程度时,荧光强度减弱,荧光发射峰随热处理温度升高而逐渐红移。随热处理时间增加,PAA 荧光强度开始逐渐增加,当热处理时间增加至一定程度时,发光减弱,荧光发射峰随热处理时间增加而逐渐红移。

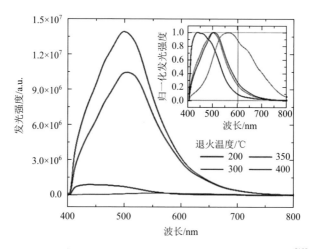

图 5-9　在不同退火温度下连续退火 5 min 的发射光谱[12]

PAA 膜是由乙醇-PAA 混合物按 4∶1 的比例配制而成,插图为归一化发射光谱

他们认为热处理后 PAA 荧光强度增加及发射红移是由于此过程使 PAA 聚集程度增加并交联。为证明此机理,他们研究了不同热处理条件下的红外光谱。结果表明,热处理后样品在 C=O、C—O 及 O—H 基团位置的红外吸收显著降低,说明基团的振动与转动被抑制,从而可解释热处理后 PAA 的荧光增强。此外,红外光谱还证明热处理过程中有酸酐结构生成,且热处理后样品无法在水中溶解,这些结果证明 PAA 交联结构的生成。荧光发射峰的红移可能是交联等作用使 C=O、C—O 及 O—H 基团间的相互作用增强,增加了电子离域程度造成的。通过热处理改变 PAA 分子内部聚集态与交联程度,尤其是对 C=O、C—O 和 O—H 基团的簇聚状态与交联程度的影响,改变了 PAA 荧光强度与发射峰位,也从另一侧面说明 PAA 发光本质上来源于 C=O、C—O 及 O—H 等基团簇聚形成的不同簇发射中心。

5.4　酯及其衍生物

2017 年，颜红侠教授课题组通过酯交换反应，以碳酸二乙酯和丙三醇为原料，一步法合成了超支化聚碳酸酯（HBPC）。他们发现 HBPC 具有 AIE 及激发波长依赖性发光的特点[13]。HBPC 水溶液浓度增强发光性质大致分为三个阶段：HBPC 在稀溶液时几乎不发光，当浓度增加到 5 mg/mL 时发光强度较弱，而当浓度继续增至 50 mg/mL 时具有明显的发光性质。他们认为当 HBPC 处于稀溶液状态时主要以单分子形式存在，因而无法形成有效的电子离域和构象刚硬化，发光较弱；当浓度增加后通过自组装形成胶束，分子中富电子酯基簇聚产生有效的电子离域和构象刚硬化从而发光；随浓度进一步增加，酯基进一步簇聚使体系获得更高效发光[图 5-10（a）]。

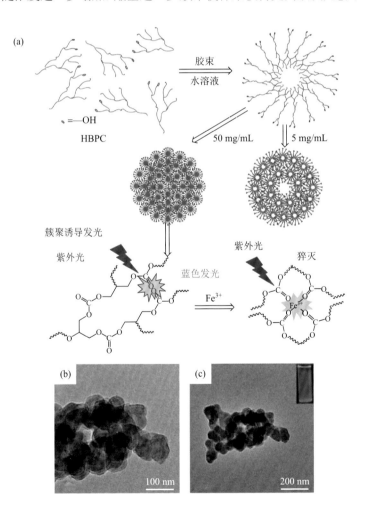

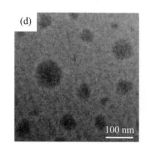
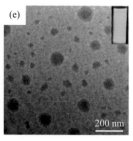

图 5-10　（a）HBPC 的发光机理示意图；HBPC 在水溶液中形成的胶束的 TEM 图片：（b）、（c）5 mg/mL，（d）、（e）50 mg/mL，（c）与（e）中的插图为对应胶束的发光照片[13]

　　为进一步揭示 HBPC 的发光机理，他们通过透射电子显微镜（TEM）表征了 HBPC 的胶束结构。结果发现，HBPC 在水中浓度为 5 mg/mL 时，其组装成直径为 25 nm 的组装体，且能看到一定的中空结构，如图 5-10（b）和（c）所示；而当 HBPC 浓度增加至 50 mg/mL 时，形成了较为紧密的胶束，中空结构消失，如图 5-10（d）和（e）所示。这些结果表明，5 mg/mL HBPC 发光较弱可能是中空结构有利于疏水链段的运动，从而使激发态能量以非辐射跃迁方式耗散；而当浓度增加至 50 mg/mL 时，HBPC 形成了尺寸更小且无中空结构的胶束，这种结构有利于酯基的簇聚并抑制疏水链段的运动，从而使发光增强。

　　2018 年，在 HBPC 研究基础上，颜红侠教授课题组将丙三醇改为三羟甲基丙烷，用类似方法合成了 HBPC-2。与 HBPC 相似，其也表现出 AIE 及激发波长依赖性发射等特性。通过 TEM 观察显示 HBPC-2 与 HBPC 具有类似的组装性质[14]。这些结果进一步说明这些化合物的发光是酯基与羟基的簇聚产生的电子离域扩展及构象刚硬化，从而形成多重簇发光，即可用簇聚诱导发光（CTE）机理合理解释。需要指出的是，在 TEM 中观察到的聚集体并非 CTE 概念中的团簇，因为非典型发光化合物发光的本质在于簇聚产生的空间电荷离域与构象刚硬化，而这一过程是发生于富电子基团之间的。

　　2017 年，颜红侠课题组以多元酸和多元醇为原料通过逐步聚合法合成了一系列超支化聚酯类发光化合物，如图 5-11 所示。依据多元酸的种类将所得聚合物命名为 AG（己二酸与丙三醇聚合）和 SG（琥珀酸与丙三醇聚合）[15]。AG 与 SG 均表现出 AIE 和激发波长依赖性发光的特性。依据 CTE 机理，两者发光可归因于羧基、羟基等含氧富电子基团簇聚产生的多重簇发光中心。在相同的激发波长下，SG 相比于 AG 发光更强且发射波长也更红移。这可能是 SG 聚合单体琥珀酸较己二酸减少两个亚甲基，使聚合物中羧基、羟基等含氧基团的聚集更加紧密，进而产生了更大的电子离域程度及更强的构象刚硬化程度。

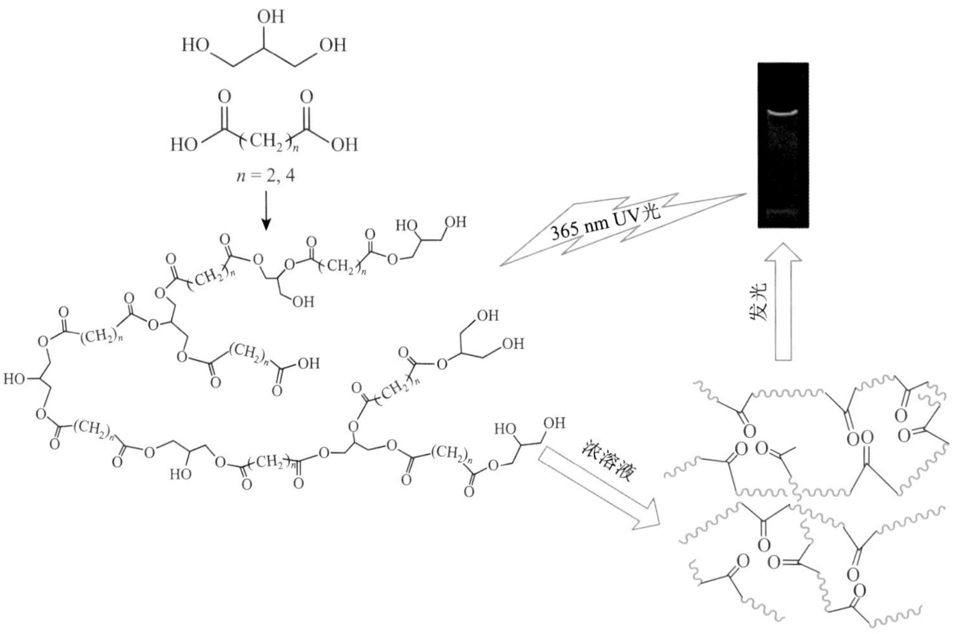

图 5-11 超支化聚酯的合成步骤及发光机理[15]

此外，AG、SG 发光强度均随分子量增加而增强，这可能是由于聚合物链缠结增加使羧基、羟基等含氧非典型生色团的相互作用增加，从而进一步形成更加高效的簇发射中心。值得注意的是，SG 和 AG 在不同溶剂中的发光性质会发生改变。SG、AG 的发光强度在甲醇、THF、DMF、NMP 溶剂中依次逐渐增强。这可能是 DMF 及 NMP 都具有富电子单元并参与了聚合物的聚集，从而产生了更大的电子离域，并促进了簇生色团的构象刚硬化，从而使发光强度增强。

与其他典型发光化合物相比，颜红侠教授课题组合成的新型非芳香聚酯类发光化合物具有生物相容性较好、合成方法简单、无催化剂等优点，对此类化合物发光性质及发光机理的研究对开发新型生物成像染料、传感材料等具有重要意义。

5.5 醚、醇及其衍生物

酸酐、羧酸和酯类化合物中氧原子以羧基或羟基形式存在，一些醚和醇类化合物中没有不饱和基团，仅含有氧原子与其他原子形成的醚键和羟基。对于醚和醇类非典型发光化合物的研究，有助于进一步理解氧原子簇聚对发光的影响，从而对发光机理的理解及发光性质的调控具有重要意义。

李效玉教授等报道了一种超支化聚醚（EHBPE）的新型非典型发光化合物 [图 5-12（a）][16]。在紫外光照射下，EHBPE 乙醇溶液呈现出强烈的蓝光（460 nm）发射，其荧光强度随溶液浓度增加而逐渐升高，并表现出激发波长依赖性 [图 5-12（b）]。与溶液相比，EHBPE 在薄膜状态下表现出更强的荧光发射。这些发光性质可由 CTE 机理合理解释，即随 EHBPE 浓度增加，氧原子发生簇聚形成簇发射中心。为进一步解释 EHBPE 的发光机理，他们通过理论计算发现 EHBPE 距离最近的两个氧原子之间的距离为 2.28 Å（小于两个氧原子范德华半径之和），这表明基团间产生了有效的 O⋯O 相互作用。上述结果进一步表明氧簇的形成，其电子离域扩展及构象刚硬化使得 EHBPE 能发光，而氧簇发射种的多样性使体系具有激发波长依赖性发射。EHBPE 的荧光可被 Fe^{3+} 选择性猝灭，因而具有作为 Fe^{3+} 生物探针的潜力。

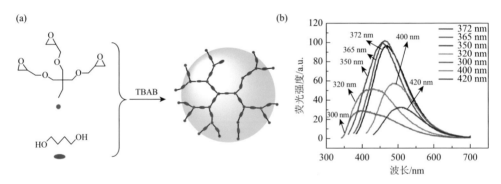

图 5-12　（a）EHBPE 合成路线示意图；（b）EHBPE 在不同波长激发时的发射光谱[16]

1987 年，Mieloszyk 等研究了 PVA 薄膜在室温和低温下的发光性质[17]。PVA 发射波长在 400～510 nm 范围内，其在室温（298 K）和低温（103 K）下均具有磷光发射且表现出激发波长依赖性。随温度升高，磷光发射峰逐渐红移。遗憾的是，由于当时认识的局限性，他们将这些性质归因于羟基的运动和能量转移。2014 年 Kamalika Sen 等报道了 PVA 的溶液发光现象[18]。在紫外光激发下，PVA 溶液的荧光强度随浓度增加逐渐增强，如图 5-13（a）所示。此外还发现，PVA 溶液的电导随浓度的增加而增加，且在浓度为 0.5%时形成胶束 [图 5-13（b）]，更高浓度则表现出明显的 AIE 性质 [图 5-13（a）]。这些结果表明，PVA 的聚集是其发光的重要原因。最近，崔学军教授等进一步系统研究了完全及部分水解 PVA 的光物理行为[19]。结果显示，PVA 稀溶液几乎不发光，但其浓溶液、固体粉末及薄膜发光增强。他们用 CTE 机理合理地解释了 PVA 的发光行为及各种不同因素（如醇解度、聚合度、黏度等）对发光的影响。

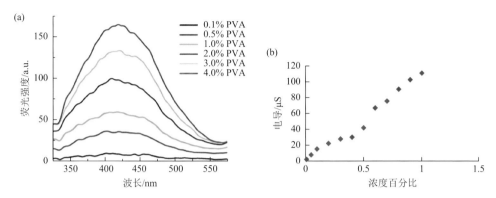

图 5-13　（a）室温下 PVA 溶液的荧光发射光谱（$\lambda_{ex} = 300\ nm$）；（b）不同浓度 PVA 溶液的电导[18]

　　袁望章等进一步研究了聚乙二醇（PEG）、聚醚 F127、木糖醇等化合物的发光性质（图 5-14）[20, 21]。结果显示 PEG 和 F127 在稀溶液中均不发光，而其浓溶液或固体粉末表现出明亮的蓝光发射。这些发光行为可通过 CTE 机理得

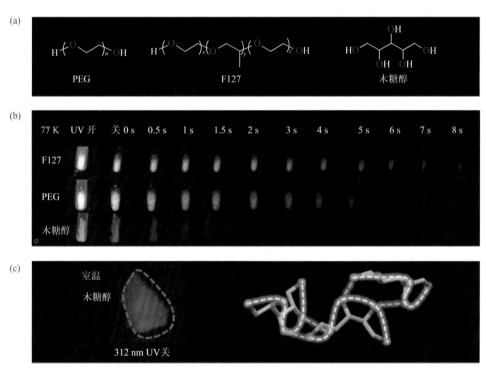

图 5-14　PEG、F127 及木糖醇的结构式（a）及其粉末在 77 K 时于 312 nm 紫外光辐照下及停止光照后的照片（b）；（c）室温下木糖醇于 312 nm 紫外光辐照关闭后的照片及其单晶中分子内与分子间 O···O 相互作用示例[20]

以解释：在稀溶液中，聚合物链内的醚键单元孤立存在；随着浓度增加，分子链间的距离减小，链缠结增加，产生了更多的 O…O 相互作用，从而有效增加了电子离域。此外，丰富的分子内、分子间相互作用使簇生色团构象刚硬化程度增加，从而减少了非辐射跃迁。同时，值得注意的是，这些化合物的稀溶液在 77 K 下并不发光，说明仅通过构象刚硬化无法使化合物发光，这同芳香 AIE 体系有很大不同，后者稀溶液和单分子分散状态通过构象刚硬化即可发光。对于上述非典型发光化合物，发光的前提是富电子单元（氧原子）的簇聚，构象刚硬化仅能促进发光，而非发光根源。

研究还发现，PEG、F127、木糖醇固体在 77 K 条件下均具有长达数秒的磷光长余辉发射［图 5-14（b）］，说明三重态激子在低温下得到进一步稳定。特别地，木糖醇在 312 nm 紫外光照关闭后呈现黄绿色 p-RTP 余辉，这是由于分子间氢键进一步增强了氧簇的构象刚硬化程度。为进一步理解这些化合物的发光机理，研究者以木糖醇为例，表征了它的单晶结构。木糖醇单晶表现出大量的分子内与分子间 O…O 短程作用力，使氧原子间的电子云相互重叠，体系离域扩展，形成簇发射中心［图 5-14（c）］，其在氢键、O…O 相互作用等分子内/间相互作用下，构象足够刚硬化，因而受紫外光激发后呈现荧光甚至 p-RTP 发射。

以上研究结果表明，以不同形式存在的氧原子在有效的簇聚之后均能实现发光，那么结构更为简单的水分子在簇聚之后能否发光呢？袁望章课题组观察到 77 K 条件下的水在紫外灯照射下呈现非常微弱的发光，且关灯后可看到具有激发波长依赖性的余辉[22]；唐本忠院士课题组也从冷冻的冰中观察到绿色的余辉（图 5-15）[23]。对醚、醇类化合物及水发光性质的研究，一方面丰富了非典型发光化合物体系，另一方面也提出氧原子在簇聚状态下产生有效发射的可能性，从而进一步加深了对非典型发光化合物发光机理的理解。

图 5-15 冷冻冰在 365 nm 紫外光照射下的照片及其在停止紫外光照射
0.5 s、1.0 s、2.0 s 时的照片[23]

5.6　硅氧烷及其衍生物

硅原子具有一些特别的光学性质。相比于 C—C 键的电子定域性，Si—Si 键则表现出明显的电子离域性。聚硅烷就是一类一维共轭的 σ 共轭聚合物，被广泛应用于近紫外发光二极管和空穴传输材料等领域。此外，硅原子以化学键的方式与 π 共轭体系相结合可以对其光物理性质产生显著影响[24, 25]。因此，将硅原子与非典型发光化合物相结合将会对开发新型非典型发光化合物提供更大的设计空间和可能性。卢海峰教授课题组报道了来自硅氧烷-PAMAM 树枝状大分子的蓝色发光，这可归因于氮原子、硅原子和氧原子簇聚而产生的发射中心。该材料在水-甲醇混合溶剂中还表现出明显的 AIE 性质[26]。

张洁教授等报道了硅氧烷型树枝状大分子（G1）及其聚合单体（M1）的蓝光 PL 性质（图 5-16）。然而，与 G1 和 M1 结构相似的聚二甲基硅烷（PDMS）则几乎不发光，因此 G1 与 M1 的发射可能来自其含有的酯基、硅原子或硫醚的簇发射中心 [图 5-16（b）][27]。此外，张金龙教授等利用乙烯基-三乙氧基硅烷合成了水溶性的硅纳米晶（2～6 nm），随着硅纳米晶尺寸的增加，其表现出波长可调的荧光性质（调节范围为 460～625 nm）。然而当使用 γ-巯基丙基三乙氧基硅烷（MPTES）作为前体时，新制备出的硅纳米晶没有检测到光致发光。因此，在乙烯基-三乙氧基硅烷体系中，有序排列的乙烯基单元对发光具有重要的作用[28]。

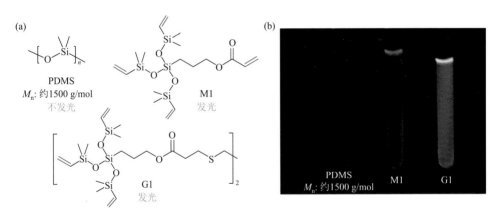

图 5-16　PDMS、M1、G1 的结构式（a）及其在紫外光激发下的照片（b）[27]

2016 年，颜红侠教授等利用（3-氨基丙基）三乙氧基硅烷与二元醇合成了水溶性超支化聚硅氧烷（WHPSs），在 365 nm 紫外灯下观察到了明显的蓝色荧光。他们认为 WHPSs 荧光可能与伯胺基及羟基官能团有关。为进一步研究其发光机理，利用乙酰基取代羟基，合成了末端含伯胺基但不含羟基的超支化聚硅氧烷。结果显示这种不含羟基的超支化聚硅氧烷几乎不发光，因此认为羟基在 WHPSs 发光中发挥重要作用[29]。同年，颜红侠教授等继续研究了含有叔胺和羟基的超支化聚硅氧烷，结果同样表明羟基在发光过程中起重要作用[30]。

　　为进一步了解聚硅氧烷的发光机理，颜红侠教授团队利用三乙氧基乙烯基硅烷（A-151）与新戊二醇（NPG）合成了新型非典型发光超支化聚硅氧烷（HPUHs）[图 5-17（a）和（b）]。HPUHs 在不同波长光激发下呈现明显的蓝色荧光[图 5-17（b）]。其紫外吸收集中于 245 nm 附近，这可归属为碳-碳双键（C＝C）和羟基（OH）的 π-π* 与 n-σ* 电子跃迁。研究者还合成了另一种含有 C＝C 和 OH 的聚硅氧烷，其也表现出明显的蓝色荧光。上述结果似乎表明 C＝C 和 OH 在荧光发射中心的形成过程中起着关键作用，它们的聚集是产生发光的主要原因。研究者还注意到随着分子量的增加，HPUHs 的荧光强度也随之增加，这可能是 C＝C和 OH 进一步簇聚使荧光增强所致 [图 5-17（c）]。此外，还发现 HPUHs 溶液的发光表现出明显的激发波长依赖性，这是 HPUHs 的非典型发光基团通过不同的簇聚方式形成了不同的簇发射中心导致的[31]。

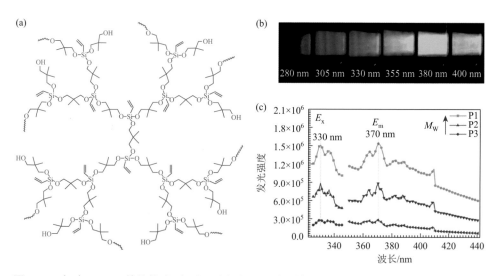

图 5-17 （a）HPUHs 的结构式；（b）P1（根据不同的单体比例，将不同的 HPUHs 命名为 P1、P2、P3）的乙醇溶液（150 mg/mL）在不同激发波长下的荧光照片；（c）固态 HPUHs（P1、P2、P3）的激发与发射谱[31]

　　需要指出的是，上述工作均为室温条件下观察。对比实验说明 OH 对化合物室温条件下产生显著发光至关重要。其不仅有利于簇生色团的形成与电子离域扩展，同时也有利于构象刚硬化，从而有利于发光。无 OH 等功能团化合物，低温（如 77 K）下若不发光，则可进一步说明其对发光的至关重要性。反之，低温下若能发光，则说明化合物本身可形成发光簇生色团，但室温分子运动猝灭了发光，而 OH 的存在参与了成簇，且有效地使其构象刚硬化。

　　颜红侠教授等利用 3-缩水甘油醚氧基丙基三甲氧基硅烷和 NPG 合成了具有

荧光发射的超支化聚硅氧烷（SHBEp），其还表现出 AIE 性质。超支化聚硅氧烷的紫外吸收集中在 224 nm 左右，可归属为醚键及羟基的 n-σ*电子跃迁。超支化聚硅氧烷中不含羰基和 C═C 等不饱和基团，其中羟基和醚键的簇聚也能形成发射中心[32]。为提高聚硅氧烷的发光量子效率，2019 年，在超支化聚硅氧烷分子骨架中引入羰基和 C═C 基团，从而有效利用多种非典型生色团之间的协同效应，所得材料 HPS 具有高达 43.9%的绝对量子效率（图 5-18）。通过理论计算发现，羰基、C═C 双键与硅-氧键的协同作用促使超支化聚硅氧烷形成超分子聚集体，进而增强了电子离域和空间共轭效应。这种协同效应不仅降低了 HPS 的 HOMO-LUMO 能级差，而且能抑制非辐射跃迁，从而赋予超支化聚硅氧烷优异的荧光性能[33]。

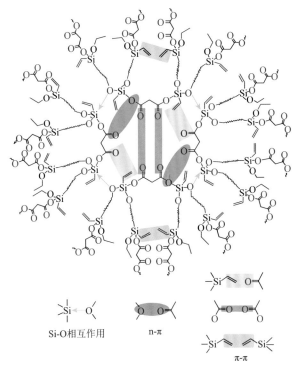

图 5-18　HPS 结构式及其基团间相互作用示意图[33]

同年，颜红侠课题组利用多元醇和 3-氨丙基（二乙氧基）甲基硅烷合成了两种聚合度较低的硅氧烷化合物。它们在 365 nm 紫外光激发下具有明显的蓝色荧光，这种发光性质归因于其中非典型生色团的簇聚。研究者发现主链具有支化结构的低聚硅氧烷比主链为线形结构的低聚硅氧烷表现出更强的荧光，这与前面章节中提到的线形与支化结构聚乙烯亚胺（PEI）情形相反，其可能是支化结构能够形成更多非典型生色团的簇聚体发射种所致[34]。

聚硅氧烷的发光本质上源于硅-氧键和其他非典型生色团簇聚而形成的簇发射中心。此外，分子间氢键和超支化结构等因素能提高这些簇生色团的构象刚硬化程度，进一步提高激子稳定性。聚硅氧烷中存在不同的簇发射中心，其荧光发射具有激发波长依赖性的特点。利用聚硅氧烷的发光性质，可将其应用于 Fe^{3+} 检测、pH 检测、生物影像等。

聚倍半硅氧烷（POSS）是由硅原子和氧原子交替连接的骨架组成的化合物，通式为 $(RSiO_{3/2})_n$，其中 R 为八个顶角 Si 原子所连接基团。POSS 具有高度对称的笼型骨架，R 基团往往可与多种聚合物单体反应，得到各种功能性聚合物[35, 36]。Mohamed 等在 THF 溶液中通过自由基聚合得到了不同的 POSS 共聚物（图 5-19），它们均表现出显著的 AIE 性质[37]。值得注意的是，不含共轭结构的 poly(MIPOSS) 表现出比其他含共轭结构衍生物更强的荧光发射。这是由于苯乙烯基团的插入导致羰基聚集程度降低，不利于簇发射中心的形成。进一步的广角 X 射线衍射分析表明 poly(MIPOSS) 为晶态聚合物，而苯乙烯衍生物交替插入后所形成的聚合物为非晶态聚合物，poly(MIPOSS) 的结晶性也增加了构象刚硬化程度，从而使发光增强。红外光谱进一步揭示了分子间相互作用的存在，poly(MIPOSS) 及 poly(AS-*alt*-MIPOSS) 中存在羰基之间的偶极-偶极相互作用；poly(HS-*alt*-MIPOSS) 中羰基与羟基之间形成了氢键。此外，与不含 POSS 结构的 poly(S-*alt*-MA) 相比，含 POSS 结构的 poly(S-*alt*-POSS) 表现出更高的量子效率，这可能是因为 POSS 结构增加了羰基簇发射中心的构象刚硬化程度，从而增强了发射。张庆瑞教授等研究发现，将氨苯基异丁基-POSS 和八异丁基-POSS 置于 THF 中加热搅拌后，其发光强度增加[38]。研究发现处理前后结构几乎没有发生改变，但处理后 POSS 分子的核磁共振氢谱中含有少量的溶剂峰，研究者认为这种发光增强的现象可能与 POSS 的吸附溶剂效应有关。溶剂分子进入 POSS 笼中，参与了簇发射中心的形成，从而使 POSS 材料表现出发光增强现象。

(a)

poly(S-*alt*-MIPOSS)　　　　poly(AS-*alt*-MIPOSS)　　　　poly(HS-*alt*-MIPOSS)

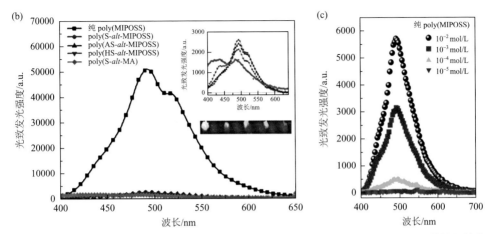

图 5-19　（a）poly(S-*alt*-MIPOSS)、poly(AS-*alt*-MIPOSS)及 poly(HS-*alt*-MIPOSS)共聚物的化学结构；（b）不同聚合物固体在 300 nm 紫外光激发下的发射光谱及其在 365 nm 紫外光照射下的照片[从左到右依次是纯 poly(MIPOSS)、poly(S-*alt*-MIPOSS)、poly(AS-*alt*-MIPOSS)、poly(HS-*alt*-MIPOSS)、poly(S-*alt*-MA)]；（c）不同浓度 poly(MIPOSS)/THF 溶液的荧光光谱[37]

5.7　糖类化合物

　　糖类物质由碳、氢、氧元素构成，化学式类似于"碳"与"水"聚合，故又称为碳水化合物。有关糖的发光很久之前就有人观察到，所有形式的结晶糖，包括冰糖、砂糖及各种糖晶片，当破碎或研磨时会发光。弗朗西斯·培根（Francis Bacon）是首位记录糖摩擦发光现象的科学家。他在 1605 年出版的专著 *The Advancement of Learning* 中报道，用刀刮擦硬糖会产生闪光[39]。早期的发现者认为这些发光是晶体破碎导致的周围空气的放电现象。Harvey 的研究发现，在空气中摩擦发光的物质置于氪气环境中会显示出特有的摩擦发光现象，而不是氪气发出的红光，并且发现当糖在液体中破碎时也会发光，这表明糖周围气体的放电并不是糖摩擦发光的唯一来源[40]。当物质被空气或其他介质包围时，一部分光是由在氪气中的放电引起的，另一部分是由材料本身内部的某种发光源引起的。Wick 研究发现了蔗糖、麦芽糖、乳糖等其他糖通过铁火花的激发之后会产生不同颜色的磷光，磷光的产生并不依赖于糖的结晶状态，并且在低温下表现出更明亮的发光。他还研究了糖的晶体尺寸对糖摩擦发光的影响，认为摩擦发光中起作用的是晶体结构和分子的堆积，而不是晶体的尺寸[41]。

　　Gavrilov 等在 1966 年研究了纤维素在不同激发波长下的光致发光，根据激发波长的不同，荧光光谱包含三个波段，其最大值在 370 nm、470～480 nm 及 505～510 nm 附近，存在多个发射种[42]。对于纤维素的发光来源有多种猜测，微量过渡金属元素、微量蛋白质的不完全去除、残留的木质素、肉桂酸及芳香化合物被认为是纤维素产生光致发光的原因[43-45]。因为不同来源的纤维素，发光往往不完全相同，因此人们认为其发光源于体系残存的某些微量杂质。有关纤维素发光的机理仍需进一步讨论。

2013 年，袁望章等对大米的主要成分——淀粉的光物理性质进行了系统研究，提出了 CTE 机理[46]。淀粉稀溶液在室温下不发光，但其固体粉末可被紫外光激发呈现明亮的蓝光发射，呈现出 AIE 行为。纤维素与淀粉具有相似的结构和不同的糖苷键接方式，其也表现出蓝色固态发光。对于淀粉和纤维素而言，其分子结构中除氢原子和饱和碳原子外，只剩下富电子氧原子。因此，可合理推测氧原子是其发光的根源。但彼此孤立的氧原子因有限的电子离域及柔性构象，难以产生肉眼可见的发光。当分子内和/或分子间氧原子间距小于其范德华半径之和时，会产生有效的电子相互作用，使体系离域扩展，有效共轭长度增加，同时构象刚硬化，从而易于受激发射。同时，聚合物链缠结、色散相互作用等进一步有益于簇生色团的构象刚硬化，减少非辐射跃迁，提高发光效率。

同时，在淀粉、纤维素中还观察到了 RTP 发射。簇生色团中能级展宽，单重态与三重态能隙降低，使得系间窜越成为可能。同时，强的分子内与分子间相互作用及高分子链缠结使簇生色团构象刚硬化，从而产生 RTP 发射。糖类物质具有相似的化学组成，依据 CTE 机理，由于氧原子的簇聚，可合理推测壳聚糖、葡聚糖、糖原、木糖、半乳糖等天然产物在固态均可发光。实验事实进一步证实了这一猜想。本节将介绍糖类物质的发光行为。

海藻酸钠（SA）是从褐藻类的海带或马尾藻中提取碘和甘露醇之后的副产物，其分子由 β-D-甘露糖醛酸（M）和 α-L-古洛糖醛酸（G）连接而成。谭业强等在 CTE 机理的指导下，发现 SA 在聚集态具有发光性质，并对此进行了研究[47]。随着浓度增加，溶液的荧光强度逐渐增强，如图 5-20 所示，在 352 nm/417 nm/484 nm 和 358 nm/419 nm/486 nm 出现了多重发射峰。当浓度达到 8 wt%时，在 365 nm 紫外灯照射下可以观察到明亮的蓝白色光。用不同激发波长对 SA 溶液激发，得到不同激发波长下的发射谱，这说明在高浓溶液中存在多种不同的聚集态，从而形成了多个发射种 [图 5-20（b）]。在 312 nm 紫外光激发下，SA 无定形粉末、薄膜均发射出明亮的蓝白光，更有趣的是在关闭紫外灯之后显现出淡绿色的室温磷光（图 5-20）。SA 分子链中 G 链段可以和多价金属离子尤其是 Ca^{2+} 形成络合，荧光和室温磷光都有所增强。这是由于 Ca^{2+} 与 G 链段之间形成的"蛋-盒"结构一方面使 SA 分子链更加聚集，从而使非典型生色基团更易簇聚；另一方面，交联也可以使分子链的构象刚硬化程度增加，有效减少了水和氧气对三重态激子的猝灭。基于以上实验结果，SA 这些光物理现象可以归结于在高浓溶液和固态时氧原子和羧酸根等富电子基团的簇聚。

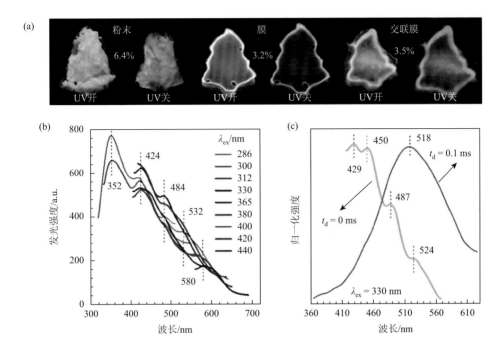

图 5-20　（a）SA 固体粉末、膜、Ca²⁺交联后的膜在 312 nm 紫外灯照射下和关灯后的照片；
（b）8 wt% SA 溶液在不同激发波长下的发射光谱；（c）SA 粉末的瞬时光谱和延迟
0.1 ms 后的光谱（λ_{ex} = 330 nm）[47]

　　为了进一步阐释 SA 的光物理性质和分子链相互作用之间的关系，袁望章等将流变学引入到该项工作的研究中，对 SA 的发光机理进行了解释（图 5-21）。SA 分子链之间的缠结随着浓度的增加而增加，稀溶液浓度 $C < C^*$ 时，SA 分子链之间距离较远，除糖环分子内的一些 O⋯O 相互作用外，其分子链自身的刚性和蠕虫状链构象使得分子中的氧原子和羧酸根基团相互孤立起来，没有形成足够的电子共轭，所以 SA 稀溶液在室温和 77 K 低温条件下均不发光。这些结果极大地证明了仅通过构象刚硬化是不能够使 SA 发光的。当浓度增加到亚浓缠结区（$C_e < C < C_D$）时，SA 分子链之间相互接触，形成链间缠结，分子中的氧原子和羧酸根基团形成一定的簇聚，这些基团的簇聚可以导致 O⋯O、C=O⋯C=O、H—O⋯C=O 等的孤对电子（n 电子）和 π 电子之间的共享，使其离域扩展，同时构象刚硬化程度也增加。当溶液浓度达到 0.5 wt% 时，能够看到微弱但是可见的荧光发射，说明了簇聚对 SA 发光化合物的重要作用。在浓溶液区，SA 溶液黏度随浓度增加而显著增加，分子链之间缠结增多，簇聚越明显，电子离域化程度和构象刚硬化程度更大，发光增强。在固态下分子之间形成的簇可以促进自旋轨道耦合，从而使电子发生 ISC 过程，产生磷光发射，并且构象刚硬化的环境有效隔绝了水和氧气，避免了其对三重态激子的猝灭。

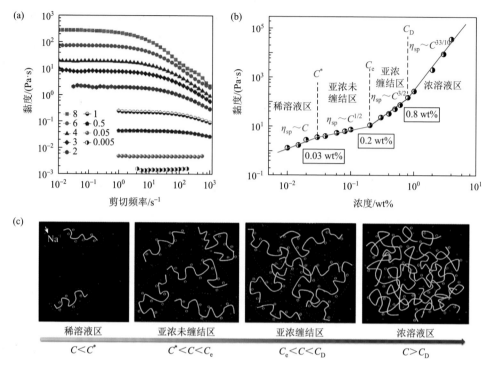

图 5-21 （a）不同浓度 SA 溶液的稳态速率扫描；（b）SA 溶液的浓度分区；
（c）不同浓度分区 SA 分子链的形态[47]

纤维素的发光已经有很多报道[48]，如图 5-22 所示，微晶纤维素（MCC）、2-羟乙基纤维素（HEC）、羟丙基纤维素（HPC）、醋酸纤维素（CA）均表现出本征发光。研究表明，纤维素的分子内及分子间氢键强弱及固体结晶性会影响簇生色团的刚性，从而影响发光强弱[49]。除 CA 外，其他三种纤维素均表现出明显的荧光和室温磷光。MCC 固体粉末的低温磷光表现出明显的激发波长依赖性，这进一步证明了体系中簇生色团的多样性。从结构看，MCC、HEC 和 HPC 的侧链均含有大量的羟基，而 CA 侧链的羟基较少，这可能是其在固态中相对较弱的发射的主要原因。氢键一方面可以固化分子构象，另一方面可以促进非常规发色团的短接触。进一步的 XRD 测量结果表明，MCC、HEC 和 HPC 的固体粉末分别在 15.50°/22.40°/34.40°、20.90° 和 8.50°/20.1° 有明显的衍射峰，而 CA 固体粉末则存在微弱和广泛的衍射峰，结晶度较低，并且通过偏光显微镜图像的观察得到了验证。因此，CA 的固体粉末发射较弱可能是因为其氢键较少、结晶度较低，不利于光发射。在 77 K 时，低温使分子构象刚硬化，增强的发射和持久的磷光也支持了这一结论。

肖惠宁等研究了浓度、pH、温度和酰胺化对 C-CNC 发光的影响，当 pH = 4

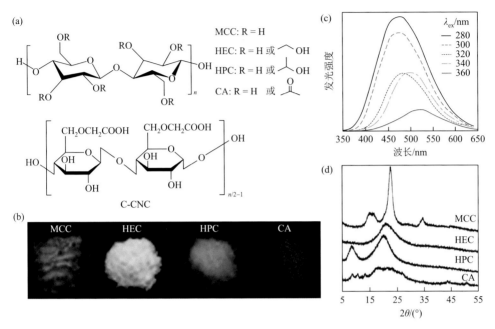

图 5-22 （a）MCC、HEC、HPC、CA 和 C-CNC 的化学结构；（b）MCC、HEC、HPC 和 CA 固体粉末在 365 nm 紫外光照射下的照片；（c）77 K 时 MCC 固体粉末在不同激发波长下的延迟光谱；（d）MCC、HEC、HPC 和 CA 的固体粉末的 XRD 谱图[49]

时 C-CNC 的荧光强度最高，这可能是羧基的空间共轭效应，特别是氢键的增加，导致的荧光增强[50]。并且随着温度的升高荧光强度逐渐下降，可能是分子链中羧基的聚集减少，构象刚硬化程度降低引起的。利用密度泛函理论进行了计算，C-CNC 二聚体之间产生了有效的 n-π* 相互作用及有效的空间共轭。理论计算证实，簇发光可以归因于 C-CNC 的氧原子与羧基的空间共轭。研究者还利用乙二胺（EDA）与羧基的键合来"锁定"C-CNC，增加 C-CNC 的簇聚来增强其发光。理论计算表明，与 C-CNC 相比，在 C-CNC/EDA 中形成的有效 n-π* 的 O 和羧基 C 更少，推测荧光强度的增加可能是由于酰胺基团的引入，通过氢键相互作用形成空间共轭。纤维素的自发光使其具有良好的应用，如用于跟踪复合结构中的微纤维和纳米晶体[51]。

壳聚糖（CS）和纤维素具有相近的化学结构，纤维素在 C2 位上是羟基，壳聚糖在 C2 位上为乙酰氨基和氨基。王彩旗等研究了不同脱乙酰度的壳聚糖的发光，在 365 nm 紫外光照射下呈现淡蓝色发光[52]。同其他多糖一样，壳聚糖也存在浓度和激发波长依赖的发光，大量氢键的存在使分子构象刚硬化，提供了有效的分子内和分子间相互作用，羟基、氨基和乙酰氨基的聚簇进一步扩展了体系离域，而且促进了相邻 n 电子和 π 电子之间的空间共轭，进一步增强荧光发射。研究发现 CS-3 和 CS-4 具有相同的分子量，但 CS-4 的荧光发射更强（图 5-23）。CS-4 表现的更强的发射可能归因于其具有更高的脱乙酰度。褚立强等发现与未被修饰的壳聚糖比，羧甲基化的壳聚糖（CMCh）有更高的荧光强度，表明羧基的引入有利于荧光增强[53]。当 CMCh 与 Zn^{2+} 在一定条件下混合时，所得到的 CMCh-Zn 体系在 365 nm 紫外光下表现出强烈的蓝色荧光。Zn^{2+} 由于具有较高的螯合性能，也可以与胺、羟基形成配位结构，使构象刚硬化增加，增强了 CMCh 的荧光发射。Zn^{2+} 和 Cd^{2+} 都具有封闭壳层的 d 构型，因此表现出高度相似的化学性质；而 Cu^{2+} 和 Fe^{3+} 由于具有顺磁性，对壳聚糖的发光有猝灭作用。

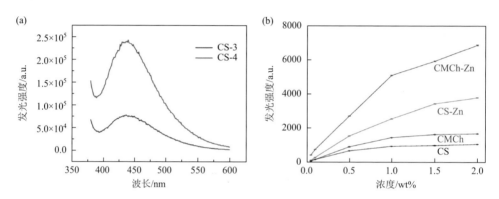

图 5-23　（a）CS-3、CS-4 荧光强度对比（1 mg/mL）[52]；（b）不同浓度的 CMCh 和 CS 溶液与 0.005 mol/L Zn^{2+} 混合前后的 PL 强度，纯 CMCh 和 CS 溶液激发波长为 320 nm，CMCh-Zn 和 CS-Zn 溶液激发波长为 358 nm[53]

2015 年，Joseph 等发现洋地黄皂苷通过强碱处理后，能够发射出较强的本征荧光（图 5-24）[54]。研究表明，洋地黄皂苷通过去质子化后，形成大量的分子间和分子内氢键及离子-偶极相互作用。研究者认为这些氢键限制了分子转动，增加其构象刚硬化程度，减少非辐射跃迁，这是处理后的洋地黄皂苷形成发光中心的重要原因。与未处理的洋地黄皂苷比，碱处理后的洋地黄皂苷有更宽的吸收带，证实了碱处理的洋地黄皂苷中聚集体的形成。动态光散射实验、原子力显微镜和透射电子显微镜表征也显示碱处理后的洋地黄皂苷形成了新的聚集结构。而随着溶液 pH 的进一步增加，越来越多的羟基被脱质子化，分子间相互排斥作用增加反而不利于聚集，因此发射强度降低。与未处理的洋地黄皂苷相比，处理后的洋地黄皂苷量子效率可从 0.135%上升到 93%。不仅如此，处理过的洋地黄皂苷荧光强度可以通过 pH（7～14）进行调控，并且还可以高效地将激发态能量转移到罗丹明 B 上，调控洋地黄皂苷-罗丹明混合物的发光，甚至实现白光发射[54]。

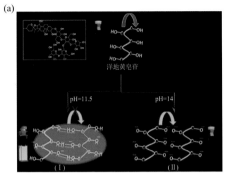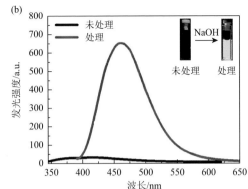

图 5-24　（a）洋地黄皂苷在 pH 为 11.5 和 14 的聚集（Ⅰ）及解离（Ⅱ）示意图；（b）未处理和氢氧化钠处理过的洋地黄皂苷溶液的光致发光的发射光谱；内插图：在 365 nm 紫外灯照射下洋地黄皂苷和氢氧化钠处理过的洋地黄皂苷溶液的照片[54]

袁望章课题组研究了不同分子量葡聚糖在溶液、凝胶和固体状态下的光物理性质，并且比较了不同构型的葡萄糖发光性质的差异[55]。结果显示，浓度的增加和分子量的增大使分子链的缠结更加紧密，氧原子进一步簇聚，电子离域程度和构象刚硬化更大，从而导致发光更强。葡聚糖固体的激发波长依赖性说明了固体状态时葡聚糖分子链之间形成了不同的聚集态，造成多个发射种的存在。对于分子质量较大的 150 kDa 和 500 kDa 的葡聚糖固体，具有 p-RTP 现象，而对于分子质量较小的 20 kDa 和 70 kDa 葡聚糖固体，未能观察到较为明显的延迟现象。这是因为分子构象刚硬化程度及环境中的氧气和水都是影响葡聚糖 p-RTP 现象的重要因素。并且在研究中发现，L 型葡萄糖固体粉末可以发射出比 D 型葡萄糖固体粉末更明亮的蓝色荧光（图 5-25），其 Φ 值分别为 4.8% 和 1.2%（激发波长为 340 nm），这可能与葡萄糖的不同构型带来的不同相互作用有关。对 D 型和 L 型葡萄糖的单晶结构进行了分析，发现在 D 型葡萄糖的单晶结构中存有水分子并且分子间大部分相邻氧原子的距离（2.744 Å、2.754 Å、2.755 Å、2.807 Å、2.813 Å、2.853 Å）要比 L 型葡萄糖分子间相邻氧原子距离（2.708 Å、2.721 Å、2.788 Å、2.799 Å）长，即 O…O 作用弱一些，这可能也是导致 L 型葡萄糖发光更强的原因。这些新发现的特性一方面验证了 CTE 机理的合理性，另一方面也使人们进一步加深了对不同状态下葡聚糖链段的聚集和分子堆积方式的理解。

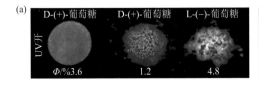

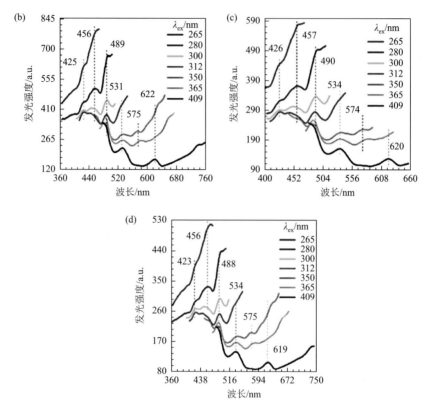

图 5-25 （a）不同构型葡萄糖固体粉末和压片在 312 nm 紫外灯照射下和关灯后的照片；D 型
葡萄糖固体压片（b）、D 型葡萄糖粉末（c）和 L 型葡萄糖粉末（d）在不同激发
波长下的发射光谱[55]

有关环糊精的本征发光几乎没有报道,这可能是相对于传统典型发光化合物,环糊精的发光较弱而往往被研究者忽略。根据 CTE 机理,环糊精是能够发光的,袁望章课题组研究发现环糊精分子的浓溶液（77 K）和单晶（室温）具有激发波长依赖性和多色 p-RTP 发射性质,并且通过改变环糊精分子糖单元的个数调控其单晶的多色 p-RTP 发射性质。雷自强等采用简便的方法合成了二乙烯三氨基桥联双（β-环糊精）二聚体,更强的分子间和分子内相互作用使其在室温下表现出更强的荧光发射[56]。

相比于多糖体系链间复杂的作用力,单糖具有更加清晰的结构,有助于进一步理解非典型发光化合物的发光机理。袁望章课题组研究了 D-(+)-木糖（D-Xyl）、D-果糖（D-Fru）和 D-半乳糖（D-Gal）的发光行为[19]。同其他非典型发光化合物类似,这些化合物也具有 AIE 特征,更令人惊讶的是,这些糖的单晶在室温下表现出明显的激发波长依赖性颜色可调磷光,并且这种可调范围在低温下更加明显。相关内容在上面已经提到,这里不再做详细阐述。依据 CTE

机理，这些天然糖类的发光都来源于分子链上侧基生色团形成的簇，这些结构中除了氢键相互作用外，还存在 C—H···H—C、O—H···H—O 和 C—H···H—O 等短作用力，以及大量的 O···O 短程作用力，一方面可以使分子构象高度刚硬化，另一方面可提供有效的 3D 空间电子通道，丰富了单重态和三重态能级，以促进 SOC 和 ISC 过程。晶体的差异性堆积形成了多发射中心，使其具有激发波长依赖性的荧光和多色 p-RTP。

5.8 总结与展望

综上所述，这些含氧非典型发光化合物都表现出聚集诱导发光和激发波长依赖性等特点，且这些本征发光行为都可以用 CTE 机理解释：化合物中氧原子等富电子单元在簇聚时，当分子内和/或分子间原子间距小于其范德华半径之和时，产生有效的电子相互作用，使体系离域扩展，有效共轭长度增加，形成簇生色团；同时富电子单元在簇聚时，分子间的相互作用增加，从而抑制分子的振动与转动，进而形成有效的构象刚硬化。具备了这两个条件后，不同簇生色团可形成不同的发射中心，从而表现出聚集诱导发光和激发波长依赖性等特点。

其中一些体系除了聚集诱导发光和激发波长依赖性，在固态或低温下还表现出颜色可调的 p-RTP。这一光物理性质也可以用 CTE 机理进行合理解释，即含氧富电子单元的簇聚使得簇生色团能级分裂且能隙减小，促进了 SOC 及 ISC 过程，从而形成了具有不同能级的三重态发射中心。同时，在构象刚硬化程度足够高时，不同发射中心的三重态激子能以辐射跃迁方式回到基态，从而产生颜色可调的 p-RTP。其中一些体系的发光行为还强烈依赖于不同的溶剂，这是由于不同的溶剂与簇发射中心相互作用，影响簇发射中心的电子离域程度，进而影响发光。其中一些体系还具有 pH 响应、离子响应、温度响应等特点，这些现象都能通过 CTE 机理解释，即这些外界因素影响了含氧富电子单元的簇聚结构，产生了不同的电子离域程度和构象刚硬化程度从而影响发光。

非典型发光化合物的发光性质引起了广泛的研究兴趣，其发光机理也不断完善，并且在防伪、加密、生物成像、离子检测、爆炸物检测等领域展现出良好的应用前景。此外，在非典型发光化合物中引入芳香基团，可以制备出兼具两者优点的优异发光性能的材料，在 RTP、光响应、化学传感等领域具有重要的研究价值。

（王正硕　张永芝　谭业强　袁望章）

参考文献

[1] Xing C M，Lam J W Y，Qin A J，et al. Unique photoluminescence from nonconjugated alternating copolymer poly[(maleic anhydride)-*alt*-(vinyl acetate)]. ACS National Meeting Book of Abstracts，F，Washington：ACS Publications 2007.

[2] Andrea P，Riccardo R，Francesco C. Aggregation-induced luminescence of polyisobutene succinic anhydrides and imides. Macromolecular Chemistry & Physics，2008，209（9）：900-906.

[3] Zhao E G，Lam J W Y，Meng L M，et al. Poly[(maleic anhydride)-*alt*-(vinyl acetate)]: a pure oxygenic nonconjugated macromolecule with strong light emission and solvatochromic effect. Macromolecules，2014，48（1）：64-71.

[4] Zhou X B，Luo W W，Nie H，et al. Oligo(maleic anhydride)s: a platform for unveiling the mechanism of clusteroluminescence of non-aromatic polymers. Journal of Materials Chemistry C，2017，5（19）：4775-4779.

[5] Tang S X，Yang T J，Yuan W Z，et al. Nonconventional luminophores: characteristics，advancements and perspective. Chemical Society Reviews，2021，50（22）：12616-12655.

[6] Guo Z Y，Ru Y，Song W B，et al. Water-soluble polymers with strong photoluminescence through an eco-friendly and low-cost route. Macromolecular Rapid Communications，2017，38（14）：1700099.

[7] Hu C X，Guo Z Y，Ru Y，et al. A new family of photoluminescent polymers with dual chromophores. Macromolecular Rapid Communications，2018，39（10）：1800035.

[8] Shang C，Zhao Y X，Wei N，et al. Enhancing photoluminescence of nonconventional luminescent polymers by increasing chain flexibility. Macromolecular Chemistry and Physics，2019，220（19）：1900324.

[9] Zhou Q，Wang Z Y，Dou X Y，et al. Emission mechanism understanding and tunable persistent room temperature phosphorescence of amorphous nonaromatic polymers. Materials Chemistry Frontiers，2019，3（2）：257-264.

[10] Yuan W Z，Zhang Y M. Nonconventional macromolecular luminogens with aggregation-induced emission characteristics. Journal of Polymer Science Part A：Polymer Chemistry，2017，55（4）：560.

[11] Cai S Z，Ma H L，Shi H F，et al. Enabling long-lived organic room temperature phosphorescence in polymers by subunit interlocking. Nature Communications，2019，10（1）：4247.

[12] Tarekegne A T，Janting J，Ou H. Strong visible-light emission in annealed poly(acrylic acid). Optical Materials Express，2020，10（12）：3424-3434.

[13] Huang W，Yan H X，Niu S，et al. Unprecedented strong blue photoluminescence from hyperbranched polycarbonate: from its fluorescence mechanism to applications. Journal of Polymer Science Part A：Polymer Chemistry，2017，55（22）：3690-3696.

[14] Du Y Q，Feng Y B，Yan H X，et al. Fluorescence emission from hyperbranched polycarbonate without conventional chromohpores. Journal of Photochemistry and Photobiology A：Chemistry，2018，364（1）：415-423.

[15] Du Y Q，Yan H X，Huang W，et al. Unanticipated strong blue photoluminescence from fully biobased aliphatic hyperbranched polyesters. ACS Sustainable Chemistry & Engineering，2017，5（7）：6139-6147.

[16] Miao X P，Liu T，Zhang C，et al. Fluorescent aliphatic hyperbranched polyether: chromophore-free and without any N and P atoms. Physical Chemistry Chemical Physics，2016，18（6）：4295-4299.

[17] Mieloszyk J，Drabent R，Siódmiak J. Phosphorescence and fluorescence of poly(vinyl alcohol)films. Journal of Applied Polymer Science，1987，34（4）：1577-1580.

[18] Sen K，Samaddar P. Organized polyvinyl alcohol assemblies: eligible luminescent centers for species dependent

metal sensing. Journal of Molecular Liquids，2014，200：369-373.

[19]　Wang J F，Xu L F，Zhong S L，et al. Clustering-triggered emission of poly(vinyl)alcohol. Polymer Chemistry，2021，12（48）：7048-7055.

[20]　Wang Y Z，Bin X，Chen X H，et al. Emission and emissive mechanism of nonaromatic oxygen clusters. Macromolecular Rapid Communications，2018，39（21）：1800528.

[21]　Zhou Q，Yang T J，Zhong Z H，et al. A clustering-triggered emission strategy for tunable multicolor persistent phosphorescence. Chemical Science，2020，11（11）：2926-2933.

[22]　Wang Q，Dou X Y，Chen X H，et al. Reevaluating protein photoluminescence：remarkable visible luminescence upon concentration and insight into the emission mechanism. Angewandte Chemie International Edition，2019，58（36）：12667-12673.

[23]　Zhang H K，Zhao Z，McGonigal P R，et al. Clusterization-triggered emission：uncommon luminescence from common materials. Materials Today，2020，32：275-292.

[24]　陈润锋，范曲立，郑超，等. 含硅共轭聚合物电致发光材料研究进展. 科学通报，2006，51（2）：121-128.

[25]　Li H H，Xu L J，Tang Y T，et al. Direct silicon-nitrogen bonded host materials with enhanced σ-π conjugation for blue phosphorescent organic light-emitting diodes. Journal of Materials Chemistry C，2016，4（42）：10047-10052.

[26]　Lu H，Feng L L，Li S S，et al. Unexpected strong blue photoluminescence produced from the aggregation of unconventional chromophores in novel siloxane-poly(amidoamine) dendrimers. Macromolecules，2015，48（3）：476-482.

[27]　Zhang Z D，Feng S Y，Zhang J. Facile and efficient synthesis of carbosiloxane dendrimers via orthogonal click chemistry between thiol and ene. Macromolecular Rapid Communications，2016，37（4）：318-322.

[28]　Yang L G，Wang L Z，Cui C F，et al. Stober strategy for synthesizing multifluorescent organosilica nanocrystals. Chemical Communications，2016，52（36）：6154-6157.

[29]　Niu S，Yan H X，Chen Z Y，et al. Water-soluble blue fluorescence-emitting hyperbranched polysiloxanes simultaneously containing hydroxyl and primary amine groups. Macromolecular Rapid Communications，2016，37（2）：136-142.

[30]　Niu S，Yan H X，Chen Z Y，et al. Hydrosoluble aliphatic tertiary amine-containing hyperbranched polysiloxanes with bright blue photoluminescence. RSC Advances，2016，6（108）：106742-106753.

[31]　Niu S，Yan H X，Chen Z Y，et al. Unanticipated bright blue fluorescence produced from novel hyperbranched polysiloxanes carrying unconjugated carbon-carbon double bonds and hydroxyl groups. Polymer Chemistry，2016，7（22）：3747-3755.

[32]　Niu S，Yan H X，Li S，et al. A multifunctional silicon-containing hyperbranched epoxy：controlled synthesis，toughening bismaleimide and fluorescent properties. Journal of Materials Chemistry C，2016，4（28）：6881-6893.

[33]　Feng Y B，Bai T，Yan H X，et al. High fluorescence quantum yield based on the through-space conjugation of hyperbranched polysiloxane. Macromolecules，2019，52（8）：3075-3082.

[34]　Du Y Q，Bai T，Ding F，et al. The inherent blue luminescence from oligomeric siloxanes. Polymer Journal，2019，51（9）：869-882.

[35]　Griffin B A，Adams S R，Tsien R Y. Specific covalent labeling of recombinant protein molecules inside live cells. Science，1998，281（5374）：269-272.

[36]　Fina A，Monticelli O，Camino G. POSS-based hybrids by melt/reactive blending. Journal of Materials Chemistry，2010，20（42）：9297-9305.

[37] Mohamed M G, Hsu K C, Hong J L, et al. Unexpected fluorescence from maleimide-containing polyhedral oligomeric silsesquioxanes: nanoparticle and sequence distribution analyses of polystyrene-based alternating copolymers. Polymer Chemistry, 2016, 7 (1): 135-145.

[38] Zhang Q R, Song M X, Deng R P, et al. A unigue luminescence behavior based on polyhedral ooligomeric silsesquioxane compounds. Chinese Journal of Inorganic Chemistry, 2019, 35 (11): 2177-2184.

[39] Bacon F. The Advancement of Learning. Oxford: Oxford Univeristy Press, 1605.

[40] Harvey E N. The luminescience of sugar wafers. Science, 1939, 90 (2324): 35-36.

[41] Wick F G. Triboluminescence of sugar. Journal of the Optical Society of America, 1940, 30 (7): 302-306.

[42] Gavrilov M Z, Ermolenko I N. A study of cellulose luminescence. Journal of Applied Spectroscopy, 1966, 5 (6): 542-544.

[43] Atalla R H, Nagel S C. Laser-induced fluorescence in cellulose. Journal of the Chemical Society, Chemical Communications, 1972, 19: 1049-1050.

[44] Stephen Davidson R, Dunn L A, Castellan A, et al. A study of the photobleaching and photoyellowing of paper containing lignin using fluorescence spectroscopy. Journal of Photochemistry and Photobiology A: Chemistry, 1991, 58 (3): 349-359.

[45] Castellan A, Ruggiero R, Frollini E, et al. Studies on fluorescence of cellulosics. Holzforschung, 2007, 61 (5): 504-508.

[46] Gong Y Y, Tan Y Q, Mei J, et al. Room temperature phosphorescence from natural products: crystallization matters. Science China Chemistry, 2013, 56 (9): 1178-1182.

[47] Dou X Y, Zhou Q, Chen X H, et al. Clustering-triggered emission and persistent room temperature phosphorescence of sodium alginate. Biomacromolecules, 2018, 19 (6): 2014-2022.

[48] Grönroos P, Bessonoff M, Salminen K, et al. Phosphorescence and fluorescence of fibrillar cellulose films. Nordic Pulp & Paper Research Journal, 2018, 33 (2): 246-255.

[49] Du L L, Jiang B L, Chen X H, et al. Clustering-triggered emission of cellulose and its derivatives. Chinese Journal of Polymer Science, 2019, 37 (4): 409-415.

[50] Li M, Li X N, An X F, et al. Clustering-triggered emission of carboxymethylated nanocellulose. Frontiers in Chemistry, 2019, 7: 447.

[51] Nigmatullin R, Johns M A, Munoz-Garcia J C, et al. Hydrophobization of cellulose nanocrystals for aqueous colloidal suspensions and gels. Biomacromolecules, 2020, 21 (5): 1812-1823.

[52] Dong Z Z, Cui H R, Wang Y D, et al. Biocompatible AIE material from natural resources: chitosan and its multifunctional applications. Carbohydrate Polymers, 2020, 227: 115338.

[53] Huang J, Wang Y L, Yu X D, et al. Enhanced fluorescence of carboxymethyl chitosan via metal ion complexation in both solution and hydrogel states. International Journal of Biological Macromolecules, 2020, 152: 50-56.

[54] Mathew M S, Sreenivasan K, Joseph K. Hydrogen-bond assisted, aggregation-induced emission of digitonin. RSC Advances, 2015, 5 (121): 100176-100183.

[55] 王倩. 天然化合物牛血清白蛋白及葡聚糖的簇聚诱导发光研究. 青岛: 青岛大学, 2019.

[56] Guan X L, Zhang D H, Jia T M, et al. Unprecedented strong photoluminescences induced from both aggregation and polymerization of novel nonconjugated β-cyclodextrin dimer. Industrial & Engineering Chemistry Research, 2017, 56 (14): 3913-3919.

含硫、磷及卤素型非典型发光化合物

在非典型发光化合物中，富电子基团簇聚形成的各种簇生色团承担着发光的主要任务。参与形成团簇的不仅有碳碳双键（C═C）[1]、羰基（C═O）[2]、羧基（COOH）[3-5]、酰胺（CONH）[5-7]、氰基（CN）[8]等各种富含 π 电子和孤对电子（n 电子）的生色团，还有如氨基（—NH$_2$）[4]、羟基（—OH）[9,10]、醚键（—O—）[10,11]等众多仅含有 n 电子的助色团。无论对于生色团还是助色团，富含 n 电子的杂原子都在其中扮演着重要角色。这些杂原子及自身所带的 n 电子在非典型生色团中的作用可从以下三个方面来概括：第一，这些杂原子基团本身可参与形成发光团簇，其富含的 n 电子参与到电子云重叠中（电子-电子相互作用、电子-轨道相互作用），促进离域扩展；第二，杂原子的 n 电子一般存在于受轨道矩影响的 p 轨道上，这些自由电子的磁矩旋转可影响自旋轨道耦合（SOC）的状态[12]，又由于最外层 p 轨道已被 n 电子填充，因此有利于 SOC 的增强，进而促进电子从单重态到三重态的系间窜越（ISC）过程，有利于三重态激子的产生；第三，n 电子参与离域，可向体系中引入 n→π* 和 n→σ* 跃迁，这两种跃迁相比 π→π* 跃迁所需能量更高，对应的发射光也倾向蓝移，因此能够拓展电子跃迁途径和发光通道，实现多发射种共同发光。综合以上优势，杂原子在非典型发光化合物的发光中具有重要作用，成为大多数非典型生色团不可或缺的一环。

前面已对含氧、含氮杂原子的非典型发光化合物进行了论述。相比于氧与氮，同样位于ⅥA 和ⅤA 族的硫、磷两元素由于电负性小于前者，且原子半径更大，理论上它们的电子应当更容易离域，进而产生与其他非典型生色团之间的电子云重叠，拓展共轭范围。卤族元素（尤其是氯、溴、碘）的电负性较大，但其 n 电子更加丰富，因此也应具有类似的性质。相较氧、氮，位于第 3 周期的硫、磷和氯元素具有三层核外电子，而其中空的 3d 轨道虽无电子填充,但仍可参与成键(如 d-p π 键)及离域，具有较高能量的 3d 轨道为非典型发光化合物的光物理性质提供了更多的可能性[13]，位于更高周期、具有更多空轨道的溴和碘元素更是如此。另外，除丰富的 n 电子可增强 SOC 外，硫、磷、卤素的原子量比氧、氮更高，其重原子效应也会增强非典型发光化合物的 SOC，进而促进 ISC 过程及三重态激子的生成，有利于提高磷光量子效率。此外，从化学修饰的角度看，硫原子最多可形成六个化学键，磷原子最多可形成五个化学键，卤素则易于取代修饰分子，这也为连接其他功能性基团、调节生色团的电子性质及分子间相互作用提供了便利，为化学改性提供了更多的可能性[14]。

本章从一些已知的含硫、磷及卤素型非典型发光化合物出发，探讨了硫、磷、卤素在此类化合物发光中所起的独特作用，提出了相应的分子设计理论依据，并展望了含硫、磷及卤素型非典型发光化合物的未来发展前景。

6.2 ▶ 含硫非典型发光化合物

硫元素，作为化石燃料中第三丰富的元素（仅次于碳和氢）[15]，主要用于硫酸、化肥、农药、硫化橡胶等的生产。此外，化石燃料燃烧和石油精炼作业过程中也产生了大量二氧化硫等含硫物质。因此，硫化学的发展对能源和环境具有重要意义。同时，由于硫元素来源广泛，成本相应较为低廉，因此其在非典型发光材料等领域中的应用也极具潜力[16, 17]。根据 6.1 节讨论，硫元素由于本身原子半径较大，具有 3d 轨道、重原子效应及易于化学改性等特点，理论上可作为一种优良的非典型生色团，并为研究者提供进一步调节发光性质的位点和渠道。

6.2.1 含硫非典型发光化合物的设计与修饰

2019 年，袁望章课题组依据簇聚诱导发光（CTE）机理，设计并通过二丙烯酸-1, 4-丁二醇酯与丁二硫醇的迈克尔加成聚合反应合成了一种具有柔软碳链结构的聚硫醚 P1，并进一步将其选择性氧化成聚亚砜 P2 和聚砜 P3 [图 6-1（a）][18]。不同浓度 P1/DMF 溶液显示出浓度增强发光现象，即随浓度升高，溶液发光不断增强，对应的发光量子效率也由稀溶液的几乎为 0% 增至浓溶液的 3.9%。而当 P1 进一步聚集为固体粉末时，其发光量子效率进一步增加至 4.5% [图 6-1（b）]。与稀溶液生色团的离散状态相比，聚集态由于存在着有效发光团簇，因而能产生本征发光，这些现象验证了 P1 的 CTE 性质。此外，进一步研究还表明，随氧化程度增加，含硫聚合物固体粉末发光量子效率逐步增加，聚硫醚 P1、聚亚砜 P2、聚砜 P3 的量子效率分别为 4.5%、7.0%、12.8%，氧化增强发光效果显著 [图 6-1（b）]。这一现象一方面归因于含硫基团局部共轭的扩展，另一方面则是氧化程度的提

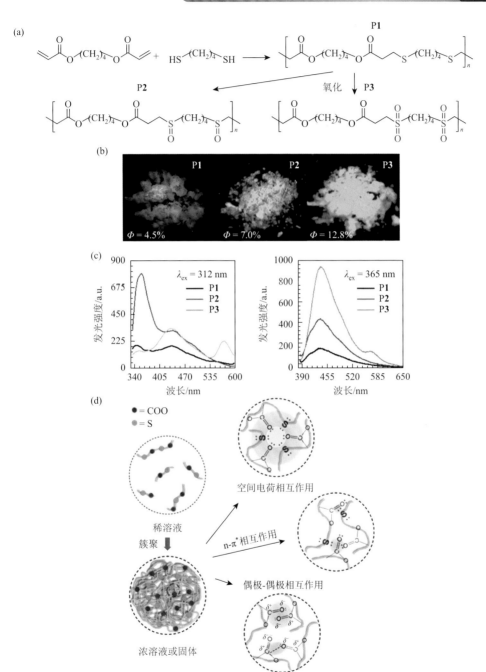

图 6-1 （a）P1、P2 及 P3 的合成路线；（b）P1、P2 及 P3 固体粉末在 312 nm 紫外光照射下的发光照片；（c）相同浓度 P1/DMF、P2/DMF 及 P3/DMF 溶液（31 mmol/L）在 312 nm 和 365 nm 紫外光激发时的发射光谱；（d）P1 分子从离散到聚集的示意图及聚集体中可能存在的分子内与分子间相互作用[18]

高，含硫基团吸电子能力也随之提升，从而导致含硫基团与酯基等非典型生色团之间电子相互作用及离域扩展程度的变化，通过增强空间共轭效应及构象刚硬化程度实现了发光量子效率的提升。此外，上述结果也说明尽管氧化并非非典型发光化合物本征发光的必要条件，但也为调节其发光提供了一种重要策略。

此外，将三种聚合物以相同浓度溶于 DMF 中测试光谱发现：与 P1 相比，P2 在发光整体增强的同时，紫外光波段的发射提升更为显著，因而外部表现为紫外光主导的发射；而 P3 则主要实现了可见光波段发射的增强，外部表现为可见光（蓝光）主导的发射［图 6-1（c）］。这样，通过对硫原子进行逐级氧化，不仅可实现对含硫非典型发光化合物量子效率的显著提升，还可对其发射峰值进行调节，使之表现出可调的外部发射。图 6-1（d）给出了该体系发光机理示意图。在稀溶液中高分子链彼此离散，非典型生色团无法产生有效簇聚，因而难以受激发射。而在浓溶液或固体等聚集态下，高分子链相互靠近缠结，富电子基团间产生空间共轭、n-π*相互作用及偶极-偶极相互作用等，一方面使非典型生色团间距离减小，产生有效簇聚促进电子离域，另一方面也限制了分子的振动与转动等非辐射跃迁，使簇生色团构象刚硬化。多方面因素影响下，实现了含硫非芳香聚合物在聚集态的本征发光。这项工作说明 CTE 机理在指导设计新型非典型发光化合物方面的可行性，反过来，也进一步验证了 CTE 机理的合理性。

基于上述工作思路，袁望章课题组进一步探讨了引入硫元素及氧化调控发光策略在非典型小分子发光化合物设计中的应用[19]。他们通过乙硫醇与脂肪族卤代烃四溴季戊烷间的点击反应制备了一种具有四官能度的硫醚分子 TETE［图 6-2（a）］，发现其固体粉末具有明亮的本征蓝光发射，量子效率可达 5.9%［图 6-2（b）］，这甚至高于上面聚硫醚 P1 的固态量子效率（4.5%）。这可能是由于小分子中硫原子发色团较聚硫醚 P1 "密度" 更大，且分子排列比高分子紧密、整齐，从而更有利于发光团簇形成，并促进光发射。对 TETE 进一步表征显示，其不仅具有明显的浓度增强发光现象［图 6-2（c）］——说明随着聚集程度的增加，发色团之间的有效簇聚越来越强，簇生色团的浓度也进一步增大，从而进一步增强发光；而且其固体展现出激发波长依赖性［图 6-2（d）］，论证了聚集态下多重发射种的共存。这些现象均是对 CTE 机理的有力支持，也说明 CTE 机理指导下的硫元素引入策略在设计合成非典型发光小分子上具有良好的可行性。对于四官能度硫醚分子 TETE 而言，还可进行进一步的可控氧化调控发光。不仅可同时氧化四个硫位点，得到四官能度的亚砜和砜；而且还可以令四个硫位点的氧化程度不同，得到不同含硫基团共存的情况。这样，从四硫醚 TETE 到氧化程度最高的四砜，中间存在许多不同的可能，从而为进一步氧化调控含硫非典型小分子的发光提供了更多的可能性。

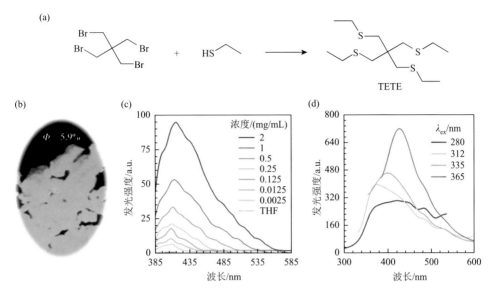

图 6-2　（a）四溴季戊烷与乙硫醇反应合成 TETE 的路线图；365 nm 紫外光激发下 TETE 固体的发光照片（b）及不同浓度 TETE/THF 溶液的发射光谱（c）；（d）TETE 固体在不同激发波长（λ_{ex}）下的发射光谱[19]

上述工作带来了新的启示：非典型发光化合物不受典型发光化合物大型共轭结构要求限制，且硫元素可通过多种方式被便捷地引入到各种有机结构中，这为构建各种含硫非典型发光化合物提供了广阔思路。图 6-3 总结了一系列引入硫元素的策略，从硫醇［图 6-3（a）］、丙烯（亚）磺酸酯［图 6-3（a）］、劳森试剂（Lawesson's reagent）［图 6-3（b）］到单质硫［图 6-3（c）］，均可作为硫源引入非典型发光化合物。其中值得注意的是，相比通过使用劳森试剂或单质硫作硫源制备硫羰基的反应，由硫醇作为硫源不仅反应途径多样（如自由基介导的硫醇-烯烃反应、胺催化的硫醇-环氧反应、形成硫脲的硫醇-异氰酸酯反应及硫醇-卤化物反应等），而且这些反应大多数为产率、转化率高并易于发生的点击反应，以单键与碳原子相连的硫原子（硫醚）还易于进行逐级氧化等进一步化学修饰。由于硫醇点击反应的这些优势，这一反应策略可广泛应用于含硫非典型发光化合物的设计与构筑。

根据上述硫醇点击反应策略，袁望章等选取双（乙烯砜基）甲烷（BVSM）这一良好的亲电烯烃作为共同单体，与 1, 2-双（2-巯基乙氧基）乙烷（DOODT）、己二硫醇（HDT）两种二硫醇分别进行迈克尔加成聚合，得到 PDB 和 PHB 两种同时含硫醚和砜基单元的含硫聚合物［图 6-4（a）］[20]。PDB 固体粉末的发光量子效率为 8.4%，明显高于 PHB 固体粉末［4.3%，图 6-4（a）］，这应归因于 PDB 分子骨架上存在的醚键。首先，高分子链骨架上的氧原子能参与成簇，氧原子本身的富电子特性及其较大的电负性促进了发光团簇中电子的空间共轭效应，

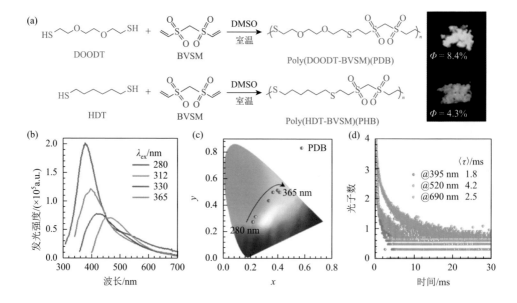

图6-3　（a）可与硫醇发生点击反应的基团及可与硫醇发生迈克尔加成的烯烃；（b）使用劳森试剂将醛/酮转化为硫醛/硫酮；（c）炔烃、胺与单质硫的多组分聚合反应制备聚硫代酰胺

使电子更易离域，也增强了簇生色团的构象刚硬化程度，从而有利于发光。其次，链骨架上存在的氧原子增加了高分子链柔性，导致分子构象刚硬化程度下降，这在一定程度上是不利于发光的。上述两种因素彼此竞争，在该体系中前者占主导作用，因而表现为 PDB 较 PHB 具有更强的固体发射。

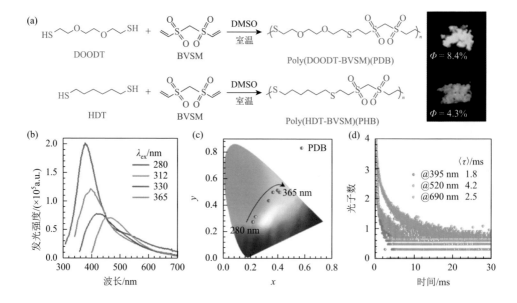

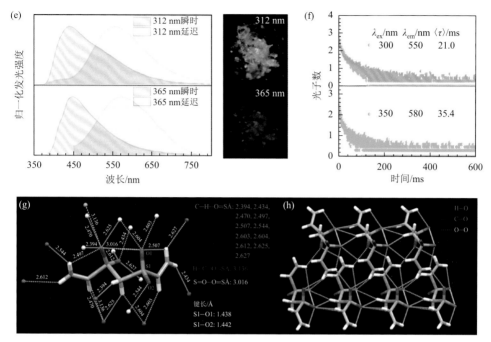

图 6-4　（a）PDB、PHB 合成路线及对应固体粉末在 312 nm 紫外光下的照片；PDB 固体粉末在不同激发波长下的发射光谱（b）与色坐标图（c）；（d）312 nm 紫外光激发，不同发射波长处 PDB 固体粉末的室温磷光寿命；BVSM 单晶在 312 nm 与 365 nm 激发光下的瞬时（$t_d = 0$ ms）、延迟（$t_d = 0.1$ ms）发射光谱和对应发光照片（e）及其在不同激发、发射波长处的室温磷光寿命（f）；BVSM 单晶结构中一个分子周围的分子内、分子间相互作用（g）及分子间形成的空间共轭网络（h）[20]

PDB 固体粉末在不同激发波长下的发射光谱展现出明显的激发波长依赖性 [图 6-4（b）和（c）]，即随着激发波长的增加，发射峰位置不断红移，这说明由于簇聚程度不同而存在多重发射种（簇生色团），也就对应着不同激发波长下不同的特征发射峰位。这种多发射种共存现象得到了时间分辨光谱的证实 [图 6-4（d）]：在 312 nm 紫外光激发下，不同发射波长处的发光寿命各异。此外，值得注意的是，图 6-4（d）中测得的寿命均为毫秒级，且发射峰位置相对图 6-4（b）明显红移，说明 PDB 固体具有 RTP 发射性质，这应当得益于分子中硫原子的重原子效应增强了 SOC 及随后的 ISC 过程，促进了三重态激子的产生。

该工作进一步研究了 PDB 和 PHB 的共同单体——BVSM 单晶的光物理性质，以说明 PDB 与 PHB 聚集态中可能存在的相互作用及聚合前后光物理性质的差异。图 6-4（e）表明在 312 nm、365 nm 不同紫外光激发下，BVSM 单晶尽管显现出激发波长依赖性，但与图 6-4（b）中 PDB 的发射光谱相比，其显著程度降低。同时，图 6-4（f）展现出 BVSM 单晶比 PDB 固体具有更长的磷光寿命，这可能是

BVSM 单晶高度有序的晶格和紧密的堆积所致［图 6-4（g）和（h）］：硫原子的重原子效应和砜基丰富的 n 电子促进三重态激子产生，同时有序的晶格与有效的分子间相互作用可稳定三重态激子，从而导致具有更长寿命的 RTP。聚合后，尽管 PDB 不再具有 BVSM 单晶那样高度有序的晶格结构及随之增强的构象刚硬化，但额外引入了柔性二硫醇链段，使簇生色团更加多样化，并形成了聚合物缠结等新的相互作用。最终，共同作用的结果使聚合物固体中簇生色团 RTP 寿命缩短，但激发波长依赖性显著提升。上述结果为进一步设计合成发光颜色可调非典型发光化合物提供了参考。

类似地，袁望章等通过将亲电烯烃中的砜基改变为酰胺基团，向类似的硫醇-烯烃迈克尔加成聚合体系中进一步引入了可构筑氢键单元，合成了 P4、P5 两种含硫聚合物（图 6-5）[21]。一方面，多种杂原子的存在为簇聚团提供了更多可空间离域的 n 电子；另一方面，氢键的引入可进一步促进非典型生色团的簇聚与电子离域扩展，并增强了簇生色团的构象刚硬化程度，从而有利于发光。与前述体系 PDB 及 PHB 相比，P4 与 P5 由于具有较多的氢键，促进了非典型生色团的簇聚与电子离域扩展及构象刚硬化，因而获得了更高的固态量子效率（P4：9.5%，P5：11.3%）。P4 与 P5 相比，后者固态量子效率更高，这是由于：第一，P4 链节中较 P5 多一个硫原子，一方面有利于簇生色团的形成与电子离域，可增强发光，但另一方面也导致聚合物链柔性更好，进而可能不利于簇生色团的构象刚硬化，从而不利于发光；第二，P4 中硫原子含量较高，重原子效应较强，从而促进了 SOC 及 ISC 过程，生成的三重态激子较多，但其对环境更为敏感，易于通过非辐射跃迁失活。多种因素相互博弈，造成 P5 固态量子效率更高。这一工作说明在构建含硫非典型发光聚合物时，氢键能起到驱动作用，有效促进了非典型发光化合物的簇聚。

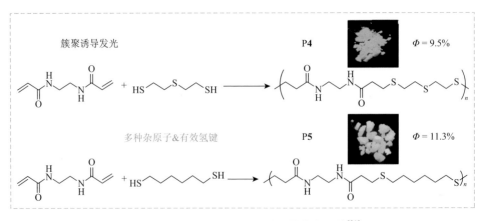

图 6-5　P4、P5 合成路线及其固体发光照片[21]

6.2.2　含硫非典型发光化合物用于标记半胱氨酸残基

除了直接利用各类有机硫化学反应构建新型含硫非典型发光材料外，还可灵活利用已有硫源，以其为特异性位点进行修饰与荧光标记，实现目标化合物的荧光功能化。蛋白质组分中常见的半胱氨酸残基由于具有巯基侧链，成为利用有机硫化学反应特异性标记蛋白质的最典型例子。

将一些功能性聚合物或小分子偶联到肽、蛋白质或其他生物底物上是一种有效的化学修饰与性质诱导、增强的方法。这些功能性分子通常需要被荧光分子标记，以便追踪其位置。因此，将荧光基团作为功能性分子的一部分共同偶联到目标底物上的做法十分常见[22, 23]。为将功能性分子及荧光标记基团偶联到蛋白质上，ε-NH$_2$ 成为首要偶联活性位点。ε-NH$_2$ 可便捷地与 *N*-羟基琥珀酰亚胺活化酯进行快速高效偶联[24, 25]，也可与异硫氰酸酯等官能团偶联[26]。然而，这种标记方法往往不是蛋白质特异性的，特别是存在竞争性亲核残基（如组氨酸、丝氨酸、苏氨酸、酪氨酸）时无法起到特异性标记作用[27]。与氨基不同，半胱氨酸残基上的巯基不仅具有良好的特异性，而且由于其他常见氨基酸中不含巯基，可不受其他竞争基团影响，因而受到研究者重视。由图 6-3 可知，可与巯基发生点击反应的基团众多，其中，与马来酰亚胺基团之间的点击反应在与人体相近的弱碱性水相环境中效率更高、更具特异性。由于蛋白质中巯基常以二硫键形式存在，因此桥接双取代马来酰亚胺已被用于制备具有高特异性的二硫键多肽生物偶联物。

马来酰亚胺本身作为一种非典型发光化合物，其单分子发光较弱，但单晶呈现蓝光发射，量子效率约 10%[28]。其独特的分子结构中具有氮原子和两个双键碳三个活性位点，为进一步化学修饰提供了便利，因而在修饰后得到更广泛应用。Baker 等报道，2, 3-二溴马来酰亚胺（DBMI）利用荧光素分子功能化后可与生长抑素偶联，得到有荧光标记的生物偶联物[29]。受此启发，O'Reilly 等报道了一种新的基于马来酰亚胺的分子——二硫代马来酰亚胺（DTMI），其具有良好发光性能。

通过改变 R$_1$、R$_2$ 基团，O'Reilly 等用各种硫醇和带有不同取代基的 DBMI 进行点击反应，合成了一系列具有不同取代基的 DTMI 衍生物 **1~9**［图 6-6（a）和（b）］，发现通过这一反应路径，不仅可将 DTMI 作为一种有效的蛋白质/多肽偶联物，还可同时将其独立作为荧光标记物，无须额外引入荧光团对蛋白质/多肽进行标记［图 6-6（c）］。这是由于马来酰亚胺连接两个硫原子后分子结构发生改变，即便在 10^{-4} mol/L 稀溶液中也可展现出明亮的黄色荧光。进一步对上一步合成的不同 DTMI 衍生物溶液（10^{-4} mol/L）进行了光谱测试，发现其发射峰位基本不变（仅较小的位移）。这一现象证明这些化合物尽管侧链基团各不相同，但发光中心是单

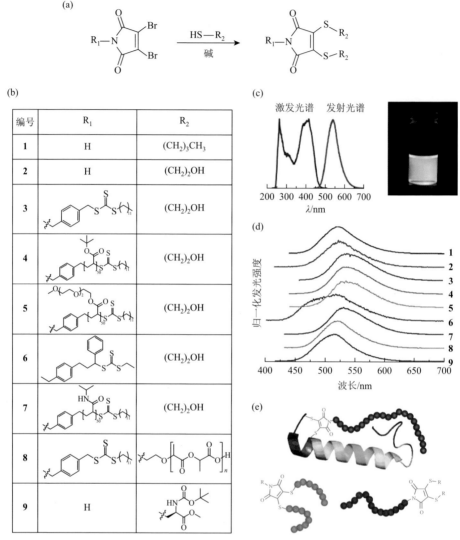

图 6-6　（a）通过 DBMI 合成 DTMI 的反应路线图；（b）不同 DTMI 的取代基；（c）1 的激
发光谱、发射光谱及溶液发光照片；（d）不同 DTMI 溶液（0.1 mmol/L）的发射光谱；
（e）DTMI 用于蛋白质标记示意图[30]

一相同的，也就是最核心的 DTMI 基团。而这些衍生物光谱的轻微差异应源于侧
链基团与发光中心之间的电子相互作用。鉴于这种新型探针易于合成并易于融入
聚合物体系，其在一系列传感与追踪等应用方面也极具潜力，可被广泛应用于蛋
白质/多肽偶联及荧光标记领域。

　　紧跟上述工作，O'Reilly 等背靠背发表了将 DTMI 基团荧光偶联物用于药物递
送和荧光成像的研究[31]。将 DTMI 作为核心发色团，将其引入"Y"型两亲性共聚

物 **10** 及其自组装体 **10M** 中构建荧光探针［图 6-7（a）］。作为比较，还合成了与共聚物 **10** 发光中心具有类似结构的小分子 **1**［图 6-7（a）］。对共聚物 **10** 和小分子 **1** 的光谱表征发现其具有相似的吸收光谱与激发光谱，而在最佳激发波长下的发射光谱则显示出不同的发射峰位［图 6-7（b）］，证明 DTMI 发光受取代基影响。同时，无论是共聚物 **10** 还是小分子 **1**，其发射光谱均具有极宽的半峰宽，这应是样品中共存的多个发射种所对应的特征峰彼此叠加的结果。将球形胶束 **10M** 引入大鼠海马体细胞中进行成像［图 6-7（c）］。胶束 **10M**、未成胶束的共聚物 **10** 及溶液相小分子 **1** 分别分布于凝血区域［图 6-7（c）中 A］、血管组织［图 6-7（c）中 B］和血细胞［图 6-7（c）中 C］，实现了分区域、寿命分辨的荧光成像。

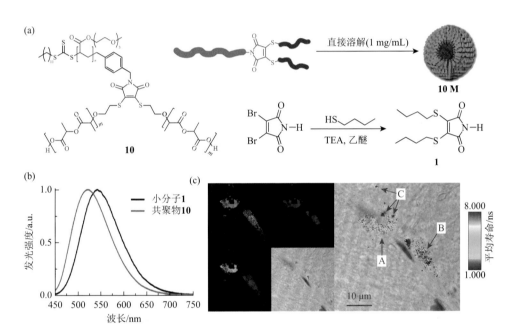

图 6-7　（a）共聚物 10 的结构，共聚物 10 自组装形成球状胶束 10M 的示意图及小分子 1 的合成路线；（b）小分子 1 和共聚物 10 的稳态发射光谱；（c）利用快速荧光寿命成像拍摄的 10M 在大鼠海马体组织中不同位置的成像照片（A：凝血区域，B：血管组织，C：血细胞）[31]

6.2.3　基于硫羰基的非典型发光化合物

羰基作为一种既含 π 电子也含 n 电子的非典型生色团，为电子跃迁提供了 n→π* 和 π→π* 等多种跃迁渠道。此外由于羰基富含 n 电子的特性，SOC 及随后的 ISC 过程得到有效促进，进而产生更多的三重态激子，而在羰基彼此之间存在的广泛的相互作用（如 O⋯O 相互作用、偶极-偶极相互作用）也可有效地稳定三重态激子，促进磷光乃至室温磷光的产生。与羰基结构类似，硫羰基（C＝S）应当同样具有上述优势。而其相比于羰基更具优势的一点则在于硫原子本身的重原子效应，可进一步实现效率更高的磷光。此外，如 6.1 节中所述，硫原子较氧原子具有更大的半径、较小的电负性及多出的空 3d 轨道，这些也可为硫羰基参与成簇发光提供更多的可能性。

袁望章等选取尿素、硫脲两种结构较为简单的物质，对比研究了其发光及 RTP，提出可利用孤对电子的簇聚及有效的空间电子相互作用实现三重态激子的产生与稳定，进而产生高效 RTP 的策略[32]。如图 6-8（a）所示，尽管尿素单晶展现出独特的 p-RTP 性质（207 ms），但其磷光量子效率却较低（1.0%）。为得到更高效 RTP，对与尿素具有相同结构而含硫羰基、具有重原子效应的硫脲进行了研究。得到的两种同质多晶（TU-1、TU-2）均展现出明亮的绿光发射，且量子效率高达 19.6%（TU-1）和 11.6%（TU-2）[图 6-8（a）]。将尿素和 TU-1 进行压片，对应的发光量子效率分别显著增强至 16.2%和 24.5% [图 6-8（b）]，这是压片促

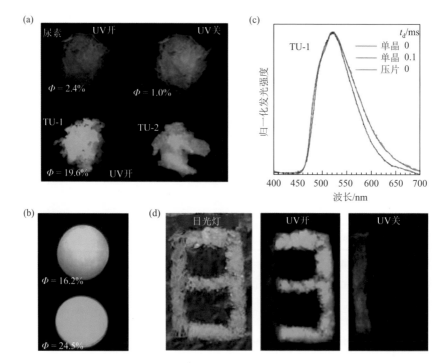

图 6-8　（a）尿素单晶及硫脲的两种同质多晶（TU-1、TU-2）在 312 nm 紫外光照射或关闭光照后的照片；（b）尿素单晶及 TU-1 压片在 312 nm 紫外光照射下的照片；（c）TU-1 单晶及压片的瞬时与延迟发射光谱；（d）由尿素（蓝光部分）和 TU-1（绿光部分）组成的"8"字图案在 312 nm 紫外光照射下及停止光照后的照片[32]

使分子间彼此靠近，非典型生色团更接近，簇聚程度提高，从而有效地促进了空间共轭；同时，分子间相互作用增强，抑制了簇生色团的振动与转动等非辐射跃迁，因此使发光增强。这些结果说明可通过合理分子工程、晶体工程等手段构筑具有高效 RTP 发射的非典型发光化合物。

硫脲晶体延迟不同时间的发射光谱归一化后几乎完全重合 [图 6-8 (c)]。这说明了两种可能性：硫脲可同时发射瞬时与延迟荧光，或具有纯 RTP 发射性质。进一步实验表明，在峰值处进行纳秒级寿命（荧光寿命）测试，无明显信号产生；而毫秒级检测器测得寿命为 19 ms。这说明硫脲单晶发射为纯磷光。这种固态近乎 100% 效率的 ISC 过程说明硫原子的重原子效应在促进三重态激子产生方面的显著效果。此外，与尿素单晶长达 207 ms 的 p-RTP 寿命相比，硫脲的 RTP 寿命仅 19 ms，这也可归因于硫原子的重原子效应。

利用尿素和硫脲单晶在 RTP 寿命上的差异，将这两种物质用于图案防伪。图 6-8 (d) 给出了利用两者进行数字加密与防伪的示例。当将尿素与 TU-1 晶体放置在一起摆放成 "8" 字形时，在紫外光激发下展现出绿色的 "3" 字形，这是 TU-1 发光效率显著高于尿素的视觉效应所致。当停止激发后，仅尿素晶体部分显现青色 "1"，这是由于其具有较长 RTP 寿命，关灯后依然可见余辉。

2014 年，Nguyen 课题组提出了一种从单质硫、炔烃和脂肪胺出发，通过多组分聚合向高分子中引入硫羰基的方法[33]。唐本忠院士团队利用这一反应策略，制备了一种结构明确、分子量高、收率高的聚硫酰胺 **P1a/2/3a** [图 6-9 (a)]，并具有本征发光性质[34]。尽管分子链中含苯环，但并不含其他更大共轭结构，其聚合物固体的绿光至黄光发射仍应来自簇发光，其发光也可用 CTE 机理进行解释。**P1a/2/3a**/DMF 溶液随浓度增加发光先增强后减弱 [图 6-9 (d)]，这是富电子单元簇聚（增强发光）及激子相互作用（可能猝灭发光）两者共同作用的结果。而模型化合物 **1**、**2** 的 DMF 溶液均呈现浓度增加发光 [图 6-9 (e) 和 (f)]。此外，利用其他二炔和二胺合成的聚合物也展现出类似的浓度增强发光性质。图 6-9 (b) 进一步展示了 **P1a/2/3a** 及模型化合物 **1**、**2** 固体粉末的发光。这些在单分子分散状态不发光而在聚集态发光的性质说明，发光团簇的形成在聚硫酰胺的发光中具有重要作用。

在这些聚硫酰胺中，存在大量分子内与分子间相互作用，如硫羰基与亚胺基团之间形成的氢键及硫羰基之间的 $n \to \pi^*$ 相互作用等。这些分子内与分子间相互作用的出现，为发光团簇的形成提供了驱动力，在此类化合物发光中具有至关重要的作用。为研究其中的氢键相互作用，测定了 **P1a/2/3a** 溶于不同体积比 DMF/甲醇溶液的发射光谱 [图 6-9 (c)]。随着甲醇体积分数的增加，由于 **P1a/2/3a** 分子内与分子间氢键逐步被甲醇分子破坏取代，溶液的发光强度逐渐降低，且发射谱峰位也出现了蓝移。上述结果说明聚合物分子内/间氢键被甲醇破坏形成与甲醇的

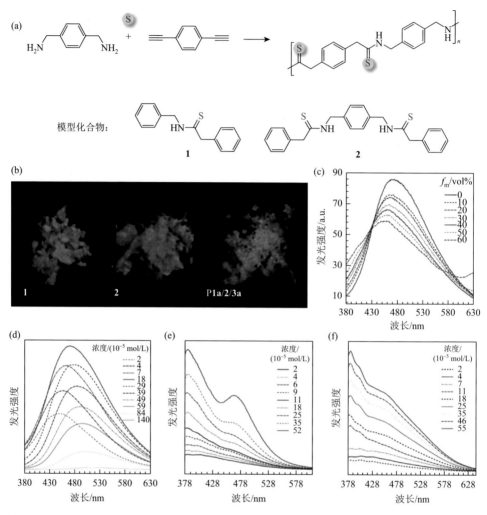

图 6-9 **P1a/2/3a** 及模型化合物 **1**、**2** 的合成路线（a）及发光照片（b）；（c）**P1a/2/3a** 溶于不同体积比 DMF/甲醇溶液的发射光谱；不同浓度 **P1a/2/3a**/DMF 溶液（d）、**1**/DMF 溶液（e）及 **2**/DMF 溶液（f）的发射光谱[34]

分子间氢键后，原有发光团簇改变，甲醇参与其重组，这也说明氢键在促进生色团形成发光团簇方面的驱动作用。同时，结合前人研究[35, 36]，他们认为由于硫元素电负性小于氧，因此硫酰胺基团作为氢键供体的能力应等于甚至大于酰胺基团，进而促进发光团簇和空间共轭网络的形成及发光的产生。这也可以作为硫原子以硫羰基形式引入非典型发光化合物中的一大优势。需要指出的是，最近研究证明，硫酰胺氢键供体能力大于酰胺并非由电负性或极化率造成的，而是因其较大的立体尺寸引起的[37]。

6.2.4　硫单质发光

经过上述讨论，硫元素由于具有较大原子半径和电子云范围、富含 n 电子、电负性较小及重原子效应等性质，能从多方面对非典型发光化合物本征发光起到促进或调节作用。依据 CTE 机理，硫原子本身富含 n 电子且具有较大原子半径，已经具备了形成团簇并实现发光的条件。本节将结合硫单质及与其相关的发光体系，探讨其本征发光的可能性及对其发光的合理解释，以期为后续进一步研究提供启示与参考。

2012 年，中国科学院金属研究所成会明院士课题组报道了 α-S 晶体的本征发光，并提出将其作为可见光激活的高效光催化剂[38]。在 30 多个硫的同素异形体中，该工作选取在标准温度和压力下具有最稳定构象的 S_8 正交晶型（α-S）进行研究 [图 6-10（a）]。α-S 晶体呈琥珀色 [图 6-10（b）]，证明其对可见光有良好吸收。图 6-10（b）所示的紫外-可见吸收光谱表明 α-S 晶体具有本征半导体类似的吸收特征，并推算出其能隙约为 2.79 eV，这一结论也得到了如图 6-10（c）所示的密度泛函理论计算的验证。α-S 晶体的发射光谱 [图 6-10（d）] 较宽，在约 500 nm 处出现峰值，这可能对应于光激发电子和空穴的直接能带-能带辐射重组过程。此外，发射光谱后半部分出现的锐利峰应归属于 α-S 晶体的拉曼峰。

值得注意的是，这项研究本身侧重于将 α-S 晶体用作光催化剂，因而没有对其光物理性质进行进一步表征，更多的是从半导体的角度对 α-S 晶体展开分析。α-S 晶体的发光也可用 CTE 机理进行合理解释：①由于硫元素的富电子性质及原子、电子云半径较大的特征，S_8 分子间易于发生电子云重叠进而实现共轭扩展形成发光团簇；②图 6-10（d）中显示的发光峰具有极宽的半峰宽，意味着这一发光峰很可能是多重发射峰的叠加，对应于 α-S 晶体中的多重发射种。而多重发射种的形

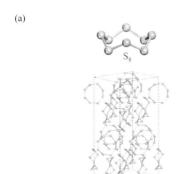

(a)

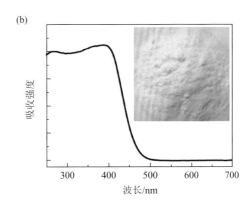

(b)

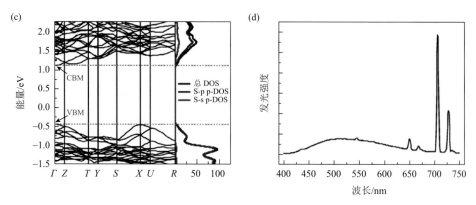

图 6-10 （a）由 S_8 分子构成的 α-S 晶体晶胞示意图；（b）α-S 晶体粉末的紫外-可见吸收光谱，插图为 α-S 晶体粉末的照片；（c）计算所得的 α-S 晶体的电子能带结构（左）及能态密度（右）；其中 CBM 和 VBM 分别表示导带最小值和价带最大值；（d）室温下 α-S 晶体的发射光谱，激发波长为 330 nm[38]

成是晶体中硫的簇聚程度及电子相互作用方式不同导致的，这正是非典型发光化合物的一大主要特征。

上述工作对 α-S 晶体的发光进行了初步报道。尽管未对硫的其他同素异形体及各种晶型的发光开展研究，却展示了单质硫的本征发光现象，带来了诸多启示。一方面，单质硫由于仅含有硫元素，理应展现出显著的重原子效应和 n 电子簇聚现象，导致形成三重态激子的通道被大幅打开，抑制了荧光发射，从而导致了该研究工作中报道的极弱的发光现象。另一方面，三重态通道的开启有利于磷光发射，通过冷冻、加压等方式抑制非辐射跃迁、稳定三重态激子，或可增强磷光发射，有助于开展单质硫不同同素异形体及各种晶型的三重态过程研究。

闽南师范大学李顺兴教授课题组从硫化镉量子点出发，利用油-水界面反应法使用硝酸氧化 S^{2-} 制备了直径约 1.6 nm 的硫量子点（SQD1）[39]。其发射光谱如图 6-11（a）所示，具有明显的激发波长依赖性，这一现象证明在 SQD1 中存在多种不同的发射种。他们将这种激发波长依赖性归因于 SQD1 激发态的复杂性，但并未对其复杂性的来源进行详细阐述。笔者认为，对 SQD1 进行的 XPS 表征结果说明，在 SQD1 中含有硫原子和表面上大量的亚硫酸盐及磺酰/磺酸基。因此，可合理推断在 SQD1 内部也存在着各种含硫基团之间广泛的电子相互作用，其发光也可用 CTE 机理进行合理解释。他们随后将 SQD1 用作探针对 Fe^{3+} 进行检测：随 Fe^{3+} 浓度增加，由于电子和能量转移效应，SQD1 荧光猝灭，强度逐渐降低[图 6-11（b）]。图 6-11（c）显示，当 Fe^{3+} 浓度低于 30 ppm 时，对应的 Stern-Volmer 曲线呈线性关系。

西安科技大学申丽华教授课题组通过"溶解-聚集-分裂"的方法 [图 6-11（d）]

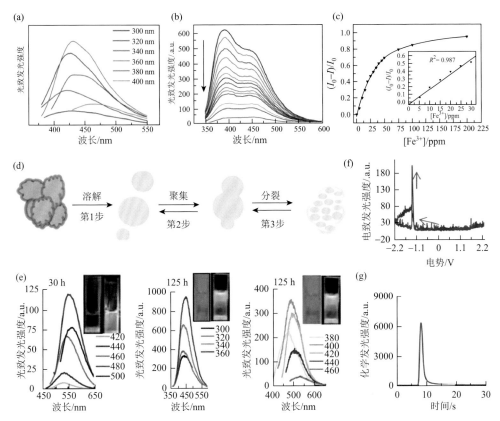

图 6-11　（a）不同激发波长下 SQD1 的发射光谱；（b）在 Fe^{3+}（0～200 ppm）存在下 SQD1 的荧光猝灭效应，箭头向下方向曲线对应的 Fe^{3+} 浓度逐渐增加；（c）$(I_0-I)/I_0$ 与 Fe^{3+} 浓度之间的关系，插图为二者关系中的线性部分，其中 I_0 和 I 分别为 SQD1 初始光强和加入 Fe^{3+} 后的光强[39]；（d）制备 SQD2 的基本步骤；（e）反应 30 h 和反应 125 h 后 SQD2 的发射光谱及硫量子点在 365 nm 紫外光激发下的照片；（f）反应 125 h 后的 SQD2 样品的电化学发光光谱，扫描速率为 50 mV/s；（g）向 SQD2 中加入铁氰化钾氧化剂得到的化学发光动力学曲线[40]

制备了一系列量子效率更高（3.8%）的硫量子点（SQD2）[40]。在制备过程中聚集和分裂过程相互竞争并在一定时间后达到平衡，SQD2 的形态取决于聚集过程与分裂过程的平衡和竞争。值得注意的是，与 SQD1 类似，SQD2 也并非仅由单质硫构成。通过加热硫粉、水、钝化剂 PEG-400 及氢氧化钠的混合物，得到了分别反应 30 h、54 h、72 h、100 h 和 125 h 的 SQD2。当加热时间小于 30 h 时，SQD2 不发光，而当加热时间超过 30 h 时，SQD2 可在 365 nm 紫外光激发下发出绿光，并发现其发光随加热时间增加而逐渐蓝移到蓝光区 [图 6-11（e）]。同时，研究发现：①随着加热时间的延长，所得 SQD2 样品发光逐渐增强；②所有样品均呈现激发波长依赖性，他们将其归因于量子尺寸效应的不均匀尺寸分布；③除显著的激发波长依赖性外,加热 100 h 和 125 h 的 SQD2 样品在一定波长范围内展现出发射不依赖于激发波长的性质;④随着加热时间的延长,所得 SQD2 样品发光逐渐蓝移,他们将其归因于 SQD2 的尺寸大小随加热时间增加而逐渐减小。因此,SQD2 的发光与其加热时间(也就是形成的颗粒大小)紧密相关,这在一定程度上与 CTE 机理所阐释的核心思想相同——簇聚程度影响发光。此外还发现了来自 SQD2 的电化学发光和化学发光现象 [图 6-11 (f) 和 (g)],这有力地拓宽了硫量子点的应用前景。这一工作不仅开发出了一种新型合成硫量子点的方法,阐述了 SQD2 的光致发光、电化学发光及化学发光现象,还论述了硫量子点的粒子尺寸对其本征发光的影响。SQD2 粒径大小与 CTE 机理中发光簇尺寸大小是否有对应关系,或者 SQD2 的发光是否与其粒径直接相关仍值得思考与进一步探索。

2020 年,河北大学王振光教授课题组联合香港城市大学 Andrey L. Rogach 制备了一种量子效率高达 7.2% 的 AIE 型红光含硫材料(red-emissive sulfur, RES)[41]。受 AIE 效应启示,研究者将单质硫和 Na$_2$S 在水中混合加热制备成多硫化物,并被溶于水中的氧气轻度氧化;随后将其冻干,由空气中的氧气快速氧化。通过两步氧化法得到了不同加热时间对应的 RES [图 6-12 (a)]。其激发谱与发射光谱如图 6-12 (b) 所示,三个样品都观察到以 650 nm 为中心的强烈红色发射。RES 在水/乙醇溶剂中的发光强度随良溶剂——水体积分数的增加先上升(10% 达到最大)后不断降低 [图 6-12 (c)],而在纯乙醇中分散的 RES 展现出明显的发光现象 [图 6-12 (d)]。上述结果显示 RES 具有典型的 AIE 特性。通常,AIE 效应[42, 43]被认为是共轭非平面结构在空间位阻等因素作用下,分子内运动受限导致的[44]。考虑到在这一非共轭体系的典型 AIE 效应,以及测得的 RES 在不同体积分数水/乙醇溶剂中呈现 RTP 发射 [图 6-12 (e)],研究者认为在 RES 体系中氧原子的缺陷态可能参与了激发态电子的弛豫过程。也正因为氧空缺的存在,提供了额外的更低能态 D$_1$,因而改变了硫的发光,实现了低能量红色发光 [图 6-12 (h)]。在空气或真空下的超干溶液中进行第 2 步氧化时,得到的产物发光强度较弱,研究者认为这是缺氧环境下形成的氧空缺较少导致的,而这一现象似乎也支持了将红光发射归因于氧空缺的论断。笔者则认为,若将 RES 视为簇发光体系,氧化造成新的含硫富电子基团的生成也可能改变化合物簇生色团的簇聚状态与电子离域,从而影响发光。

此外,值得注意的是,研究者在文中提到随温度与激发波长的改变,RES 的发射峰并未移动 [图 6-12 (f) 和 (g)],因此认为 RES 中不存在多个发射中心。然而图 6-12 (f) 和 (g) 中较大的半峰宽并不支持这一观点,单一发射种通常难以产生如此宽的发射带,且图 6-12 (f) 曲线归一化后似乎无法重合,因此这种宽峰可能是由多重独立发射峰叠加形成的,即 RES 中共存有多重发射种。

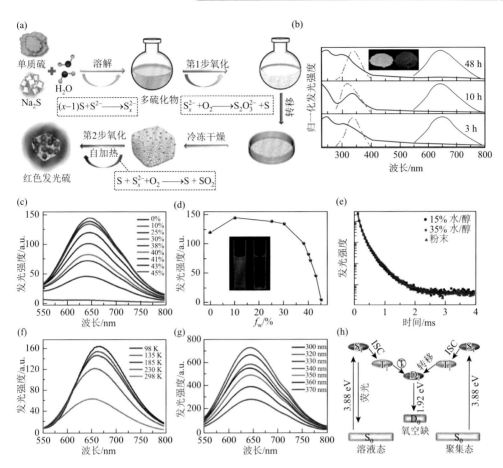

图 6-12 （a）两步氧化法合成 RES 示意图；（b）不同加热时间合成 RES 的紫外-可见吸收光谱（蓝线）、发射光谱（红色实线，激发波长为 365 nm）和激发光谱（红色虚线，发射波长为 650 nm）；RES 分散在不同比例的水/乙醇溶剂中的发射光谱（c）及在 650 nm 处光强和水体积分数的关系（d），插图为 RES 在纯乙醇（左）和 45% 水/乙醇混合溶剂（右）中的发光照片；（e）RES 以粉末形式分散到 15% 和 35% 的水/乙醇混合溶剂中的寿命曲线；不同温度（f）和不同激发波长下（g）RES 的发射光谱；（h）RES 可能的 Jablonski 能级图，其中 S_0、S_1、T_1 分别代表 RES 的基态、第一激发单重态和第一激发三重态，D_0 和 D_1 分别代表氧空缺的基态和激发态[41]

与 SQD1 和 SQD2 类似，RES 同样不仅仅由硫单质组成，而是一种混合物，因此也不可简单地将其发光视作硫单质的发光。但是由于硫单质在 SQD1、SQD2 及 RES 中均占据了较大比例，在其发光行为中有着重要影响，因此可合理地推测，硫单质在发光中的角色远非如此，还有更多光物理性质与过程亟待我们深入挖掘和探索。结合前面对单质 α-S 晶体发光现象的论述，这些基于硫单质的发光现象为进一步探索含硫非典型发光化合物乃至纯硫单质的本征发光提供了依据与启示，为下一步研究指明了方向。

6.3 含磷非典型发光化合物

羰基，如 6.2.3 节所述，由于富含 n 电子和 π 电子，为分子提供了较多的 $n\rightarrow\pi^*$ 跃迁成分，极大地促进了 SOC 和 ISC 过程，因而常被引入到纯有机 RTP 体系，以增加三重态激子产生，进而诱导 RTP。与羰基相比，磷酰基 $[O=P(OH)_2]$ 应当同样具有以上这些优势。此外，磷酰基还具有以下优势：①磷原子本身具有重原子效应，可进一步实现效率更高的磷光甚至 RTP 发射；②磷酰基中磷原子上还存在一个共价键位点，可连接其他各种功能基团，为体系电子性质及分子间相互作用的调控提供了便捷，从而为发光调节提供了更多可能；③如 6.1 节所述，磷原子具有 3d 轨道，因此磷酰基中含有由 d 轨道与 p 轨道共轭产生的 d-p π 键，其在延长磷光寿命、促进光致发光等方面具有积极作用[13]。

根据上述讨论，磷原子（主要是磷酰基）在发光中发挥着独特作用，尤其是较碳原子多出的一个共价键位点为发光调节提供了更多的可能性。另外，磷元素在生物体广泛存在（如核酸、蛋白质等），含磷非典型发光化合物的研究对揭示生物体自发光的规律也具有重要意义。然而，目前对含磷非典型发光化合物的研究尚未大规模展开。因此，含磷非典型发光化合物亟待研究者进一步探索，这将为非典型发光化合物的机理探索、新型材料开发利用及生物体自发光等方面研究带来新的启示。

2013 年，北京化工大学孟焱教授、李效玉教授等合成了一种不含显著共轭和刚性平面结构的超支化磷酸（HHPP）及其环氧化产物（EHHPP）[图 6-13（a）]，发现其均具有较强的荧光发射[45]。如图 6-13（b）所示，在不同浓度的 HHPP/乙醇荧光光谱中出现了两个峰。当浓度由 0.40 mg/mL 增至 1.60 mg/mL 再增至 6.25 mg/mL 时，两峰强度均明显增加；然而，当浓度继续增至 25.0 mg/mL 时，两峰强度均下降 [图 6-13（b）]。研究者将其归因于较高浓度时强烈的自吸收效应。另外，HHPP 在不同体积分数的 THF/水（良溶剂/不良溶剂）中的发射光谱显示，当 THF/水由 40% 增至 50% 后，发光强度显著下降 [图 6-13（c）]，说明 HHPP 在此条件下并不具有 AIE 效应，相反呈现一定的 ACQ 效应。但笔者认为，由图 6-13（b）呈现的光物理性质看，HHPP 在更低浓度溶液中可能几乎不发光，由更稀溶液，而非较高发射强度溶液（聚合物链应已形成聚集）来研究不良溶剂加入形成纳米聚集体对 HHPP 发光的影响，可能会有不一样的结果。研究者将来自 HHPP 溶液的发光归因于三个因素：扩展的 π 电子体系、较为刚硬的化学键连接及超支化结构。

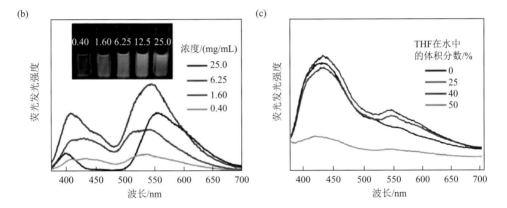

图 6-13　（a）HHPP、EHHPP 合成路线示意图及 HHPP 分子在碱性、中性和酸性介质中的不同状态；（b）不同浓度 HHPP/乙醇溶液的荧光光谱，插图为 365 nm 紫外光激发下浓度为 0.40 mg/mL、1.60 mg/mL、6.25 mg/mL、12.5 mg/mL 和 25.0 mg/mL 溶液的发光照片；（c）浓度为 6.25 mg/mL 的 HHPP 在不同比例 THF/水混合溶剂中的荧光光谱[45]

　　研究者认为，HHPP 中磷酸基团起到了极为重要的桥接作用。HHPP 中的苯环并不是孤立的，而是借助彼此之间的磷酸基团进行连接，形成比表面上看起来大得多的扩展 π 电子体系，从而实现了大共轭的构建和电子的有效离域。而值得注意的是，这种扩展的 p 电子结构是相对柔性且非平面的，这与传统意义上的刚性平面系统有较大不同。这一特殊的扩展 p 电子共轭结构的形成应当得益于磷原子含有的一些独特的低能级 d 轨道。此外,尽管乙醚键相对来说比较灵活,HHPP分子中的乙醚键却并不如此:首先,醚键的旋转需要与它们相连的其他单元的协调运动;其次,与苯环相关的空间位阻及 HHPP 分子内部可能存在的氢键会进一步降低 HHPP 分子的柔性。因此,超支化结构中的磷酸基团可作为有效的桥接基团,以半柔性方式连接各种发光单元,形成一种新型荧光分子。尽管尚停留于芳香型发光化合物领域的范畴,但 HHPP 也显现出部分非典型发光化合物特征,例如,图 6-13 (b) 中发光颜色随浓度的逐步变化等。这一工作也为含磷非典型发光化合物领域的研究带来了启示。

2012 年,Raja Shunmugam 等报道了不含显著共轭体系的降冰片烯衍生磷酸酯 NDP1 的显著发光现象,并对其类似物 NDP2、NDP3 及相应的聚合物 NDPH1、NDPH2 和 NDPH3 进行了对比研究 [图 6-14 (a)] [46]。浓度为 2 mg/mL 的三种降冰片烯衍生磷酸酯及相应聚合物在甲醇溶液中的发光光谱如图 6-14 (b) 所示。在这三种小分子中,以 NDP1 的发光最强($\Phi = 21.2\%$),NDP2 次之($\Phi = 8\%$),NDP3 最弱($\Phi = 2\%$)。研究者在文中称 NDPH1 不具有荧光发射。然而,如图 6-14 (b) 所示,NDPH1 也具有发光信号,因此也应当是发光的。研究者随即对三种单体 NDP1、NDP2 和 NDP3 进行了理论计算 [图 6-14 (c)]。发现对于 NDP1,HOMO波函数和 LUMO 波函数位置的差异有效抑制了非辐射跃迁,从而打开了发光通道促进发光;对于 NDP2,HOMO 和 LUMO 的差异显著减小,因而导致了相比 NDP1较为微弱的发光;对于 NDP3,HOMO 和 LUMO 波函数均集中于降冰片烯基团本身,导致非辐射跃迁严重,因此发射进一步减弱。尽管这些结果证实了降冰片烯基团与磷酸酯基团之间的相互作用对荧光发射的重要性,然而其理论计算结果却无法从本质上解释这些不具有显著共轭结构的含磷酸酯结构的本征发光,特别是可见光发射现象。

结合图 6-14 (d) 所示不同浓度 NDP1/THF 溶液中分子聚集态的研究结果,这一系列降冰片烯衍生磷酸酯的发光均可用 CTE 机理合理阐释。研究者观察到NDP1/THF 溶液展现出明显的浓度增强发光性质,因此判断其发光应归因于聚集体的形成,从而进一步对 5 μmol/L 及 25 μmol/L NDP1/THF 溶液进行了动态光散射研究。5 μmol/L NDP1/THF 溶液的平均粒径为 10 nm,而 25 μmol/L NDP1/THF溶液的平均粒径则达到了 60 nm,显著证明了随浓度升高聚集体的形成。这一结论也得到了 TEM 结果的支持。据此可以认为磷酸酯基团、酯基、碳碳双键等非典型生色团之间的簇聚形成了簇生色团,促进了电子离域,形成发光中心。非典型发光团簇的形成应是此体系本征发光的根本原因。同时,依据 CTE 机理,上述单体与聚合物应均能发光,发光强弱与簇聚状态及簇生色团的构象刚硬化程度密切相关。因此,即便部分化合物室温发光不显著,其可通过低温冷冻使构象刚硬化,从而使发光明显增强。

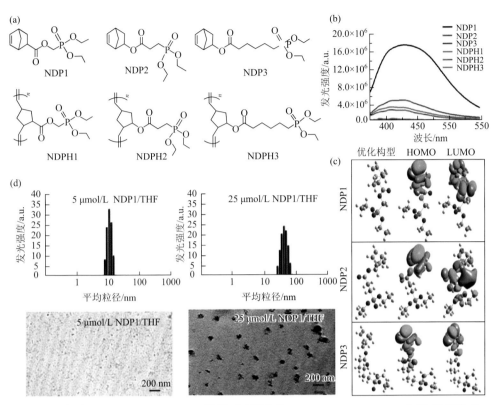

图 6-14　（a）NDP1、NDP2、NDP3 及其对应聚合物 NDPH1、NDPH2、NDPH3 的结构式；（b）三种单体及其聚合物的甲醇溶液的荧光光谱（2 mg/mL）；（c）NDP1、NDP2、NDP3 的优化结构及其 HOMO、LUMO 能级电子密度分布；（d）5 μmol/L 及 25 μmol/L NDP1/THF 溶液的动态光散射数据及其 TEM 照片[46]

　　2020 年，北京师范大学晋卫军教授课题组制备了一系列具有 p-RTP 发射的磷酸酰胺寡聚物，其中，分子内与分子间氢键发挥着至关重要的作用［图 6-15（a）］[14]。在 365 nm 紫外光激发下，P-XY、P-ND 及 P-BAC 固体均呈蓝光发射。紫外辐照关闭后，其分别呈现出显著的黄色、绿色及天蓝色余辉［图 6-15（b）］，对应三种寡聚物的 p-RTP 发射。这三种寡聚物荧光与磷光光谱如图 6-15（c）所示，其进一步证实了余辉确为磷光发射。P-XY、P-ND 和 P-BAC 寡聚物的固态总发光量子效率分别高达 35.0%、34.8% 和 24.1%，目前，这对非典型发光化合物而言是比较高的数值。可以看出，P-ND 和 P-XY 的固态发光效率相近，且均高于 P-BAC 固体。同时，P-XY 和 P-ND 较 P-BAC 具有更高的玻璃化转变温度，这说明在此体系中，增加链段的刚性有利于抑制簇生色团的非辐射跃迁，提高体系的量子效率。此外，P-XY、P-ND 和 P-BAC 固体均表现出较高的磷光量子效率，分别达到 10.5%、8.1% 和 4.6%，这应当是磷原子的重原子效应、分子中富含 n 电子及大量氢键有效稳定了三重态激子等各种因素共同作用的结果。此外，研究者还在上述磷酸酰胺寡聚物中观察到明显的激发波长依赖性，证明其中存在多重发射中心，这正是非典型发光化合物的一般特性。

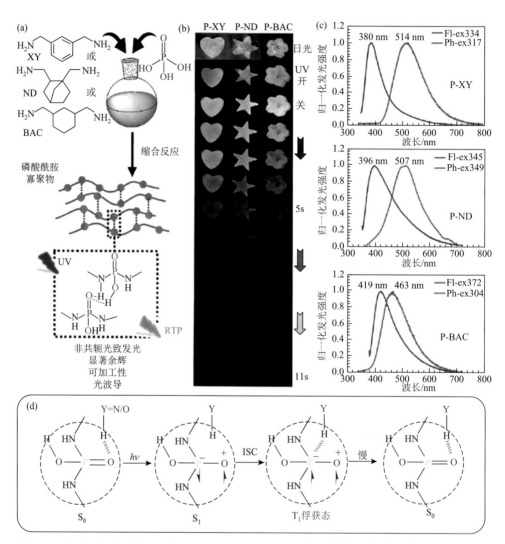

图 6-15 （a）磷酸与芳基/烷基二胺的缩聚反应示意图及可能形成的三种磷酸酰胺寡聚物局部刚性结构的有序组装行为；（b）三种寡聚物固体在室温、氧气环境下，于日光下、**365 nm** 紫外光下及停止紫外激发后的照片；（c）P-XY、P-ND 及 P-BAC 固体样品归一化后的荧光和磷光发射光谱；（d）三重态电子的氢键俘获模型（蓝色或红色箭头代表自旋电子，假设激发态电子填充在磷原子的 π* 轨道，氢键形成过程在时间尺度上应比激发单重态辐射跃迁慢，但比三重态辐射跃迁快）[14]

　　为合理解释这些磷酸酰胺寡聚物的 p-RTP 现象，研究者进行了一系列对照实验。当链间氢键被破坏后，即 P-ND 由晶态变为无定形态后，其 RTP 寿命大幅缩短。此外，制备了钠盐 PXYONa。相比于酸化产物 PXYOH，PXYONa 的荧光与磷光光谱几乎没有变化，但后者磷光寿命相对较短（40 ms，PXYOH 磷光寿命为 212 ms）。这些对比实验似乎说明氢键在产生 p-RTP 中的重要作用。基于上述结果和讨论，研究者提出了氢键诱导磷酸酰胺寡聚物 p-RTP 的机理。

　　在结构上，氢键可增强结构刚性，其通过限制分子的振动与转动，提高了激发态的局部刚性，抑制了激发态的非辐射衰减[47-50]。研究者认为：本质上，氢键就是氢原子的正电位区与其他原子或基团的富电子区之间的静电吸引，因此在激发态下，氢原子也可与激发态分子形成氢键。这种情况下氢键的形成可稳定三重态激子，从而提供长寿命发射。结合磷酸的轨道分布，氢键降低激发态电子失活速率的可能机理如图 6-15（d）所示：氢原子通过与三重态激子中的富电子磷原子形成氢键，从而稳定了三重态激子，延缓其跃迁速率，从而得到了 p-RTP 现象。由此可见，磷酸基团及其所带氢键的参与对稳定三重态激子、实现非典型发光化合物 p-RTP 等具有重要作用。但需要指出的是，非典型发光化合物磷光、RTP 或 p-RTP 的产生本质上并不依赖于氢键。同一样品，不同聚集态，其磷光寿命也可能差异较大。

　　与硫原子相似，磷原子同样具有原子半径大、富含 n 电子、重原子效应等特点。因而根据 CTE 机理，磷原子具有形成磷簇实现非典型发光的条件。磷烯是一种从黑磷剥离出来的由有序磷原子构成、单原子层直接能隙二维半导体材料 [图 6-16（a）]。2015 年，为精确计数少层磷烯的层数并辨识单层磷烯结构，澳大利亚国立大学卢曰瑞教授等发展了一种基于光学干涉测量法来确定磷烯层数的方法[51]。他们测定了单层到五层磷烯结构的光致发光，并发现磷烯的光致发光具有较强的层数依赖性 [图 6-16（b）]。2017 年，复旦大学张远波教授课题组观察到在 77 K 的低温环境中，单层和少层磷烯结构在非偏振光激发下，可发射出沿晶体面内 c 方向的偏振光 [图 6-16（c）]，且这种光致发光与层间相互作用密切相关[52]。2022 年，蒙特利尔大学 Richard Martel 教授课题组进一步发现磷烯在非偏振光激发下，可发射出沿晶体面外 b 方向的偏振光 [图 6-16（d）]，并且其发射波长具有明显的温度依赖性 [图 6-16（e）] [53]。尽管研究者并未将这些来自磷烯的光致发光归因于磷簇的产生，但结合其发光的层数依赖性及温度依赖性，以及起到重要角色的层间相互作用不难看出，层间相互作用推动形成的多种有序磷簇应当是该体系产生依赖性发光的原因。与硫体系相似，将黑磷单质进一步制成量子点，由于氧等富电子单元的引入，其发光进一步增强[54, 55]，而这可由 CTE 机理合理解释。因此，一方面，CTE 机理为理解黑磷单质及其量子点的发光提供了参考；另一方面，黑磷单质及黑磷量子点的发光也为 CTE 机理带来了新的启示。目前，有关磷单质及其量子点在不同条件下的发光性质及其背后的发光机理仍有待进一步探索与论证。

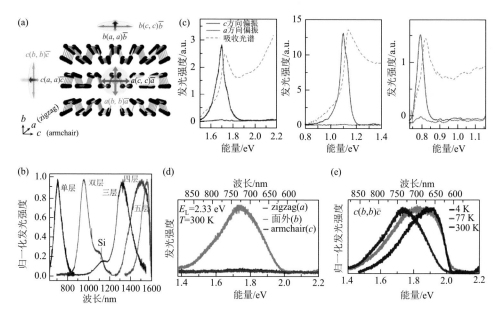

图 6-16　（a）磷烯片层结构偏振分辨光谱实验示意图[53]；（b）单层至五层磷烯归一化后的发射光谱（激发波长：522 nm）[51]；（c）77 K 时，在 2.33 eV 非偏振光激发下，单层、双层及三层磷烯沿不同方向偏振的发射与吸收光谱[52]；（d）在 2.33 eV 光激发下，沿 zigzag（a，红色）方向、面外（b，绿色）方向和 armchair（c，蓝色）方向偏振的发射光谱；（e）在 300 K、77 K 和 4 K 下，沿面外方向发射的偏振光的归一化光谱[53]

6.4　含卤素非典型发光化合物

卤素（X），即处于元素周期表ⅦA 族的元素。在化学材料领域中，常见的主要有 F、Cl、Br、I 四种元素，被广泛用于电子结构、分子堆积、典型发光体系及非典型发光体系光物理性质的调节。其中，在光化学和光物理领域，尤以卤素重原子效应的利用最为普遍。卤素具有的富电子特性，对于非典型发光化合物而言，有利于簇聚体发射种的形成，产生相应的发射。同时，部分卤素具有重原子效应，重原子的引入可促进 SOC，使体系发生 ISC 过程的概率增大，从而产生更多的三重态激子，提升磷光发射概率[56]。此外，卤素的引入还有利于卤键等含卤相互作用的形成，这些非共价相互作用在晶体工程、分子识别、超分子化学等领域都具有重要作用[57]。卤键可使非典型发光化合物的簇聚更加紧密，增强空间共轭作用，使构象刚硬化，从而有利于产生并稳定激子，提升体系发光性能。种类丰富的卤素对于非典型发光化合物的发光与调节都有着重要作用和价值，需要进行更深入的发掘和探索。

作为主要含卤元素的富电子聚集体，有机卤簇的光物理性质令人期待。鉴于此，笔者课题组对六氯乙烷（HCE）、四氯季戊烷（PERTC）、四溴季戊烷（PERTB）及四溴甲烷（TBM）四种卤代烷的发光性质进行了研究。结果显示，该体系中卤素原子相互作用形成的"卤簇"是产生发射的根本原因[58]。如图 6-17（a）所示，室温下，尽管发光量子效率很低（约 1%），四种卤化物晶体在 312 nm 和 365 nm 紫外光激发下都可以产生蓝光发射，并呈现出一定的激发波长依赖性，这归因于体系中共存的不同卤簇发射中心。以 HCE 为例，随着激发波长由 280 nm 逐渐增加至 365 nm，其晶体发射光谱不断发生变化，同时还存在 RTP 发射 [图 6-17（b）]。这种有机卤簇的荧光-磷光双发射现象不仅拓宽了对包括卤键在内的卤···卤（X···X）相互作用的研究，同时也进一步说明了 CTE 机理的适用性。

由于体系中孤对电子的富集、重原子效应及卤键等相互作用的影响，卤代烷烃的光致发光极易受到分子运动状态的影响。研究者进一步探究了低温下卤化物的光物理性质。以 PERTC 为例，在 77 K 下，晶体产生了肉眼可见的余辉[图 6-17（c）]，当激发波长由 312 nm 变为 365 nm 时，磷光余辉由蓝色变化为黄绿色。同时，延迟发射光谱也表现出了有规律的激发波长依赖性，即随激发波长增加，余辉发射峰位逐渐红移 [图 6-17（d）]。这也是因为各种卤簇在低温下发生了构象刚硬化，非辐射减少，辐射增加且寿命延长，从而获得了颜色可调余辉。

另外，加压也可显著提升卤代烷的光致发光并增强其 p-RTP 发射性质。图 6-17（e）给出了 PERTB 晶体的不同发射峰在压片前后的寿命变化，可以看出，压片后样品的发光寿命均有所延长。这种压力增强磷光归因于卤原子间短程相互作用增强，促进了卤簇的空间共轭并同时使其构象刚硬化程度增加，从而有效地稳定了三重态激子。同时，不同发射种对温度的响应也不尽相同，可通过改变温度来调节体系的磷光发射。如图 6-17（f）所示，HCE 晶体磷光发射随温度的升高先由 550 nm 逐渐红移至 600 nm，再蓝移至 560 nm，其宽达 155 nm 的半峰宽也验证了 HCE 晶体中多重发射簇的存在。此外，随着温度升高，分子运动增强，体系磷光发射的强度也在不断下降。

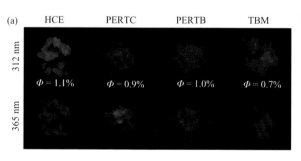

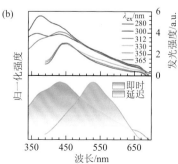

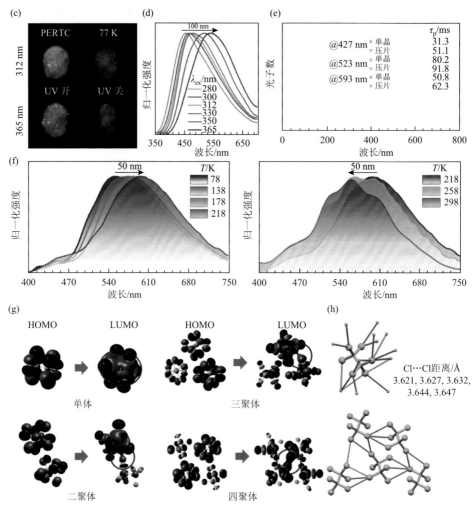

图 6-17 （a）HCE、PERTC、PERTB 及 TBM 四种晶体在 312 nm、365 nm 紫外光下的发光照片及其量子效率；（b）HCE 晶体在不同激发波长下的瞬时发射光谱（$t_d = 0$ ms），以及在 312 nm 紫外光激发下的瞬时发射光谱（$t_d = 0$ ms）与延迟发射光谱（$t_d = 0.1$ ms）；（c）77 K 下，PERTC 晶体在 312 nm、365 nm 紫外光激发及停止激发后的发光照片；（d）77 K 下，PERTC 晶体在不同激发波长下的延迟发射光谱（$t_d = 0.1$ ms）；（e）PERTB 晶体不同发射峰在压片前后的寿命变化（$\lambda_{ex} = 312$ nm）；（f）312 nm 紫外光激发下，HCE 晶体在不同温度下的延迟发射光谱（$t_d = 0.1$ ms）；（g）HCE 单体、二聚体、三聚体及四聚体的 HOMO、LUMO 能级的电子密度分布；（h）HCE 晶体结构、分子间相互作用及对应的空间共轭示意图[58]

　　上述卤代烷所展示的独特光物理性质均可由 CTE 机理来理解。图 6-17（h）展示了 HCE 的晶体结构，其存在着丰富的分子间与分子内 X···X 短程相互作用（即 Cl···Cl 相互作用），使体系构象刚硬化，从而可抑制簇生色团的非辐射跃迁。更重要的是，由于氯原子的富电子特性及丰富的分子内与分子间相互作用，HCE 分子间形成了三维的空间共轭网络，使体系电子离域扩展，从而产生了不同的发射簇（即卤簇）。在低温环境下或经加压成片，卤簇电子相互作用增强，同时构象刚硬化程度增加，从而增强了体系光发射与发光可调性。

为进一步了解机理，研究者对 HCE 的单体、二聚体、三聚体和四聚体进行了理论计算。如图 6-17（g）所示，HCE 的 HOMO 电子密度主要分布于氯原子上，彼此间无重叠。而由单体到四聚体的 LUMO 中存在明显的空间共轭，表明激发态中显现出增强的电子相互作用。通过形成多种具有不同发射能力的卤簇，这种广泛的空间共轭有效地缩小了基态和激发态的能隙并提供了充足的三重态能级，从而产生了独特可调的发射。理论计算结果趋势与实验结果一致，不仅证明了 CTE 机理的合理性，还合理解释了这类卤代烷光致发光的起源。

在含卤素的非典型发光体系中，改变卤原子也可实现对体系发光性能的调控。卤族各元素的电负性及原子半径差异较大，因此卤原子的改变可能会对体系的光致发光甚至 RTP 产生较大影响。在非典型发光体系中，脂肪胺一直是人们重点研究的对象，以聚酰胺-胺（PAMAM）为代表，早期人们也提出了许多机理来解释其各种现象[59-61]。早期，叔胺的存在被广泛认为是 PAMAM 发光的重要因素。叔胺的离子化产物——季铵盐（QAS），被广泛用作相转移催化剂、离子液体、消毒剂和表面活性剂，也常用作荧光猝灭剂，先前被认为是不发光的。袁望章课题组最近报道了脂肪族季铵盐的本征发光，并可以通过改变激发波长、烷基链长度、反离子及机械刺激来调节体系的光发射行为[62]。

研究者首先发现四甲基溴化铵（TMAB）在紫外光激发下可显示出明亮的蓝白色或蓝色发光 [图 6-18（a）]，并表现出激发波长依赖性。这一独特本征发光在具有长烷基链的季铵盐晶体中得到进一步验证。十六烷基三甲基溴化铵（CTAB）晶体不仅具有明亮的蓝色发光，而且在室温下发射出显著的蓝绿色至黄绿色余辉。如图 6-18（b）所示，CTAB 晶体的发射光谱展现出显著的激发波长依赖性。当激发波长由 254 nm 变化至 312 nm 和 365 nm 时，其发射峰由 356 nm 逐步红移至 462 nm，并伴随着相应延迟发射的变化。上述结果清晰地说明了 CTAB 晶体中多重发射中心的存在。此外，CTAB 晶体具有 p-RTP 发射，其寿命长达 761.9 ms [图 6-18（c）]。与 TMAB 相比，CTAB 具有更长的烷基链，因此通过调节烷基链长度可改变分子在晶体中堆积模式及分子间非共价相互作用，从而实现对季铵盐发光性质的有效调节。

考虑到卤素反阴离子和季铵阳离子间的强库仑相互作用，重卤离子在簇生色团的形成中发挥着重要作用。此外，由于重原子效应及簇聚作用的存在，可显著提升体系 SOC 及 ISC 过程，从而可通过改变卤素反阴离子来便捷地调节季铵盐的发光行为。由图 6-18（d）中可见，十六烷基三甲基氯化铵（CTAC）及

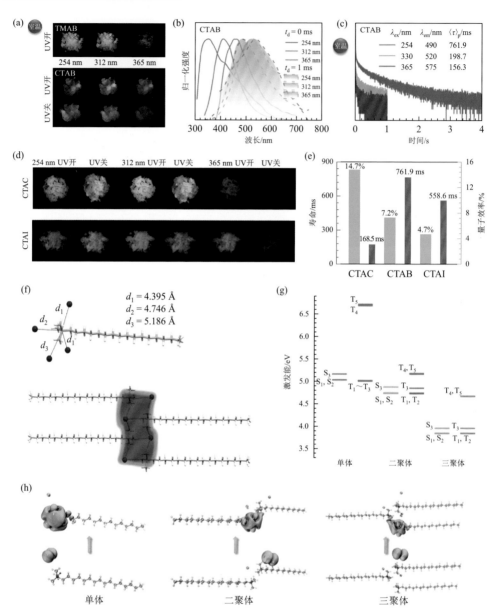

图 6-18 （a）TMAB 与 CTAB 晶体在不同波长紫外光激发下和停止激发后的发光照片；CTAB 晶体在不同激发波长下的瞬时发射光谱（$t_d = 0$ ms）和延迟发射光谱（$t_d = 1$ ms）（b），以及延迟发光的寿命曲线（c）；（d）CTAC 与 CTAI 晶体在不同波长紫外光激发下和停止激发后的发光照片；（e）CTAC、CTAB 及 CTAI 晶体的量子效率与 p-RTP 寿命；（f）CTAI 单晶结构、局部分子排列及电子离域示意图；CTAI 单体、二聚体和三聚体的能级示意图（g）及 HOMO、LUMO 能级电子密度分布（h）[62]

十六烷基三甲基碘化铵（CTAI）晶体也和 CTAB 晶体一样表现出明亮的本征发

光与 p-RTP 发射。但不同卤素反离子的季铵盐晶体在寿命及量子效率上表现出较大差异 [图 6-18（e）]，其中 CTAC 晶体具有最高的量子效率（14.7%），而 CTAB 晶体具有最长的 p-RTP 寿命（716.9 ms）。这些结果不仅说明了通过反阴离子调节的可行性，也再次证明了季铵盐广泛存在的本征发射。

为更深入地了解季铵盐的发光机理，研究者以 CTAI 为例进行了研究。图 6-18（f）给出了 CTAI 的单晶结构，可以看出阴阳离子之间存在着离子键，长烷基链也整齐地排列，这些都有利于离子簇之间发生扩展的电子离域。CTAI 晶体中还存在着丰富的分子间二氢键（H···H）及 X···X 相互作用，有利于增强季铵阳离子和卤素阴离子的结合并减弱分子运动，从而使得分子构象刚硬化且抑制体系的非辐射耗散。此外，每个季铵阳离子被多个碘离子包围，形成广泛的离子相互作用网络，也有利于电子的离域、构象刚硬化及电荷转移。

研究者还进行了理论计算来佐证实验结果，如图 6-18（h）所示，CTAI 的 HOMO 主要分布在单个的碘阴离子周围，而 LUMO 则大多数离域在季铵阳离子上，表现出电荷转移和空间共轭的特性。这些结果进一步支持了上述猜想，即季铵盐的发射与具有不同电荷转移特性的簇聚离子对有关。当离子对聚集在一起时，通过空间电子离域丰富了能级并缩小了基态与激发态之间的能隙 [图 6-18（g）]，有利于体系的激发和发射。此外，计算出的最低单重态和三重态之间的能隙很小，可实现高效 ISC 过程从而产生磷光发射。基于上述实验和理论计算结果，季铵盐的发射可用 CTE 机理得到合理解释，即具有扩展的空间电子离域和刚硬化构象的簇聚离子对是季铵盐发射的来源。而在发射过程中，由于阴阳离子的存在，体系呈现出电荷转移特性，这在体系的瞬态吸收光谱中得到初步证实。

为从非典型发光体系中获得高效 RTP，功能单元的聚集、分子堆积模式及分子内与分子间相互作用等因素具有重要作用。非典型发光材料 RTP 多集中于蓝光至黄光区域，想要实现红光或者近红外 RTP 仍是巨大挑战。袁望章等对脂肪族环酰亚胺进行了卤素修饰，利用重原子效应、卤素的电子离域及有效的分子聚集等作用获得了具有红光（665 nm、690 nm）及近红外光（745 nm）发射的 RTP，且其量子效率可高达 9.2%[63]。

如图 6-19（a）所示，以琥珀酰亚胺（SI）为起点，研究者设计合成了反式 2,3-二溴琥珀酰亚胺（DBSI）、2,3-二溴马来酰亚胺（DBMI）及 2,3-二碘马来酰亚胺（DIMI）三种衍生物。SI 晶体在不同激发波长下展现出不同的发射峰（375 nm、445 nm），同时伴随着 535 nm 处的强烈绿色余辉 [图 6-19（b）]。这种明亮的双发射来源于有效的分子间作用及空间共轭（TSC）。而对 SI 进行卤素修饰后，DBSI、DBMI 和 DIMI 晶体依次产生橙色、橙红色和深红色发射 [图 6-19（c）]，其最大发射峰分别位于 625 nm、630 nm 和 665 nm [图 6-19（d）]。与 SI 晶体相比，这三种衍生物晶体的发射发生了显著红移，证明卤素的引入可对非典型发光材料的发光行为进行有效调节。

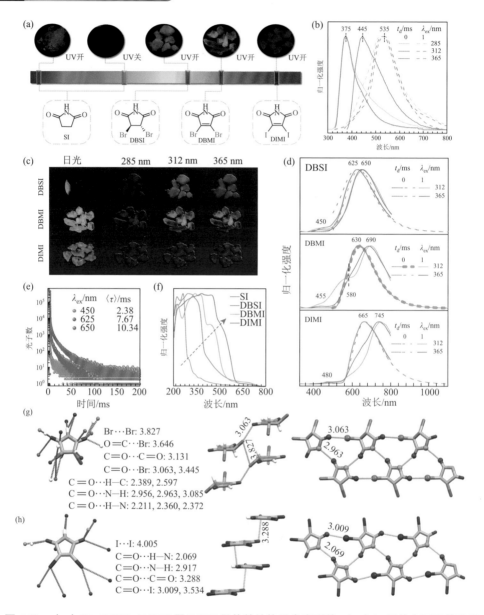

图 6-19 （a）SI、DBSI、DBMI 及 DIMI 晶体的结构及发光照片；（b）SI 晶体在不同紫外光激发下的瞬时发射光谱（$t_d = 0$ ms）与延迟发射光谱（$t_d = 1$ ms）；（c）DBSI、DBMI 及 DIMI 晶体在日光和不同紫外光激发下的发光照片；（d）DBSI、DBMI 及 DIMI 晶体在不同紫外光激发下的瞬时发射光谱（$t_d = 0$ ms）与延迟发射光谱（$t_d = 1$ ms）；（e）DBSI 晶体不同发射峰的寿命（$\lambda_{ex} = 312$ nm）；（f）SI、DBSI、DBMI 及 DIMI 单晶的吸收谱；DBSI（g）及 DIMI（h）的单晶结构与局部分子排列及分子间相互作用，其中数值的单位均为 Å[63]

虽然卤原子的引入使酰亚胺衍生物产生了红光甚至近红外光的发射，但却无法像 SI 晶体一样观察到相应余辉。以 DBSI 晶体为例，其瞬时发射光谱（$t_d = 0$ ms）和延迟发射光谱（$t_d = 1$ ms）基本一致，且在 450 nm、625 nm 和 650 nm 处分别检测到了 2.38 ms、7.67 ms 和 10.34 ms 的长寿命 [图 6-19（e）]，这也表明晶体的发射来源于多个发射中心产生的 RTP。由 SI 晶体到 DIMI 晶体，其 RTP 逐渐红移，表明体系的电子离域逐渐扩大，这归因于分子有效的簇聚及卤原子的电子共享作用。从四种酰亚胺晶体的吸收谱中也观察到同样的趋势 [图 6-19（f）]。SI、DBSI、DBMI 和 DIMI 四种晶体的总量子效率分别为 16.6%、4.2%、9.2%和7.2%，其中磷光量子效率分别为 6.8%、4.1%、9.2%和7.2%。与 SI 晶体相比，溴和碘原子的存在促进了分子的 RTP 发射，并增强了体系辐射衰减速率和非辐射衰减速率，这也导致了其 RTP 寿命的下降。这种高效且多样化的 RTP 可通过 CTE 机理来合理解释。这些分子中非典型的发色团（酰亚胺、卤素）间的簇聚可形成有效的空间共轭，丰富了能级并缩小了能隙。同时，有效的分子间相互作用也使得簇聚体发射种的构象刚硬化，使得体系的三重态更加稳定并产生了明亮的 RTP 发射。这也再次说明卤素的重原子效应及卤键等分子间作用力可以很好地调节非典型发光化合物的光物理性质。

研究者还对化合物的单晶结构进行了解析。图 6-19（g）和（h）给出了 DBSI 和 DIMI 的单晶结构、局部分子排列与分子间相互作用。其中，DBSI 显示出了和 SI 相似的分子堆积，但同后者相比，其具有新的 C=O···Br 卤键。这种卤键的出现会促进分子间产生更充分的电子离域，从而有利于构建高效扩展的 TSC。DBMI 和 DIMI 的分子堆积模式也很相似，其 PL 的差异主要归因于卤素原子的差异。碘原子较溴原子具有更大的半径和更弱的电负性，其孤对电子更容易发生离域共享，从而导致其发光更红移。

综上所述，分子聚集、卤原子效应和分子间相互作用在缩小能隙、促进 ISC 及加强构象刚硬化方面发挥着显著的协同作用，从而产生了多重、高效的红光及近红外光发射。这些结果也为利用协同聚集和卤原子效应来合理构建红光甚至近红外光发射非典型发光材料奠定了基础，同时，对理解发光机理及探索潜在的光电与生物应用也至关重要。

6.5 　总结与展望

综上所述，含硫、磷元素的非典型发光化合物不仅具有非典型发光材料的一般特征，由于硫和磷原子本身具有的重原子效应、较大的原子半径、相对较低的电负性、更多成键位点、富含 n 电子及拥有 d 电子轨道等特点，它们还拥有诸多不同于一般非典型生色团的优势。借助点击化学等一系列便捷反应，硫元素可高效地被引入有机物体系，并可通过进一步修饰调节发光。与同族氧元素相比，硫元素较低的电负性使分子内/分子间相互作用发生改变，改变了簇生色团中的空间共轭效果，从而为发光调节带来了更多的可能性。同时，硫原子本身作为富电子体，理论上其单质也具有相当的发光能力，与硫单质相关的研究也逐步展开，但尚存在很大的探索空间。对于含磷非典型发光化合物尽管相关研究较少，但已有工作也揭示了磷元素（尤其是磷酸基团）在发光体系中起到的重要作用，如共轭桥接作用、磷酸基团相关的氢键稳定三重态激子等。

目前，对于含硫、磷非典型发光化合物的探索尚未像含氧、氮等非典型发光材料那样得到系统深入研究，但其重要性丝毫不亚于后者，因而后续研究应当继续着眼于硫和磷元素的独特特点，从构建有效发光团簇及 CTE 机理出发，开发具有优良发光能力及发光可调节、多性能的非典型发光化合物。相信基于硫和磷元素独特的结构特点，含有这两种杂原子的非典型发光化合物将会成为有机光电材料中的重要一环，对机理探讨和发光性能改善发挥重要作用。

最后，卤原子作为具有重原子效应的富电子单元，不仅能形成包括卤键在内的短程相互作用，参与簇生色团的形成，而且能促进 SOC 及 ISC 过程，从而有利于荧光与磷光发射。同时，不同卤原子由于电负性及给电子能力的不同，对电子空间离域的贡献也有所差异，利用这一点可有效地对簇生色团的光物理性质进行调节。未来，相信对含卤非典型发光材料的进一步开发，越来越多的独特性质将被发掘。

（赵子豪　李安泽　袁望章）

参考文献

[1] Yang L G, Wang L Z, Cui C F, et al. Stöber strategy for synthesizing multifluorescent organosilica nanocrystals. Chemical Communications, 2016, 52 (36): 6154-6157.

[2] Zheng S Y, Zhu T W, Wang Y Z, et al. Accessing tunable afterglows from highly twisted nonaromatic organic AIEgens via effective through-space conjugation. Angewandte Chemie International Edition, 2020, 59 (25): 10018-10022.

[3] Yuan W Z, Zhang Y M. Nonconventional macromolecular luminogens with aggregation-induced emission characteristics. Journal of Polymer Science Part A: Polymer Chemistry, 2017, 55 (4): 560-574.

[4] Chen X H, Luo W J, Ma H L, et al. Prevalent intrinsic emission from nonaromatic amino acids and poly(amino acids). Science China Chemistry, 2018, 61 (3): 351-359.

[5] Zhou Q, Wang Z Y, Dou X Y, et al. Emission mechanism understanding and tunable persistent room temperature phosphorescence of amorphous nonaromatic polymers. Materials Chemistry Frontiers, 2019, 3 (2): 257-264.

[6] Shiau S F, Juang T Y, Chou H W, et al. Synthesis and properties of new water-soluble aliphatic hyperbranched poly(amido acids) with high pH-dependent photoluminescence. Polymer, 2013, 54 (2): 623-630.

[7] Wang Y Z, Tang S X, Wen Y T, et al. Nonconventional luminophores with unprecedented efficiencies and

color-tunable afterglows. Materials Horizons，2020，7（8）：2105-2112.

[8] Zhou Q，Cao B Y，Zhu C X，et al. Clustering-triggered emission of nonconjugated polyacrylonitrile. Small，2016，12（47）：6586-6592.

[9] Zhou Q，Yang T J，Zhong Z H，et al. A clustering-triggered emission strategy for tunable multicolor persistent phosphorescence. Chemical Science，2020，11（11）：2926-2933.

[10] Wang Y Z，Bin X，Chen X H，et al. Emission and emissive mechanism of nonaromatic oxygen clusters. Macromolecular Rapid Communications，2018，39（21）：1800528.

[11] Miao X P，Liu T，Zhang C，et al. Fluorescent aliphatic hyperbranched polyether：chromophore-free and without any N and P atoms. Physical Chemistry Chemical Physics，2016，18（6）：4295-4299.

[12] Chen Z X，Ni F，Wu Z B，et al. Enhancing spin-orbit coupling by introducing a lone pair electron with p orbital character in a thermally activated delayed fluorescence emitter：photophysics and devices. Journal of Physical Chemistry Letters，2019，10（11）：2669-2675.

[13] Tian S，Ma H L，Wang X，et al. Utilizing d-p π bonds for ultralong organic phosphorescence. Angewandte Chemie International Edition，2019，58（20）：6645-6649.

[14] Liu Z F，Chen X，Jin W J. Ultralong lifetime room temperature phosphorescence and dual-band waveguide behavior of phosphoramidic acid oligomers. Journal of Materials Chemistry C，2020，8（22）：7330-7335.

[15] Lim J，Pyun J，Char K. Recent approaches for the direct use of elemental sulfur in the synthesis and processing of advanced materials. Angewandte Chemie International Edition，2015，54（11）：3249-3258.

[16] Mazzio K A，Luscombe C K. The future of organic photovoltaics. Chemical Society Reviews，2014，44（1）：78-90.

[17] Osaka I，McCullough R D. Advances in molecular design and synthesis of regioregular polythiophenes. Accounts of Chemical Research，2008，41（9）：1202-1214.

[18] Zhao Z H，Chen X H，Wang Q，et al. Sulphur-containing nonaromatic polymers：clustering-triggered emission and luminescence regulation by oxidation. Polymer Chemistry，2019，10（26）：3639-3646.

[19] Fahmeeda K. Synthesis and luminescent properties of sulfur residing nonaromatic compounds. Shanghai：Shanghai Jiao Tong University，2022.

[20] Kausar F，Zhao Z H，Yang T J，et al. Michael polyaddition approach towards sulfur enriched nonaromatic polymers with fluorescence-phosphorescence dual emission. Macromolecular Rapid Communications，2021，11（42）：2100036.

[21] Kausar F，Yang T J，Zhao Z H，et al. Clustering-triggered emission of nonaromatic polymers with multitype heteroatoms and effective hydrogen bonding. Chemical Research in Chinese Universities，2021，37（1）：177-182.

[22] Wang Y X，Shyy J Y J，Chien S. Fluorescence proteins，live-cell imaging，and mechanobiology：seeing is believing. Annual Review of Biomedical Engineering，2008，10：1-38.

[23] Sahoo H. Fluorescent labeling techniques in biomolecules：a flashback. RSC Advances，2012，2（18）：7017-7029.

[24] Lecolley F，Tao L，Mantovani G，et al. A new approach to bioconjugates for proteins and peptides（"pegylation"）utilising living radical polymerisation. Chemical Communications，2004（18）：2026-2027.

[25] Zarafshani Z，Obata T，Lutz J F. Smart PEGylation of trypsin. Biomacromolecules，2010，11（8）：2130-2135.

[26] Li B，Davidson J M，Guelcher S A. The effect of the local delivery of platelet-derived growth factor from reactive two-component polyurethane scaffolds on the healing in rat skin excisional wounds. Biomaterials，2009，30（20）：3486-3494.

[27]　Katritzky A R，Narindoshvili T. Fluorescent amino acids: advances in protein-extrinsic fluorophores. Organic & Biomolecular Chemistry，2009，7（4）: 627-634.

[28]　He B Z，Zhang J，Zhang J Y，et al. Clusteroluminescence from cluster excitons in small heterocyclics free of aromatic rings. Advanced Science，2021，8（7）: 2004299.

[29]　Smith M E B，Schumacher F F，Ryan C P，et al. Protein modification, bioconjugation, and disulfide bridging using bromomaleimides. Journal of the American Chemical Society，2010，132（6）: 1960-1965.

[30]　Robin M P，Wilson P，Mabire A B，et al. Conjugation-induced fluorescent labeling of proteins and polymers using dithiomaleimides. Journal of the American Chemical Society，2013，135（8）: 2875-2878.

[31]　Robin M P，Mabire A B，Damborsky J C，et al. New functional handle for use as a self-reporting contrast and delivery agent in nanomedicine. Journal of the American Chemical Society，2013，135（25）: 9518-9524.

[32]　Zheng S Y，Hu T P，Bin X，et al. Clustering-triggered efficient room-temperature phosphorescence from nonconventional luminophores. ChemPhysChem，2020，21（1）: 36-42.

[33]　Nguyen T B，Tran M Q，Ermolenko L，et al. Three-component reaction between alkynes, elemental sulfur, and aliphatic amines: a general, straightforward, and atom economical approach to thioamides. Organic Letters，2014，16（1）: 310-313.

[34]　Li W Z，Wu X Y，Zhao Z J，et al. Catalyst-free, atom-economic, multicomponent polymerizations of aromatic diynes, elemental sulfur, and aliphatic diamines toward luminescent polythioamides. Macromolecules，2015，48（21）: 7747-7754.

[35]　Sherman D B，Spatola A F. Compatibility of thioamides with reverse turn features: synthesis and conformational analysis of two model cyclic pseudopeptides containing thioamides as backbone modifications. Journal of the American Chemical Society，1990，112（1）: 433-441.

[36]　Alemán C. On the ability of modified peptide links to form hydrogen bonds. Journal of Physical Chemistry A，2001，105（27）: 6717-6723.

[37]　Nieuwland C，Guerra C F. How the chalcogen atom size dictates the hydrogen-bond donor capability of carboxamides, thioamides, and selenoamides. Chemistry: A European Journal，2022，28（31）: e202200755.

[38]　Liu G，Niu P，Yin L，et al. α-Sulfur crystals as a visible-light-active photocatalyst. Journal of the American Chemical Society，2012，134（22）: 9070-9073.

[39]　Li S X，Chen D J，Zheng F Y，et al. Water-soluble and lowly toxic sulphur quantum dots. Advanced Functional Materials，2014，24（45）: 7133-7138.

[40]　Shen L H，Wang H N，Liu S N，et al. Assembling of sulfur quantum dots in fission of sublimed sulfur. Journal of the American Chemical Society，2018，140（25）: 7878-7884.

[41]　Wang Z G，Zhang C C，Wang H G，et al. Two-step oxidation synthesis of sulfur with a red aggregation-induced emission. Angewandte Chemie International Edition，2020，132（25）: 10083-10088.

[42]　Mei J，Leung N L C，Kwok R T K，et al. Aggregation-induced emission: together we shine, united we soar! Chemical Reviews，2015，115（21）: 11718-11940.

[43]　Dong Y Q，Lam J W Y，Qin A J，et al. Aggregation-induced and crystallization-enhanced emissions of 1, 2-diphenyl-3, 4-bis(diphenylmethylene)-1-cyclobutene. Chemical Communications，2007（31）: 3255-3257.

[44]　Goswami N，Yao Q F，Luo Z T，et al. Luminescent metal nanoclusters with aggregation-induced emission. Journal of Physical Chemistry Letters，2016，7（6）: 962-975.

[45]　Liu T，Meng Y，Wang X C，et al. Unusual strong fluorescence of a hyperbranched phosphate: discovery and

explanations. RSC Advances，2013，3（22）：8269-8275.

[46] Bhattacharya S，Rao V N，Sarkar S，et al. Unusual emission from norbornene derived phosphonate molecule：a sensor for Fe Ⅲ in aqueous environment. Nanoscale，2012，4（22）：6962-6966.

[47] Ma X，Xu C，Wang J，et al. Amorphous pure organic polymers for heavy-atom-free efficient room-temperature phosphorescence emission. Angewandte Chemie International Edition，2018，130（34）：11020-11024.

[48] Bian L F，Shi H F，Wang X，et al. Simultaneously enhancing efficiency and lifetime of ultralong organic phosphorescence materials by molecular self-assembly. Journal of the American Chemical Society，2018，140（34）：10734-10739.

[49] Su Y，Phua S Z F，Li Y B，et al. Ultralong room temperature phosphorescence from amorphous organic materials toward confidential information encryption and decryption. Science Advances，2018，4（5）：eaas9732.

[50] Wu H W，Chi W J，Chen Z，et al. Achieving amorphous ultralong room temperature phosphorescence by coassembling planar small organic molecules with polyvinyl alcohol. Advanced Functional Materials，2019，29（10）：1807243.

[51] Yang J，Xu R J，Pei J J，et al. Optical tuning of exciton and trion emissions in monolayer phosphorene. Light：Science & Applications，2015，4：e312.

[52] Li L K，Kim J，Jin C H，et al. Direct observation of the layer-dependent electronic structure in phosphorene. Nature Nanotechnology，2017，12：21-25.

[53] Schué L，Goudreault F A，Righi A，et al. Visible out-of-plane polarized luminescence and electronic resonance in black phosphorus. Nano Letters，2022，22（7）：2851-2858.

[54] Zhang X，Xie H M，Liu Z D，et al. Black phosphorus quantum dots. Angewandte Chemie International Edition，2015，54（12）：3653-3657.

[55] Gui R J，Jin H，Wang Z H，et al. Black phosphorus quantum dots：synthesis，properties，functionalized modification and applications. Chemical Society Reviews，2018，47（17）：6795-6823.

[56] Zou J H，Yin Z H，Ding K K，et al. BODIPY derivatives for photodynamic therapy：influence of configuration versus heavy atom effect. ACS Applied Materials & Interfaces，2017，9（38）：32475-32481.

[57] Dai W B，Niu X W，Wu X H，et al. Halogen bonding：a new platform for achieving multi-stimuli-responsive persistent phosphorescence. Angewandte Chemie International Edition，2022，61（13）：e202200236.

[58] Zhao Z H，Ma H L，Tang S X，et al. Luminescent halogen clusters. Cell Reports Physical Science，2022，3（2）：100593.

[59] Lee W I，Bae Y，Bard A J. Strong blue photoluminescence and ECL from OH-terminated PAMAM dendrimers in the absence of gold nanoparticles. Journal of the American Chemical Society，2004，126（27）：8358-8359.

[60] Wang D J，Imae T. Fluorescence emission from dendrimers and its pH dependence. Journal of the American Chemical Society，2004，126（41）：13204-13205.

[61] Pastor-Pérez L，Chen Y，Shen Z，et al. Unprecedented blue intrinsic photoluminescence from hyperbranched and linear polyethylenimines：polymer architectures and pH-effects. Macromolecular Rapid Communications，2007，28（13）：1404-1409.

[62] Tang S X，Zhao Z H，Chen J Q，et al. Unprecedented and readily tunable photoluminescence from aliphatic quaternary ammonium salts. Angewandte Chemie International Edition，2022，61（16）：e202117368.

[63] Zhu T W，Yang T J，Zhang Q，et al. Clustering and halogen effects enabled red/near-infrared room temperature phosphorescence from aliphatic cyclic imides. Nature Communications，2022，13：2658.

第 7 章

非芳香蛋白质的本征发光

　　自天然蛋白质的发光现象被报道以来，研究者就未曾停止过对它的探索。早前，人们主要在稀溶液下研究天然蛋白质的发光，并发现其与一些芳香氨基酸的固有发光特性颇为相似，因此人们常将蛋白质的本征发光主要归因于苯丙氨酸（Phe）、色氨酸（Trp）及酪氨酸（Tyr）三种芳香氨基酸残基的贡献[1-6]，而忽略了非芳香氨基酸残基和肽链对蛋白质发光的可能贡献。这种忽略是由于人们对非芳香氨基酸及多肽主链的本征发光特性缺乏认识，同时，其在稀溶液状态也是合理的。但在浓溶液、固态等聚集态，非典型生色团的簇聚及芳香氨基酸单元与富电子单元间的簇聚对蛋白质发光的影响则越发不可忽略。

　　随着研究的不断推进，非芳香氨基酸、多肽及蛋白质在聚集态的发光现象也被陆续报道，这促使人们重新思考蛋白质的发光，特别是其在聚集态的发光。为更全面了解蛋白质的光物理性质，尤其是其室温磷光（RTP）现象及在固态的可见光发射，阐明非芳香生物分子的发光机理，本章总结了近年来报道的非芳香生物分子的本征发光。以期这些内容能进一步增强大家对蛋白质发光的了解，同时引起对其他生物分子如核苷、核苷酸、DNA、RNA 可能的本征发光现象、规律及机理的思考与探索。我们坚信，对生物分子发光研究的持续深入，必将帮助揭示生物自发光现象背后的秘密，同时有望深化生物分子在生物传感与影像、生物过程监测、疾病诊疗等领域的应用。

　　蛋白质的基本组成单元即氨基酸，对于芳香氨基酸发光性质的研究已较为成熟，而非芳香氨基酸的发光性质，尤其是其聚集态的发光性质仍有待探索。由于缺乏芳香单元等显著共轭结构，早前，人们并未意识到非芳香氨基酸可发光。2001 年，

Homchaudhuri 教授等报道了 L-赖氨酸单盐酸盐（L-lysine monohydrochloride，L-Lys）在水性介质（0.1 mol/L NaH$_2$PO$_4$，pH = 7）中的紫外吸收及荧光发射现象[7]。其高浓溶液（0.5 mol/L）在 270 nm 处出现新吸收峰，同时，在 355 nm 紫外光激发下能发射蓝色荧光（约 435 nm）。从 L-Lys 结构来看，因为缺乏芳香单元或大的共轭结构，当时很难解释上述观察到的荧光。但他们也认为水溶性杂质造成上述光谱特性的可能性不大。这主要基于以下事实：①光谱宽且无精细结构，与分子复合物体系情形类似；②三个不同来源的样品，其观察结果一致。同时，由于 L-Lys 的这些吸收与发射性质具有浓度依赖性，因此他们认为这可能与 L-Lys 的聚集有关，其发光或源于 L-Lys 的分子复合物或聚集体。

在 290 nm 紫外光激发下，0.01 mol/L 样品在约 321 nm 和 334 nm 处观察到微小的荧光峰，而在 420 nm 处无明显发色。而 1 mol/L 样品在 420 nm 附近呈现出宽且无振动精细结构的发射峰，且在 0.01～1 mol/L 浓度逐渐增加过程中，这一发射峰强度逐渐增加。但同时发现，在相同的条件下，随机选取了甘氨酸（glycine）和一些其他氨基酸，如 L-精氨酸（L-arginine）、L-丝氨酸（L-serine）、L-谷氨酸（L-glutamate）和 L-异亮氨酸（L-isoleucine）等样品，却并未观测到与 L-Lys 相同的现象。因此，认为上述观察到的发光现象是 L-Lys 独有的。而事实上，后期的研究证明，非芳香氨基酸的本征发光普遍存在，并非仅限于 L-Lys。

此外，不同激发波长或发射波长的发射谱与激发谱测试显示，0.5 mol/L L-Lys 浓溶液的激发谱与发射谱均呈现出明显的发射或激发波长依赖性，因此出现多个激发带和发射带，这说明体系中存在多重发射物种。

这一早期工作揭示了非芳香氨基酸发光的一些基本特征，尽管对其机理并不清楚，但已经意识到其与 L-Lys 的聚集相关。遗憾的是，由于缺乏对 L-Lys 发光机理的深刻认识，他们并未意识到其他非芳香氨基酸在一定条件下也可发光，也并未对 L-Lys 固体的光物理性质展开研究。

随后，该课题组在对聚（L-赖氨酸）的进一步研究中，将这一发光现象归因于侧链氨基的聚集[8]。

这与袁望章等提出的 CTE 机理[9]有着相似之处。依据 CTE 机理，L-Lys 分子结构中的 α-羧基、α-氨基和侧链氨基均为富电子单元，通过聚集扩展离域后能够形成簇生色团，进而在适当的条件下产生可见光发射。

基于 CTE 机理和对非典型生色团的探究，袁望章课题组揭示了天然非芳香氨基酸的本征发光现象[10]。在 365 nm 紫外光激发下，所有重结晶后的非芳香氨基酸固体具有可见光发射，除荧光发射外，长寿命的室温磷光也被检测到，这是源于分子结构中的羧基（—COOH）、巯基（—SH）、羰基（C=O）或氨基（—NH$_2$）等功能基团的簇聚。如图 7-1 所示，以 L-异亮氨酸的单晶结构为例，其分子间不仅具有 H···O=C、H···O—H 这些氢键作用，丰富的 C=O···N（2.766 Å、2.775 Å、2.832 Å、2.846 Å、2.855 Å、2.962 Å、3.011 Å），O=C···C=O（π-π，3.332 Å）和 O=C···O=C（n-π*，3.196 Å）等分子间相互作用，促进形成了空间离域现象，进一步扩展了体系离域范围，并增加了构象刚硬化程度，因此能够产生可见光发射。这些结果表明生物的自发光不仅来自芳香体系，非芳香化合物的贡献也不可忽视。

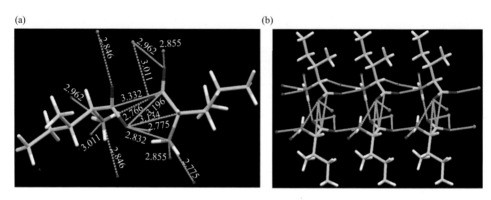

图 7-1 （a）L-Ile 分子周围的 O=C···O=C、O=C···C=O 和 C=O···N 相互作用，其中数值单位均为 Å；（b）L-Ile 单晶中的空间离域现象[10]

7.3 非芳香二肽及三肽的本征发光

依据簇聚诱导发光机理，含有羧基、氨基、羰基和酰胺基团的氨基酸二聚体（二肽）或者是多聚体（三肽等），应同样可以形成簇聚体发射种，进而产生可见光发射。基于此，袁望章课题组设计并研究了非芳香二肽 [L-丝氨酸-L-缬氨酸（L-Ser-L-Val）]、三肽 [L-赖氨酸-L-异亮氨酸-L-丝氨酸（L-Lys-L-Ile-L-Ser）] 及谷胱甘肽（glutathione）来进一步证实这类分子发光的普遍性[10]。

二肽（L-Ser-L-Val）、三肽（L-Lys-L-Ile-L-Ser）和谷胱甘肽的稀溶液不发光，随着浓度的增加，具有发光增强现象。与设想的一致，在固体状态时三者具有较为明亮的蓝色发射 [图 7-2（a）]。L-Ser-L-Val 的单晶结构详细地展现出分子间精确的构象、分子间和分子内的相互作用及化合物中分子的排列方式，如图 7-2（b）所示。在 L-Ser-L-Val 晶体中，每一个分子周围存在众多的分子间相互作用，这些 3D 分子间相互作用网络可以使得 L-Ser-L-Val 构象刚硬化程度增加，离域程度扩展，因此其量子效率可达到 7.96%。

近来，Swaminathan 等研究了基于 β-折叠二级结构的荧光光谱[11]。与其他非折叠的生物大分子或分子染料的典型荧光不同，其激发和发射光谱与蛋白质的生物化学组成、一级结构和来源无关，只要 β-折叠二级结构相同，其荧光光谱都是

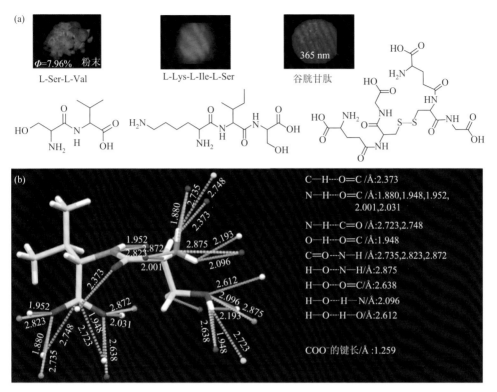

图 7-2 （a）L-Ser-L-Val、L-Lys-L-Ile-L-Ser 及谷胱甘肽在 365 nm 紫外光下的照片及结构式；
（b）L-Ser-L-Val 一个分子周围的分子间相互作用[10]

相似的。这种对折叠敏感的荧光具有较宽的光谱带，覆盖整个可见光区（400～650 nm），且具有较高的量子效率和可调的荧光波长。折叠敏感的荧光效应为开发新的荧光光学生物材料开辟了道路。

具体而言，他们研究了二苯基丙氨酸（FF）和三苯基丙氨酸（FFF）两种芳香化合物，以及二亮氨酸（LL-脂肪肽），表现出两种不同类型的吸收（OA）光谱和荧光（FL）光谱。螺旋态下，芳香族的 FF 和 FFF 的 OA 和 FF 在紫外（UV）区 260～330 nm，而非芳香族的 LL-脂肪肽结构在 UV 区不显示任何 OA 和 FL［图 7-3（a）和（b）］，这是因为 OA 和 FL 的窄紫外光谱是芳香环的特征光谱。热诱导重折叠形成的 FF-肽和 FFF-肽的 β-折叠态与螺旋态在 UV 区的 OA 光谱和 FL 光谱位置相同［图 7-3（c）］，表明芳香族多肽结构的短波长紫外光谱对构象跃迁不敏感，使其具有折叠不敏感的光学性质。因而，OA 光谱和 FL 光谱都可以作为有效的紫外光谱特征来识别芳香肽/蛋白质。

然而，构象的变化会导致肽键的特征光谱发生显著变化。螺旋态芳香肽和非芳香肽的 OA 光谱和 FL 光谱在可见光范围内都没有峰，而在 β-折叠态［图 7-3（c）］，

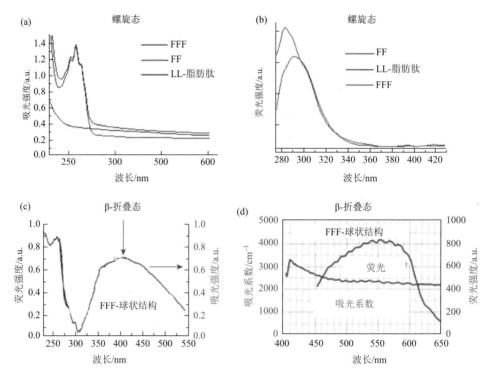

图 7-3　螺旋态芳香 FF、FFF 及 LL-脂肪肽结构的 OA 光谱（a）和 FL 光谱（b）；芳香 FFF β-折叠态的 OA 光谱（c）和 FL 光谱（d）[11]

OA 光谱和 FL 光谱均在可见光区显示出高且宽的特征谱带，且其吸光系数显著增加，最高可达到 $10^2 \sim 10^3 \mathrm{cm}^{-1}$ [图 7-3（d）]。值得注意的是，FL 光谱和 OA 光谱在可见光范围内竟然完全重叠，这是区别于典型的荧光吸收发射光谱的又一显著特征。

这项研究表明可以通过荧光光谱来监测多肽/蛋白质构象转变的过程，判断其处于螺旋态、中间熔融状态或 β-折叠态的哪一阶段，为开发先进的荧光纳米材料、生物成像和医疗诊断的新方法及生物相容的纳米荧光光源铺平了道路。

为进一步探究非芳香二肽的可见光本征发射特性，周传健教授等用无水柠檬酸和 N-氨基乙基哌嗪缩合得到了一种具有二肽结构的仿生荧光分子 CA-AEP（图 7-4）[12]。该分子是一种不含传统发色团的非共轭含氮小分子荧光探针。该分子具有 AIE 特性，在稀溶液中基本不发光，但在聚集或固态时显示出明亮的蓝色发射。此外，CA-AEP 可通过调节 pH 在水溶液中发出明亮的仿生荧光。

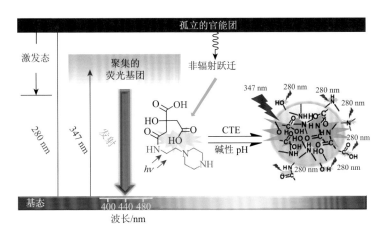

图 7-4 CA-AEP 的结构及簇聚发光机理示意图[12]

CA-AEP 在酸性条件下荧光变化不明显，但在碱性条件下，其溶液的荧光强度随着 pH 的逐渐增加而显著增加 [图 7-5（a）和（b）]，因而可以通过荧光强度来监测水溶液的 pH。研究发现，pH = 7.0 时 CA-AEP 的荧光发射强度最低，无论溶液 pH 的增加或降低，CA-AEP 的荧光发射均会增加，分析可能与其等电点接近 7.0 有关 [图 7-5（c）]。

他们认为，酸性条件下荧光强度逐渐增加是因为随着 pH 的降低，CA-AEP 的质子化加深，使分子充满了阳离子，强电荷排斥使分子结构更加坚硬，从而限制了分子的运动，增强荧光发射。此外，TEM 结果表明，酸性条件下形成了粒径约为 5 nm 的分散良好的团聚体，从而增强了体系的稳定性，而这可能是干燥过程中带电分子的自组装所致。

碱性条件下 CA-AEP 荧光的增长是周期性的 [图 7-5（d）～（g）]。当溶液 pH 从 7.0 增加到 10.0 时，CA-AEP 的荧光强度增加相对缓慢，吸收波长的变化相对不明显 [图 7-5（d）和（e）]，此时 Zeta 电位的绝对值呈现增加趋势 [图 7-5（c）]。因而，他们认为这一阶段的荧光增强可能是 CA-AEP 分子在碱性条件下的去质子化过程导致的。这一过程使分子带负电荷，分子之间的电荷排斥抑制分子的运动，从而使荧光增强，类似于质子化过程。

随后，当溶液 pH 从 10.0 继续增加到 12.0 时，CA-AEP 的吸收峰、激发峰和发射峰强度同时显著增加，且均表现出明显的线性关系 [如图 7-5（e）和（g）中插图所示，R^2 分别为 0.994 和 0.995]。吸收光谱中 n-π* 电子跃迁强度的增加表明此时可能发生快速的团簇聚集。不同 pH 下 CA-AEP 的 SEM 照片显示，当溶液 pH 为 7.0 时，只形成少量纳米线，而当 pH 为 12.0 时，确实存在显著的团簇聚集。粒径结果显示，随着溶液 pH 从 7.0 增加到 12.0，粒径从 1.29 nm 增加到 7.82 nm，与

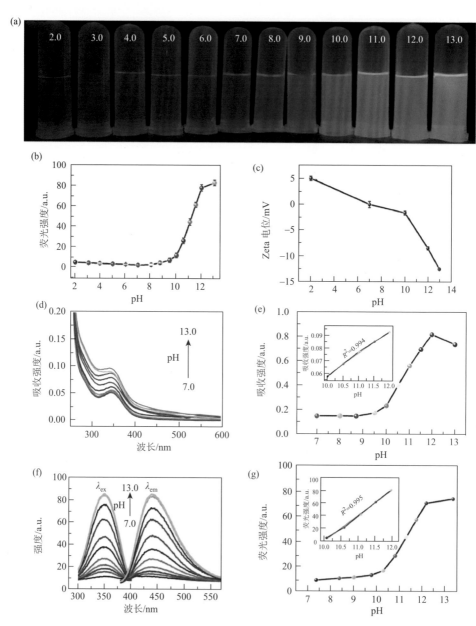

图 7-5 （a）在 365 nm 紫外光照射下，0.1 mol/L 的 CA-AEP 水溶液在不同 pH（2.0～13.0）下的照片；（b）pH 范围为 2.0～13.0 的 CA-AEP 水溶液的荧光强度；（c）不同 pH（2.0、7.0、10.0、12.0、13.0）下 CA-AEP 水溶液的 Zeta 电位；（d）不同 pH（7.0～13.0）下的紫外吸收光谱；（f）不同 pH（7.0～13.0）下的激发和发射光谱；紫外-可见吸收（447 nm）强度（e）和荧光（440 nm）强度（g）与 pH（7.0～13.0）的函数关系[12]

SEM 和吸收光谱的结果相一致。此时,Zeta 电位的绝对值开始显著增加[图 7-5(c)]。值得注意的是,这一阶段的初始 pH(pH = 10.0)接近于 CA-AEP 末端仲胺的 pK_3。因此, 他们认为这一阶段荧光增强的机理是 CA-AEP 分子末端仲胺的去质子化过程增强了分子间的相互作用(包括分子内/间氢键),使分子聚集成大而独特的团簇,即 CTE 机理[13, 14]。团簇的产生增强了空间电子离域系统,限制了分子的旋转和振动,从而增强了荧光发射。当 pH 从 12.0 增加到 13.0 时,荧光略有增加,但吸光度下降。粒径结果显示,随着溶液 pH 从 12.0 增加到 13.0,粒径分布由 7.82 nm 变为 4.18 nm 和 17.12 nm 两个分布,推测在这一阶段 CA-AEP 分子的叔胺(pK_4)去质子化改变了其粒径分布。较大的团簇有利于发光,而较小的团簇则会降低整体吸收。

值得注意的是,CA-AEP 在极碱性条件下的荧光增强效果远远超过浓度变化引起的荧光增强效果。原因可能是两种簇结构的紧密程度不同。随着溶液浓度的增加,CA-AEP 分子聚集在一起,分子间紧致度较差,形成相对较小的空间电子离域体系。然而,在极端碱性条件下,去质子化过程会导致分子间强相互作用,形成紧密的团簇,从而产生更强的空间电子离域体系。CA-AEP 对碱性 pH 的敏感响应意味着它具有非常重要的实际应用价值。

有趣的是,当 CA-AEP 溶液的 pH 从 12.0 降低到 7.4 时,荧光强度和吸收强度基本不变,粒径分布证明 pH 降低前后粒径没有明显变化。推测在极碱性 pH 条件下形成的团簇可能在 pH 降低过程中很难再次分离。这一结果表明,CA-AEP 不具备动态监测系统环境 pH 的潜力,但可以监测系统曾经达到的最大动态 pH。故 CA-AEP 有望在生物系统领域监测最大动态 pH 方面发挥巨大作用。

目前已有较多的研究者投身非芳香多肽领域,研究非典型发光化合物的发光机理。然而该领域还处于起步阶段,对于不同的簇态、簇类型及影响荧光发射相关簇的环境因素还不是很清楚,这将是未来的主要研究方向。

7.4 非芳香多肽和蛋白质的本征发光

对于多肽及蛋白质本征发光的研究在生物学领域有着至关重要的作用。与引入外部探针的方法相比,蛋白质或多肽的本征发光通常具有便捷,以及可以反映蛋白质不同聚集态的优点。此前,对于蛋白质光物理性质的研究大多数是在稀溶液中进行的,认为芳香氨基酸残基在其本征发光中起着关键作用,而非芳香基团在稀溶液状态下往往是无可见光发射的。然而,在聚集态下,芳香残基不再是蛋白质本征发光的唯一因素,非芳香基团的发射占据着不可忽视的地位。

非芳香多肽的本征发光现象,早在多年前就有人报道。2004～2013 年,研究者发现弹性蛋白和晶体蛋白衍生肽的合成结构中存在荧光发射[15-18]。这些结构中均不含芳香族残基和外源性荧光标记,但含有高比例的 β-折叠结构。

具体而言，2004 年，Shukla 等报道了一系列蛋白质聚集体的紫蓝色发光[15]。并且伽马-Ⅱ晶体蛋白的聚集体在紫外光（350～390 nm）照射下也能发出可见的紫蓝色辐射。这一现象进一步促使研究人员研究其他类似蛋白质或多肽的发光机理，在消除其他影响因素后，明确了其本征荧光来自聚集的蛋白质主链，而非芳香侧基。

类似地，del Mercato 等[18]观察到具有纤维状淀粉样结构的弹性蛋白相关的非芳香族多肽——P(ValGlyGlyValGly)的蓝绿色的本征发光。对于其本征发光，发现有利于聚集态形成的浓溶液是至关重要的条件，而这与 AIE 现象非常类似。他们把其本征发光归因于多肽和水之间通过氢键的电荷转移，并通过扫描电子显微镜展示了合成多肽的纤维状纳米结构的自组装过程，以及证实了通过本征发光来成像纤维状纳米结构聚集方式的可行性。

随后，Sharpe 等报道了由八肽 GVGVAGVG（图 7-6）形成的纤维状淀粉样结构发出蓝色的本征荧光[16]。该八肽是由人类弹性蛋白疏水重复单元中的一个氨基酸衍生而得到，是当时最短且定义较为明确的肽，该结构在不含芳香单元的情况下会显示出固有的荧光发射。结构表征显示原纤维中的肽呈现 β-折叠构象，他们认为这一刚性的构象与荧光发射密切相关。值得注意的是，两种肽均不含任何芳香族残基，表明该现象与芳香族残基的本征荧光无关。

淀粉样原纤维是具有交叉 β-折叠结构的肽或蛋白质聚集体，它们具有固有的荧光性质，目前尚不完全清楚[19, 20]。

2013 年，Chan 等首次系统阐述了疾病相关淀粉样蛋白的固有荧光特性[17]，展示了 Aβ40（β-淀粉样蛋白）和 Aβ42，K18 tau 和 I59T 溶菌酶的淀粉样蛋白结构的荧光显微镜图像和荧光寿命数据（图 7-7）。特别地，从不含芳香族化合物的 β-淀粉样蛋白 Aβ(33-42)片段中检测到荧光信号，这表明蛋白质的本征荧光不是由芳香族化合物的存在介导的，至少芳香族残基的存在并不是蛋白质固有发光的唯一因素。

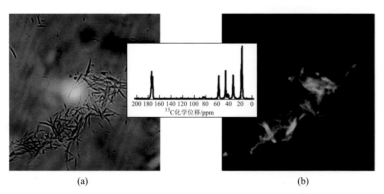

(a)   (b)

图 7-6　GVGVAGVG 原纤维的荧光显微图像[16]

（a）明场图像；（b）在 358 nm 紫外光激发下获得的荧光图像

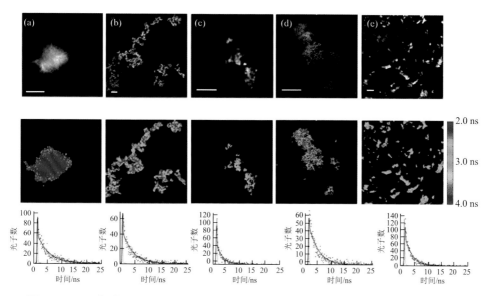

图 7-7　Aβ40（a）、Aβ42（b）、Aβ(33-42)（c）、K18 tau（d）和 I59T 溶菌酶（e）的荧光强度、荧光寿命和荧光强度衰减曲线[17]

激发波长为 450 nm，在 λ>488 nm 处记录荧光发射，比例尺为 20 μm

为揭示聚集态下多肽和蛋白质的光物理性质和发光机理，研究者付出了很多努力。Shukla 等[15]提出了这样的假设：多肽链折叠成 β 结构形成氢键后，沿着氢键的电子离域会降低整个体系的能量，因此能在紫外光激发下产生可见光发射（图 7-8）。Sharpe 等[16]使用傅里叶变换红外光谱（FTIR）证实 GVGVAGVG 肽的聚集体主要包含 β-折叠构象，被认为是氢键在荧光发射中起重要作用理论的支持。

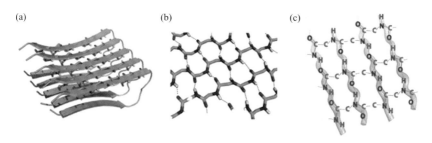

图 7-8　（a）Aβ42 淀粉样蛋白纤维的样本结构；（b）和（c）氢键网络的详细视图[15]

近来，Manuela 等比较了转甲状腺素蛋白（TTR）105～115 片段的 L-对映异构体和 D-对映异构体及它们的外消旋体样品形成的原纤维的结构特征和光物理性能，展示了 β-片结构的变化如何影响原纤维的光物理性能，阐明了芳香环和淀粉样蛋白骨架对原纤维最终蓝绿色发射的贡献[21]。其研究结果表明，对映异构体和外消旋体都在可见光范围（λ_{em}>400 nm）内表现出类似于其他淀粉类化合物的本征荧光，并且在原纤维完全形成后，所有样品中都出现了波长约为360 nm的淀粉样纤维特征激发带。证明了对映异构体原纤维的本征荧光不同于外消旋体原纤维的本征荧光，TTR（105～115）肽的对映异构体组成决定了淀粉样原纤维的最终形态及其在可见光范围（>400 nm）内的本征荧光。本征荧光的位置和强度与淀粉样纤维的结构相关，因此，可以作为有关淀粉样纤维内部结构的有价值的信息来源。

具体而言，他们先用 AFM 和 TEM 分析了对映异构体和外消旋体样品在pH = 2 的条件下孵育 14 d 前后的结构和形态（酸性 pH 有利于 L-TTR 淀粉样蛋白的形成）。结果显示，在孵育前，对映异构体样品形成球状聚集体，而外消旋体样品已经可以观察到单个原丝，这是因为镜像对称的多肽混合可以加速原纤维的形成[22]。而这一观察结果也与密度泛函理论模拟相符，证实了外消旋体形成 β-片状纤维在能量上比纯对映异构体形成褶状纤维更有利[23]，也解释了为什么 D/L 混合物很难自发分解成纯的对映异构体淀粉样蛋白原纤维。

此外，测得了 L-TTR 和外消旋体样品孵育前后的荧光激发-发射谱图[图 7-9（a）]。激发光波长为 320～400 nm 时，L-TTR 的最大发射波长约为 440 nm ［图 7-9（a）中 B］。而 360 nm 左右的激发谱带是淀粉样纤维的特征激发谱带[24]。同样地，在外消旋体样品中可以看到一个类似的谱带 ［图 7-9（a）中 D］，不同的是外消旋体样品在孵育前已经可以观察到微弱的发射 ［图 7-9（a）中 C］，只是其强度在孵育后强烈增加，而这是 L/D-TTR 1∶1 混合物在孵育前已经迅速聚集并形成原纤维结构导致的。D 型的激发光谱（λ_{em} = 450 nm）和发射光谱（λ_{ex} = 360 nm）与 L 型的光谱重叠，证明两种对映异构体的光谱特征相同，而纯的对映异构体样品和外消旋体样品激发和发射的光谱差异表明两者淀粉样纤维结构的局部环境是不同的。

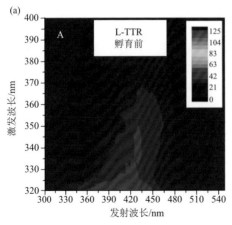
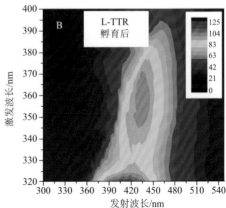

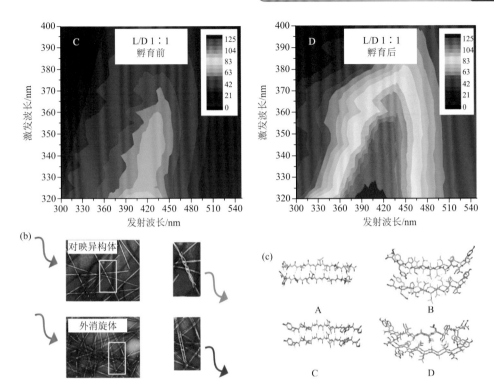

图 7-9　（a）孵育前（A，C）和孵育后（B，D）的 L-TTR 肽（A，B）和外消旋体（C，D）在 320～400 nm 范围内激发的荧光激发-发射谱图（强度值除以 1000）；（b）对映异构体之间由平行 β-链形成扭曲的原纤维结构，以及外消旋体由反平行 β-链形成的带状原纤维结构；（c）反平行 L/D β-折叠的最小化平衡模型及其与纯 L-TTR 的结构比较，一对反向平行的 D 链（绿色）和 L 链（灰色）从侧面观察的四股截面（A）和属于两个不同层的链之间（B）的疏水相互作用（疏水相互作用由粉红色虚线表示，氢键由绿色虚线表示）；一对平行的 L-TTR（105～115）链（C）和来自两个不同层的 L-肽链之间（D）的疏水相互作用

　　此外，对 TTR 荧光的分析显示，所有样品在 $\lambda_{em} \approx 407$ nm 处均表现出荧光，对应的激发波长为 290 nm，这是酪氨酸（Tyr）残基之间的非共价 π-π 堆积导致的。由于它在纤维形成之前就可以看到，所以这种荧光不是淀粉样蛋白特异性的。但总体而言，TTR 荧光强度和条带的位置主要取决于在对映异构体和外消旋体样品中原纤维结构的不同，而非 Tyr 残基的非共价 π-π 堆积。

　　如图 7-9（b）所示，ATR-FTIR 证明了孵育后两种对映异构体 L-TTR 和 D-TTR 中都产生了二级 β-片状结构和平行 β-链，形成扭曲的原纤维结构，而外消旋体样品则产生了反平行 β-链，形成带状原纤维结构，并存在一些异质结构。分子动力学模拟表明，外消旋 TTR（105～115）的结构非常稳定，具有明确的氢键网络和良好的疏水核心［图 7-9（c）］。此外，外消旋体在相邻肽链的 Tyr 残基之间的长

程 π-π 堆积被破坏，与纯对映异构体纤维的结构相比，氢键模式不同。因而对映异构体和外消旋体的发光光谱存在差异。

Homchaudhuri 等报道了人血清白蛋白（HSA）、牛胸腺组蛋白和聚（L-赖氨酸）水溶液（pH = 7）中存在 300～350 nm 的电子吸收，并通过对照组排除了瑞利散射或杂质的影响，认为新观察到的色氨酸带以外的近紫外吸收源于蛋白质中邻近的赖氨酸侧链之间的分子内相互作用[8]。而这一新的光谱特征可以用于监测蛋白质的聚集和展开过程，并有望在追踪富含赖氨酸的蛋白质的纯化或分离过程中发挥作用。

氢键机理在当时被绝大多数人所接受，但依据后续所报道的多个体系来看，氢键并不是发光产生的必要条件[25, 26]，富电子基团的簇聚才是发光的根本原因，这一结论在后续的研究中也得到证实。

除了氢键机理外，还有部分研究者提出了电子转移重组机理。Amrendra 等比较了多个不同大小的单体蛋白质由电荷转移所产生的发光，这些蛋白质在其序列中拥有不同数量的带电氨基酸[27]。发现所有观测的蛋白质都表现出一些类似的光物理特征，如发射峰的波长、重叠的激发/发射光谱、量子效率、斯托克斯位移、发光寿命和寿命分布。认为这种发光是激发态蛋白质电子空穴和电子之间电荷重组的结果（图 7-10）。对富含电荷的蛋白质（如人血清白蛋白）的发光的观测表明，摩尔消光系数在提高本征发光强度方面发挥着重要作用，而这种摩尔消光系数取决于蛋白质的三维折叠结构。蛋白质的三维折叠结构可以使带电氨基酸在空间上非常接近，从而使其发射出明亮的荧光信号。

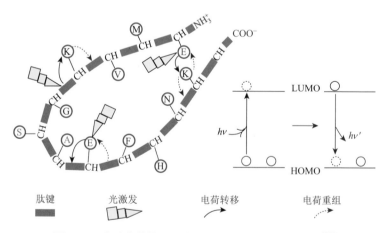

图 7-10　光致电荷转移及电荷重组发光的原理示意图[27]

基于先前的报道及二肽、三肽的发光性质，可以推测其相应的聚合物也是发光的。通常，聚合物分子链产生的刚性构象可以约束分子的振动与转动，抑制非辐射跃迁过程。ε-聚赖氨酸（ε-PLL）是一种可商购的水溶性多肽，与碱性蛋白在某些性质上较为相似，具有一定的代表性，因此袁望章等对其进行了发光研究[10]。ε-PLL 的分子链在稀溶液中以无规则卷曲的构象存在，缺少有效共轭作用，因此几乎不发光。其浓溶液由于生色团的有效簇聚而发射蓝荧光，荧光强度随着浓度增加而增加 [图 7-11（a）和（c）]。ε-PLL 粉末具有更加明亮的发射，量子效率为 7.9% [图 7-11（b）]，关灯后具有肉眼可见的绿色长余辉，寿命可达 17.60 ms。聚合物中更为复杂的多个簇聚体发射种的存在，使其浓溶液和粉末具有明显的激发波长依赖性 [图 7-11（d）和（e）]。总之，非芳香二肽、三肽和多肽是从非芳香氨基酸到蛋白质过渡过程中十分重要的产物，它们的发光性质将对其他聚氨基酸和蛋白质的发光理解具有理论指导意义，也为非芳香蛋白质本征发光的研究提供了新的启示。

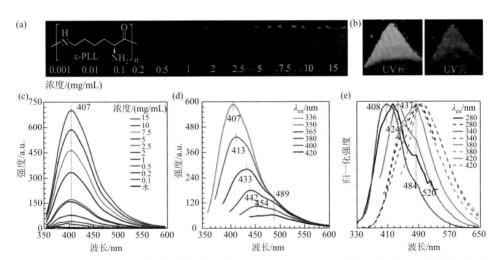

图 7-11　在 365 nm 紫外光照射或停止照射后，不同浓度 ε-PLL 水溶液（a）和固体粉末（b）的发光照片；不同浓度的 ε-PLL 水溶液（λ_{ex} = 336 nm）（c）和不同激发波长下浓溶液（d）的发射光谱；（e）在不同的激发波长下 ε-PLL 粉末的瞬时发射光谱（实线）和延迟发射光谱（虚线）[10]

　　血清白蛋白是哺乳动物血浆中含量最丰富的蛋白质，易于大量分离且化学性质稳定，因此许多科学工作者从血清白蛋白入手研究蛋白质的本征发光。2017 年，Bhattacharya 及其同事分离并研究了人血清白蛋白 [HSA，图 7-12（a）][28]，指出蛋白质的本征发光应来自肽链骨架而非芳香残基。值得注意的是，HSA 的光物理特征与 P(ValGlyGlyValGly)的光物理特征非常相似[18]，具有浓度依赖性和激发波长依赖性。当 HSA 溶液浓度低于 10 μmol/L 时，几乎看不到其可见光发射。此后，特别是在 10～50 μmol/L 范围内，HSA 溶液的荧光强度随着浓度的增加而大

大提高 [图 7-12（b）]，且其发射峰也随着激发波长的变化而变化。以上种种表明 HSA 溶液中存在多重发射种，其本征发光并非来源于芳香残基。除此以外，Bhattacharya 等还测量了 HSA 的荧光寿命，结果显示其不符合单指数衰减动力学，而这可归因于 HSA 中各种 β-折叠低聚物的形成 [图 7-12（c）]。

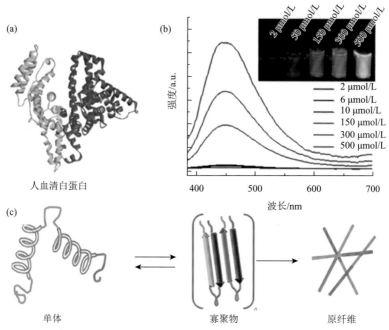

图 7-12　（a）HSA 的结构；（b）在 375 nm 光照射下，不同浓度 HSA 溶液的 PL 发射光谱；（c）HAS 原纤维形成示意图[28]

　　其他一些天然蛋白质也显示出与 HSA 类似的发射特征，如牛血清白蛋白（BSA）和卵清蛋白（OVA）。2019 年，受非芳香族氨基酸和聚氨基酸在浓溶液和固体中的固有发射的启发，袁望章等利用 BSA [图 7-13（a）] 作为模型蛋白重新审视蛋白质的本征发光情况[29]，发现其在稀溶液（0.1 mg/mL）中几乎不发射，但在高浓度和聚集态时有很强的具有激发波长依赖性的可见光信号，表现出浓度增强发光和聚集诱导发光（AIE）的特性。如图 7-13（b）所示，当 BSA 浓度为 0.1 mg/mL 时，几乎看不到其可见光发射，直到浓度上升到 0.5 mg/mL 时才可以观察到微弱的蓝色荧光。对照发射光谱 [图 7-13（c）]，可以看到随着浓度的增加，BSA 在 442 nm 处的峰强度不断增强。与 0.01 mg/mL 处的峰强度相比，在 20 mg/mL 处的峰强度增加了 178 倍。量子效率（Φ）进一步验证了其可见光信号随浓度的增加而逐渐增强。浓度为 0.01 mg/mL、10 mg/mL 和 20 mg/mL 的溶液，其量子效率分别为 0%、3.9% 和 5.3%。此外，BSA 溶液在不同激发波长下的发射峰位也不尽相同 [图 7-13（d）]，表明 BSA 溶液中存在不同的聚集态和发射种。

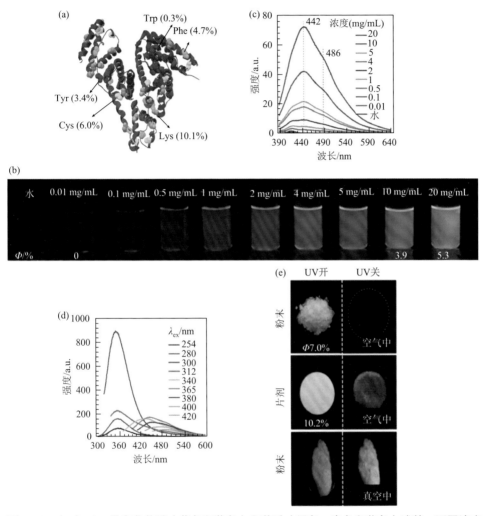

图 7-13　（a）BSA 具有非芳香（紫色和黄色）和芳香（绿色、青色和蓝色）残基；不同浓度的 BSA 水溶液在 365 nm 照射下拍摄的照片（b）及发射光谱（c）；（d）20 mg/mL BSA 水溶液在不同激发波长下的发射光谱；（e）BSA 固体粉末和片剂在 312 nm 紫外光激发下在空气或真空中拍摄的照片[29]

　　相比于溶液，BSA 片剂展现了更亮的发射信号及更高的荧光量子效率[图 7-13（e），BSA 片剂 $\Phi = 10.2\%$，粉末 $\Phi = 7.0\%$，浓溶液 $\Phi = 5.3\%$]，表现出明显的超长寿命室温磷光（p-RTP）现象。这些结果证实 BSA 的荧光发射并非来源于芳香残基，而是与非芳香部分高度相关，可由 CTE 机理解释，即非芳香部分的富电子基团聚集，通过空间共轭形成发射中心，随之增强的电子云重叠和刚硬化的构象有利于辐射跃迁过程，稳定易于猝灭的三重态激子而得到室温磷光。

2021 年，Diaferia 等通过比较分析 PEG24-F6 和 $A\beta_{16-21}$ 的溶液与固体的荧光，发现样品的物理状态对淀粉样结构中自组装肽的光物理性能也有重要影响，并且在不同荧光特性的淀粉样蛋白系统也检测到类似的行为[30]。因此，通过对不同物理状态下自组装肽/蛋白质光物理性能的相似性和差异性的深入研究，有助于将荧光光谱开发为一个便捷地表征这些复杂的超分子组装的有效工具。

7.5 总结与展望

与芳香族生物分子相比，非芳香生物分子由于缺乏大的共轭发光基团，一直被认为是没有可见光发射的。然而，一些研究小组偶然地观察到一些非芳香类生物分子的固有发光，从此打开了新世界的大门。经过众多研究者的努力探索，已发现包括氨基酸、多肽和蛋白质在内的众多非芳香生物分子具有可见光发射。然而，令人遗憾的是，生物分子的本征发光机理仍难以捉摸。

本章总结了非芳香生物分子的发光特性和发光机理的各种假说。非芳香生物分子光物理性质基本上与其他合成的非典型发光化合物类似，都具有 AIE 效应和激发波长依赖性。但针对非芳香生物分子的发光机理，不同研究者提出了不同的说法，包括但不限于氢键、CTE 机理等。考虑到生物分子和合成非典型发光化合物发光性能的相似性，认为 CTE 机理更具有普适性，可以解释非芳香氨基酸、多肽和蛋白质的发射。

总体来讲，生物分子的固有发射并不局限于传统芳香发色团的存在，多数生物分子都拥有的富电子原子或亚基被认为是导致聚集态非芳香生物分子固有发光的原因。这些富电子基团（包括肽键和 R 侧基）聚集，通过有效的空间共轭形成多个发射中心，分子内和分子间相互作用（如氢键）进一步增强构象刚硬化程度，从而有利于发光。

此外，由于非芳香生物分子中普遍存在羰基和/或杂原子，$n-\pi^*$ 跃迁可能是其荧光发射的主要成分。同时，不同富电子单元的簇聚缩小了 S_1 和 T_1 之间的能量分裂，从而有利于 ISC 跃迁产生更多的三重态激子。因而，非芳香生物分子通常表现出室温磷光甚至是超长寿命室温磷光发射。

如今，无论是生物学研究还是其他领域，发光材料都是科学研究不可或缺的一部分。科学家越来越关注生物成像材料的开发，这极大地促进了对蛋白质结构的研究[31]。虽然目前已经研究了一些非芳香氨基酸、多肽和蛋白质的光物理性质，但仍有相当大一部分领域无人触及。未来仍需要在新型非芳香生物分子发光体的发现、合理设计和应用方面做出不断努力。例如，据先前报道，在溶液状态下，核酸和 DNA 组分（即嘧啶和嘌呤核苷酸，嘧啶衍生物和核苷）都能在 77 K 时发射磷光[32]。鉴于 DNA 中存在丰富的富电子基团，其在固态下的光物理特性可能与在溶液中有很大的不同。此外，非芳香生物分子具有优异的生物相容性、水溶性和独特的发光特性，有望在医学研究、生物成像、加密和防伪等方面得到更广泛的应用。

随着人们逐渐认识到大的共轭基团（如芳烃及其偶联物）并非光致发光必不可少的条件，此类非芳香生物分子的研究进展将越来越受到人们的关注。还可以预期的是，随着人们对更多非芳香生物分子的不断探索和深入研究，最终可以彻底地破译其发光机理，解开非芳香蛋白质本征发光之谜。

（陶思羽　来悦颖　袁望章）

参 考 文 献

[1]　Lakowicz J R，Maliwal B，Cherek H，et al. Rotational freedom of tryptophan residues in proteins and peptides. Biochemistry，1983，22（8）：1741-1752.

[2]　Zuclich J A，Maki A H. Protein triplet states. Topics in Current Chemistry，1975，vol 54：115-163.

[3]　Vladimirov Y A. Primary steps of photochemical reactions in proteins and aromatic amino-acids: a review. Photochemistry and Photobiology，1965，4（3）：369-384.

[4]　Debye P，Edwards J O. A note on the phosphorescence of proteins. Science，1952，116（3006）：143-144.

[5]　Lakowicz J R. Principles of Fluorescence Spectroscopy. Cham: Springer Science & Business Media，2013.

[6]　Permyakov E A. Luminescent Spectroscopy of Proteins. Boca Raton: CRC Press，1993.

[7]　Homchaudhuri L，Swaminathan R. Novel absorption and fluorescence characteristics of L-lysine. Chemistry Letters，2001，30（8）：844-845.

[8]　Homchaudhuri L，Swaminathan R. Near ultraviolet absorption arising from lysine residues in close proximity: a probe to monitor protein unfolding and aggregation in lysine-rich proteins. Bulletin of the Chemical Society of Japan，2004，77（4）：765-769.

[9]　Zhou Q，Wang Z Y，Dou X Y，et al. Emission mechanism understanding and tunable persistent room temperature phosphorescence of amorphous nonaromatic polymers. Materials Chemistry Frontiers，2019，3（2）：257-264.

[10]　Chen X H，Luo W J，Ma H L，et al. Prevalent intrinsic emission from nonaromatic amino acids and poly(amino acids). Science China Chemistry，2018，61（3）：351-359.

[11]　Apter B，Morelli G，Rosenman G，et al. Fold-sensitive visible fluorescence in β-sheet peptide structures. Advanced Optical Materials，2021，9（23）：2002247.

[12]　Ma Y Q，Zhang H，Wang K X，et al. The bright fluorescence of non-aromatic molecules in aqueous solution originates from pH-induced CTE behavior. Spectrochimica Acta Part A: Molecular and Biomolecular Spectroscopy，2021，254（5）：119604.

[13]　Mei L X，He S Y，Zhang L，et al. Supramolecular self-assembly of fluorescent peptide amphiphiles for accurate and reversible pH measurement. Organic & Biomolecular Chemistry，2019，17（4）：939-944.

[14] Wang Z H, Ye J H, Li J, et al. A novel triple-mode fluorescent pH probe from monomer emission to aggregation-induced emission. RSC Advances, 2015, 5 (12): 8912-8917.

[15] Shukla A, Mukherjee S, Sharma S, et al. A novel UV laser-induced visible blue radiation from protein crystals and aggregates: scattering artifacts or fluorescence transitions of peptide electrons delocalized through hydrogen bonding? Archives of Biochemistry and Biophysics, 2004, 428 (2): 144-153.

[16] Sharpe S, Simonetti K, Yau J, et al. Solid-state NMR characterization of autofluorescent fibrils formed by the elastin-derived peptide GVGVAGVG. Biomacromolecules, 2011, 12 (5): 1546-1555.

[17] Chan F T S, Schierle G S K, Kumita J R, et al. Protein amyloids develop an intrinsic fluorescence signature during aggregation. Analyst, 2013, 138 (7): 2156-2162.

[18] del Mercato L L, Pompa P P, Maruccio G, et al. Charge transport and intrinsic fluorescence in amyloid-like fibrils. Biophysics and Computational Biology, 2007, 104 (46): 18019-18024.

[19] Tang S X, Yang T J, Yuan W Z, et al. Nonconventional luminophores: characteristics, advancements and perspectives. Chemical Society Reviews, 2021, 50 (22): 12616-12655.

[20] Wang Y Z, Zhao Z H, Yuan W Z. Intrinsic luminescence from nonaromatic biomolecules. ChemPlusChem, 2020, 85 (5): 1065-1080.

[21] Grelich-Mucha M, Garcia A M, Torbeev V, et al. Autofluorescence of amyloids determined by enantiomeric composition of peptides. Journal of Physical Chemistry B, 2021, 125 (21): 5502-5510.

[22] Raskatov J A. Conformational selection as the driving force of amyloid β chiral inactivation. ChemBioChem, 2020, 21 (20): 2945-2949.

[23] Foley A R, Raskatov J A. Understanding and controlling amyloid aggregation with chirality. Current Opinion in Chemical Biology, 2021, 64: 1-9.

[24] Pinotsi D, Grisanti L, Mahou P, et al. Proton transfer and tructure-specific fluorescence in hydrogen bond-rich protein structures. Journal of the American Chemical Society, 2016, 138 (9): 3046-3057.

[25] Zhou Q, Cao B Y, Zhu C X, et al. Clustering-triggered emission of nonconjugated polyacrylonitrile. Small, 2016, 12 (47): 6586-6592.

[26] Yuan W Z, Zhang Y M. Nonconventional macromolecular luminogens with aggregation-induced emission characteristics. Journal of Polymer Science Part A: Polymer Chemistry, 2017, 55 (4): 560-574.

[27] Amrendra K, Dileep A, Anurag P, et al. Weak intrinsic luminescence in monomeric proteins arising from charge recombination. Journal of Physical Chemistry B, 2020, 124 (14): 2731-2746.

[28] Bhattacharya A, Bhowmik S, Singh A K, et al. Direct evidence of intrinsic blue fluorescence from oligomeric interfaces of human serum albumin. Langmuir, 2017, 33 (40): 10606-10615.

[29] Wang Q, Dou X Y, Chen X H, et al. Reevaluating protein photoluminescence: remarkable visible luminescence upon concentration and insight into the emission mechanism. Angewandte Chemie International Edition, 2019, 58 (36): 12667-12673.

[30] Diaferia C, Schiattarella C, Gallo E, et al. Fluorescence emission of self-assembling amyloid-like peptides: solution versus solid state. ChemPhysChem, 2021, 22 (21): 2215-2221.

[31] Nienhaus K, Nienhaus G U. Fluorescent proteins for live-cell imaging with super-resolution. Chemical Society Reviews, 2014, 43 (4): 1088-1106.

[32] Görner H. Phosphorescence of nucleic acids and DNA components at 77 K. Journal of Photochemistry and Photobiology B: Biology, 1990, 5 (3-4): 359-377.

第8章

>>

非典型发光化合物发光性质的调控

引言

　　随着研究的不断深入，人们已在大量非芳香化合物中观测到了发光现象，包括糖类等天然产物、生物分子、合成化合物及超分子化合物等。由于它们具有重要的基础研究意义及广泛的应用前景，吸引了越来越多研究者的关注。同时，这些非典型发光化合物通常易于合成，具有出色的生物相容性和环境友好性，因此在绿色化学、可持续发展材料、生物应用等方面具有独特优势。然而，相比经典的显著 π 共轭荧光有机物，由于对发光机理及结构与发光性质之间关系的了解有限，非典型荧光有机物发光颜色无法像典型发光分子可通过分子共轭调节、推拉电子单元引入等直接调节。目前，尽管非典型发光材料的发射通常具有激发波长依赖性，但绝大多数体系的最佳发射集中在蓝光区域，绿光、黄光、红光、近红外发射非典型发光化合物报道寥寥无几。此外，非典型发光化合物的发光效率通常较低（多数小于 20%）。因此，对非典型发光材料发光颜色的有效调控，并进一步提高其发光效率等亟待深入研究，这不仅有利于进一步理解它们的发光机理，而且有助于拓宽它们的应用范围，尤其是在生物和医学影像等方面的应用。

　　针对上述问题，本章总结了近年来针对非典型发光化合物本征发光调节的一些初步尝试，包括材料分子结构等内部调节方式，以及压力、温度、溶剂等外部调节方式，以期进一步阐明材料发光与分子结构、分子堆砌模式及外部环境的关系。同时，希望这些总结能起到抛砖引玉的作用，使读者在了解相关进展的同时，能产生更多的奇思妙想，从而进一步设计开发出发光可调且更高效的非典型发光材料，进而加深对其发光机理与构效关系的理解，并拓展其在各领域的应用。

8.2 分子结构对发光性质的调控

　　由于非典型发光化合物分子结构中缺少典型的显著大 π 共轭结构，化学键共轭（through-bond conjugation，TBC）较小，其发射主要依赖富电子非典型生色团的簇聚及其空间共轭（through-space conjugation，TSC）和构象刚硬化[1, 2]。空间共轭（电子离域扩展）是由富电子单元间的电子相互作用或电子-轨道相互作用实现的，如羰基和杂原子间的 n-π* 相互作用及羰基之间的偶极-偶极相互作用与 π-π 相互作用等。分子结构的改变会对富电子单元间空间共轭及簇生色团构象刚硬化程度产生很大影响，从而导致光致发光（PL）特性发生明显变化。非典型发光化合物的发光性能不仅取决于其内部的化学结构，而且和其所处的外部环境密切相关。

前期，人们将研究目光主要集中在聚合物体系。与聚合物发光性能密切相关的是链中生色团和分子链拓扑结构，因此，通过改变链的组成、分子量或拓扑结构等，可实现非典型发光聚合物发光性质的调控。虽然调控方式多种多样，但从本质上讲，仍是对簇聚体发射种空间离域程度及构象刚硬化程度的调节。

8.2.1 通过改变共聚组成调整链的柔性

高分子链的柔性一方面受链内和/或链间相互作用的影响，另一方面与分子运动密切相关。因此，某些情况下，高分子链柔性与非典型生色团的簇聚及簇生色团的构象刚硬化紧密关联，从而影响发光。过于柔性的分子链，不利于限制分子的振动与转动，导致非辐射跃迁活跃；而过于刚性的分子链，不利于生色团的簇聚。因此，根据分子链本身柔性的差异，调控方式也有所不同。

对于链柔性好的聚合物体系，将刚性基团引入聚合物链能增加构象刚硬化程度，在一定程度上限制分子链运动而使发光性能提升。李远教授等[3]报道了具有绿色荧光发射的磺化丙酮-甲醛缩合物（SAF），并以壬基酚和对叔丁基苯酚为原料，在 SAF 中引入刚性芳环，合成了磺化苯酚-丙酮-甲醛缩合物（NSPAF 和 t-SPAF）。图 8-1（a）给出了 SAF 和 SPAFs 的结构式。SAF 和 SPAFs 的紫外-可见吸收光谱（0.5 mg/mL）较为相似，在 190～500 nm 范围内呈现较强吸收。荧光发射光谱 [图 8-1（b）] 显示，在 320 nm 激发波长（λ_{ex}）下，SAF 的最大发射波长为 525 nm（绿光），而 SPAFs 的最大发射波长约为 475 nm（蓝光），产生约 50 nm 的蓝移。相同浓度下，SPAFs 具有比 SAF 更高的 PL 强度，其中 NSPAF 的发射最强，荧光量子效率高达 8.3%，其次是 t-SPAF（4.3%），而 SAF 发光最弱，其量子效率仅为 1.4%。他们认为上述发光现象来自羰基聚集形成的团簇诱导荧光发射 [图 8-1（c）]，芳香环的引入增强了聚合物主链的刚性，能够进一步抑制分子链运动，因而促进了可见光发射。

除上述分子链柔性因素外，笔者认为，依据 CTE 机理，体系中包括羰基在内的富电子单元（如羟基、醚键、磺酸根）在 0.5 mg/mL 溶液中均可能簇聚，从而对发光有所贡献。苯酚基团的引入不仅增加了链刚性，更重要的是增加了分子

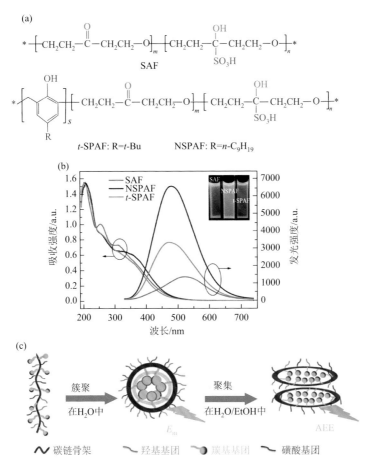

图 8-1 （a）SAF 与 SPAFs 的化学结构；（b）SAF、NSPAF 及 *t*-SPAF 水溶液（0.5 mg/mL）的吸收光谱、荧光发射光谱及照片，$\lambda_{ex} = 320$ nm；（c）羧基团簇诱导发光和聚集增强发光机理示意图[3]

共轭较大的单元，其也会参加簇聚，产生新的电子相互作用（如孤对电子与苯环的 n-π* 相互作用）和空间共轭，从而影响其簇生色团的发光波长与效率。同时，笔者也想强调，分子链柔性会影响链段运动，因而可能对簇生色团的发光产生影响。但若簇生色团内部非典型生色团相互作用等受链结构改变的影响较小，或链局部柔性改变的同时，富电子单元有效簇聚也进一步增强，从而使空间电子相互作用增强，此时则会出现总体链柔性变好（如玻璃化转变温度降低）但发光效率增强的情况。

除带有苯环的刚性基团外，将亚氨基引入 SAF 得到磺化乙二胺-丙酮-甲醛缩合物（SEAF）。在紫外光激发下，其水溶液呈明亮的绿光发射，相同浓度下量子效率显著提升（图 8-2）[4]。他们认为亚氨基的引入对其荧光增强起着关键作用，不仅可以使体系产生更多的氢键，也能与磺酸基形成离子键，增加分子链的相互作用，使得分子链构象变得更刚性，从而荧光发射更强。但笔者认为，除上述效应外，引入的亚氨基也会参与成簇，并增加簇生色团的构象刚硬化程度，从而有利于发光。

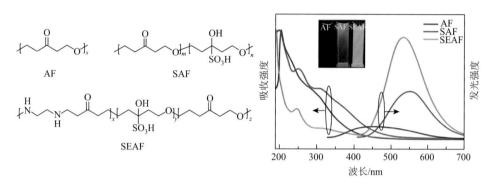

图 8-2　AF、SAF 和 SEAF 水溶液（0.5 mg/mL）的吸收光谱、荧光发射光谱及紫外光下的发光照片，λ_{ex} = 320 nm[4]

对于主链刚性很大的聚合物体系，增加分子链的柔性能够使分子链在聚集时采取更多合适的构象，这有利于促使分子链更紧密的聚集，因而能够显著影响团簇结构的形成及空间共轭效应的实现。唐本忠院士团队先前报道了聚马来酸酐（PMAh）的荧光现象，并将其归属为锁定的羰基（locked carbonyl）基团的聚集及空间共轭效应[5, 6]。但在 PMAh 分子中，体积较大的环酸酐结构直接并入聚合物主链，其位阻效应导致环酸酐结构难以转动，因此 PMAh 的分子构象刚硬化程度较大，较难采取其他构象来产生更多的分子内/分子间相互作用。

环酸酐结构直接并入聚合物主链的位阻效应导致 PMAh 的分子链刚性较大，而同样包含环酸酐结构的衣康酸酐（ITA）在聚合后只有一个碳原子连接在聚合物主链上，环酸酐结构可以沿碳-碳单键自由旋转，因此聚衣康酸酐（PITA）分子链的柔性相比 PMAh 要好得多。汪辉亮教授课题组[7]采用 ITA 分别与 N-乙烯基己内酰胺（NVC）和 N-乙烯基吡咯烷酮（NVP）经自由基聚合制得衣康酸酐-N-乙烯基己内酰胺共聚物（PIVC）与衣康酸酐-N-乙烯基吡咯烷酮共聚物（PIVP），研究了其光物理性质，并比较了其与相应均聚物的发光差异（图 8-3）。在 365 nm 紫外光照射下，均聚物 PITA、PNVC 及聚乙烯吡咯烷酮（PVP）固体发出蓝色或紫色光，共聚物 PIVP 和 PIVC 的固体发光明显红移，分别发出橙红光和亮白光（图 8-3）。上述结果说明将 ITA 与含内酰胺官能团的单体共聚，所得共聚物由于高分子链柔性的提高产生更强的链内/间相互作用，增加了簇聚体发射种的空间离域程度，进而导致发光红移。共聚物 PIVP 和 PIVC 的光致发光差异无法通过位阻来解释，但 PIVC 的分子量比 PIVP 小，分子链不易缠结，使得 PIVC 易于聚集并形成更丰富的相互作用，从而产生红移发射。因此，通过改变柔性增加链间/内相互作用可作为产生红光发射团簇结构的有效方法。

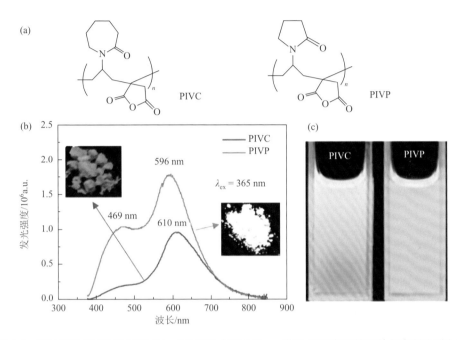

图 8-3　PIVC 和 PIVP 的结构式（a）及其粉末在 365 nm 紫外光激发下的照片与发射光谱（b）；（c）PIVC 和 PIVP 的 DMSO 溶液（0.2 mg/mL）在 365 nm 紫外光照射下的照片[7]

　　为进一步研究聚合物链柔性对非典型发光聚合物发光行为的影响，汪辉亮课题组通过自由基聚合制备了 PITA 及衣康酸酐与 1-辛烯的共聚物（POITA），并研究了它们的光物理性质[8]。如图 8-4 所示，在日光下，PITA 和 POITA 均为白色粉末，而在 365 nm 紫外光照射下，两种聚合物固体均发出明亮的蓝光。相较于 PITA（固态量子效率为 16.2%），引入己基侧链的 POITA 发光更强，固态量子效率为 21.0%。从化学结构分析，PITA 相比 PMAh 具有更好的链柔性，而 POITA 较 PITA 的链柔性进一步增加。由此，可以确认，对于分子链较为刚性的聚合物，链柔性的增加使非典型生色团可采用适当的构象来形成强的链内和/或链间的 $n\text{-}\pi^*$ 和/或 $\pi\text{-}\pi^*$ 相互作用，从而有利于增强非典型发光聚合物的 PL，并且由于发射种的进一步簇聚而利于产生更多新的簇聚体发射种，进而实现发光颜色与效率的调节。

　　上述结果说明共聚是调节非典型发光材料光物理性质的有效方法。在共聚单元相同的情况下，共聚比例的不同也会使共聚物发光性质产生明显变化。袁望章课题组通过自由基共聚按相同的操作过程合成了三种不同投料比的丙烯酸（AA）

图 8-4　PITA 和 POITA 固体粉末在日光灯（上）和 365 nm 紫外光（下）下的照片[8]

与丙烯酰胺（AM）二元共聚物［P(AA-*co*-AM)］。当共聚比例为 1∶1 时，较均聚物 PAA 固体（5.70%）与 PAM 固体（13.70%），P(AA-*co*-AM)固态量子效率（40.38%）显著提升。而共聚比例为 1∶4 或 4∶1 时，体系发光性能提升不大，甚至略有下降（图 8-5）。这是由于羧基与氨基的酸碱相互作用，当两者距离足够近时，除分子内和/或分子间氢键外，还会形成离子键，从而在促进羧基、氨基簇聚的同时，增强簇生色团的构象刚硬化，理论上会显现出更优异的光物理性质。因此，当两种单体比例较均匀时，不同基团间容易形成路易斯酸碱对使分子间相互作用增加，而单体数量比例过大或过小，无法形成有效的路易斯酸碱对，整体就呈现出均聚物的性质，共聚效果被弱化。因此，合理地控制共聚比例也是提升发光性能的关键。

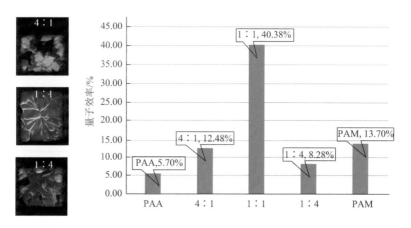

图 8-5　投料摩尔比 4∶1、1∶1、1∶4（AA∶AM）体系聚合物固体薄膜在 312 nm 紫外光激发下的发光照片及量子效率柱状图

8.2.2　通过改变分子量调整链的柔性

当聚合物分子结构、组成不同时，在分子量与生色团的共同作用下会导致不同簇聚结构的产生，引起发光性能的差异，如 8.2.1 节所提到的 PIVC 和 PIVP。当聚合物的结构组成相同时，分子量便是影响链柔性的重要因素，因此仅是分子量的不同也会改变链内/间相互作用而调控发光性能。

PVP 分子链，由于体积较大的吡咯烷酮环与主链之间仅以碳氮单键相连，具有良好的柔性。MAh 与 NVP 共聚生成的交替共聚物的分子链柔性会得到明显提高。因此，根据先前的结论，吡咯烷酮环和环酸酐结构共聚便可以具有更多的分子构象，进而产生更多和更强的分子内/分子间相互作用。为调控聚合物的发光，汪辉亮教授课题组[9]以 MAh 和 NVP 为单体，通过自由基共聚得到交替共聚物 PMVP［图 8-6（a）］。通过改变单体的摩尔比得到分子量为 6.61×10^4 的 PMVP-2

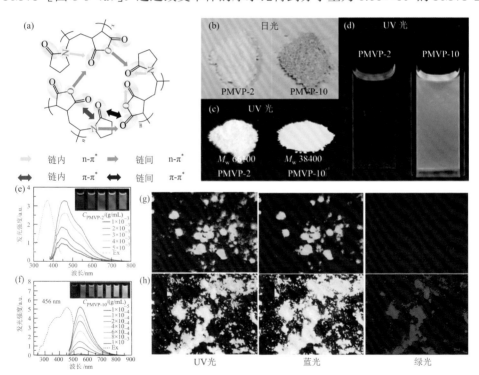

图 8-6　（a）PMVP 结构式及簇聚示意图；PMVP 粉末在日光（b）及 365 nm 紫外光（c）下的照片；（d）PMVP/DMSO 溶液（1 mg/mL）在 365 nm 紫外光下的照片；365 nm 紫外光激发下不同浓度 PMVP-2/DMSO（e）和 PMVP-10/DMSO 溶液（f）的激发光谱、发射光谱和发光照片，Ex 表示激发光谱；PMVP-2 粉末（g）和 PMVP-10 粉末（h）在紫外光、蓝光和绿光激发下的发光照片[9]

及分子量为 3.84×10^4 的 PMVP-10 [图 8-6（b）]。在紫外光照射下，PMVP-2 粉末发出明亮的蓝光，而 PMVP-10 粉末则发出明亮的黄光 [图 8-6（c）]。其中，PMVP-2 粉末的固态发光效率较 PMVP-10 粉末高，在 456 nm 波长激发下可高达 24.56%，这是由固态下 PMVP-2 更为刚性的构象引起的。PMVP-2 和 PMVP-10 溶液分别发出较弱的蓝光和明亮的蓝绿光 [图 8-6（d）]，并具有明显的浓度增强发光性质和激发波长依赖性。

上述现象与聚合物链的柔性息息相关。具有较高分子量的 PMVP 因为分子链具有更强的缠结作用，因而阻止了分子链中环酸酐和吡咯烷酮环的相互聚集，使得局部共轭结构单元彼此孤立，不能形成更加扩展的空间共轭，因而能隙较高，发出蓝色荧光。相反，低分子量 PMVP 链柔性更好，更便于富电子单元的簇聚，产生更大的簇生色团和更扩展的空间共轭，因而发射红移。陈宇教授等也报道了类似的实验结果[10]，他们发现氧化后的超支化聚乙烯亚胺（HPEI）的荧光强度与其分子量密切相关。认为低分子量 HPEI 更容易被氧化产生更多的叔胺氧化物，而高分子量的 HPEI 不易被氧气氧化，导致产生的叔胺氧化物减少，叔胺氧化物能促进分子间相互作用的增加和簇生色团的电子离域，因此分子量低的 HPEI 荧光强度反而更高。需要注意的是，氧化增强富电子单元相互作用及簇生色团离域扩展，从而调节并增强非典型发光聚合物的 PL 性质在聚硫醚[11]、聚酰胺-胺（PAMAM）等体系也有所体现。但他们将 HPEI 氧化产物的发光主要归属为叔胺氧化物的贡献，这与汪辉亮教授认为叔胺无法氧化的结论矛盾[12]，因此针对这一体系的发光机理仍有待进一步阐明。

与上述现象相反，潘才元教授课题组[13]和颜红侠教授课题组[14, 15]分别报道了超支化聚（胺-酯）[hyperbranched poly(amine-ester)，HypET] 和超支化聚硅氧烷（HBPSi）的荧光强度随分子量增加而增强的现象。由于叔胺在主链或侧基的线形聚（胺-酯）发光微弱，而 HypET 发光相对较强（量子效率为 11%～43%），潘才元教授等认为支化叔胺是 HypET 发光的根源。随分子量增加，HypET 发光显著增强，核磁共振结果证明，分子内部运动随着分子量的增加而受限，同时，高分子量 HypET 在支化单元中的叔胺含量也比低分子量 HypET 高（支化度随分子量的增加而增加），因此，将分子量增加使发光增强归属为支化叔胺含量的增加及其构象刚硬化。由于早期认识的局限性，显然这一论断值得商榷。笔者认为分子量增加，富电子单元（不同胺基、酯基等）的簇聚变得更为容易，同时簇生色团的构象刚硬化程度进一步增强可能是发光增强的主要原因。对于 HBPSi 而言，颜红侠教授等认为是分子量增加、构象更加刚硬化导致了发光增强（图 8-7）。因此，所谓通过分子量调整链柔性，从而影响光物理性质这一方法的本质，归根结底还是分子量变化引起了体系中簇生色团簇聚状态、共轭程度及构象刚硬化程度的改变，从而反映为可调节的本征发光。

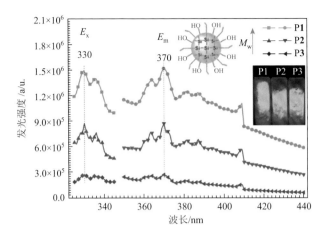

图 8-7　不同分子量 HBPSi 的激发光谱（$\lambda_{em} = 370\ nm$）、发射光谱（$\lambda_{ex} = 330\ nm$）及发光照片[14]

P1、P2 和 P3 的分子量（M_w）分别约为 43700、27400 和 11400

8.2.3　通过改变侧链基团调节链的相互作用

除改变聚合物主链来调节链柔性进而调控非典型生色团相互作用与簇生色团构象刚硬化程度外，向聚合物中引入不同侧基也可达到调节分子间相互作用的目的，从而进一步影响聚合物的光物理性质。袁望章等[16]报道了聚丙烯酸（PAA）、聚丙烯酰胺（PAM）及聚（N-异丙基丙烯酰胺）（PNIPAM）在溶液和固态（无定形态粉末、薄膜等）的本征发光现象[图 3-7（a）]。值得注意的是，在常温常压下 PAA 及 PAM 固体即可展现出显著的超长寿命室温磷光（p-RTP）现象，而 PNIPAM 则需要在真空或氮气保护条件下才可呈现出 p-RTP。这是由于 PAA 与 PAM 的分子链堆积紧密，可阻隔氧气、水等对三重态激子的猝灭作用。而 PNIPAM 中异丙基的引入使位阻增加，分子链的堆积较为松散，因此在固态时透氧性增加，三重态激子易于与氧接触猝灭，因此 PNIPAM 固体在常温常压下无法观察到 p-RTP。

此外，上述非典型发光聚合物的侧基还可进一步离子化，通过更强的静电相互作用增强簇生色团的构象刚硬化程度，从而实现更高效的发射[16]。用氢氧化钠中和或用盐酸酸化后得到的 PAANa 与 PAMHCl 粉末具有更高的固态发光量子效率与更长的p-RTP寿命，其量子效率/p-RTP寿命在离子化前后分别为4.5%/41.8 ms（PAA 粉末）、8.3%/97.6 ms（PAM 粉末）、7.6%/139.1 ms（PAANa 粉末）与16.7%/116.9 ms（PAMHCl 粉末）（图 8-8），这可归因于侧链基团间静电相互作用引起的构象刚硬化。PAACa 固体的结果进一步证实了这一现象。与 PAANa 和

PAMHCl 盐相比，PAACa 固体的 p-RTP 具有更长的寿命，这是由于 Ca²⁺与羧基之间的相互作用更强，从而导致形成的簇生色团具有更刚性的构象。因此，通过改变侧链基团以产生更强的分子间相互作用，是提升发光性质的有效手段。

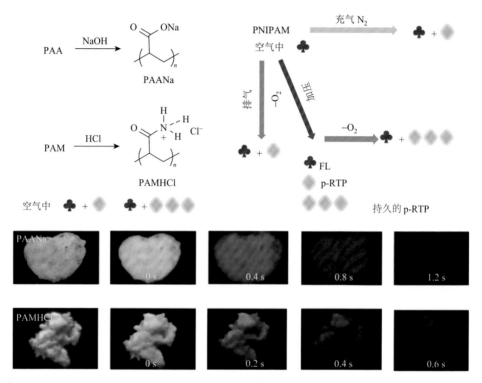

图 8-8　不同聚合物的 **p-RTP** 特性调节示意图，以及室温条件下 **312 nm** 紫外光照射或停止照射后不同粉末的照片[16]

　　乔金樑教授等通过一步反应和自组装方法，将 PMV/乙醇混合液滴入强碱（LiOH、NaOH 或 KOH）溶液中，使侧链离子化，制备了具有强荧光发射的 PMV 衍生物[17]。在强碱溶液中，酸酐环水解开环，随之发生与乙醇的酯化反应（图 8-9）。这些聚合物在浓溶液和固态均可发出强蓝光或蓝绿光，其中 PMV-Li 的固体荧光量子效率高达 87%。有意思的是，这些聚合物经过简单的加热处理后，其荧光发射转变为红光。他们认为，自组装羧基团簇在蓝光聚合物中起着高效生色团的作用。在加热过程中，乙酸的消除会形成孤立的 C═C 键，这会使簇聚体发射种的离域程度进一步增加，产生红光发射。此外，对比分别使用甲醇、乙醇、正丙醇和正丁醇参与的反应，发现增加用于酯化的醇的碳链长度可导致最终发光聚合物的发射红移。

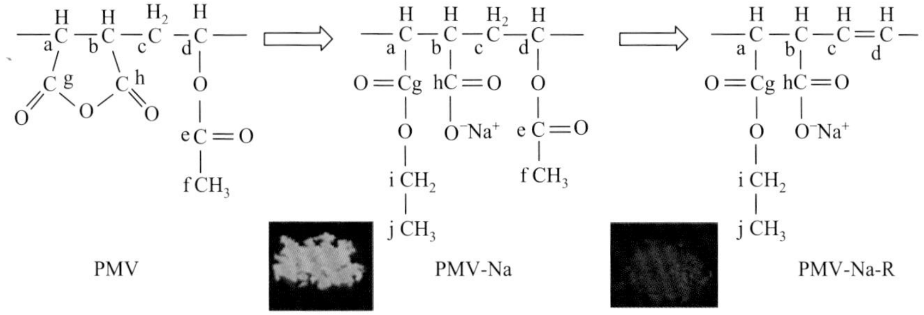

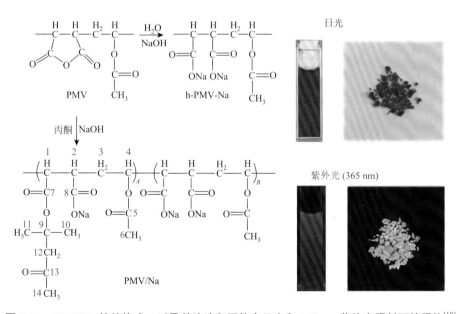

图 8-9 PMV、PMV-Na 和 PMV-Na-R 的结构式，以及 PMV-Na 和 PMV-Na-R 固体在 365 nm
紫外光照射下的照片[17]

受上述结果启发，乔金樑教授等以 PMV、丙酮和碱为原料，在碱性条件催化
下，酸酐开环后与丙酮反应生成带二丙酮醇酯结构的新型 PMV 衍生物（图 8-10）[18]。
这些衍生物能发射红色荧光。它们含有双生色团，其中的金属羧酸基对应蓝色发
光，且具有激发波长依赖性，而大体积羧酸酯基则对应红色发光，无明显激发波
长依赖性。这些 PMV 衍生物还表现出 AIE 特性，将其与 PVA 共混可制备出高
性能光致发光纤维，且进一步拉伸可增加纤维发光强度。在紫外光（365 nm）、
蓝光（420 nm）和绿光（546 nm）的激发下，发光纤维分别呈现出蓝光、绿光
和红光发射。

图 8-10 PMV/Na 的结构式，以及其溶液和固体在日光和 365 nm 紫外光照射下的照片[18]

随后，乔金樑教授等进一步将 PMV 固体和 NaOH 溶液以不同摩尔比混合处理，得到了发光颜色由青色到红色可调的固体（图 8-11）。在强碱作用下，PMV 中酸酐环被打开并与碱生成羧酸盐[2]。显然，碱性环境对 PMV 的水解及富电子单元的聚集影响重大，导致了不同程度的空间共轭作用。尽管这一调控机理尚未得到充分阐明，但充分说明侧链离子化调节非典型发光化合物光物理性质的可行性。

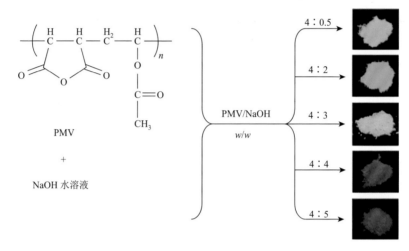

图 8-11　PMV 基多色发光聚合物的制备策略及其固体发光照片[2]

8.2.4　通过拓扑结构改变簇的微环境

聚合物的性能不仅依赖于结构单元的组成，也与其拓扑结构密切相关。用相同单体制备的聚合物，单体间连接方式的不同会导致簇聚体发射种的排列方式和所处微环境的差异，进而产生不同的发光现象。聚合物常见的拓扑结构包括线形、超支化、交联等，通过拓扑结构的调整来调节发光性质也有不少文献报道。

树枝状 PAMAM 于 1985 年由 Tomalia 等首次合成[19]，是研究最早也最多的非典型荧光聚合物。1997～2001 年，多个研究小组观察到树枝状 PAMAM 呈现弱荧光发射现象[20, 21]。2001 年，Larson 和 Tucker[22]通过两种荧光技术（激发-发射矩阵和荧光寿命）确定了端基为羧基的 PAMAM 树枝状大分子具有微弱但可检测的荧光发射，并发现荧光相对强度和荧光寿命均随树枝状大分子代数的增加而增加。这是荧光生色团的数量和结构刚性同时增加的结果。Lee 等在 2004 年也报道了四代 PAMAM-G4 的荧光强度远高于二代 PAMAM-G2 的现象[23]，同样推测树枝状的骨架可促进 PAMAM 的荧光发射。树枝状结构越大,其链段越拥挤,结构更刚性,从而更有利于荧光发射。

2009 年,潘才元教授课题组[24]通过迈克尔加成法合成了一种带二硫键的超支化 PAMAM 和线形 PAMAM [图 8-12 (a)]。他们认为,与不含叔胺的线形 PAMAM 相比,超支化 PAMAM 由于具有更多的叔胺基团,增加了分子间的相互作用,因而具有更高的荧光强度。2020 年,西北工业大学颜红侠教授课题组[25]利用一步缩聚反应合成了一种具有 AIE 特性的超支化聚氨基酯 [hyperbranched poly(amino ester), HPAE, 图 8-12 (b)]。通过改变激发光的波长,可以调控 HPAE 的发射,得到蓝色、青色、绿色乃至红色荧光。对比来看,线形聚合物的荧光强度远不如具有超支化结构的 HPAE,这是因为自组装体的形成增加了 HPAE 分子的构象刚硬化程度,抑制了非辐射跃迁途径,导致荧光增强。HPAE 的量子效率可达 6.8%。

随后,颜红侠教授课题组利用二元醇与含有羧基及碳碳双键的硅烷偶联剂,通过酯交换缩聚反应制备了一种超支化聚硅氧烷(HBPSi)P1 和具有线形结构的 P2(图 8-13),P1 和 P2 固体的量子效率分别为 7.17%和 1.12%[26]。P1 随着激发波长的改变,发射颜色具有明显的激发波长依赖性,而 P2 则不具有多色发射现象。他们认为,这一现象表明当聚合物链组分相同时,超支化拓扑结构是强发射的关键。笔者进一步推测,这可能是因为在该体系中,两种聚合物同样含有较大的侧链,这在一定程度上阻碍了线形结构主链基团的簇聚;但在超支化结构中,主链与侧链更易在同一超支化分子网络中交错、簇聚,从而显著促进荧光发射。同年,孙淼教授课题组报道了只含叔胺的超支化聚合物 HypTE 的荧光强度随分子量的增加而增强的现象。他们认为,分子量越高,叔胺基团的自由运动越受限,从而可以导致更强的荧光发射[27]。而叔胺在侧链上的线形聚合物 l-P(BMEP-EGDA)的荧光与 HypTE 相比要低得多,因为线形分子链段更易自由运动,导致荧光的减弱。因此,超支化结构更有利于荧光的产生。

然而需要特别说明的是,超支化结构并不是促进荧光发射的本质原因。还有一些报道表明,无论是超支化还是线形结构,聚合物均具有类似的光物理性质,拓扑结构对荧光的影响微弱[28]。因此,通过构建超支化结构调节发光这一方法的有效性还受聚合物具体组成单元的影响,本质应在于拓扑结构对簇聚体发射种离域程度和构象刚硬化程度带来的影响。

截至目前,大多数非典型发光聚合物都具有线形或超支化结构,而缺乏优良的力学性能,因此在制备高机械性能的固态器件方面存在一定的局限性。聚合物交联可以很好地克服这一缺点。聚合物在交联前后结构会产生巨大改变,力学性能及发光性能都会随之改变,因此通过控制交联程度也可以调控发光性能。

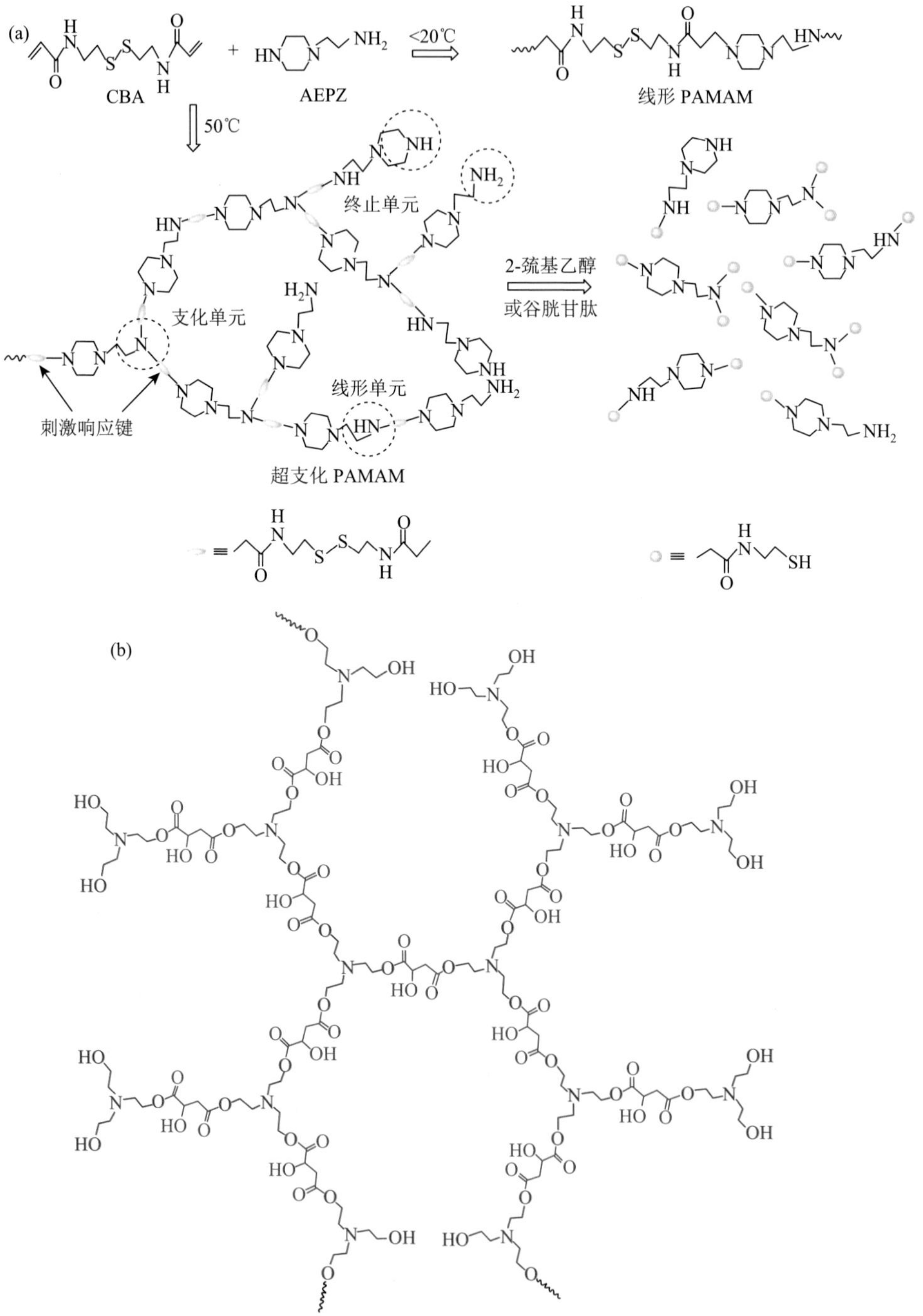

图 8-12　（a）含二硫键线形 PAMAM 与超支化 PAMAM 的分子结构[24]；
（b）HPAE 的分子结构[25]

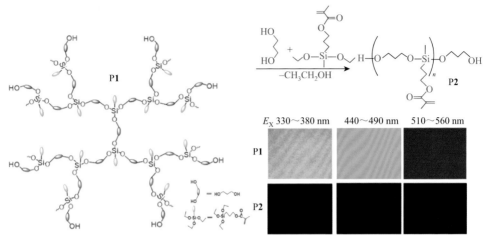

图 8-13　HBPSi 分子的线形（P2）及超支化（P1）结构，以及在不同激发波长下 P1、P2 的荧光显微照片[26]

聚氨酯（polyurethane，PU）是一类重要的聚合物，应用范围十分广泛，如黏合剂、涂料、泡沫和密封胶等。袁望章课题组对非芳香 PU 的发光性质及其发光机理进行了相应研究。由于缺乏传统芳香生色团，他们将脂肪族 PU 发光现象归因于氨基甲酸酯（NHCOO）基团的簇聚及其电子离域（空间共轭）与构象刚硬化[29]。常规 PU 的合成涉及对人体健康有害的剧毒物异氰酸酯，这极大地限制了其发展与进一步应用。

与常规 PU 相比，通过环状碳酸酯与伯胺反应制备的交联聚羟基氨基甲酸酯（PHU），由于规避了高毒性异氰酸酯的使用，且具有良好的力学性能，近年来受到广泛关注。同时通过交联方法改变 PHU 发光性能的研究也常见诸报道。潘才元教授等在先前的研究中观察到了 PHU 在溶液和固态均可发出明亮的蓝色荧光[13]，这种发光应当来自羰基的聚集和氢键相互作用驱动的氨基甲酸酯簇的形成。

为进一步诱导簇聚体发射种的形成，张兴宏教授等通过三羟甲基丙烷三（环状碳酸酯）醚（TPTE）与 1, 6-己二胺的交联反应，在不同温度下制备了非共轭 PHU微球（PHUMs）。通过改变反应温度控制交联度即可调控 PHUMs 的发光颜色[30]。未交联 CPHUs-100 在紫外光照射下呈蓝光发射，量子效率为 7.66%。进一步加热交联过程中，随着反应温度的升高，最终 PHUMs 固体的颜色由浅黄色变为橙色，然后变为棕黄色［图 8-14（a）］。在紫外光照射下，PHUMs-130 和 PHUMs-150 固体发出蓝绿光，量子效率分别为 14.20% 和 10.47%，而 PHUMs-180 和 PHUMs-200 固体呈现白光发射，量子效率分别为 6.40% 和 6.11%［图 8-14（b）］，可以很好地应用于发光器件。与之对应的微球平均直径分别为 21.5 μm、13.0 μm、12.6 μm 和 15.0 μm，表明一定程度的交联有利于粒径的减小［图 8-14（c）］。上述结果也揭示了氨基甲酸酯的聚集度随氢键结合强度和交联度的增加而增加，这会导致氨基甲酸酯簇的平均尺寸增大，能隙降低，从而导致红移和不同发射带的产生［图 8-14（d）］。与 CPHUs 相比，由于线形 PHU 分子间作用力较弱，不利于较大簇聚体发射种的形成而发射出能量较高的蓝色荧光。因此，可通过改变交联度和氢键强度来调节氨基甲酸酯团簇的内部电子相互作用与有效离域程度，以进一步调节微球发光颜色。需要指出的是，簇的大小与最终交联粒子粒径大小并非相同，这在前面章节已多次阐述，此处不再赘述。

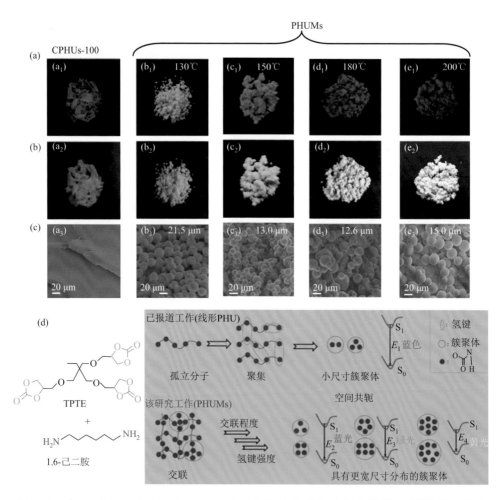

图 8-14 （a～c）CPHUs-100 及 PHUMs 在日光（a）和紫外光（b）照射下的照片及对应的 SEM 图（c）；（d）交联调控发光示意图[30]

陕西科技大学赵伟教授等报道了一种基于脂肪族聚羟基氨基甲酸酯的新型非典型发光化合物，其具有动态共价交联网络，并显示出高机械性能及如形状记忆和自我修复之类的智能性能[31]。如图 8-15 所示，室温下未交联的 PHU2 不发光，仅在 90℃下进一步反应后才能观察到其荧光发射，这可能是未交联聚合物的分子链振动与转动剧烈，非辐射跃迁活跃导致的。当固化时间从 0 h 增至 18 h 时，荧光强度逐渐增加，不存在发射猝灭现象。进一步拉伸测试表明，PHU2 的拉伸强度也随固化时间增加，18 h 后，其拉伸强度高达 37.35 MPa，断裂应变为 4.42%。与由五元环状碳酸酯官能化反应物合成的线形硅氧烷/聚（羟基氨基甲酸酯）共聚物

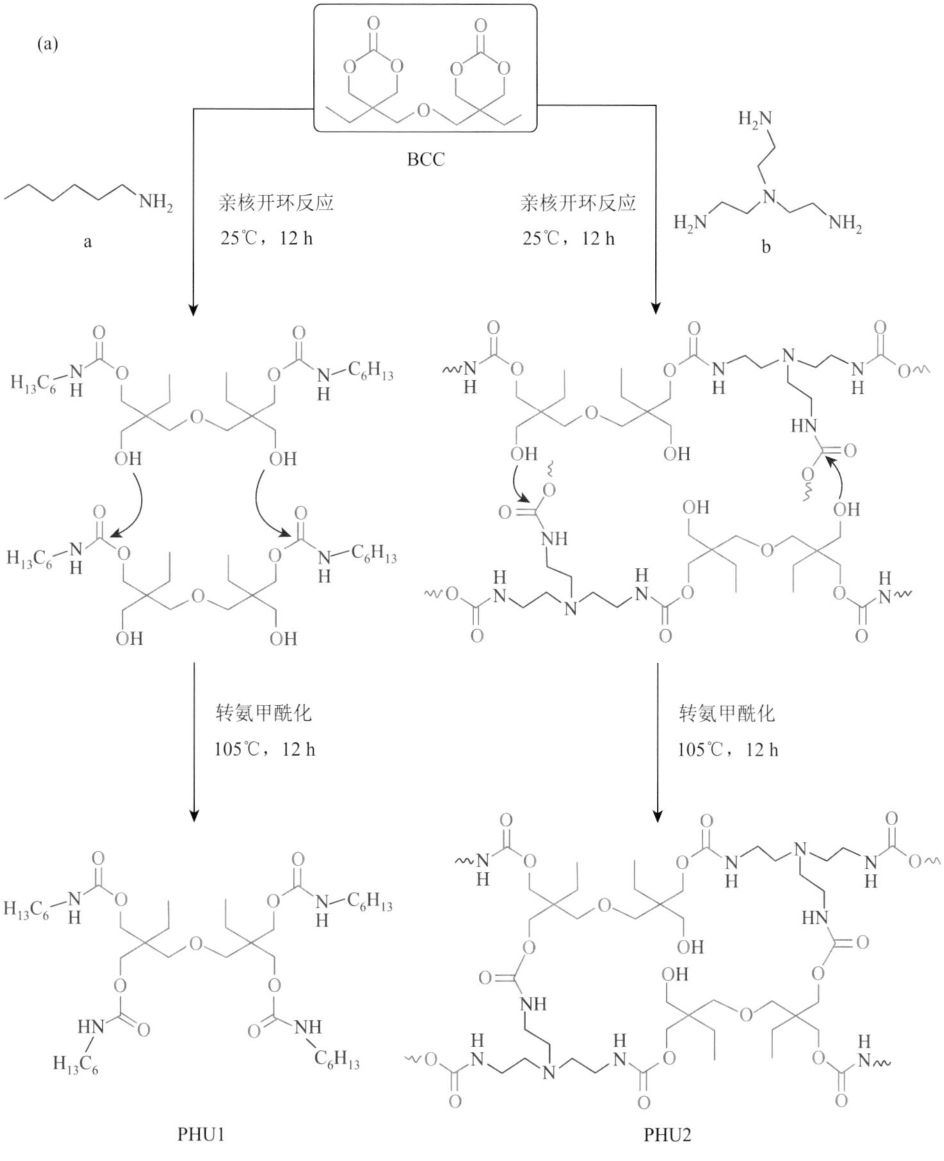

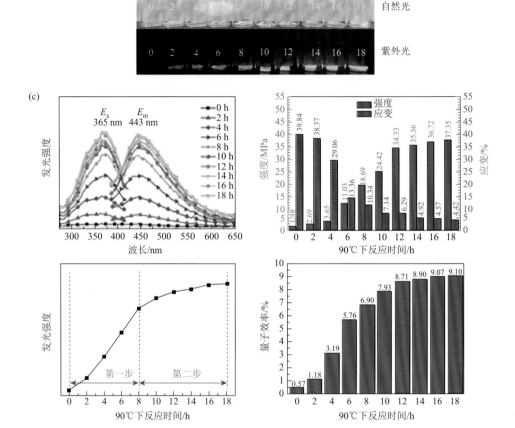

图 8-15　（a）PHU1 和 PHU2 的合成路线及结构式；（b）90℃时在自然光和紫外光
（λ_{ex} = 365 nm）照射下拍摄的不同反应时间的 PHU2 照片；（c）不同反应时间下 PHU2 的激
发和发射光谱，拉伸强度和应变、荧光强度和量子效率与反应时间的关系[31]

不同，PHU2 的交联网络结构不仅使氨基甲酸酯基团的运动受限，也能提供优异
的机械性能。固化时间相同时，PHU2 的荧光强度和量子效率均低于 PHU1，这是
因为在 PHU1 中，一个小分子上连接了多个氨基甲酸酯基团，簇聚体发射种内的
堆积更为紧密，其电子相互作用与构象刚硬化程度更好，因此具有更高的荧光活
性。这类化合物本征发光的增强是由聚合物链交联程度的增加引起的，再一次表
明聚合物交联来提升簇聚效果进而实现发光性能调控这一思路的有效性。

　　生物分子也可以通过交联改变发光性能而扩展其应用范围。牛血清白蛋白
（BSA）的本征发射波长较短，因而限制了其在生物体内的应用。Lei 等将 BSA 用
戊二醛交联，得到了新型的荧光生物水凝胶，在不同激发波长下具有位于 510 nm/
550 nm/602 nm 处的三个发射峰，在 470 nm 和 595 nm 光激发下分别呈现绿光和

红光发射（图 8-16），并将这三个发射峰归于三类荧光化合物[32]。但笔者认为，这很可能是交联引起 BSA 聚集更加紧密，簇聚体发射种共轭程度增加而导致的发光红移。交联 BSA 发射光谱中不同的发射峰，应当对应着簇聚程度不同的发光团簇，这也得到了发射光谱中展现出的激发波长依赖性的支持，可用 CTE 机理进行合理解释。虽然明确的机理及更详细的光物理过程仍有待进一步揭示，但是这一结果清晰地展示了通过交联促进非典型发光聚合物的簇聚，有望实现其本征发光的红移。

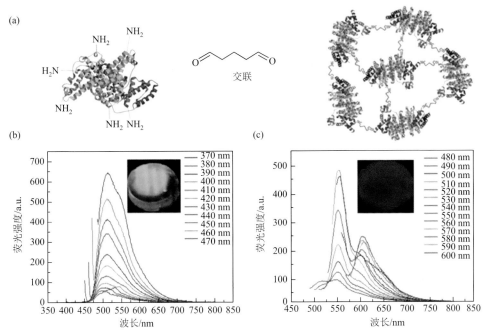

图 8-16　（a）BSA 交联示意图；（b）激发波长在 370～470 nm 范围内的发射光谱及对应照片（λ_{ex} = 470 nm）；（c）激发波长在 480～600 nm 范围内的发射光谱及对应照片（λ_{ex} = 595 nm）[32]

8.2.5　通过氧化增强簇的空间离域

尽管非典型发光化合物领域正不断取得进步，但分子结构中非典型生色团、簇聚方式及电子离域的多样性，使化合物发光行为较为复杂，人们对其发光机理的认识尚未达成统一。针对不同体系，研究者提出了各式各样的发光机理，其中包括氧化机理。以具有代表性的 PAMAM 体系为例，早期研究者认为三级胺对其本征发光具有重要影响，并认为其本身不能发光，只有在氧化后才能发光。Lin等通过对 PAMAM 氧化产物的分析，提出不饱和羟胺的形成是其发光的原因[33]。这一氧化机理在很长一段时间内影响着人们的认知，至今仍有研究者将含脂肪胺体系的发光归结为氧化。2015 年,朱新远教授等合成了线形 PAMAM 与超支化 PAMAM,发现其稀溶液几乎不发光,加入不良溶剂后发光强烈,即呈现 AIE 性质。这一实验结果说明了胺的氧化不是产生荧光的必要条件[34]。随后越来越多的研究结果表明,氧化虽不是 PAMAM 发光的必要原因,但可促进其发光,因此也可作为一种有效的调控手段。

早在 2007 年,Imae 教授课题组用空气氧化 PAMAM 水溶液,发现氧化后 PAMAM 荧光强度比未氧化时要高得多[35]。随后实验也进一步证明氧化可增强 PAMAM 的荧光发射[36]。2014 年,王东军教授课题组报道了含胺基的聚合物、低聚物甚至小分子化合物在热氧化后均可发射更强的荧光[37]。他们将超支化 PAMAM(HP-PAMAM)进行热氧化处理,发现随着热氧化时间的增长,荧光发射逐渐增强并红移(图 8-17)。还将三乙烯四胺和二乙胺两种小分子胺类化合物分

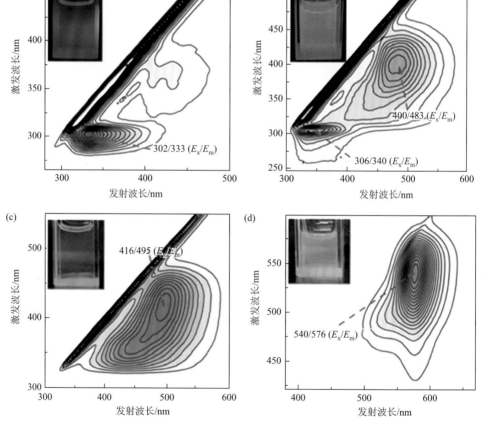

图 8-17　HP-PAMAM 在 90℃下加热 0 h(a)、4 h(b)、12 h(c)、18 h(d)后的荧光激发-发射矩阵等值线图,红色箭头表示荧光峰的位置,插图为对应样品最大激发波长下的照片[37]

别进行热氧化处理，发现小分子胺类在氧化处理后也可发射荧光，并随着氧化时间的延长，荧光强度增强且波长红移，这一发现也证明了：不止叔胺，伯胺和仲胺小分子在氧化后均可发射很强的荧光。如前所述，叔胺能否氧化仍值得进一步探究。而依据 CTE 机理，胺类化合物氧化后发光增强应与新的非典型生色团的形成，富电子单元间电子相互作用增强及簇生色团构象刚硬化程度增加密切相关。

氧化导致发光增强的现象不只在 PAMAM 体系内被观察到。2015 年，汪辉亮教授课题组发现线形聚乙烯吡咯烷酮（PVP）水溶液在紫外光下也会发射较强的蓝光。进一步调研发现，PVP 的单体 *N*-乙烯吡咯烷酮（NVP）固体具有以 350 nm 为最大发射波长的微弱荧光，而 PVP 固体则具有以 380 nm 为最大发射波长的更强的荧光现象［图 8-18（b）］。另外，PVP 水溶液还表现出荧光强度随浓度增加而增强的现象，具有浓度增强发光特点[38]。此外，PVP 在碱性溶液中水解［图 8-18（a）］之后会发射很强的荧光，其荧光强度约为 PVP 荧光强度的 1000 倍［图 8-18（b）插图］。通过结构表征证明了 PVP 在水解过程中水解产物与空气中的氧气发生氧化反应，并初步证明荧光增强是由于水解生成的仲胺的氧化。

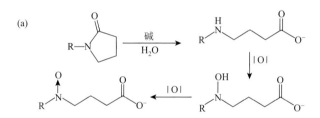

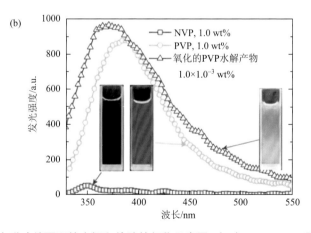

图 8-18 （a）吡咯烷酮环的水解和仲胺的氧化示意图；（b）NVP、PVP 及氧化的 PVP 水解产物的荧光发射光谱[38]

聚乙烯亚胺（PEI）是另一研究较早、结构中含有叔胺结构的非典型荧光聚合物。PEI 经氧化后，同样呈现荧光增强现象。2007 年，天津大学陈宇课题组研究了不含任何典型生色团的超支化 PEI 和线形 PEI 的发光特性，发现其荧光量子效率随氧化程度的增加而显著提高[28]。2016 年，该课题组得到了一种以超支化聚乙烯亚胺（HPEI）为核、以超支化聚甘油（HPG）为壳的聚合物（HPEI-*g*-HPG）[39]。通过对三种物质逐步氧化，发现 HPEI 氧化后便可以产生荧光，并且氧化 12 h 后荧光强度达到最大值。HPEI-*g*-HPG 的荧光强度也随氧化时间的延长而增加（图 8-19），这可能是氧化后的产物产生了新的富电子单元、更有效的簇聚及更刚性的簇生色团导致的，从而为提高 PEI 的荧光强度提供了有效途径。

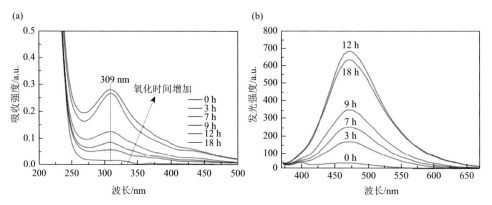

图 8-19 **HPEI-OH** 水溶液（1 mg/mL）在空气中氧化不同时间的吸收光谱（a）和荧光发射光谱（b）[39]

上述诸多现象表明氧化可对发光强度或颜色进行有效调控。遗憾的是，关于胺基氧化生成什么氧化产物，其中哪种氧化产物是关键荧光生色团等问题虽有众多猜测，但都没有给出明确的、令人信服的实验证据。为进一步理解氧化增强发光现象，汪辉亮教授课题组选择小分子脂肪胺为模型化合物，对其进行氧化处理，然后对氧化产物进行分离并对其荧光行为进行研究（图 8-20）[12]。正己胺（HA）的氧化产物可发射很强的蓝色荧光，相比于原料荧光强度增强了30 倍。通过后续分析确认其氧化产物中最主要的荧光生色团是肟，肟基团通过氢键作用形成聚集结构，增强了电子云的重叠，使簇生色团共轭扩展且结构更刚性。刚性结构会限制分子的振动与转动，增强激发态电子的辐射跃迁，从而使荧光发射显著增强。

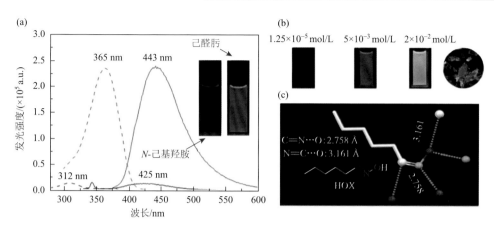

图 8-20 （a）N-己基羟胺（黑色）和己醛肟（红色）的乙醇溶液的荧光激发光谱（虚线）和发射光谱（实线）；（b）不同浓度己醛肟/乙醇溶液及固体在紫外光辐照下的照片；（c）己醛肟晶体结构及其分子间相互作用[12]

这一结论在后续研究中也得到证实。2019 年，陈宇等将 HPEI 在空气中加热进行氧化得到 IP-HPEI，反应如图 8-21 所示[10]。IP-HPEI 发射明亮的蓝色荧光，且其荧光强度随着反应温度和反应时间的增加而增强，量子效率最高达 8.6%。相关分析证明在 HPEI 氧化过程中产生了肟和叔胺氧化物，因此荧光增强和肟及叔胺氧化物的形成密切相关，此类基团能促进电子离域和刚性构象的产生。在受限空间或聚集结构中，簇生色团运动受限，其激发态通过分子运动或与溶剂分子碰撞等非辐射跃迁而耗散能量的概率降低，因而更多地以光发射的方式释放能量。

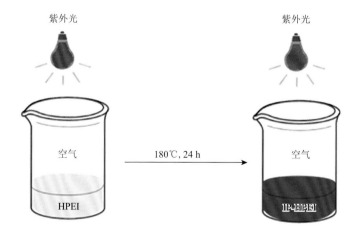

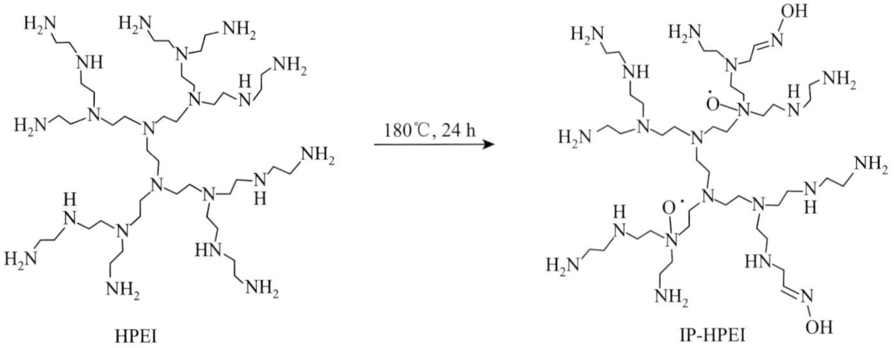

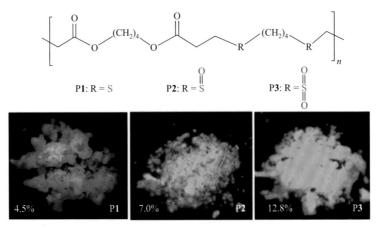

图 8-21　**IP-HPEI** 的制备方法及发光现象示意图[10]

　　除胺类化合物外，氧化增强发光现象在其他体系也有所体现[40]。袁望章课题组设计合成了含酯基的聚硫醚（**P1**），并通过可控氧化得到聚亚砜（**P2**）和聚砜（**P3**）[11]。如图 8-22 所示，**P1** 到 **P3** 的逐步氧化使化合物粉末的发光效率逐渐提高（4.5%、7.0%、12.8%），表现出一定的可调性。这是由于硫醚（—S—）氧化成亚砜（S=O）和砜（O=S=O）后，一方面单元共轭扩展，另一方面可进一步增强富电子单元间的相互作用，从而有利于发射。这一工作提供了通过氧化调节含硫体系发射效率与发射波长的新策略。

图 8-22　**P1**、**P2** 与 **P3** 的结构式，以及其固体粉末在紫外光辐照下的照片和量子效率[11]

8.2.6　引入富电子桥键或改变杂原子调节发光

　　前期报道的非典型发光化合物多集中于聚合物体系，其分子排列及堆砌结构并不明确，使得对发光机理和调控策略的理解充满挑战，因此，构筑具有明确晶体结构的分子化合物以阐明结构与发光的关系，并提出明确的调控策略显得尤为重要。

非典型生色团的引入方式会对空间离域产生很大影响，从而导致 PL 特性发生明显变化。如果能在空间上将两个孤立的富电子基团通过富电子的桥键连接，那么它们之间可能会产生有效的电子相互作用而促进分子内 TSC，从而进一步增加体系在簇聚状态下的电子离域。而尺寸大小、外部电子个数和电负性不同的杂原子会相应地改变分子间的相互作用和簇生色团的空间离域情况，进而影响化合物的本征发光。基于上述考虑，袁望章课题组提出了通过引入富电子桥键或改变杂原子调控非典型发光化合物的发光性能[41]。如图 8-23（a）所示，CHDA 的两个酸酐基团之间距离较远，无法产生有效的空间离域，其晶体仅具有 3.1%的 PL 量子效率和 71 ms的 p-RTP 寿命。通过引入带有富电子 C═C 基团的桥键连接两个孤立的酸酐基团后，DA 晶体的 PL 量子效率和 p-RTP 寿命实现成倍增长，分别达到 12.5%和 424 ms[图 8-23（a）和（d）]，同时磷光峰表现出 13 nm 的红移[图 8-23（b）]。同样地，由 CHDI 到 DI，桥键的引入导致晶体发射红移、效率提高、p-RTP 延长。产生这些结果的原因可能是分子内和分子间增强的 TSC 效应及更强相互作用。

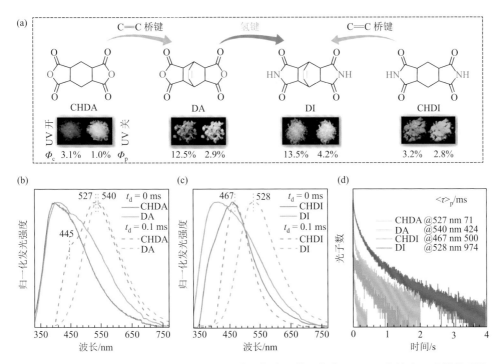

图 8-23　（a）CHDA、DA、DI 和 CHDI 的结构式及其晶体在 312 nm 紫外光下照射前后的照片；各晶体的瞬时和延迟发射光谱 [（b）、（c）] 及磷光寿命（d）[41]

值得注意的是，N 原子取代 O 原子也使固体量子效率及 p-RTP 寿命得到成倍提升。这是由于在引入 N 原子的同时，也引入了更强的分子间作用力——氢键。氢键在一定程度上可增加分子构象刚硬化程度，分子被限制的振动与转动能够抑制激发态激子的非辐射衰变过程，这种作用通常会使发光化合物的量子效率提升的同时，磷光寿命也相应延长。此外，O 原子到 N 原子的改变会导致晶体 p-RTP 发射颜色的蓝移，他们将其归因于 N 原子上相对较小的电子云密度改变了分子内和分子间的相互作用，且 N 原子较弱的电负性也可能使分子之间的偶极-偶极相互作用弱化，其中尤以室温下分子运动引起的瞬时偶极的变化最为显著。这些效应共同改变了富电子单元在簇聚状态的空间离域，进而引起了磷光颜色的蓝移、效率的提高及寿命的延长。

与聚合物不同的是，小分子晶体具有明确的晶体排列。为证明上述猜想，进行了进一步的单晶解析及理论计算。CHDA 和 CHDI 的两个对称羰基上碳原子间的平均距离分别为 4.958 Å 和 5.088 Å，远超过两个碳原子的范德华半径之和，因此无法形成有效的分子内相互作用。引入带有 C=C 的桥键后，DA 和 DI 分子内和分子间 C=O···C=C 作用力增加（图 8-24），从而证明引入富电子桥键后增加了富电子单元间的分子内与分子间相互作用，促进了空间离域，导致发射红移；同时，更加刚性的环境对稳定三重态激子起了重要作用，进而提高了 DA 和 DI 晶体的量子效率和 p-RTP 寿命。

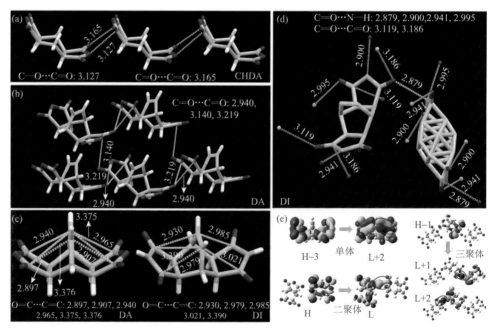

图 8-24　CHDA（a）及 DA（b）晶体分子间空间共轭作用；（c）DA 和 DI 晶体分子内的空间共轭作用；（d）DI 晶体中分子周围的作用力；（e）DA 的单体、二聚体及三聚体的电子密度分布[41]

（a）～（d）中数值单位均为 Å

　　杂原子对发射的影响，也可通过单晶结构的解析得到更深入的理解。从 CHDA/DA 到 CHDI/DI，氢键的产生使单晶密度增加，这也是发光量子效率和寿命提高的主要原因。尽管氢键的引入使分子排列更加紧密，但 CHDI/DI 分子内基团间的距离较 CHDA/DA 远，且 CHDI 和 DI 相邻分子羰基间的作用力减小，而这些作用在促进 TSC 方面起主要作用，因此 N 原子的引入弱化了分子内和分子间的 TSC，导致 CHDI 和 DI 发射的蓝移。这些结果为非典型发光化合物的分子设计和发光性质的合理调控提供了更多的启示。

　　通过改变杂原子实现发光性能调节的例子在其他化合物体系中也被证实。袁望章课题组在同期还报道了氧杂酸酐（F-MA）的发光性质，这种具有简单结构的分子，室温下通过仪器可监测到磷光发射，但不具有肉眼可见的 p-RTP［图 8-25（a）］[42]。通过氨化，将 O 原子变为 N 原子后，氢键的引入限制了分子运动，稳定了三重态激子，从而使 F-MI 晶体的效率及 RTP 寿命显著提高，实现了 p-RTP 发射，此外，F-MI 晶体的磷光发射峰位蓝移，证明了从 O 原子到 N 原子引起发光性质蓝移这一现象的普遍性。

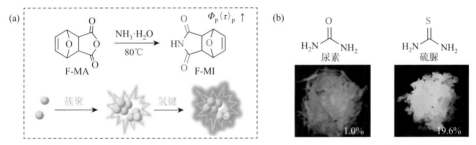

图 8-25　（a）F-MA 和 F-MI 的化学结构及簇聚诱导发光与氢键增强发光示意图[42]；（b）尿素和硫脲的化学结构及其晶体在 312 nm 紫外光辐照下的照片和磷光量子效率[43]

　　除引入氢键增加构象刚硬化程度外，还可通过引入重原子来促进 SOC，增加 ISC 从而更容易获得三重态激子，提升与三重态相关的发光性质（如 RTP）。袁望章课题组研究了尿素和硫脲的光物理性质。结果显示，尿素单晶的发光效率为 2.4%。关灯后，其呈现青色 p-RTP 余辉，效率约为 1.0%。将尿素中的 O 原子替换为 S 原子后的硫脲晶体实现了纯磷光发射，磷光量子效率由原来的 1.0% 提升至 19.6%［图 8-25（b）］[43]。与 N 原子引入后的发光蓝移不同，S 原子的引入使磷光颜色明显红移。考虑到尿素和硫脲晶中的分子排列相似，磷光发射明显红移应与 S 原子较大的原子半径有关，其外层电子更易离域，较高的电子离域程度可有效地促进空间共轭。

　　卤族各元素的电负性及原子半径差异较大，因此卤原子的改变也是实现发光性能调控的方法之一。袁望章课题组在后续的研究中，报道了脂肪族季铵盐的发光现象[44]。如图 8-26 所示，十六烷基三甲基溴化铵（CTAB）在 254 nm 光照下发射蓝紫光，并具有肉眼可见的绿色 p-RTP 长余辉，其量子效率和 p-RTP 寿命分别为 7.2% 和 761.9 ms［图 6-18（e）］，这种发射来源于带负电荷的卤离子与带正电荷的季铵基团之间较强的静电相互作用，可以有效地促进簇聚体发射种的形成。将 Br⁻ 分别用 Cl⁻ 和 I⁻ 取代后得到的 CTAC 和 CTAI，在 254 nm 光照下分别发射出更明亮的蓝白光和较弱的橙红光，量子效率分别为 14.7% 和 4.7%［图 6-18（e）］。卤素离子的改变引起发光性能的不同，是由于不同卤离子半径对电荷转移的影响。三者的离子半径排序为 Cl⁻＜Br⁻＜I⁻，半径越小，越利于分子间的相互作用，构象刚硬化程度增加，因而发光效率提升。半径越大，越利于电子的离域和电荷转移，因此产生了更丰富的簇聚体发射种和长波长的发射。结合上述讨论，可以得出非典型发光小分子的发光性能和原子半径及电负性密切相关，因此仅是杂原子的改变就可以实现发光性能的有效调控。

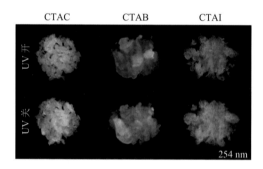

图 8-26　CTAC、CTAB 及 CTAI 晶体在 254 nm 紫外光照及关闭光照后的发光照片[44]

8.3　外部环境对发光性质的影响

除内部结构调整外，外界环境的改变，如溶剂、温度和压力刺激也会影响簇聚体发射种所处的微环境，进而引起构象刚硬化程度和 TSC 的不同，最终导致 PL 性质的改变。

8.3.1　溶剂对发光性能的影响

在非典型发光化合物的研究初期，人们重点关注了其在溶液中的发光现象。具有不同极性和 pH 的溶剂，会与发光分子间形成不同的相互作用，改变簇聚生色团的电子状态，从而使发光强度或颜色产生变化。

2009 年，Prasad 等报道了树枝状聚合物 PAMAM 在乙二醇、乙二胺、甘油、

甲醇和水中的荧光现象，发现改变溶剂会导致相同浓度的树枝状聚合物 PAMAM
的本征发光特征发生显著变化[45]。通过紫外-可见吸收和动态光散射（DLS）实验
证实了体系中存在大小不同的 PAMAM 聚集体（图 8-27），在这些聚集体中，必
然存在离域和构象刚硬化程度不同的簇聚体发射种，这些现象与后期提出的 CTE
机理的预期相符。不同溶剂体系发光性质的不同，归根结底还是形成的簇生色团
及其微环境的差异，包括电子相互作用及簇生色团构象刚硬化程度的不同。同时，
这些溶剂还可能参与簇生色团的形成，从而更大程度地影响体系的发光。

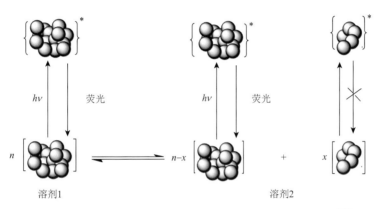

图 8-27　溶剂种类对调控 PAMAM 聚集体尺寸分布的示意图[45]

2015 年，唐本忠院士团队报道了马来酸酐-乙酸乙烯酯交替共聚物（PMV）
的荧光发射，其具有明显的溶剂变色效应[5]。当溶于芳香或含氧溶剂（如甲苯、
丙酮、1,4-二氧六环和 THF 等）时，PMV 溶液展现出蓝光发射。而溶于其他富
电子原子的溶剂（如 NMP、吡啶、DMF、DMSO）时，其溶液吸收光谱和发射光
谱均明显红移［图 8-28（a）］。例如在 NMP 中，PMV 的吸收光谱中出现一个

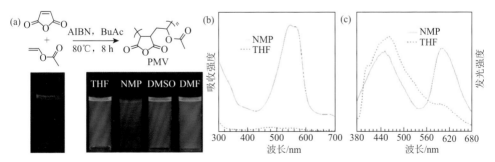

图 8-28　（a）PMV 的合成路线及其在不同溶剂中的荧光照片，左下方照片为马来酸酐溶于
NMP/THF（体积比 19∶1）溶液；PMV/NMP 及 PMV/THF 溶液的紫外-可见吸收光谱（b）和
发射光谱（c）（浓度为 5 mmol/L，$\lambda_{ex} = 330$ nm）[5]

以 550 nm 为中心的新的强吸收带 [图 8-28（b）]，同时 PL 发射谱在约 600 nm 处出现新的发射峰 [图 8-28（c）]。依据 CTE 机理，这很可能是聚合物与富电子溶剂 NMP 之间产生相互作用，进一步促进簇生色团的离域程度导致的。

2019 年，颜红侠教授课题组合成了一种同时含有羰基和碳碳双键的 HBPSi [图 8-29（a）]，其荧光发射表现出溶剂极性敏感性[46]。将 HBPSi 分别溶于 DMF、乙醇、THF、NMP 和 DMSO 中，如图 8-29（b）所示，荧光强度随溶剂极性的降低而增加。这种溶剂效应的机理是极性越低，分子聚集得越紧密，分子运动受限而利于荧光发射。此外，pH 也会显著影响簇聚体发射种的微环境。如图 8-29（c）所示，在中性（pH = 6.8）条件下，HBPSi 在水和乙醇混合溶剂（10 mg/mL）中的荧光强度最高，而在酸性（pH = 2.5、4.0）或碱性（pH = 8.8、9.9）条件下较低。这种 pH 依赖性可归因于 H+ 和 OH− 的存在改变了分子间作用力和簇生色团聚集结构，从而影响了荧光特性。迄今，已有多篇文献[47-49]报道了非典型发光化合物本征发光的 pH 依赖性，但并没有总结出可以统一遵循的规律，这里不做赘述。

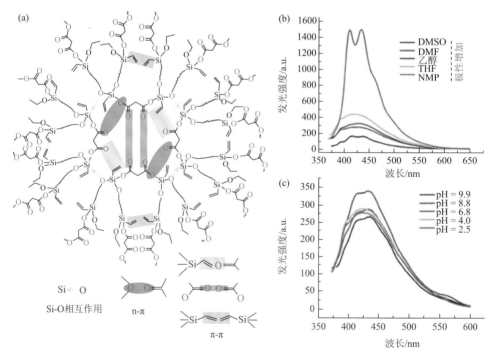

图 8-29　HBPSi 的结构（a）及其溶剂依赖性（b）和 pH 依赖性（c）发射[46]

通过溶剂就能轻易改变非典型发光聚合物的聚集态，表明簇聚体发射种的形成对不同种类的溶剂十分敏感，因此溶剂对发光具有不可忽视的影响，这在后续研究中得到进一步证实。由呋喃和马来酸酐或马来酰亚胺分别加成得到的非典型发光化合物 F-MA 和 F-MI［图 8-25（a）］，在不同溶剂中培养得到了具有不同发光性质的同质多晶，且均具有荧光-磷光双重发射现象，发光效率最高可达 17.0%[42]。值得注意的是，F-MA、F-MI 各自的同质多晶具有类似的晶胞参数，构象差异微小，但光物理性质呈现显著差异。以 F-MI 为例，在 312 nm 紫外光下，从乙酸乙酯（EA）中挥发得到的 MI-A 晶体发蓝光，从氨水中重结晶得到的 MI-B 晶体发射蓝白光，而从二氯甲烷（DCM）中挥发得到的 MI-C 晶体发出较暗的紫光［图 8-30（a）和（b）］。三种晶体的发射光谱在 411 nm/434 nm/462 nm 处均出现发射峰，但每个峰位强度不同，说明三种晶体可能形成了相似的多重发射种，但发射种在每种晶体中所占比例不同，导致发射强度产生差异，进而引起发光颜色、量子效率和 RTP 寿命的变化［图 8-30（c）和（d）］。

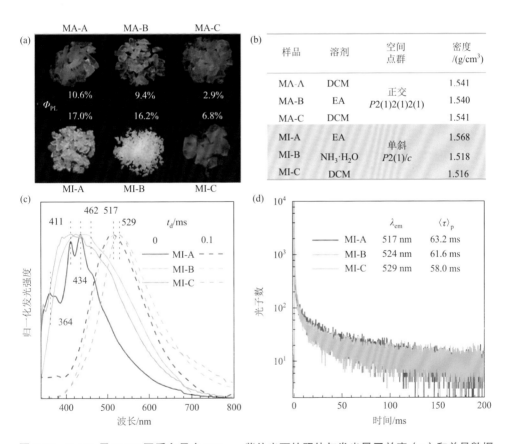

图 8-30　F-MA 及 F-MI 同质多晶在 312 nm 紫外光下的照片与发光量子效率（a）和单晶数据（b）；F-MI 同质多晶的瞬时与延迟（t_d = 0.1 ms）发射光谱（λ_{ex} = 312 nm）（c）及在 517 nm、524 nm 和 529 nm 处的 p-RTP 衰减曲线（d）[42]

袁望章等将这些微小变化归因于结晶过程中微量溶剂的参与，这一猜测也得到了核磁共振结果的证实。形成晶体后，分子构象在一定程度上被固定，但受微量溶剂作用，键长和键角的轻微差异导致分子内与分子间相互作用改变。在簇聚状态时，簇生色团的微环境因此改变，进而调节了单重态与三重态的发射比例，使得其发光性质产生差异。在提纯硫脲的实验过程中，同样得到了两种量子效率不同的硫脲晶体[43]。从水中重结晶得到块状晶体（TU-1），其量子效率为 19.6%，而从乙醇中重结晶得到片状晶体（TU-2），其量子效率为 11.6%。单晶结构显示TU-1 的分子更加平面，而 TU-2 的分子却相对扭曲，这增加了分子的振动与转动等能量耗散，从而猝灭了一部分激子，使得量子效率降低。

因此，溶剂不仅会影响聚合物链的聚集结构，也会对具有明确结构小分子的晶体排列产生影响。晶体中分子构象和堆积模式的变化会影响分子内与分子间相互作用，改变簇聚体发射种的构象刚硬化程度和 TSC，进而有效地调节非典型发光化合物的 PL 性质。同时，晶体中残存的微量溶剂也会影响簇生色团的微环境，从而影响其发射，特别是三重态激子的发射。非典型发光化合物的同质多晶现象将深化人们对构象变化与发光性质之间关系的了解，从而为其机理研究与分子设计提供新的启示。

8.3.2 温度对发光性质的影响

分子运动的剧烈程度与温度密切相关。随着温度的降低，分子运动减缓，构象刚硬化程度增加，这会抑制非辐射跃迁过程而使发光性能得到显著提升。2005 年，Boxer 等发现通过降低温度可抑制蛋白质生色团的运动，从而提高了量子效率[50]。2008 年，Han 等合成了一种温度敏感的超支化聚合物 PEI-CCA，其荧光强度随温度的升高而降低，这是因为温度升高加剧了分子的碰撞，激发态的能量多以非辐射跃迁的方式耗散，导致荧光强度降低[51]。在后续的多项研究中，超支化聚氨基酯（HPAE）[26]、硫脲[43]、聚丙烯腈（PAN）[52]、非芳香（聚）氨基酸[53]、牛血清白蛋白（BSA）[54]、木糖醇[55]、海藻酸钠（SA）[56]等体系，都表明低温可有效地促进荧光及磷光的发射。

值得注意的是，对于具有磷光发射的非典型发光化合物，由于多发射中心的存在，其磷光发射常呈现激发波长（λ_{ex}）依赖性。低温下，电子离域程度不同的簇聚体发射种被稳定，因此，除发光强度增加外，磷光颜色可调节性也更加丰富。室温下，如图 8-31（a）所示，在 312 nm 和 365 nm 紫外光激发下，CDSU 晶体的余辉颜色分别呈现黄色和绿色[57]。当激发波长由 250 nm 增加至 450 nm 时，其磷光发射对应的 CIE 坐标由绿光区域（0.29，0.36）变化至黄光区域（0.38，0.45）。77 K 条件下，CDSU 单晶的磷光表现出更加明显的激发波长依赖性，当激发波长从

250 nm 增加至 440 nm 时，其余辉对应的 CIE 坐标由（0.18, 0.15）移至（0.48, 0.46）处，在 312 nm 和 365 nm 紫外光激发下余辉颜色分别呈现蓝色和黄色。低温导致的构象刚硬化稳定了室温时因振动耗散而无法产生有效发射的簇发射中心，因此在低温条件下出现更加明显的磷光可调节性，表现为余辉颜色向蓝光和红光区域扩展。

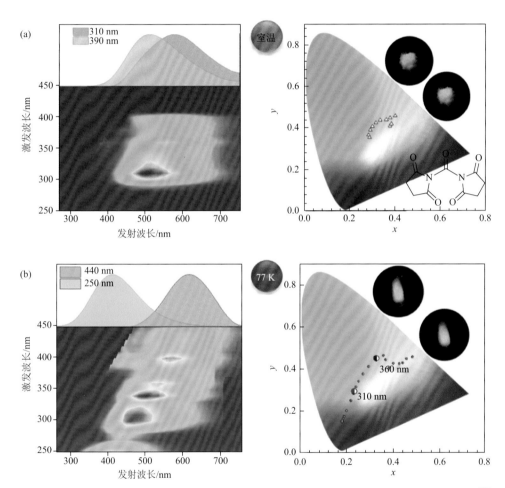

图 8-31　CDSU 晶体在室温（a）及 77 K（b）的三维延迟发射光谱、CIE 坐标与余辉照片[57]

低温下 DA 晶体的余辉也具有比室温更明显的可调性[41]。如图 8-32（a）～（c）所示，室温下，DA 晶体的磷光发射主要位于黄光区域，不具有明显的激发波长依赖性，寿命约 430 ms。77 K 下，当 $\lambda_{ex} \leq 330$ nm 时，其延迟发射峰主要位于 530 nm 附近；而当 $\lambda_{ex} > 330$ nm 时，延迟发射峰位由 530 nm 红移至 565 nm，余辉颜色则由绿色变为黄色，相应的 CIE 坐标也从绿光区域变至黄光区域[图 8-32（d）和（e）]。

位于 530 nm 和 570 nm 处的磷光寿命分别提高到 551 ms 和 638 ms［图 8-32（f）］。
随着非典型发光化合物体系磷光研究的逐步深入，类似现象也被广泛报道。总之，
低温下的刚性环境及紧密分子堆积，增强了富电子单元的相互作用，稳定了三重

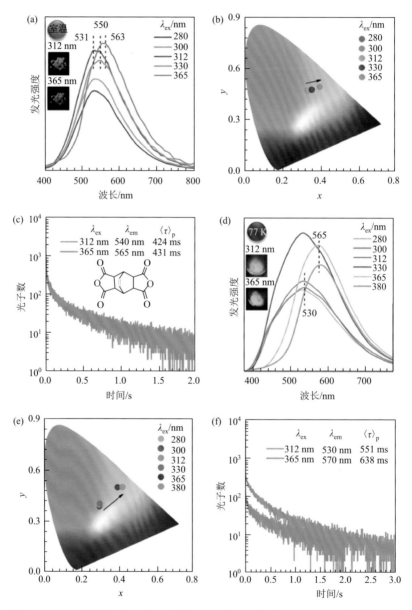

图 8-32　DA 晶体在室温（a～c）和 77 K（d～f）时，不同 λ_{ex} 下对应的延迟
发射光谱（a, d），CIE 坐标图（b, e）及寿命曲线（c, f）[41]

态激子，抑制了不同簇聚体发射种的能量耗散，从而使量子效率增加，磷光寿命延长，磷光颜色变化范围更广泛。根据以上非典型发光化合物发光性质对温度的响应性，控制温度也可作为一种发光的调控策略。同时，温度变化，材料发光颜色和/或余辉颜色的改变也可尝试用于可视化温度传感。

8.3.3　压力对发光性质的影响

当向晶体施加压力时，由于富电子基团之间的进一步紧密接触，也会影响材料的发光性质[58-60]。适当的压力会缩短富电子单元之间的距离，增加其相互作用和电子离域程度，并同时使簇生色团构象更加刚硬化，从而使发光增强。袁望章课题组通过压片（10 MPa）的物理手段，使尿素和硫脲的量子效率得到了显著提升［图 8-33（a）］[43]。此外，他们进一步报道了四溴季戊四醇（PERTB）在压片（750 MPa）前后的发光现象[61]。压片后，除发光强度提升外，还出现了肉眼可见的绿色 p-RTP 余辉，且稳态发射光谱产生了显著红移［图 8-33（b）和（c）］。这一结果应归因于卤素原子之间短程相互作用(卤键等)的增强，并因此促进了 TSC，同时诱导了更加刚硬化构象的产生。

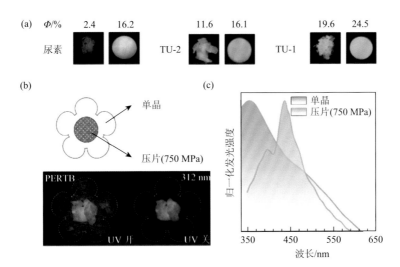

图 8-33　（a）尿素和硫脲晶体与压片在 312 nm 紫外光下的照片及发光量子效率[43]；（b）在 312 nm 紫外光照射下或停止光照后 PERTB 晶体及其压片组成的"花朵"发光照片；（c）PERTB 晶体和压片的发射光谱[61]

上述压片是在一定压力下增强固体堆积密度，改变体系中富电子单元的接触，所施加的压力在固体成型后得以解除。而在压力解除后体系发光依然增强，说明加压前体系中富电子单元的堆积密度可进一步增强，且加压后的堆积模式可在一定程度上维持。上述所施加的压力相对较小，为进一步原位检测非典型发光化合物在超高压下的发光行为的改变，袁望章课题组对发光性能较好的 DA 和 DI 晶体进行了超高压下 PL 光谱的测试[41]。如图 8-34（a）所示，在标准大气压下，DI 晶体发射蓝白光，在 397 nm/460 nm 出现两个发射峰位；压力增至 1.11 GPa 时，发射峰红移至 430 nm/505 nm，且发射强度减弱；进一步加压至 3.04 GPa，主峰红移至 530 nm，并伴随着位于 430 nm 左右的肩峰。压力继续增加，发射强度也随之增强，这种变化在 7.07 GPa 时达到最佳，光谱上表现为位于 530 nm 长波长处的峰比例逐渐上升。继续施加压力至 20.12 GPa，发射强度逐渐下降，位于 530 nm 处的主峰所占比例逐渐下降 [图 8-34（c）]，而位于 430 nm 处的峰所占比例逐渐增加，并在 14.07 GPa 时再次成为主峰，原来位于 397 nm 处的峰由于分子的重新排列而消失。由于蓝光和黄光区域之间的相对强度变化，晶体发光颜色随着压力从蓝白色变为黄绿色，然后变为蓝色 [图 8-34（d）]。释压至大气压过程中，DI 晶体的发射颜色和 PL 谱图的变化与施压过程呈现相反的变化 [图 8-34（b）]，但压力释放后发光无法完全恢复。与加压前相比，发射光谱红移，晶体发光呈现蓝绿色，且强度略有增加。这些结果再次说明加压可改变体系簇生色团的簇聚状态，增强其电子离域与构象刚硬化。

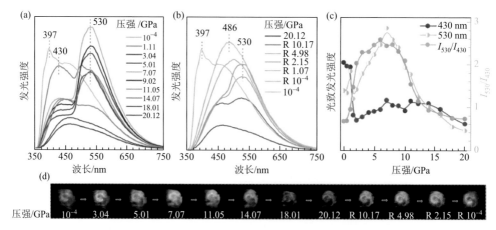

图 8-34　DI 晶体在加压（a）及释压（b）过程中对应的 PL 光谱及相应的发光照片（d）；
（c）DI 晶体在加压过程中 PL 峰（430 nm、530 nm）强度及峰强比例随压强的变化[41]

DA 晶体在超高压下也具有十分类似的发射现象（图 8-35）。在标准大气压下，DA 晶体呈现黄白色 PL，发射峰主要位于 410 nm。当压力增至 1.05 GPa 时，出现位于 540 nm 左右的主峰，而原有 410 nm 处的峰变为肩峰。随着压力继续增至 7.13 GPa，位于 540 nm 的峰所占比例和强度逐渐增加，晶体的发光颜色也显示出红移趋势，由原来的黄白光变为更明亮的黄绿光，同时，发光强度达到峰值。进一步施压至 20.01 GPa，发光强度随压力增加呈现下降趋势，位于 540 nm 处的主峰所占比例逐渐下降，直至 20.01 GPa 时再次成为肩峰，并伴随着发射光谱的蓝移。释压过程与加压过程的现象相反。

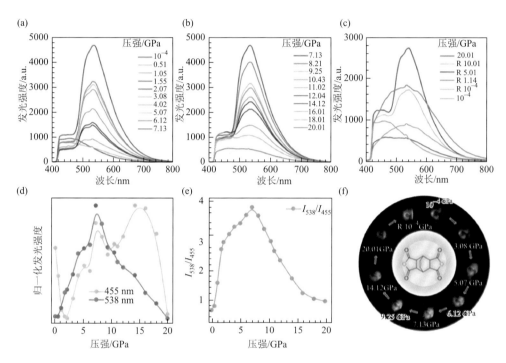

图 8-35　DA 晶体加压（a，b）及释压（c）过程中的 PL 光谱及相应的发光照片（f）；DA 晶体在加压过程中 PL 峰强度（d）及峰强比例（e）随压强的变化[41]

　　基于以上现象，袁望章等推测，施加较小压力（<3.04 GPa/1.05 GPa）时发光强度的减弱是由于破坏了晶体内原有簇聚体发射种的排列，原先占主导的簇发射中心在较小的压力下重排形成新的簇，这一过程会耗散一定的能量，使发光强度下降（图 8-36）。随着压力继续增加（<7.07 GPa/7.13 GPa），在较高波长处出现的新峰主要是由原先较小的簇聚体发射种进一步簇聚产生更大的离域而引起的。此时高压引起的紧密堆积将促进整体离域，抑制非辐射跃迁过程，因此发光强度逐渐增加，发光颜色红移。一旦超过该范围，较大簇聚体发射种中的分子的聚集将过于紧密，产生能量转移猝灭发光，因此发光强度降低，导致发光颜色蓝移。释压过程中，形成的新簇无法自行恢复至原始状态，最终稳定在一种新的排列状态下。这些结果也进一步支持了 CTE 机理的合理性。

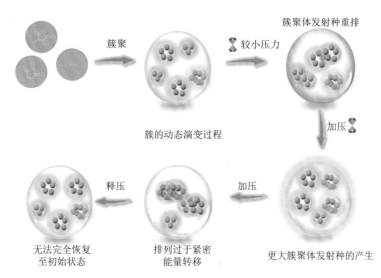

簇聚 → 簇的动态演变过程 → 较小压力 → 簇聚体发射种重排 → 加压 → 更大簇聚体发射种的产生 → 加压 → 排列过于紧密 能量转移 → 释压 → 无法完全恢复 至初始状态

图 8-36　加压及释压过程中簇的演变过程

　　上述结果表明超高压对非典型发光分子影响的一致性：较小的压力会破坏晶体内分子原有的簇聚体发射种的排列而导致发光性能的下降；随着压力的增加，原有簇聚体发射种重新排列产生更大的簇聚体发射种，压缩引起更紧密的堆积和更加刚性化的构象导致增强的空间共轭，并抑制了非辐射跃迁过程，因此材料发光强度增加、发光颜色红移；另外，过高的压力促进了激子相互作用，增加分子间的能量转移，导致 PL 猝灭、发光蓝移。因此，调节非典型发光材料所处环境的压力可作为对其本征发光的一种有效的调控方式。值得注意的是，非典型发光化合物体系压力增强发光等现象进一步支持了 CTE 机理。

8.4　总结与展望

　　随着对非典型发光化合物研究的不断深入，合理的分子设计及发光性质的调控成为研究重心之一。先前研究表明，晶体的堆积模式及富电子单元相互作用在调节发光方面起着关键作用。目前，研究者已发现各向异性的手性基团会影响有机功能材料的分子堆砌模式，而根据 CTE 机理，在单分子状态下，手性对映体的发光性质可能不受手性基团的影响，但在簇聚状态时，这种堆积模式的不同会引起 TSC 的改变，因此与上文中的溶剂、温度、压力等方式类似，对分子手性的控制也可作为一种潜在的化学调节方式。笔者课题组在手性调节发光方面也做了初步探索，证实了其可行性。此外，将不同分子通过非共价键连接起来培养共晶，也会使分子的晶体排列产生巨大变化，进而作为一种调节非典型发光化合物发光性质的策略。簇聚体发射种除了在高压刺激下改变排列方式外，通过研磨等方式，同样可改变簇生色团间的相对位置，影响分子内与分子间相互作用，从而改变 TSC 状态，并进一步起到调控光物理性质的作用。合理运用调控策略，将对理解非典型发光化合物的本征发光与晶体堆积、电子相互作用之间的相关性，进一步阐明发光机理具有十分重要的意义。

（来悦颖　赵子豪　汪辉亮　袁望章）

参考文献

[1]　Gong Y Y, Tan Y Q, Mei J, et al. Room temperature phosphorescence from natural products: crystallization matters. Science China Chemistry, 2013, 56（9）: 1178-1182.

[2]　Hu C X, Ru Y, Guo Z Y, et al. New multicolored AIE photoluminescent polymers prepared by controlling the pH value. Journal of Materials Chemistry C, 2019, 7（2）: 387-393.

[3]　Yu W, Wang Z Y, Yang D J, et al. Nonconventional photoluminescence from sulfonated acetone-formaldehyde condensate with aggregation-enhanced emission. RSC Advances, 2016, 6（53）: 47632-47636.

[4]　Yu W, Wu Y, Chen J C, et al. Sulfonated ethylenediamine-acetone-formaldehyde condensate: preparation, unconventional photoluminescence and aggregation enhanced emission. RSC Advances, 2016, 6（56）: 51257-51263.

[5]　Zhao E G, Lam J W Y, Meng L M, et al. Poly[(maleic anhydride)-*alt*-(vinyl acetate)]: a pure oxygenic nonconjugated macromolecule with strong light emission and solvatochromic effect. Macromolecules, 2015, 48（1）: 64-71.

[6]　Zhou X B, Luo W W, Nie H, et al. Oligo(maleic anhydride)s: a platform for unveiling the mechanism of clusteroluminescence of non-aromatic polymers. Journal of Materials Chemistry C, 2017, 5（19）: 4775-4779.

[7]　Shang C, Zhao Y X, Long J Y, et al. Orange-red and white-emitting nonconventional luminescent polymers containing cyclic acid anhydride and lactam groups. Journal of Materials Chemistry C, 2020, 8（3）: 1017-1024.

[8]　Shang C, Zhao Y, Wei N, et al. Enhancing photoluminescence of nonconventional luminescent polymers by increasing chain flexibility. Macromolecular Chemistry and Physics, 2019, 220（19）: 1900324.

[9]　Shang C, Wei N, Zhuo H M, et al. Highly emissive poly(maleic anhydride-*alt*-vinyl pyrrolidone) with molecular weight-dependent and excitation-dependent fluorescence. Journal of Materials Chemistry C, 2017, 5（32）: 8082-8090.

[10]　Liu M N, Chen W G, Liu H J, et al. Facile synthesis of intrinsically photoluminescent hyperbranched polyethylenimine and its specific detection for copper ion. Polymer, 2019, 172: 110-116.

[11]　Zhao Z H, Chen X H, Wang Q, et al. Sulphur-containing nonaromatic polymers: clustering-triggered emission and luminescence regulation by oxidation. Polymer Chemistry, 2019, 10（26）: 3639-3646.

[12]　Zhang Q, Mao Q Y, Shang C, et al. Simple aliphatic oximes as nonconventional luminogens with aggregation-induced emission characteristics. Journal of Materials Chemistry C, 2017, 5（15）: 3699-3705.

[13]　Sun M, Hong C Y, Pan C Y. A unique aliphatic tertiary amine chromophore: fluorescence, polymer structure, and application in cell imaging. Journal of the American Chemical Society, 2012, 134（51）: 20581-20584.

[14] Niu S, Yan H X, Chen Z, et al. Unanticipated bright blue fluorescence produced from novel hyperbranched polysiloxanes carrying unconjugated carbon-carbon double bonds and hydroxyl groups. Polymer Chemistry, 2016, 7 (22): 3747-3755.

[15] Niu S, Yan H, Chen Z, et al. Hydrosoluble aliphatic tertiary amine-containing hyperbranched polysiloxanes with bright blue photoluminescence. RSC Advances, 2016, 6 (108): 106742-106753.

[16] Zhou Q, Wang Z Y, Dou X Y, et al. Emission mechanism understanding and tunable persistent room temperature phosphorescence of amorphous nonaromatic polymers. Materials Chemistry Frontiers, 2019, 3 (2): 257-264.

[17] Guo Z Y, Ru Y, Song W B, et al. Water-soluble polymers with strong photoluminescence through an eco-friendly and low-cost route. Macromolecular Rapid Communications, 2017, 38 (14): 1700099.

[18] Hu C X, Guo Z Y, Ru Y, et al. A new family of photoluminescent polymers with dual chromophores. Macromolecular Rapid Communications, 2018, 39 (10): 1800035.

[19] Tomalia D A, Baker H, Dewald J, et al. A new class of polymers: starburst-dendritic macromolecules. Polymer Journal, 1985, 17: 117-132.

[20] Varnavski O, Ispasoiu R G, Balogh L, et al. Ultrafast time-resolved photoluminescence from novel metal-dendrimer nanocomposites. Journal of Chemical Physics, 2001, 114 (5): 1962-1965.

[21] Wade D A, Torres P A, Tucker S A. Spectrochemical investigations in dendritic media: evaluation of nitromethane as a selective fluorescence quenching agent in aqueous carboxylate-terminated polyamido amine (PAMAM) dendrimers. Analytica Chimica Acta, 1999, 397 (1-3): 17-31.

[22] Larson C L, Tucker S A. Intrinsic fluorescence of carboxylate-terminated polyamido amine dendrimers. Applied Spectroscopy, 2001, 55 (6): 679-683.

[23] Lee W I, Bae Y, Bard A J. Strong blue photoluminescence and ECL from OH-terminated PAMAM dendrimers in the absence of gold nanoparticles. Journal of the American Chemical Society, 2004, 126 (27): 8358-8359.

[24] Yang W, Pan C Y. Synthesis and fluorescent properties of biodegradable hyperbranched poly(amido amine)s. Macromolecular Rapid Communications, 2009, 30 (24): 2096-2101.

[25] Bai L H, Yan H X, Wang L L, et al. Supramolecular hyperbranched poly(amino ester)s with homogeneous electron delocalization for multi-stimuli-responsive fluorescence. Macromolecular Materials and Engineering, 2020, 305 (6): 2000126.

[26] Feng Y B, Yan H X, Ding F, et al. Multiring-induced multicolour emission: hyperbranched polysiloxane with silicon bridge for data encryption. Materials Chemistry Frontiers, 2020, 4 (5): 1375-1382.

[27] Sun M, Song P. Alicyclic tertiary amine based hyperbranched polymers with excitation-independent emission: structure, fluorescence and applications. Polymer Chemistry, 2019, 10 (17): 2170-2175.

[28] Pastor-Pérez L, Chen Y, Shen Z, et al. Unprecedented blue intrinsic photoluminescence from hyperbranched and linear polyethylenimines: polymer architectures and pH-effects. Macromolecular Rapid Communications, 2007, 28 (13): 1404-1409.

[29] Chen X H, Liu X D, Lei J L, et al. Synthesis, clustering-triggered emission, explosive detection and cell imaging of nonaromatic polyurethanes. Molecular Systems Design & Engineering, 2018, 3 (2): 364-375.

[30] Liu B, Chu B, Wang Y L, et al. Crosslinking-induced white light emission of poly(hydroxyurethane) microspheres for white LEDs. Advanced Optical Materials, 2020, 8 (14): 1902176.

[31] Feng Z H, Zhao W, Liang Z H, et al. A new kind of nonconventional luminogen based on aliphatic polyhydroxyurethane and its potential application in ink-free anticounterfeiting printing. ACS Applied Materials &

Interfaces，2020，12（9）：11005-11015.

[32] Ma X Y，Sun X C，Hargrove D，et al. A biocompatible and biodegradable protein hydrogel with green and red autofluorescence：preparation，characterization and *in vivo* biodegradation tracking and modeling. Scientific Reports，2016，6（1）：1-12.

[33] Lin S Y，Wu T H，Jao Y C，et al. Unraveling the photoluminescence puzzle of PAMAM dendrimers. Chemistry：A European Journal，2011，17（26）：7158-7161.

[34] Wang R B，Yuan W Z，Zhu X Y. Aggregation-induced emission of non-conjugated poly(amido amine)s：discovering，luminescent mechanism understanding and bioapplication. Chinese Journal of Polymer Science，2015，33（5）：680-687.

[35] Wang D J，Imae T，Miki M. Fluorescence emission from PAMAM and PPI dendrimers. Journal of Colloid and Interface Science，2007，306（2）：222-227.

[36] Chu C C，Imae T. Fluorescence investigations of oxygen-doped simple amine compared with fluorescent PAMAM dendrimer. Macromolecular Rapid Communications，2009，30（2）：89-93.

[37] Jia D D，Cao L，Wang D N，et al. Uncovering a broad class of fluorescent amine-containing compounds by heat treatment. Chemical Communications，2014，50（78）：11488-11491.

[38] Song G S，Lin Y N，Zhu Z C，et al. Strong fluorescence of poly(*N*-vinylpyrrolidone) and its oxidized hydrolyzate. Macromolecular Rapid Communications，2015，36（3）：278-285.

[39] Fan Y，Cai Y Q，Fu X B，et al. Core-shell type hyperbranched grafting copolymers：preparation，characterization and investigation on their intrinsic fluorescence properties. Polymer，2016，107：154-162.

[40] Dai Y X，Lv F N，Wang B，et al. Thermoresponsive phenolic formaldehyde amines with strong intrinsic photoluminescence：preparation，characterization and application as hardeners in waterborne epoxy resin formulations. Polymer，2018，145：454-462.

[41] Lai Y Y，Zhu T W，Geng T，et al. Effective internal and external modulation of nontraditional intrinsic luminescence. Small，2020，16（49）：2005035.

[42] 来悦颖，赵子豪，郑书源，等. 具有同质多晶依赖性发射的非芳香性发光化合物. 化学学报，2021，79（1）：93-99.

[43] Zheng S Z，Hu T P，Bin X，et al. Clustering-triggered efficient room-temperature phosphorescence from nonconventional luminophores. ChemPhysChem，2020，21（1）：36-42.

[44] Tang S X，Zhao Z H，Chen J Q，et al. Unprecedented and readily tunable photoluminescence from aliphatic quaternary ammonium salts. Angewandte Chemie International Edition，2022，61（16）：e202117368.

[45] Jasmine M J，Kavitha M，Prasad E. Effect of solvent-controlled aggregation on the intrinsic emission properties of PAMAM dendrimers. Journal of Luminescence，2009，129（5）：506-513.

[46] Feng Y B，Bai T，Yan H X，et al. High fluorescence quantum yield based on the through-space conjugation of hyperbranched polysiloxane. Macromolecules，2019，52（8）：3075-3082.

[47] Wang D J，Imae T. Fluorescence emission from dendrimers and its pH dependence. Journal of the American Chemical Society，2004，126（41）：13204-13205.

[48] Chen L，Cao W，Grishkewich N，et al. Synthesis and characterization of pH-responsive and fluorescent poly(amidoamine) dendrimer-grafted cellulose nanocrystals. Journal of Colloid and Interface Science，2015，450：101-108.

[49] Fei B，Yang Z Y，Shao S J，et al. Enhanced fluorescence and thermal sensitivity of polyethylenimine modified by michael addition. Polymer，2010，51（8）：1845-1852.

[50] Mauring K，Deich J，Rosell F I，et al. Enhancement of the fluorescence of the blue fluorescent proteins by high pressure or low temperature. Journal of Physical Chemistry B，2005，109（26）: 12976-12981.

[51] Wang P L，Wang X，Meng K，et al. Thermal sensitive fluorescent hyperbranched polymer without fluorophores. Journal of Polymer Science Part A: Polymer Chemistry，2008，46（10）: 3424-3428.

[52] Zhou Q，Cao B Y，Zhu C X，et al. Clustering-triggered emission of nonconjugated polyacrylonitrile. Small，2016，12（47）: 6586-6592.

[53] Chen X H，Luo W J，Ma H L，et al. Prevalent intrinsic emission from nonaromatic amino acids and poly(amino acids). Science China Chemistry，2018，61（3）: 351-359.

[54] Wang Q，Dou X Y，Chen X H，et al. Reevaluating protein photoluminescence: remarkable visible luminescence upon concentration and insight into the emission mechanism. Angewandte Chemie International Edition，2019，58（36）: 12667-12673.

[55] Wang Y Z，Bin X，Chen X H，et al. Emission and emissive mechanism of nonaromatic oxygen clusters. Macromolecular Rapid Communications，2018，39（21）: 1800528.

[56] Dou X Y，Zhou Q，Chen X H，et al. Clustering-triggered emission and persistent room temperature phosphorescence of sodium alginate. Biomacromolecules，2018，19（6）: 2014-2022.

[57] Zheng S Y，Zhu T W，Wang Y Z，et al. Accessing tunable afterglows from highly twisted nonaromatic organic AIEgens via effective through-space conjugation. Angewandte Chemie International Edition，2020，59（25）: 10018-10022.

[58] Shi Y，Ma Z W，Zhao D L，et al. Pressure-induced emission（PIE）of one-dimensional organic tin bromide perovskites. Journal of the American Chemical Society，2019，141（16）: 6504-6508.

[59] Fu Z Y，Wang K，Zou B. Recent advances in organic pressure-responsive luminescent materials. Chinese Chemical Letters，2019，30（11）: 1883-1894.

[60] Liu H C，Gu Y R，Dai Y X，et al. Pressure-induced blue-shifted and enhanced emission: a cooperative effect between aggregation-induced emission and energy-transfer suppression. Journal of the American Chemical Society，2020，142（3）: 1153-1158.

[61] Zhao Z H，Ma H L，Tang S X，et al. Luminescent halogen clusters. Cell Report Physical Science，2022，3（2）: 100593.

第9章

非典型发光化合物的应用

9.1 引言

典型发光化合物通常是包含扩展的 π 共轭结构的化合物，其包括荧光素、苝酰亚胺等聚集导致猝灭（ACQ）化合物，也包括四苯乙烯、噻咯、三苯基丙烯腈等聚集诱导发光（AIE）化合物。ACQ 化合物通常具有大的刚性平面结构，其在稀溶液中发光良好，但在聚集态（如浓溶液、固态等）由于分子间强相互作用使激子相互作用强烈，导致发光减弱甚至完全不发光。AIE 化合物克服了传统发光化合物 ACQ 的问题，在光电器件与生物医用等领域展现了突出的应用前景，特别是其纳米粒子用作生物影像时具有亮度高、抗光漂白、生物相容性好等优点。

目前，上述以芳香发光化合物为代表的典型发光材料在有机发光二极管（OLED）显示、细胞与生物影像、疾病诊疗等领域应用广泛。与这些经典发光化合物相比，非典型发光化合物通常无大的 π 共轭结构，而仅含有 N、O、S、P 等杂原子，C≡N、C=O、C=C 等不饱和单元，以及/或相应的组合功能团（如酯基、酸酐、酰胺、脲基、肟基、砜基等）[1]，具有来源广泛、合成简便、易加工、成本低、环境友好、细胞毒性小、水溶性和生物相容性好的优点，从而得到了广泛的研究与应用（图 9-1）。值得注意的是，许多非典型发光化合物是目前已获得广泛应用的材料，如糖类、蛋白质、聚丙烯腈、尼龙、聚酰胺-胺（PAMAM）等。但充分利用其本征发光特性开展新的应用研究，仍需要进一步探索。可以肯定的是，非典型发光化合物可作为典型发光化合物的有益补充，特别是其在生物相关领域展现出独特的应用前景。本章总结了非典型发光化合物在生物成像[3-13]、药物封装[14-20]、传感[21-27]、防伪[28, 29]、可视化[30-36]及发光二极管[2]等方面的应用，并对其前景进行展望[37-39]。

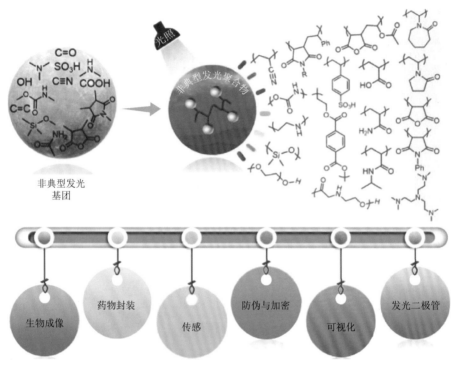

图 9-1　不同种类的非典型发光化合物及其应用[2]

9.2　生物成像

光学成像技术由于操作方便、副作用小，在基础生物学研究和临床诊断方面占据着重要地位。尤其是荧光成像技术，作为研究活体细胞、组织的首要选择，在发现和治疗疾病上发挥着不可替代的作用。由于易于合成、水溶性好、聚集态抗光漂白性能突出等优点，非典型发光化合物在生物成像领域的应用日益受到关注。

2017 年，袁望章等[3]揭示了天然非芳香氨基酸具有普遍的本征发光现象 [图 9-2（a）]，并将其应用于细胞影像领域。图 9-2（b）～（d）展示了 HeLa 细胞与 0.1 mol/L L-Ile 在细胞培养基中培养 1.5 h 后的共聚焦发光图像。图像显示，405 nm 光激发下的蓝色发光区域与亮场下 HeLa 细胞完美重合。同时，同样条件下，用于对照实验的 HeLa 细胞没有荧光信号。上述结果表明非芳香氨基酸可用于细胞成像领域，在生物医学和光电子领域有着广阔的应用前景。此外，值得注意的是，由实验结果看，L-Ile 可对 HeLa 细胞的内涵体进行特异性染色，这对生物医学研究及临床诊断都有很重要的意义。

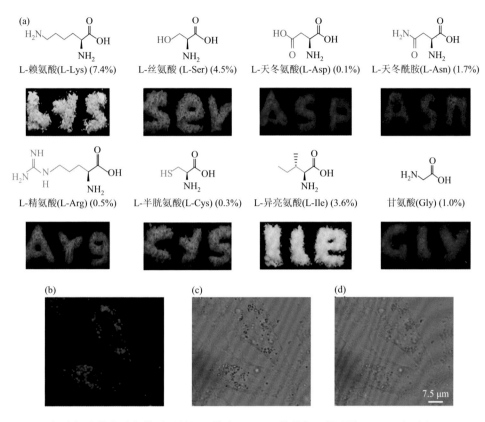

图 9-2　（a）部分非芳香氨基酸重结晶固体在 365 nm 紫外灯下的照片；HeLa 细胞与 0.1 mol/L L-Ile 在细胞培养基中培养 1.5 h 后于 405 nm 光激发下记录的共聚焦图像（b）、亮场图像（c）和叠加后的图像（d）[3]

聚乙烯亚胺（PEI）及其衍生物由于典型的"质子海绵"效应而被用于基因转染的非病毒聚合[4-9]。吴雁教授课题组[10]在超支化 PEI 的基础上合成聚乙烯亚胺聚（D, L-丙交酯）（PEI-PDLLA），并做成纳米探针（PEI-PDLLA NPs）[图 9-3（a）]。PEI-PDLLA NPs 光发射具有显著的激发波长依赖性和浓度依赖性，可为生物医学成像提供更精确的信息。细胞毒性试验、组织学研究和小鼠体重监测表明 PEI-PDLLA NPs 具有良好的体内外生物相容性，适合长期的生物追踪应用。

激光扫描共聚焦显微镜显示小鼠静脉注射的 PEI-PDLLA NPs 的大部分荧光信号定位于溶酶体 [图 9-3（b）]，表明其具有溶酶体特异性，共染色实验进一步证明了这种特异性染色能力。

此外，该课题组构建了两种不同类型和不同位置的移植瘤小鼠模型（MCF-7 小鼠肿瘤在背部，MDA-MB-231 小鼠肿瘤在大腿背部），并静脉注射 PEI-PDLLA NPs。活体影像显示，注射后 12 h，MCF-7 和 MDA-MB-231 小鼠的肿瘤部位均可

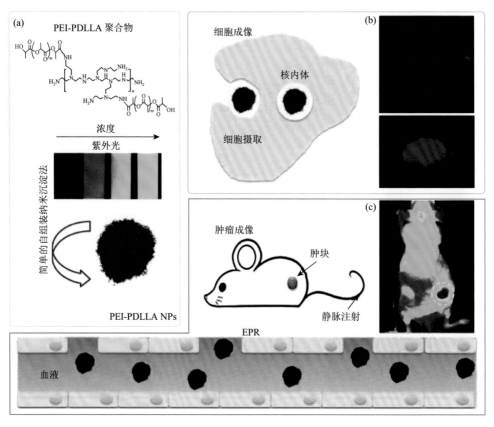

图 9-3 （a）PEI-PDLLA 的结构式及其本征光致发光特性；（b）PEI-PDLLA NPs 纳米探针在溶酶体中的成像；（c）静脉注射肿瘤靶向的生物成像[10]

观察到明显的高亮点。随着时间的推移，静脉注射 24 h 后可检测到较强的荧光信号，说明 PEI-PDLLA NPs 可作为肿瘤靶向的纳米探针，利用癌细胞的高通透性和滞留（EPR）效应靶向癌细胞，从而进行肿瘤检测［图 9-3（c）］。

阎云教授等以柠檬酸（CA）和丙烷二胺（PDA）为原料合成了一种具有封闭结构的酰胺［CA-PDA，图 9-4（a）］[11]。细胞毒性结果表明，CA-PDA 在高浓度 50 mmol/L 的条件下，A549 细胞的生存能力没有明显下降，存活率约为 80%［图 9-4（b）］。CA-PDA 的低细胞毒性使其可应用于生物成像领域。图 9-4（c）展示了 A549 细胞与 CA-PDA（5 mmol/L）孵育 2 h 后的共聚焦激光扫描显微镜成像照片。

此外，超支化聚（胺-酯）[12]、聚氨基酸[3]、海藻酸钠（SA）[13]等都因为良好的发光性能、水溶性和低细胞毒性适用于生物成像领域，表明非典型发光化合物在生物医学领域具有广阔的应用前景。

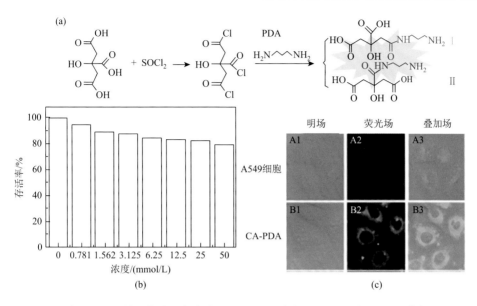

图 9-4 （a）CA-PDA 的结构式及合成路线；（b）不同浓度 CA-PDA 对 A549 细胞存活率的影响；
（c）A549 细胞（A1～A3）与 CA-PDA（5 mmol/L，B1～B3）共孵育 2 h 后 A549 细胞的共聚
焦激光扫描显微镜图像，其中 A1、B1 为明场图像，A2、B2 为荧光图像，A3、B3 为叠加图像[11]

9.3 药物封装

　　降低抗癌药物毒性的最佳方式是开发无毒或低毒的可控靶向药物递送系统
（DDS）和释放技术，在癌细胞处释放药物攻击癌细胞，同时不影响正常细胞。树
枝状聚合物是一类高度支化的合成大分子，在开发具有靶向功能和控制释放功能
的 DDS 方面具有广阔的前景[14-17]。PAMAM 由于分子量可控、单分散性且表面官
能团丰富而作为 DDS 的优秀候选物引起了众多研究者的兴趣[18]。

　　PAMAM 是一种高效的药物载体，但细胞毒性和缺乏可检测的荧光信号阻碍
了其实际应用。刘绣华教授等通过乙醛对 PAMAM 进行简单的表面修饰，开发了
一种新型的具有荧光信号及良好生物相容性的 PAMAM 衍生物[19]。他们认为改性
后的 PAMAM 的 C=N 键通过 n-π* 跃迁产生明亮的绿色荧光。事实上，如前面不
同章节提到，PAMAM 本身在一定条件下是可以发光的。经乙醛修饰后，一方面增
加了 PAMAM 的刚性，另一方面有效地增加了富电子单元的簇聚，使其能在 485 nm
激光激发下发出明亮绿光。值得注意的是，依据文中的激发光谱，改性后的
PAMAM 应该具有激发波长依赖性发射。因此，改性 PAMAM 的发光可用簇聚诱
导发光（CTE）机理合理解释。

　　乙醛改性不仅增强了 PAMAM 的发光，同时也改善了其细胞毒性。通过进一

步聚乙二醇化，改性后的 PAMAM 在人类黑色素瘤 SKMEL28 细胞中表现出良好的示踪效应。与原 PAMAM 相比，聚乙二醇化的 PAMAM 衍生物提高了抗癌药物阿霉素（DOX）的载药和传递效率。总体来讲，改性 PAMAM 衍生物为阿霉素和其他临床上具有重要应用的药物提供了一个可追踪和可控递送的机会（图 9-5）。

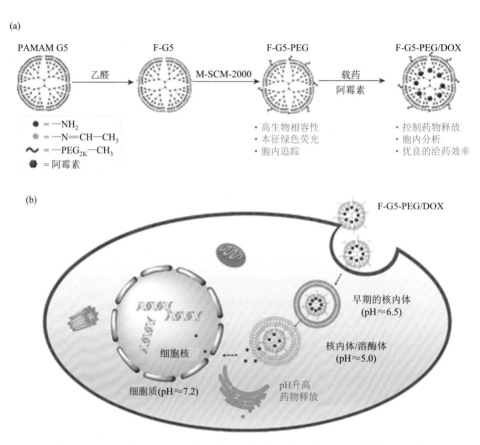

图 9-5　（a）树枝状大分子（F-G5-PEG）的制备及其给药性能示意图；（b）装载 DOX 的 F-G5-PEG 的胞内行为[19]

HBPSi 作为常见的非典型发光化合物，其荧光强度和效率较低，水溶性差。为改善其发光性能，聂玉峰等将可生物降解且具有大量羟基的刚性结构分子——β-环糊精引入柔性聚硅氧烷链末端，合成了一种新型荧光聚合物 HBPSi-CD（图 9-6）[20]。与 HBPSi 相比，HBPSi-CD 具有低毒性及良好的生物相容性。此外，分子内/分子间氢键和疏水效应的协同作用还促进了超分子自组装及空间电子离域体系的形成，因而 HBPSi-CD 的荧光强度和量子效率明显增强。并且 HBPSi-CD 具有较高的布洛芬负载能力（160 mg/g）和良好的 pH 响应性，这使得其可作为药物载体，在弱酸性（pH = 6.4）条件下解离将药物释放，从而有望在生物医药领域发挥重要作用。

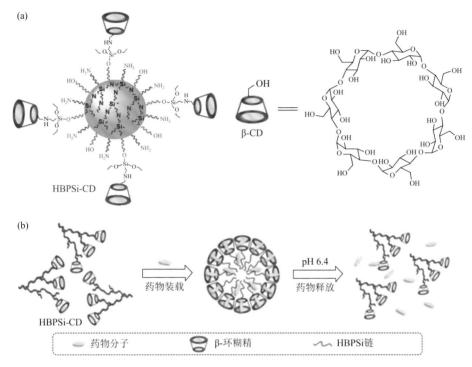

图 9-6 （a）HBPSi-CD 结构示意图；（b）HBPSi-CD 作为药物载体示意图[20]

9.4 传感

由于荧光材料具有开关特性，可作为有效的探针应用于许多领域。温度是决定生物体细胞状态的最重要的生理参数之一，细胞内的所有生理过程均受温度影响。各种生理紊乱与疾病的发生，如癌细胞生长，均伴有温度升高，出现微环境功能障碍。Saha 等合成了聚（N-乙烯基己内酰胺）（PNVCL）作为荧光温度计（图 9-7）[21]。在低临界共溶温度（lower critical solution temperature，LCST）附近（38℃），PNVCL 在水溶液中经历了盘状到球状的构象转变。由于 AIE 效应，PNVCL 在高于 38℃ 时展现出明亮的蓝光发射，因而可作为一种新型荧光温度计用于细胞内温度的测定，有助于建立疾病的诊断和治疗。

类似地，王瑞斌等合成了线形 PAMAM（l-PAMAM）和超支化 PAMAM（hb-PAMAM），通过光致发光（PL）强度随温度的变化来表征玻璃化转变温度（T_g）[40]。

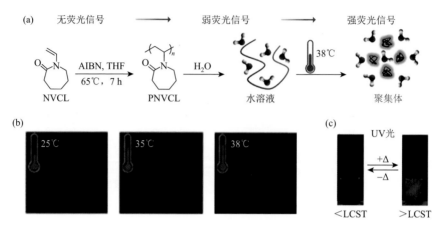

图 9-7 （a）通过自由基聚合合成 PNVCL 及其热诱导构象转变示意图；（b）MCF-7 细胞与 PNVCL 在不同温度下共培养的 CLSM 图示；（c）365 nm 紫外光照射下 PNVCL 在 LCST 附近的荧光情况[21]

如图 9-8 所示，当温度从 80℃冷却到 20℃时，*l*-PAMAM 和 *hb*-PAMAM 薄膜的 PL 强度随着温度的降低而几乎呈线性增加，这是因为其分子内运动（振动和旋转）在冷却过程中逐渐受到抑制，从而有利于辐射跃迁这一过程。然而，当温度

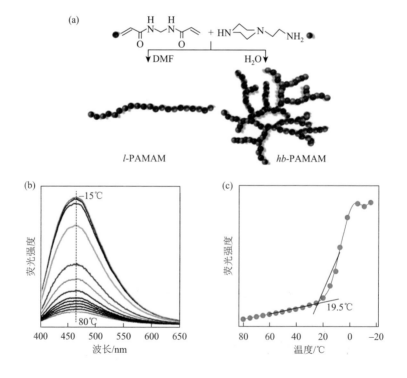

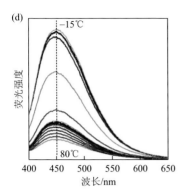
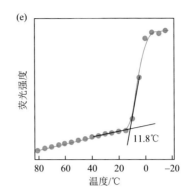

图 9-8 （a）*l*-PAMAM 与 *hb*-PAMAM 的结构式及合成路线；*l*-PAMAM［（b）、（c）］和
hb-PAMAM［（d）、（e）］在不同温度下的发射光谱［（b）、（d）］和 PL 强度［（c）、（e）］
（λ_{ex} = 380 nm）[40]

从 20℃冷却到 0℃时，其 PL 峰的强度急剧增加。将 PL 强度对温度作图，可以发现 *l*-PAMAM 和 *hb*-PAMAM 的拐点分别为 19.5℃和 11.8℃，接近于 DSC 测量得到的 T_g 值。这一结果证实了用 PL 强度来表征 T_g 的可行性。

近来，赵子豪等发现 HCE 的延迟光谱也具有温度响应性，其磷光不仅随着温度的升高而减弱，且表现出显著的可调节性[41]。如图 9-9 所示，随着温度的升高，HCE 的磷光峰值首先从 550 nm 红移到 600 nm，然后蓝移到 560 nm［图 9-9（b）］，对应的 CIE 坐标从（0.41，0.49）到（0.46，0.46），然后到（0.38，0.43）［图 9-9（c）］。HCE 特征峰随温度的变化而波动可以由 CTE 机理予以合理解释。在图 9-9（b）中，可以看到其延迟光谱半峰宽高达 155 nm，这意味着在 HCE 晶体中存在多个发射中心，而不同的团簇对温度的反应是不一样的，从而导致不同温度下不同发射种对延迟光谱的贡献不同，因而产生了具有温度响应的磷光信号。此外，不同发射波长下 HCE 晶体的磷光强度-温度函数都在 218 K 处出现转折点［图 9-9（d）］，他们认为这一转折点可能与化合物的某些次级松弛过程有关。HCE 延迟光谱对温度的响应性使得其可以作为荧光温度计直观地表征温度的变化。

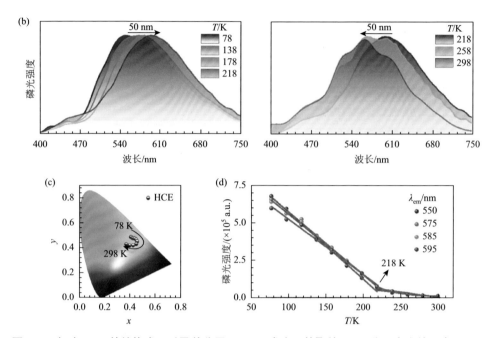

图 9-9 （a）HCE 的结构式，以及单分子 HCE 不发光而簇聚的 HCE 分子发光的示意图；不同温度下 HCE 晶体的延迟光谱（t_d = 0.1 ms）（b）和相应的 CIE 坐标图（λ_{ex} = 312 nm）（c），发射光谱被分为两部分，以显示红移和蓝移的趋势；（d）HCE 晶体磷光强度对温度的线性拟合（λ_{ex} = 312 nm）[41]

此外，上面提到的 CA-PDA[11]不仅可用于细胞成像，还可用作 Hg^{2+} 和含硫氨基酸的传感器。实验发现，CA-PDA 的荧光信号可高选择性地被 Hg^{2+} 猝灭，而不受包括 Ni^{2+}、Ca^{2+}、Cu^{2+}、Co^{3+}、Na^+、K^+、Zn^{2+}、Al^{3+}、Fe^{3+} 和 Ag^+ 在内的各种金属离子的影响［图 9-10（a）］。图 9-10（b）展示了随着加入的 Hg^{2+} 浓度从 0 μmol/L 增加到 7 μmol/L，CA-PDA 水溶液（10^{-3} mol/L）的荧光强度逐渐降低。此外，被 Hg^{2+} 猝灭的CA-PDA荧光信号可通过添加含硫氨基酸[包括DL-半胱氨酸（DL-Cys）、

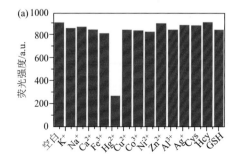

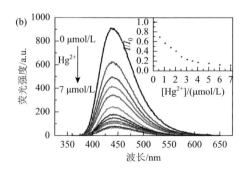

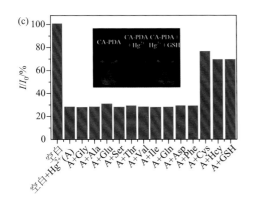
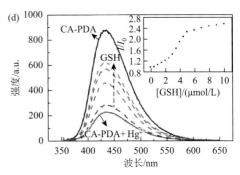

图 9-10 （a）加入各种不同离子（10 μmol/L）时 CA-PDA 水溶液荧光强度与起始强度比值（I/I_0）（λ_{ex} = 350 nm）；（b）加入 0~7 μmol/L Hg^{2+} 条件下，CA-PDA 水溶液的发射光谱，插图显示了 I/I_0 与 Hg^{2+} 浓度的关系；（c）含 Hg^{2+} 的 CA-PDA 水溶液添加 10 μmol/L 不同氨基酸后与 CA-PDA 水溶液起始发光强度之比（λ_{ex} = 350 nm），插图显示了 CA-PDA、CA-PDA + Hg^{2+} 及 CA-PDA + Hg^{2+} + GSH 水溶液在紫外灯下的发光照片；（d）不添加（黑色）和添加（红色）10 μmol/L Hg^{2+} 及添加 10 μmol/L Hg^{2+} 和浓度递增的 GSH 时 CA-PDA 水溶液（10^{-3} mol/L）的发射光谱及照片（插图）[11]

DL-同型半胱氨酸（DL-Hcy）和还原型谷胱甘肽（GSH）］来恢复［图 9-10（c）］，其荧光信号随着加入 GSH 浓度的增加而逐渐增强［图 9-10（d）］。因此，CA-PDA 可作为高选择性和高灵敏度 Hg^{2+} 及含硫氨基酸的传感器。

一些研究人员也试图利用非典型发光材料的光物理性质来检测某些特定的荧光猝灭剂[22, 23]。例如，准确的 Fe^{3+} 检测是诊断疟疾、贫血和帕金森病等疾病的迫切要求。已知 Fe^{3+} 的顺磁性能有效地猝灭荧光。因此，王倩等利用 BSA 发光溶液作为 Fe^{3+} 传感器[24]。结果表明，Stern-Volmer 常数（K_{sv}）计算为 7.8×10^4 L/mol，可以有效地检测 Fe^{3+} 的猝灭。袁望章等还将 2-羟乙基纤维素和聚乙二醇（PEG）用于 Fe^{3+} 的检测，K_{sv} 分别为 325.6 L/mol 和 4.7×10^4 L/mol[22, 25]。此外，Dutta 等用 2-丙烯酰胺-2-甲基丙烷磺酸-2-（3-丙烯酰胺丙基胺）-2-甲基丙烷磺酸-丙烯酰胺共聚物（AMPS-co-APMPS-co-AM）、丙烯酸-3-丙烯酰胺-丙烯酰胺-丙烯酸-丙烯酰胺共聚物（AA-co-APA-co-AM）及甲基丙烯酸-3-丙烯酰胺-2-甲基丙烯酸-丙烯酰胺共聚物（MAA-co-AMPA-co-AM）实现了对 Cr^{3+} 的痕量检测[26]。

除检测金属离子外，非典型发光化合物还可用于炸药检测。例如，聚氨酯（PU）/N, N-二甲基甲酰胺（DMF）溶液（50 mg/mL）可用作炸药三硝基苯酚（PA，也称苦味酸）的探针[27]。随着 PA 浓度的增加，PU/DMF 溶液的荧光信号逐渐减弱，其检测限低至 2.6×10^{-5} mg/mL（0.028 ppm）。当 PA 的浓度达到 9.8×10^{-2} mg/mL（10 ppm）时，PU 的荧光信号几乎完全被猝灭。

上述结果说明，非典型发光化合物可以同典型发光化合物一样，在化学、生物、温度等传感方面发挥重要作用。

9.5 防伪与加密

非典型发光化合物的发光特性，以及部分化合物余辉发射或刺激响应性发射特征使其在高端防伪与保密领域具有广泛的应用前景。当用 8%的海藻酸钠（sodium alginate，SA）水溶液在聚四氟乙烯（PTFE）板上喷涂花朵时，在室内光线下几乎不会留下任何可见的痕迹。然而，在 312 nm 紫外光照射下可以看到蓝白色的花朵 [图 9-11（a）]。移除紫外灯后，则可观察到绿色花朵[13]。此外，利用室温磷光（RTP）对氧的敏感性，王倩等探讨了 BSA 薄膜在防伪方面的应用[24]。如图 9-11（b）所示，停止紫外光照射后，涂于滤纸上的 BSA 薄膜在真空中呈现出清晰的莲花图案，而在空气中则没有这种图案，从而可用于多模式防伪。同时，这一结果也说明 BSA 薄膜可用于氧气传感。

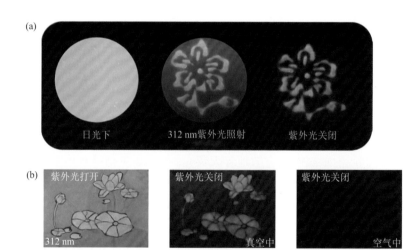

图 9-11　（a）SA 薄膜的防伪应用[13]；（b）BSA 薄膜的防伪应用[24]

2020 年，赵伟教授等报道了基于动态共价交联的聚羟基氨基甲酸酯（PHU2）的非典型发光材料，它是由胺和多官能环状碳酸酯合成的，避免了使用有毒的异氰酸酯 [图 9-12（a）][28]。氨基甲酸酯和羟基基团之间的动态交换反应，使得该材料具有出色的机械强度及良好的形状记忆和自愈功能 [图 9-12（b）]。利用这些优良的性能，建立了"光辅助无墨丝网印刷"以制备防伪材料，从而避免了昂贵防伪油墨的使用。如图 9-12（c）所示，使用热烫印法制备了各种荧光图案纸。值得注意的是，在热烫印之前和之后在自然光下观察到的纸张并无差异，但在紫外光照射下可以清晰地观察到编码的荧光图案二维码、"SUST"及其他信息，借此可达到防伪目的。

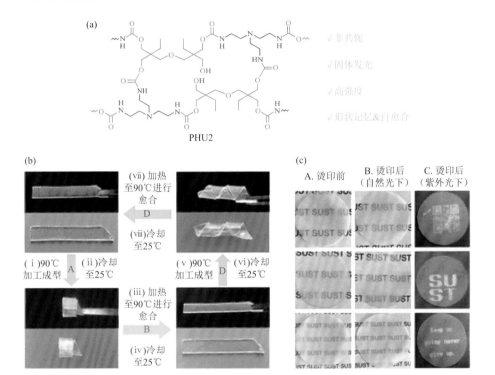

图 9-12　（a）PHU2 的化学结构式及其特点；（b）PHU2 的形状记忆性能；（c）使用热烫印技术在纸基上加密打印图案（烫印头温度为 150℃，烫印时间为 5 s）[28]

此外，这种荧光图案还是可擦除的。通过将图案纸在 100℃加热 1 h，可彻底消除荧光图案。这说明该材料可作为温敏产品的智能外包装材料：如果包装的货物在运输过程中的特定时间内温度高于 100℃，则纸张上编码的荧光图案将消失。通过控制烫印时间，还可调整标记的荧光强度及图案消除的时间。

最近，颜红侠教授等设计合成了一种具有多色发光的新型超支化聚硅氧烷 [P1，图 9-13（a）]，超支化拓扑结构在 P1 发光中发挥着关键作用[29]。此外，P1 荧光信号可被 Fe^{3+}、酸、碱及强极性溶剂猝灭。基于 Fe^{3+} 对 P1 的猝灭作用，P1 可在防伪领域发挥重要作用。如图 9-13（b）所示，首先通过在滤纸上涂覆 P1 来制作加密纸，其在 365 nm 紫外光下发射出蓝色的荧光信号 [图 9-13（b）中 A]。随后使用 Na_2EDTA 水溶液（15 mg/mL）作为墨水，并在防伪纸上写下"AIE 20 th"。在日光或紫外光照射下，肉眼无法检测到信息 [图 9-13（b）中 B]，信息已成功加密。但在防伪纸上涂了少量 $FeCl_3$（1×10^{-3} mol/L 水-乙醇溶液）后，"AIE 20 th" 在 365 nm 紫外光下继续发射出蓝色荧光信号，而其他部分不发光，字体重新显现出来［图 9-13（b）中 C］。这是因为 Na_2EDTA 可以与 Fe^{3+} 络合，从而保护加密纸上 **P1** 的发光免于被其猝灭。换言之，$FeCl_3$ 可用作"密钥"以对加密纸上的加密信息进行解码。因此，超支化聚硅氧烷 **P1** 可将普通纸转变为用于防伪的加密纸。

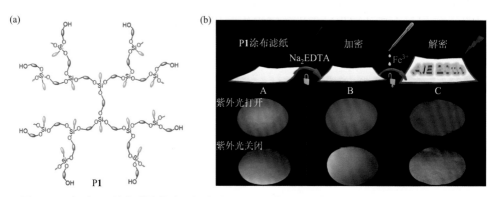

图 9-13　（a）**P1** 的化学结构式；（b）在 **365 nm** 紫外光照射下，**P1** 涂布的防伪纸（A）、用 Na_2EDTA 书写后的防伪文件（B）、用 $FeCl_3$（1×10^{-3} mol/L 水-乙醇溶液）处理后的文件（C）[29]

9.6　可视化

　　化学反应、材料老化与失效、相关物理变化及生命相关等过程的可视化对人们更直观地了解相关物理化学及生命过程具有重要意义。可喜的是，非典型发光化合物在相关领域呈现出良好的应用前景，本节将选择部分应用予以介绍。

　　蛋白质聚集发光现象在医学领域有着重要的应用，许多人类疾病的发生都与蛋白质的错误折叠有关，如阿尔茨海默病（Alzheimer's disease，AD）、帕金森病（Parkinson's disease，PD）、2 型糖尿病及各种类型的淀粉样变性病[30]。当前研究表明淀粉样蛋白结构可吸收光能，并在可见光范围内发出荧光，且荧光强度与淀粉样蛋白的聚集程度有关。因此，通过淀粉样蛋白原纤维的发光变化监测人体特定生理过程是一种行之有效的方法，可为疾病诊断提供相关信息。以往，人们通常需要引入外部荧光基团达到可视化蛋白质错误折叠过程的目的[31]。相比于传统方法，利用蛋白质本征发光操作简单、易于制样，不涉及复杂的额外标签分子的引入，可提供有关蛋白质多层次结构信息，且消除了聚集过程中链修饰引起的干扰[32]。

人们利用蛋白质的聚集发光现象来可视化 AD 和 PD 等疾病相关淀粉样蛋白的形成。Chan 等将 I59T 溶菌酶在 60℃和 pH 5.0 条件下孵育,并在聚集反应期间的一系列时间点提取反应混合物试样[30]。如图 9-14 所示,Chan 等监测整个聚集过程中 I59T 溶菌酶的本征荧光,发现发光聚集体数量随时间逐步增加。此外,进一步分析了所得图像中包含荧光信号的像素数和聚集体的荧光寿命 [图 9-14 (b)和(c)],发现图像中荧光像素的数量为聚集时间的函数,因而无须添加外部荧光探针即可根据荧光信号的像素数表征其聚集时间。通过荧光光谱、荧光成像及荧光寿命的变化,可对蛋白质的聚集过程进行可视化,从而实现对人体生理过程的监测,为 AD、PD 等疾病的诊断提供帮助。

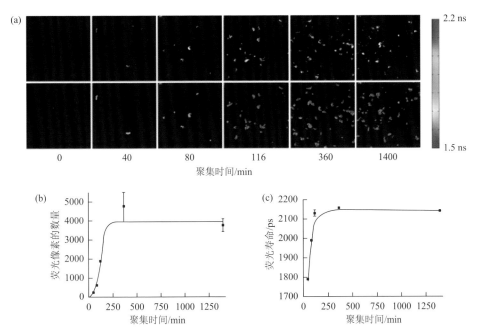

图 9-14 (a)聚集过程中不同时间点 I59T 溶菌酶聚集体的荧光强度(第一行)和寿命图像(第二行);聚集过程中荧光信号像素的均值(b)和平均荧光寿命的变化(c)[30]

Tcherkasskaya 等通过对 α-突触核蛋白不同聚集体的光物理行为进行深入研究,提出监测荧光信号来可视化蛋白质聚集过程[33]。这一策略在淀粉样蛋白相关疾病的诊断中有着广阔的应用前景。由于此类疾病与 β-淀粉样蛋白(1-40 和 1-42)、溶菌酶及 tau 蛋白的聚集密切相关,他们试图通过荧光成像跟踪体外蛋白聚集(图 9-15)[30],以监测蛋白质聚集发光信号对分子聚集态的依赖性[32]。当肽链或蛋白质更紧密地聚集在一起时,荧光强度会随之增强,荧光寿命也会变长,类似于在其他非典型发光化合物中观察到的浓度增强发光[3, 25, 34]。在此聚集过程中的发光变化可由 CTE 机理解释：富电子基团间的簇聚，使 π 电子和 n 电子产生相互作用，从而导致更有效的电子离域，形成新的发光中心。因此，聚集后的蛋白质可观察到更亮的发光。

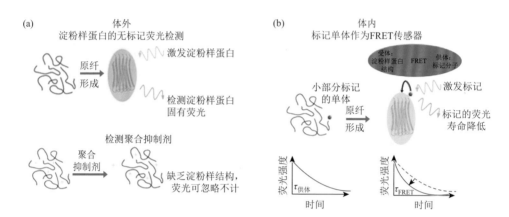

图 9-15　基于淀粉样蛋白固有荧光的传感器策略说明[30]

（a）淀粉样蛋白在体外发出的本征荧光信号；（b）在体内，由淀粉样蛋白和标记蛋白之间的荧光共振能量转移（FRET）引起的标记发色团荧光寿命变化给出的淀粉样蛋白的形成信号

对于体外测定而言，这种方法不需要额外的化学修饰或标记，因此不会对聚集过程造成任何干扰；而对于体内应用而言，由于活细胞和生物自身荧光相互竞争，仅基于固有荧光信号来检测蛋白质的聚集过程不太可靠，这会降低检测的特异性和敏感性。

朱新远教授等[35]通过简单高效的一步迈克尔加成共聚反应将毒性较小的β-环糊精（β-CD）连接到超支化聚酰胺-胺［hyperbranched poly(amido amine)s，HPAAs］上，制备了含 β-CD 的 HPAAs［HPAA-CDs，图 9-16（a）］。由于 β-CD 生物相容性好，且其存在限制了末端链的旋转运动，抑制了振动弛豫等非辐射跃迁，因而与 HPAAs 相比，HPAA-CDs 的荧光强度显著增强，细胞毒性降低。实验结果表明，HPAA-CDs 能紧密结合质粒 DNA（pDNA），从而可利用流式细胞仪和CLSM 跟踪细胞摄取和基因转染过程［图 9-16（b）］。此外，HPAA-CDs 中 β-CD 的内腔可通过主客体识别来封装药物，在基因治疗与化疗结合方面展现出广阔的应用前景。

除上述蛋白质聚集过程的可视化外，非典型发光化合物在材料损伤可视化方面也展现出应用潜力。通常情况下，随着使用时间的延长，高分子材料往往面临老化断裂等情况。由于其在内部发生时的不可见性，任由其发展，可能带来不可估量的损失。张彦峰教授等设计合成了一系列新型的超支化聚氨酯（HPDU）弹

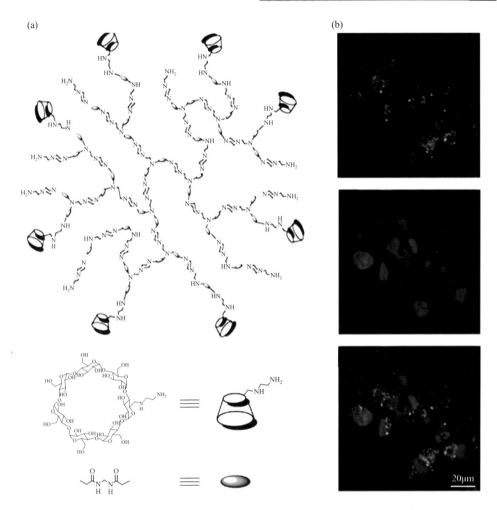

图 9-16　（a）HPAA-CDs 的结构式；（b）HPAA-CDs 孵化 **6 h** 的 COS-7 细胞的 CLSM 图像，其中绿色荧光来自 HPAA-CDs，蓝色荧光来自核（细胞核用 DAPI 染色），下图为叠加图像[35]

性体［图 9-17（a）］[36]，并利用其实现了材料断裂情况的可视化。HPDU 为透明材料［图 9-17（b）］，并表现出强韧、抗穿刺［图 9-17（c）］和裂纹追踪、自愈合能力等优势。与整膜相比，365 nm 紫外光照射时，断口表面的发射强度明显高于其他部位。另外，随着自修复过程的进行，发光强度逐渐减弱［图 9-17（d）和（e）］。因此，裂纹处发光强度的变化可在一定程度上显示裂纹的位置，也可同时跟踪材料的自愈过程。

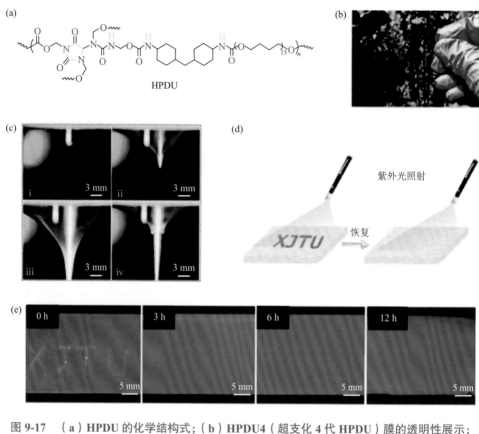

图 9-17　（a）HPDU 的化学结构式；（b）HPDU4（超支化 4 代 HPDU）膜的透明性展示；（c）HPDU10（超支化 10 代 HPDU）膜的抗穿刺性能图示；（d）形状为 XJTU 的裂纹示意图，该裂纹在膜表面上具有亮蓝色荧光；（e）HPDU4 膜在 90℃下自愈合不同时间于紫外光下的照片[36]

9.7　发光二极管

　　目前，与典型发光材料相比，不含大共轭结构的非典型发光材料的发光量子效率相对较低，同时其载流子传输能力较差，因此直接用作发光层制备 OLED 的应用较少。但将其用作发光涂层，用紫外光或蓝光二极管激发也可发挥作用。刘斌教授等利用二氧化碳、含硅氧烷（Si—O—Si）的双环氧化物及二胺合成了线形聚羟基氨基甲酸酯(P2)，其表现出良好的光致发光特性,固态量子效率高达 23.6%[2]。此外，P2 光稳定性较好，且无论其溶液还是固体，均展现出较宽的吸收和发射。P2 中广泛存在的氢键相互作用及 Si—O—Si 键的柔韧性和疏水性，有助于驱动羟基、氨基甲酸酯基团彼此簇聚，从而使其呈现出显著的发光现象。P2 可作为荧光粉与市售 UV 芯片相结合，制成显色指数（CRI）为 83 的低压冷白色 LED（图 9-18）。

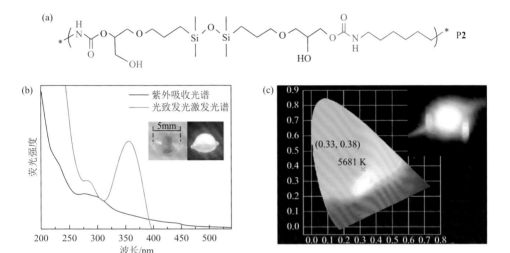

图 9-18　（a）P2 的结构式；（b）P2 薄膜的紫外吸收光谱及光致发光激发光谱，插图中的左图为 P2 薄膜在日光下拍摄的照片，右图为 P2 薄膜在 365 nm 紫外光照射下拍摄的照片；（c）基于 P2 的 LED 器件在 3.6 V 工作电压下发光的 CIE 色坐标图及照片[2]

9.8　总结与展望

　　近年来，非典型发光化合物由于具有易制备、易加工、成本低、环境友好、细胞毒性小、生物相容性好等优点，引起了国内外学者的广泛关注。各种不同类型的化合物已见诸报道，在生物成像、药物封装与控释、传感、防伪及数据加密、可视化等方面得到初步应用。然而其应用发展仍面临诸多挑战。其中，最紧迫的问题是，与传统的发光材料相比，这些化合物的量子效率普遍较低，从而严重阻碍了其实际应用。特别是在 LED 领域，非典型发光材料的应用十分欠缺。但可喜的是，近期不断有效率较高的非典型发光材料出现，例如，海因晶体量子效率高达 87.5%，其 p-RTP 量子效率也高达 21.8%[37]；又如，张兴宏教授等[38]、颜红侠教授[39]报道了固态量子效率分别高达 38% 和 54.1% 的非典型发光聚合物，这些高效非典型发光材料的开发为其进一步应用奠定了重要基础。笔者坚信，未来更多更高效非典型发光材料将不断涌现，其合理设计与调节将随着对发光机理的更深入理解及经验的不断积累而更加理性与便捷。此外，尽管非典型发光材料展现出激发波长依赖性，表现出良好的发光可调性质，但它们的最佳发光区域大多数局限于蓝光和绿光区域[40,41]，缺乏黄光至红光乃至近红外波段的发射，这些问题极大地限制了其应用潜力。因此，开发更多高效、全波段非典型发光材料至关重要。而如何通过分子工程和非典型生色团簇聚状态的调控来实现这一目的，仍有待探索。

同时，RTP 及其相应的光物理过程由于基础研究价值及广泛的应用潜力也引起了大家的关注。一方面，杂原子、重原子效应等有助于自旋轨道耦合，簇聚则有利于降低激发单重态与三重态能级差，从而促进三重态激子的产生。另一方面，高效空间共轭及其他分子内与分子间相互作用则有利于构象刚硬化，从而有效地稳定三重态激子。上述因素共同促使非典型发光材料广泛具有磷光发射性质，这为进一步拓展其应用提供了可能。例如，生物分子发光体中，聚集态或晶体态的分子周围存在的多重分子间/分子内相互作用，会有效地限制分子运动，阻止三重态激子的非辐射能量耗散，从而产生磷光甚至 p-RTP，这为相关生物过程研究提供了新的可能。而 p-RTP 则为拓展非典型发光材料在防伪加密等领域的应用发挥着重要作用，也是未来值得期待的研究方向。

值得一提的是，许多非典型发光材料已是获得广泛应用的功能体系，但其发光性质并未引起足够关注，如何利用其本征发光，解决之前未能解决的科学或技术问题，或为向前研究提供更多、更可靠的选择，将是未来值得思考的重要方向。例如，是否可以利用聚合度不同，发光性能发生变化来监控聚合过程。此外，聚合物处理工艺不同，聚合物簇聚程度也不一样，可以通过光谱的测定来表征其簇解离的程度，反映聚合物薄膜的均一性如何。目前，已有研究者发现可以利用 PL 强度随温度变化趋势的拐点来表征 T_g，那么，是否可以利用 PL 光谱来进一步表征聚合物的次级松弛过程呢？相信不久的未来，在研究者的不断努力下，新型非典型发光材料及其新技术应用将如雨后春笋般层出不穷。

（陶思羽　袁望章）

参 考 文 献

[1] 陈晓红，王允中，张永明，等. 非典型发光化合物的簇聚诱导发光. 化学进展，2019，31（11）：1560-1575.

[2] Liu B，Wang Y L，Bai W，et al. Fluorescent linear CO_2-derived poly(hydroxyurethane) for cool white LED. Journal of Materials Chemistry C，2017，5（20）：4892-4898.

[3] Chen X H，Luo W J，Ma H L，et al. Prevalent intrinsic emission from nonaromatic amino acids and poly(amino acids). Science China Chemistry，2018，61（3）：351-359.

[4] Boussif O，Lezoualc'h F，Zanta M A，et al. A versatile vector for gene and oligonucleotide transfer into cells in culture and in vivo: polyethylenimine. Proceedings of the National Academy of Sciences，1995，92（16）：7297-7301.

[5] Ghosh S S，Takahashi M，Thummala N R，et al. Liver-directed gene therapy: promises, problems and prospects at the turn of the century. Journal of Hepatology，2000，32：238-252.

[6]   Pack D W，Hoffman A S，Pun S，et al. Design and development of polymers for gene delivery. Nature Reviews Drug Discovery，2005，4（7）：581-593.

[7]   Mintzer M A，Simanek E E. Nonviral vectors for gene delivery. Chemical Reviews，2009，109（2）：259-302.

[8]   Jäger M，Schubert S，Ochrimenko S，et al. Branched and linear poly(ethylene imine)-based conjugates：synthetic modification，characterization，and application. Chemical Society Reviews，2012，41（13）：4755-4767.

[9]   Akinc A，Thomas M，Klibanov A M，et al. Exploring polyethylenimine-mediated DNA transfection and the proton sponge hypothesis. Journal of Gene Medicine，2005，7（5）：657-663.

[10]   Shao L H，Wan K W，Wang H，et al. A non-conjugated polyethylenimine copolymer-based unorthodox nanoprobe for bioimaging and related mechanism exploration. Biomaterials Science，2019，7（7）：3016-3024.

[11]   Xu C，Guan R F，Cao D X，et al. Bioinspired non-aromatic compounds emitters displaying aggregation independent emission and recoverable photo-bleaching. Talanta，2020，206：120232.

[12]   Sun M，Hong C Y，Pan C Y. A unique aliphatic tertiary amine chromophore：fluorescence，polymer structure，and application in cell imaging. Journal of the American Chemical Society，2012，134（51）：20581-20584.

[13]   Dou X Y，Zhou Q，Chen X H，et al. Clustering-triggered emission and persistent room temperature phosphorescence of sodium alginate. Biomacromolecules，2018，19（6）：2014-2022.

[14]   Ali U，Karim K J B A，Buang N A. A review of the properties and applications of poly(methyl methacrylate)（PMMA）. Polymer Reviews，2015，55（4）：678-705.

[15]   Saraiva C，Praça C，Ferreira R，et al. Nanoparticle-mediated brain drug delivery：overcoming blood-brain barrier to treat neurodegenerative diseases. Journal of Controlled Release，2016，235：34-47.

[16]   Gothwal A，Kesharwani P，Gupta U，et al. Dendrimers as an effective nanocarrier in cardiovascular disease. Current Pharmaceutical Design，2015，21（30）：4519-4526.

[17]   Wang Y，Guo R，Cao X Y，et al. Encapsulation of 2-methoxyestradiol within multifunctional poly(amidoamine) dendrimers for targeted cancer therapy. Biomaterials，2011，32（12）：3322-3329.

[18]   Fu F F，Wu Y L，Zhu J Y，et al. Multifunctional lactobionic acid-modified dendrimers for targeted drug delivery to liver cancer cells：investigating the role played by PEG spacer. ACS Applied Materials & Interfaces，2014，6（18）：16416-16425.

[19]   Wang G Y，Fu L B，Walker A，et al. Label-free fluorescent poly(amidoamine) dendrimer for traceable and controlled drug delivery. Biomacromolecules，2019，20（5）：2148-2158.

[20]   Bai L H，Yan H X，Bai T，et al. High fluorescent hyperbranched polysiloxane containing β-cyclodextrin for cell imaging and drug delivery. Biomacromolecules，2019，20（11）：4230-4240.

[21]   Saha B，Ruidas B，Mete S，et al. AIE-active non-conjugated poly(N-vinylcaprolactam) as a fluorescent thermometer for intracellular temperature imaging. Chemical Science，2020，11（1）：141-147.

[22]   Du L L，Jiang B L，Chen X H，et al. Clustering-triggered emission of cellulose and its derivatives. Chinese Journal of Polymer Science，2019，37（4）：409-415.

[23]   Wang S W，Gu K Z，Guo Z Q，et al. Self-assembly of a monochromophore-based polymer enables unprecedented ratiometric tracing of hypoxia. Advanced Materials，2019，31（3）：1805735.

[24]   Wang Q，Dou X Y，Chen X H，et al. Reevaluating protein photoluminescence：remarkable visible luminescence upon concentration and insight into the emission mechanism. Angewandte Chemie International Edition，2019，58（36）：12667-12673.

[25]   Wang Y Z，Bin X，Chen X H，et al. Emission and emissive mechanism of nonaromatic oxygen clusters.

Macromolecular Rapid Communications, 2018, 39 (21): 1800528.

[26] Dutta A, Mahapatra M, Deb M, et al. Fluorescent terpolymers using two non-emissive monomers for Cr(III) sensors, removal, and bio-imaging. ACS Biomaterials Science & Engineering, 2020, 6 (3): 1397-1407.

[27] Chen X H, Liu X D, Lei J L, et al. Synthesis, clustering-triggered emission, explosive detection and cell imaging of nonaromatic polyurethanes. Molecular Systems Design & Engineering, 2018, 3 (2): 364-375.

[28] Feng Z H, Zhao W, Liang Z H, et al. A new kind of nonconventional luminogen based on aliphatic polyhydroxyurethane and its potential application in ink-free anticounterfeiting printing. ACS Applied Materials & Interfaces, 2020, 12 (9): 11005-11015.

[29] Feng Y B, Yan H X, Ding F, et al. Multiring-induced multicolour emission: hyperbranched polysiloxane with silicon bridge for data encryption. Materials Chemistry Frontiers, 2020, 4 (5): 1375-1382.

[30] Chan F T S, Pinotsi D, Gabriele S, et al. Structure-specific intrinsic fluorescence of protein amyloids used to study their kinetics of aggregation. Bio-nanoimaging, 2014: 147-155.

[31] Amaro M, Wellbrock T, Birch D J S, et al. Inhibition of beta-amyloid aggregation by fluorescent dye labels. Applied Physics Letters, 2014, 104 (6): 063704.

[32] Pinotsi D, Buell A K, Dobson C M, et al. A label-free, quantitative assay of amyloid fibril growth based on intrinsic fluorescence. ChemBioChem, 2013, 14 (7): 846.

[33] Tcherkasskaya O. Photo-activity induced by amyloidogenesis. Protein Science, 2007, 16 (4): 561-571.

[34] Zheng S Y, Hu T P, Bin X, et al. Clustering-triggered efficient room-temperature phosphorescence from nonconventional luminophores. ChemPhysChem, 2020, 21 (1): 36-42.

[35] Chen Y, Zhou L Z, Pang Y, et al. Photoluminescent hyperbranched poly(amido amine) containing β-cyclodextrin as a nonviral gene delivery vector. Bioconjugate Chemistry, 2011, 22 (6): 1162-1170.

[36] Chen X X, Zhong Q Y, Cui C H, et al. Extremely tough, puncture-resistant, transparent, and photoluminescent polyurethane elastomers for crack self-diagnose and healing tracking. ACS Applied Materials & Interfaces, 2020, 12 (27): 30847-30855.

[37] Wang Y Z, Tang S X, Wen Y T, et al. Nonconventional luminophores with unprecedented efficiencies and color-tunable afterglows. Materials Horizons, 2020, 7 (8): 2105-2112.

[38] Chu B, Zhang H K, Hu L F, et al. Altering chain flexibility of aliphatic polyesters for yellow-green clusteroluminescence in 38% quantum yield. Angewandte Chemie International Edition, 2022, 61(6): e202114117.

[39] Guo L L, Yan L R, He Y Y, et al. Hyperbranched polyborate: a non-conjugated fluorescent polymer with unanticipated high quantum yield and multicolor emission. Angewandte Chemie International Edition, 2022, 61(29): 202204383.

[40] Wang R B, Yuan W Z, Zhu X Y. Aggregation-induced emission of non-conjugated poly(amido amine)s: discovering, luminescent mechanism understanding and bioapplication. Chinese Journal of Polymer Science, 2015, 33 (5): 680-687.

[41] Zhao Z H, Ma H L, Tang S X, et al. Luminescent halogen clusters. Cell Reports Physical Science, 2022, 3 (2): 100593.

第 **10** 章

>>

具有 AIE 性质的金属纳米团簇

金属纳米团簇简介

前面部分章节用较大篇幅系统介绍了无金属非典型发光化合物体系，讨论了不同体系的基本光物理性质及其相互关联，特别是其展现的共同发光特性，包括浓度增强发光、聚集诱导发光（AIE）、激发波长依赖性发射及普遍的磷光甚至室温磷光（RTP）或超长寿命室温磷光（p-RTP）发射。本章将介绍另一类簇发光体系，即金属纳米团簇（nanoclusters，NCs）的发光。

金属 NCs 又称为超小金属纳米粒子（ultra-small metal nanoparticles），由数个到数百个原子组成，是一类新兴的具有原子级别精确结构的纳米材料，是物质由原子态到凝聚态演化的重要环节，其填补了离散单原子和等离子体纳米材料之间的空白[1, 2]。它们具有十分独特的物理化学性质，包括光致发光[3, 4]、手性[5, 6]、顺磁性[7, 8]、催化作用[9, 10]及电化学性质[11, 12]，可利用量子尺寸效应和离散电子状态等机理进行合理解释，因而吸引了广泛的研究兴趣。此外，金属 NCs 结构层面上的原子精确性，有助于研究者阐明构效关系，这对合理设计合成具有优异性能的金属 NCs 至关重要[13-15]。光致发光（PL）现象，是这些纳米材料最受研究者关注的特性之一。与有机荧光分子或量子点相比，具有 PL 性质的金属 NCs 通常表现出优异的光稳定性和生物相容性及更低的毒性[1, 2]。因此，发光金属 NCs 在化学传感、细胞标记、生物成像、光动力治疗及药物递送方面具有广阔的应用前景[16, 17]。

然而，由于 NCs 本征结构上的高比表面积，其发光极易受溶剂分子和氧气的影响，这些猝灭剂的渗透可猝灭 NCs 的发光。因此，对于传统的发光 NCs，其固有缺陷是有限的 PL 量子效率[18]。同时，许多 NCs 仅在低温下表现出较好的 PL，在室温下不发光或者发光较弱，这在很大程度上限制了它们的实际应用[18]。构筑 AIE 型材料是提高有机发光体 PL 性能的有效策略。自 2001 年唐本忠院士课题组首次提出 AIE 概念，历经 20 余年发展，AIE 已引起了人们的极大关注[19]。近年，AIE 策略也被应用于 NCs 的设计合成。研究者认为纳米结构的聚集会极大地影响

NCs 间的电荷转移及能量传导过程，从而影响其聚集态下的光电性质。然而，NCs 的 AIE 机理并未得到明确的探究与解释，对此研究者提出了不同的假说去解释这一现象[20-23]。

谢建平教授等认为 AIE 现象在硫醇化 NCs 的 PL 特性中具有重要作用[24]。如图 10-1 所示，发现不发光的低聚 Au(Ⅰ)-SR 配合物在加入不良溶剂引起聚集时会产生发光增强。同时，其发光强度与发射波长取决于聚集程度。利用这种设计策略，可采用一锅法制备 PL 效率为 15% 的高效发光 Au-SR 金属簇。具体来讲，如图 10-1（a）～（c）所示，这些 NCs 的 PL 强度与聚集程度成正比，受乙醇/水混合溶剂 f_e 值（乙醇体积分数）影响。这一实验结果进一步验证了该体系的 AIE 性质。此外，随着 NCs 聚集逐渐增加，发射波长显著蓝移［图 10-1（a）～（c），从红光发射到黄光发射的变化］。由于 Au(Ⅰ)-SR 配合物模体（motif）的不同长度［图 10-1（e）］，利用 AIE 策略制备的 NCs 表现出与传统 NCs 不同的 PL 性质。具体来讲，如图 10-1（e）所示，在常规 $Au_m(SR)_n$ NCs 的表面结构中总是观察到短的 Au(Ⅰ)-SR 配合物模体（单体或二聚体），而 AIE NCs 壳层则主要被较长 Au(Ⅰ)-SR 配合物模体覆盖。他们提出，与较短模体状态相比，较长模体的有序组装减弱了 NCs 的振动。因此，分子振动引起的能量耗散程度显著降低，从而使这些 NCs 的辐射跃迁（即荧光）增强。

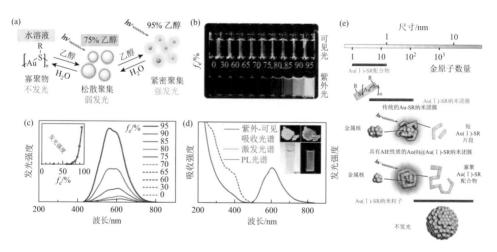

图 10-1 （a）溶剂诱导的寡聚 Au(Ⅰ)-SR 配合物的 AIE 现象示意图；（b）具有不同 f_e 值的乙醇/水混合溶剂中 Au(Ⅰ)-SR 溶液在可见光和紫外光下的照片；（c）Au(Ⅰ)-SR 配合物在不同 f_e 值混合溶剂中的 PL 光谱；（d）具有 AIE 性质的 Au NCs 的紫外-可见吸收光谱、激发光谱及 PL 光谱；（e）具有短 Au(Ⅰ)-SR 模体的常规 Au NCs（ⅰ）及具有长 Au(Ⅰ)-SR 模体的 AIE 型发光 Au NCs（ⅱ）的结构与尺寸示意图[24]

随着研究的深入，研究者成功利用 AIE 设计思想在 NCs 中实现了由单一荧光发射到磷光发射的转换。Xu 等报道了与上述 Au NCs 具有相似发光机理的 Ag NCs[25]。如图 10-2 所示，Ag 与甲基乙烯基醚-马来酸共聚物（PMVEM）形成的配合物在水溶液中仅能发出微弱荧光。随着不良溶剂二甲基亚砜（DMSO）的加入，NCs 逐渐形成，磷光发射逐渐显现，并在 PL 光谱中逐渐占据主导地位。他们将 PMVEM-Ag 配合物的荧光归因于 PMVEM 中 n-π* 相互作用诱导的空间电子离域，并认为其与金属的种类几乎没有关联。他们认为不良溶剂的引入破坏了 PMVEM 间的氢键相互作用，导致电荷被羧酸盐配体所屏蔽。同时，Ag 核表面在聚集时被屏蔽的羧酸盐配体包围。进一步研究表明，刚性 Ag NCs 可促进两个相邻羧基之间的 n-π* 跃迁，并导致磷光发射的产生。同时，由于与近端羧基相连的甲基的空间位阻效应，一旦 PMVEM 配体变为聚甲基丙烯酸（PMAA），PMAA-Ag 配合物在溶液中会变得不发光。

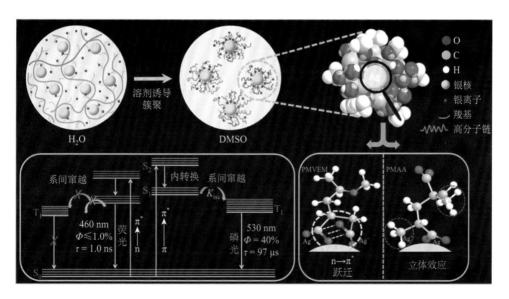

图 10-2　溶剂导致的 Ag NCs 的簇聚作用示意图；Ag NCs 在不同溶剂状态下的激发态能级示意图（左下）；通过不同聚合物模板合成不同 Ag NCs 机理示意图（右下）[25]

综上所述，AIE 设计思想有助于研究者对原子级 NCs 的 PL 强度、发射波长和荧光-磷光发射模式进行精确调控。本章将主要讨论金属 NCs 的发光机理，制备 AIE 型金属NCs 的不同方法，AIE 型金属 NCs 独特性质及其潜在应用。

10.2 金属纳米团簇的发光机理

10.2.1 具有尺寸依赖性的光发射

早在 1969 年，人们就对大块金的 PL 现象进行了实验观察。Mooradian 报道，大块金和铜薄膜在高能激光激发下可产生 PL[26]。这种发射是由导带电子与 d 带空穴之间发生的带间跃迁引起的，其中导带电子能级低于费米能级，而 d 带空穴是由光激发产生的（图 10-3）。这是首次提出用能带结构来解释大块过渡金属的 PL 机理。利用发射光谱分析表明，铜的能隙（d 带上层能级与费米能级之差）为 2.0 eV，金的能隙为 2.2 eV。尽管块体金属展现出 PL 性质，但其发光是在较为极端的条件下产生的，且量子效率很低（10^{-10}），不适合实际应用。由于表面等离子体共振（surface plasmon resonance，SPR），尺寸在 2～50 nm 之间的金属纳米颗粒表现出明显的自身颜色；在某些情况下，这些小的金属纳米颗粒也可展现出 PL，这与具有 SPR 效应的金属簇通常不会产生荧光的结论[27]相左。1998 年，Wilcoxon 等在金属 NCs 足够小（<5 nm）时观察到其相对强的 PL 发射[28]。同时，几乎不发光的尺寸相对较大的金纳米颗粒也可以通过氰化钾（KCN）部分刻蚀而发光。研究者发现 PL 光谱受到金属 NCs 配体（如硫醇或胺）的影响较大，而受到金属离子的影响较小。

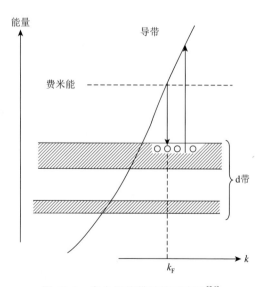

图 10-3 贵金属能带结构示意图[26]

包括激发过程和重组跃迁过程

结合关于金属簇电子结构与松弛的固态模型和分子模型，Link 等解释了 28 原子 Au 簇的可见光（Vis）到近红外（NIR）发射[29]。他们改进了能带结构模型，以解释电子跃迁过程和随后的 PL 过程。如图 10-4 所示，由于带内（sp-sp）和带间（sp-d）跃迁，Au 簇产生了两个发光带。

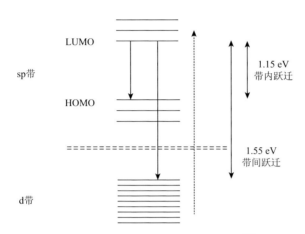

图 10-4　两个发光带起源的固态模型[29]

高能带被认为是 sp 带和 d 带之间的辐射带间重组，而低能带被认为是 sp 带内跨越 HOMO-LUMO 间隙的辐射带内跃迁

随着湿法化学合成策略的发展，研究者成功合成了不同尺寸的发光水溶性金属 NCs，PL 效率提高且发光颜色可调[30-34]。通过控制金属 NCs 的尺寸，可使其发光波长由紫外（UV）区域一直变化至 NIR 区域[35]。21 世纪初，Dickson 等首次利用生物相容性树枝状聚合物——羟端基聚酰胺-胺（PAMAM）为封端剂，在溶液中制备了具有高荧光性能的水溶性 Au NCs[30-32]。在合成过程中，通过改变金属/聚合物配比进而调节 Au NCs 的尺寸，可使其发射波长由 UV 向 NIR 方向变化。得益于软电离质谱技术的发展，可准确地确定金属簇的大小。这样，通过巧妙地建立一定波长下的发射强度与一定团簇尺寸对应的质谱强度之间的线性关系，确定了不同团簇的特征发射波长。Au NCs 尺寸与发光能量之间的关系也得以建立，并拟合出简单的标度关系：$E_{Fermi}/N^{1/3}$（其中 E_{Fermi} 为块状金的费米能，N 为 Au 原子数量），如图 10-5 所示[30]。

尽管金属 NCs 的发光表现出强烈的尺寸依赖性，但对应理论计算得到的发光寿命与量子效率远小于实验观测值。如果只考虑金属对发光的贡献，那么根据理论模型计算得到的 PL 波长应在近红外范围内，而不是实际观测到的可见光波段。实验结果同理论计算之间的分歧表明，以金属为中心的量子约束力学在此是无效的。

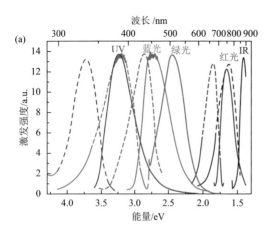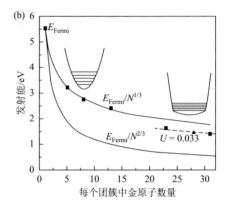

图 10-5 （a）不同尺寸 PAMAM-Au NCs 的激发光谱（虚线）与发射光谱（实线），随着初始 Au 浓度的增加，激发光谱与发射光谱最大值向长波方向移动，表明 NCs 尺寸的增加导致了更低的发射能量；（b）团簇中 Au 原子数量（N）与 Au NCs 发光能量的关系[30]

10.2.2　配体效应

因为裸露的金属 NCs 会产生强烈的分子间相互作用，并不可逆地产生聚集以降低其表面能，因而有机/无机框架和/或表面保护配体被广泛应用于稳定金属 NCs。同时，惰性气体基质、玻璃和沸石等固体基质，被广泛选择用于只有少数原子的小尺寸银 NCs[36-38]。然而，固体基质的大尺寸阻碍了它们在生物医学中的进一步应用。Dickson 等首先使用水溶性树枝状聚合物 PAMAM 作为框架来实现金属 NCs 的封装、稳定与增溶[31]。由此开始，包括模板辅助法和配体诱导蚀刻在内的各种合成策略不断被开发出来，以制造有机配体封端的发光金属 NCs。如图 10-6 所示，研究者已通过多种方式在溶液中形成具有不同封端配体的金属 NCs[20]。这些金属 NCs 的不同合成参数与方法，如金属离子还原方法、反应物的初始比例和反应温度对发光金属 NCs 的产生有着深远的影响。

值得注意的是，受配体保护的金属 NCs，其发射波长表现出强烈的配体依赖性。例如，通过改变核苷酸序列，DNA 寡聚体封端的 Ag NCs，其发射波长可在蓝色至 NIR 区域的大范围进行调节[39]。此外，PL 强度还取决于核苷酸序列。当放置于富含鸟嘌呤的 DNA 序列附近时，DNA-Ag NCs 的 PL 强度可增强 500 倍。基于这一发现，Yeh 等设计了一种荧光探针来检测特定的核酸靶点[40]。这种荧光探针在与目标结合后可轻松达到高信噪比（＞100），且不会因 Förster 能量转移而猝灭。

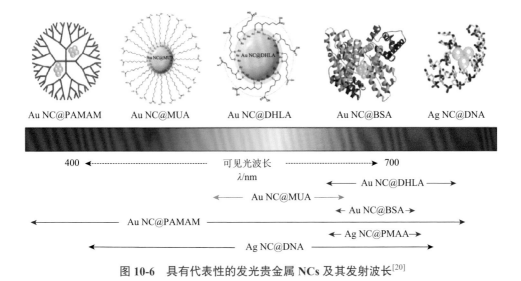

Au NC@PAMAM　　Au NC@MUA　　Au NC@DHLA　　Au NC@BSA　　Ag NC@DNA

图 10-6　具有代表性的发光贵金属 NCs 及其发射波长[20]

不同有机配体分子显示出不同的调节金属 NCs 发射波长的能力

10.2.3　金属价态相关发射

除粒径大小和表面封端配体外，表面金属价态也是影响金属 NCs 发光的重要因素。Zheng 等观察到具有相同谷胱甘肽配体保护的金纳米粒子（GS-Au NPs）具有完全不同的发光特性，其具有相同的尺寸但金属价态不同（图 10-7）[41]。核心尺寸约为 2 nm 的发光 GS-Au NPs 在用 $NaBH_4$ 处理后变得不发光，而其核的尺寸在处理后并未发生变化。显然，对于这一体系，金属中心量子限域效应（quantum confinement effect，QCE）并不能解释这一反常现象。研究者通过 X 射线光电子能谱（XPS）发现发光纳米粒子中 Au（Ⅰ）的高含量（40%～50%）是导致其独特光学性质的原因。并且，这一体系的发光寿命高度依赖于激发波长。当使用约 420 nm 光激发时，金属 NCs 会发出橙色 PL，其发射波长约为 565 nm，且具有微秒级长寿命。使用 530 nm 光激发时，虽然其发射波长接近，均为橙色发光，但其寿命很短，只有数纳秒至数十纳秒。这种对不同激发波长具有不同寿命的双 PL 现象，表明这一体系中存在两种完全不同的发色团。他们认为，由于金属电荷价态的变化，发光 Au NPs 中激发三重态和激发单重态的能量降低，从而导致相同波长的发射。

与上述工作类似，研究者也观察到 $Au_{25}(SC_2H_4Ph)_{18}$ 可通过使用 O_2、H_2O_2、$Ce(SO_4)_2$ 等氧化剂处理来增加其金属价态（由−1 价到 +2 价），从而极大地增强其荧光发射[42, 43]。这些报道都证实了金属离子或核的价态对 PL 发射的影响，证明金属 NCs 的 PL 发射源自最外层电子的带间或带内跃迁。

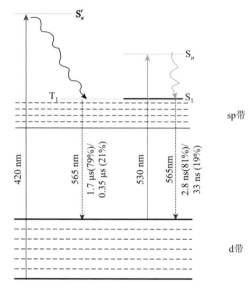

图 10-7　具有橙光发射 **GS-Au NPs** 的可能光学跃迁方式，其中发光源白 **d** 带和 **sp** 带之间的跃迁，当纳米粒子被 **420 nm** 光激发时，电子将从 **sp** 带中的三重态弛豫至 **d** 带中的某些基态，导致微秒级寿命发光，一旦激发波长红移至 **530 nm**，电子将从 **sp** 带的激发单重态衰减到基态，并发出纳秒级寿命 **PL**[41]

10.2.4　自组装导致光发射

　　Benito 等观察到了碘化铜团簇的力致发光变色现象[44]。他们得到了两种分别具有绿光和黄光发射的同质多晶体。在进行机械研磨时，发绿光晶体表现出从绿光到黄光的发光颜色与发射波长的极大改变（图 10-8）。XRD 分析表明，样品的结晶堆积遭受破坏，几乎完全变为无定形态，这意味着 Cu NCs 的发射特性是依赖于分子堆砌的。外力刺激引发的 PL 特性的变化不能简单地用金属中心的 QCE 来回答，因为单个 Cu NCs 保持不变。他们认为，Cu—Cu 间距离及相互作用的变

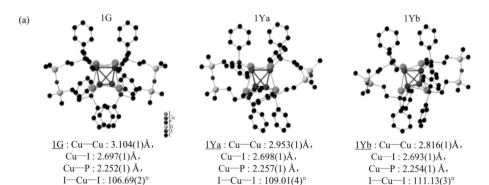

(a)

1G : Cu—Cu : 3.104(1)Å,
　　Cu—I : 2.697(1)Å,
　　Cu—P : 2.252(1) Å,
　　I—Cu—I : 106.69(2)°

1Ya : Cu—Cu : 2.953(1)Å,
　　　Cu—I : 2.698(1)Å,
　　　Cu—P : 2.257(1) Å,
　　　I—Cu—1 : 109.01(4)°

1Yb : Cu—Cu : 2.816(1)Å,
　　　Cu—I : 2.693(1)Å,
　　　Cu—P : 2.254(1) Å,
　　　I—Cu—I : 111.13(3)°

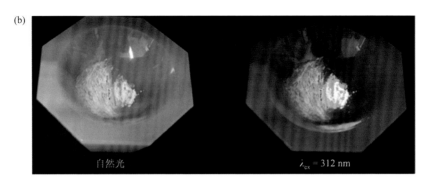

图 10-8　（a）碘化铜团簇 1G 和 1Y 的分子结构及选定键长的平均值；（b）研磨后（左）和未研磨（右）的 1G 粉末室温下在自然光及 312 nm 紫外光下的照片[44]

化是造成发光特性改变的原因。在机械刺激下，结晶结构的破坏导致簇核心的Cu—Cu 键缩短，从而使发射颜色由绿色变为黄色。这些结果揭示了亲铜相互作用在 Cu NCs 力致发光变色机理中的重要作用。

自组装体的组合紧密程度和发射波长之间的关系可总结为以下几点：①高度紧密的堆积加强了铜原子间相互作用，同时抑制了封端配体的分子内振动与转动，从而提高了 Cu NCs 的发射强度。②PL 的能量取决于铜原子间的距离；紧凑性的提高通过诱导额外的 NCs 间亲铜相互作用增加了铜原子间的平均距离，并由此导致 NCs 发射的蓝移。然而，需要注意的是，只有当相邻的 Cu—Cu 距离在范德华相互作用距离的范围内（一般小于 3.6 Å），才可能产生亲铜相互作用。然而，在这一体系中，两个相邻 NCs 间的距离是纳米级的，远超亲金属作用的有效距离。因此，配体-金属电荷转移（ligand-to-metal charge transfer，LMCT）和/或配体-金属-金属电荷转移（ligand-to-metal-metal charge transfer，LMMCT）模型的合理性受到挑战。但在聚集态下，相邻表面配体间间隔距离的变化得到明确证实，这进一步证明了表面配体的组装对调整 PL 的重要作用。

10.2.5　p 带中间态模型

即便基于 QCE 和 LMCT 和/或 LMMCT 机理的金属中心自由电子模型，较为合理地解释了一些重要的 PL 发射现象，但不同体系对光电性质的阐释，以及对其机理的理解是多样的，甚至不同体系间存在相互矛盾。为解决这些问题，如图 10-9 所示，华东师范大学张坤教授等提出了一个全新的 p 带中间态（p band intermediate state，PBIS）模型[45]。首先证明了金属核心表面保护配体的分布对调节贵金属 NCs 光电特性起着至关重要作用。张坤教授等以 NCs 为模型体系，通过智能操纵单个金属 NCs 纳米界面上的表面配体相互作用，同时调控配体的亲疏水性，由此产生的各种非共价相互作用可导致 NCs 光电性质的精确调控。据此，他们提出了 PBIS 模型来理解所有量子纳米点相关的 PL 发射机理，这与经典金属中心量子力学对 NCs PL 发射的阐释完全不同。他们认为，PBIS 源于金属 NCs 表面保护配体的成对或更多相邻杂原子（如 O 和 S）的 p 轨道重叠，这可被视为 NCs 界面上的暗态，以激活表面发色团的三重态发射。

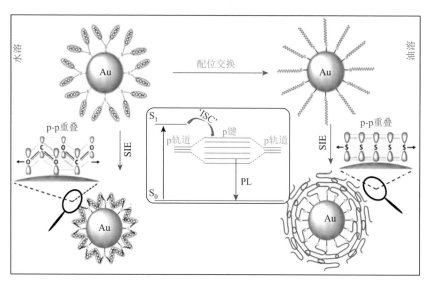

图 10-9　配体组装介导的 PBIS 主导着 PL 发射，配体交换过程和 Au NCs 的溶剂诱导发光（SIE）特性示意图，插图为 Au NCs 在水和乙醇混合溶剂中的能级结构；由规整排列的表面配体的富电子硫和氧杂原子的 p 轨道重叠形成的 p 带被用作中间态或暗态以调整 PL 性质[45]

　　具体而言，如图 10-9 所示，在 NCs 核心的纳米界面或在封闭的纳米孔中，相邻的配体通过近端羧基/硫醇基团上的 O、N、S 和 P 的 p 轨道与高能孤对电子的重叠，局部产生空间电子相互作用，形成类似于 Rydberg 物质的团簇。在配体诱导生成的分子结构中，高能电子在耦合的 p 轨道上离域产生新的更低能态，即所谓的 PBIS 态。其作为一个中间（或暗）状态，通过系间窜越来调整 PL 发射波长，其中单子激发态和中间 p 带态间的能量差控制着电子跃迁的方向和程度。时间依赖的密度泛函理论（TD-DFT）计算表明，p 带中心的能量水平对异质界面的局域接近配体发色团异常敏感，这进一步说明了 PBIS 模型的有效性。

10.3　AIE 金属纳米簇的合成

　　谢建平教授等[24]在溶液中合成了 AIE 型的金属纳米配合物 Au(0)@Au(Ⅰ)-硫醇

盐 NCs（图 10-10）。主要通过三步策略来实现：第一步是 Au(Ⅰ)配合物的合成，通过在氯金酸溶液中引入硫醇盐配体实现。接下来的两个关键阶段包括 Au(Ⅰ)配合物的部分还原，以及 Au(Ⅰ)-硫醇盐配合物在原位生成的 Au(0)核上缩合。选择谷胱甘肽作为还原剂和保护剂。通过该方法产生的金纳米配合物（Au NCs）在 610 nm 处显示出强发射，其光物理特性与 Au(Ⅰ)-巯基配合物的 PL 行为有关，表明 Au(Ⅰ)-硫醇盐配合物在 Au NCs 壳层/表面的聚集导致了 Au NCs 的 PL 增强。

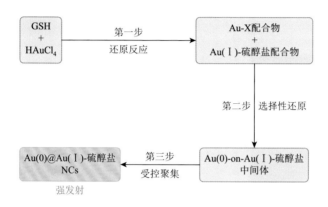

图 10-10　金属纳米配合物 Au(0)@Au(Ⅰ)-硫醇盐 NCs 的合成示意图[24]

2014 年，研究者通过改进的一氧化碳还原法合成了具有精确分子式 Au$_{22}$(SG)$_{18}$ 的硫醇盐保护的 Au NCs[46, 47]，这一类 NCs 能发射红色 PL。首先在 230 mL 超纯水中均匀混合氯化锂（LiCl，12.5 mL，20 mmol/L）和谷胱甘肽（7.5 mL，50 mmol/L）溶液。然后，用 1 mol/L 氢氧化钠（NaOH）将反应液 pH 调至 11.0，并向其中通入 1 atm（1 atm = 10^5 Pa）一氧化碳（CO）2 min。随后将反应液密封并于室温以 500 r/min 速度搅拌。0.5 h 后，释放出剩余 CO，用 1 mol/L 盐酸（HCl）再次将溶液 pH 调节至 2.5。将反应液密封并老化 24 h 后得到红光发射金纳米配合物水溶液［图 10-11（a）］。

随后使用非变性聚丙烯酰胺凝胶电泳（native-PAGE，30%）进一步分离并表征了合成的红色发光 Au NCs。如图 10-11（b）中通道 Ⅰ 所示，至少识别了 9 个条带，并按照 NCs 迁移率的顺序将其标记为条带 1′～9′（NCs 的大小从 1′到 9′逐渐增加）。其中条带 1′～9′分别被确定为 Au$_{10-12}$(SG)$_{10-12}$、Au$_{15}$(SG)$_{13}$、Au$_{18}$(SG)$_{14}$、Au$_{22}$(SG)$_{16}$、Au$_{22}$(SG)$_{17}$、Au$_{25}$(SG)$_{18}$、Au$_{29}$(SG)$_{20}$、Au$_{33}$(SG)$_{22}$ 和 Au$_{38}$(SG)$_{24}$。与此形成鲜明对比的是，对合成的红色发光 Au NCs 的 PAGE 分析［图 10-11（b）中通道 Ⅱ］显示，只有 4 个紧密间隔的条带显示出不同的颜色，按纳米晶迁移率顺序标注为 1～4。在紫外光下［图 10-11（c）］，发现仅有通道 Ⅱ 的 4 号条带有发光

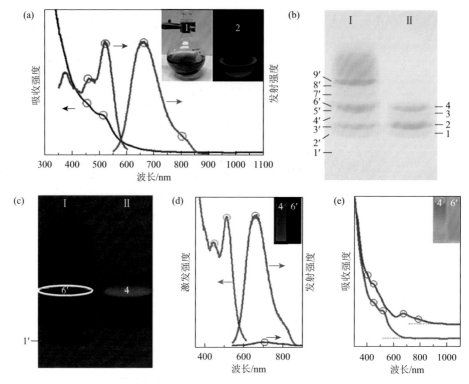

图 10-11 （a）红光发射 Au NCs 的紫外-可见吸收光谱（黑线）、PL 发射谱（红线，$\lambda_{ex} = 520\ nm$）与激发谱（蓝线，$\lambda_{em} = 665\ nm$）；插图：在可见光和紫外光下分散于水中的 Au NCs 的照片；多种尺寸的 $Au_n(SG)_m$（6′，通道Ⅰ）和所制备红光 Au NCs（4，通道Ⅱ）在可见光（b）和紫外光（c）下于聚丙烯酰胺凝胶上的照片；（d）4（红线）和 6′（蓝线）的发射谱（$\lambda_{ex} = 520\ nm$）及 4 的激发谱（绿线，$\lambda_{em} = 665\ nm$），插图：紫外光下 4 和 6′的照片；（e）4（红线）和 6′（蓝线）的紫外-可见吸收谱，插图：可见光下 4 和 6′的照片[46]

现象，因而认为仅有条带 4 为发光的 NCs。而与之具有相近迁移率和荷质比的通道Ⅰ中的条带 6′ $Au_{25}(SG)_{18}$ 则几乎不发光，其 PL 光谱强度和紫外吸收也相较于条带 4 处样品弱 [图 10-11（d）和（e）]。因此认为红色 PL 源自于与 $Au_{25}(SG)_{18}$ 分子量相近，但是结构不同的 Au NCs。通过进一步实验分离，发现其主要发光 NCs 的结构为 $Au_{18}(SG)_{14}$。通过将一步 CO 还原方案解耦为两步过程，谢建平教授等揭示了合成这些强红光发射 Au NCs 的关键形成过程和反应参数。如图 10-12 所示：在反应的第一阶段，通过 CO 还原和尺寸聚集形成了明确的金纳米粒子，即 $Au_{18}(SG)_{14}$。在下一阶段，由 pH = 11.0 到 pH = 2.5 的酸碱度变化诱导 Au（Ⅰ）-SG 配合物在 $Au_{18}(SR)_{14}$ 纳米晶表面受控聚集，最终导致 $Au_{22}(SG)_{18}$ 纳米晶的形成[47]。

随着 NCs 合成的不断进展，研究者发现对于一些在分散条件下不发光/发光较弱的单一金属 NCs，也可采用许多策略实现其聚集体的发光[48,49]。本部分将对

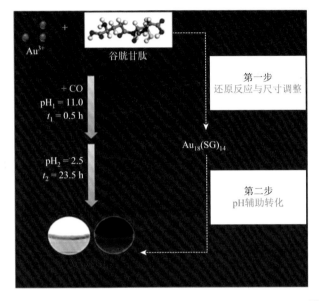

图 10-12　CO 还原法形成发红光的 Au$_{22}$(SG)$_{18}$ 纳米晶示意图[47]

这些策略予以概述。在合成后诱导金属 NCs 进一步聚集发光的方法众多，包括改变溶剂极性、黏度和添加外部离子等。其中，溶剂性质起着重要作用，它直接影响金属 NCs 在溶液中的稳定性。例如，水溶液中金属 NCs 大多数由带负电荷的表面组成（由于羧酸盐基团的存在），且其被稳定于连续的水化壳中。然而，溶剂中极性的改变可导致电荷中和，最终导致 NCs 在溶液中的聚集[48, 49]。

　　除改变溶剂极性外，金属离子的引入也可诱发金属 NCs 的聚集。谢建平教授等[50]发现在 Au NCs 中加入银离子[Ag(Ⅰ)]可有效地促进 NCs 的聚集。Ag(Ⅰ)被用来在弱发光的 Au$_{18}$(SG)$_{14}$ 母簇表面连接 Au(Ⅰ)-硫醇盐模体。Ag(Ⅰ)一经加入，将立即通过连接硫醇盐形成刚性网络或大的 Au(Ⅰ)/Ag(Ⅰ)-硫醇盐模体。Ag(Ⅰ)-硫醇盐模体将围绕整个 NCs 表面，并可通过 AIE 作用"点亮"硫醇盐保护的 Au@Ag NCs [图 10-13（a）]。如图 10-13（b）所示，新形成的 Au@Ag NCs 与溶液中的母体 Au NCs 相比显示出更强的 PL。除加入金属离子诱导 NCs 聚集外，一些其他的非金属阳离子也被用来诱导 NCs 的聚集。例如，最近的一项研究表明，通过引入具有较大空间体积的四辛基铵（TOA）阳离子，可有效地固化 NCs 的外壳，以此可合成具有优良 PL 强度的 Au NCs[51]。

　　此外，二维层状氢氧化物纳米片也被用来在空间上保护金属 NCs。为提高 Au NCs 的荧光性能并找到一种有效制备 Au NCs 基薄膜的方法，闫东鹏教授等通过静电逐层自组装过程将 Au NCs 固定在二维层状双氢氧化物（LDHs）纳米片上（图 10-14）[52]。由 Au NCs 在制备得到的(Au NCs/LDH)$_n$ 超薄膜（UTFs）有序且

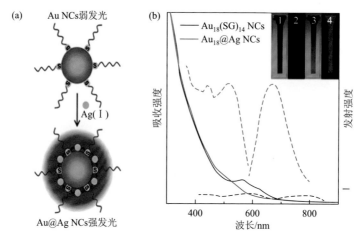

图 10-13 （a）通过使用 Ag(Ⅰ)作为连接剂连接形成 Au(Ⅰ)-硫醇盐，合成高亮度 Au@Ag NCs 的发光过程示意图；（b）母体 Au$_{18}$(SG)$_{14}$ NCs 的紫外-可见吸收光谱（实线）和 PL 发射谱（虚线），插图：母体 Au$_{18}$(SG)$_{14}$ NCs（1 和 2）分别在日光和紫外灯下的照片及发光 Au$_{18}$@Ag NCs（3 和 4）分别在日光和紫外光下的照片[50]

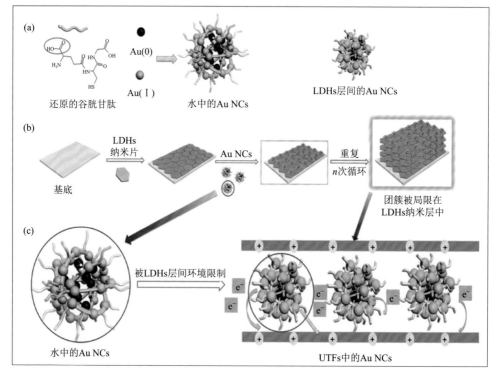

图 10-14 （a）水溶液中微弱发光 Au NCs 及 UTFs 中强发光 Au NCs 示意图；（b）多层发光 (Au NCs/LDH)$_n$ UTFs 的合成过程；（c）Au NCs 由水溶液转为 LDHs 层间微环境示意图[52]

密集固定。XPS 和周期密度泛函理论模拟证实，LDHs 纳米片的定位和限域效应导致发光 Au(Ⅰ)单元显著增加，从而使其发光效率增加（由 2.69%增至 14.11%）、发光寿命延长（由 1.84 μs 延长至 14.67 μs）。此外，有序的(Au NCs/LDH)$_n$ UTFs 呈现明确的温度依赖性 PL 和电化学发光（ECL）响应。因此，该工作提供了一种简便策略来实现 Au NCs 的固定与富集，并获得高发光性能的 Au NCs 基薄膜，从而为其进一步应用奠定了基础。

10.4　AIE 金属纳米簇的应用

　　发光金属 NCs 粒径小、生物相容性好、合成简便、抗光漂白性好，在传感、生物医学等领域具有广泛应用前景。特别地，AIE 型金属 NCs 因高量子效率和亮度，已成为被广泛应用的发光材料。本节将概述其在传感、成像与癌症治疗等领域的应用。

　　钱兆生教授课题组通过简单的一步法制备了谷胱甘肽修饰的 Ag NCs[53]。如图 10-15 所示，该 Ag NCs 具有聚集诱导发光增强（AIEE）特性，当外界环境 pH 和温度变化时，其发光强度将产生明显改变，因而可用于监测外界环境变化。此外，Ag NCs 可与铝离子（Al^{3+}）结合，并组装形成具有明亮发光的聚集体，在焦

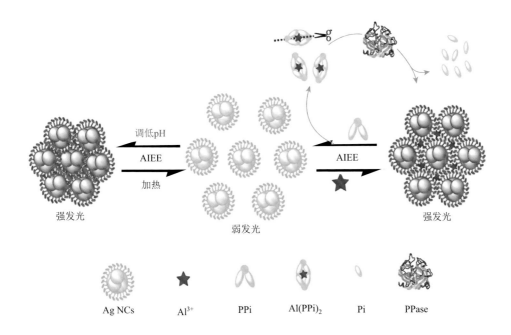

图 10-15　具有 AIEE 性质 Ag NCs 的刺激响应行为及其检测 PPase 活性示意图[53]

磷酸根阴离子（PPi）存在下，该聚集体迅速解离，发光猝灭。PPi 可被焦磷酸酶（PPase）催化水解为磷酸根离子，因此可建立 Ag NCs 与 Al^{3+} 及 PPi 间的定性定量关系，并进一步推导至 PPase，最终可实现利用 Ag NCs 对大鼠血清中 PPase 含量的检测。该研究工作展示了具有 AIE 性质的金属 NCs 在离子和酶检测领域的应用，为后续生物研究提供了思路。

王春刚教授等[54]利用谷胱甘肽（GSH）、聚丙烯酸（PAA）修饰 Au NCs，再用多孔二氧化硅包覆得到 A-Au NCs@PAA/mSiO$_2$ NPs，如图 10-16 所示。该 NPs 具有 AIEE 性质，且其多孔表面可负载阿霉素（DOX），可进入生物体内同时实现生物影像和药物释放。将这种 NPs 用于小鼠体内及体外肝癌化疗，结果表明，其不仅能促进癌细胞凋亡，同时可实现原位造影，且对小鼠没有系统性损伤，具有一定的生物医学应用前景。

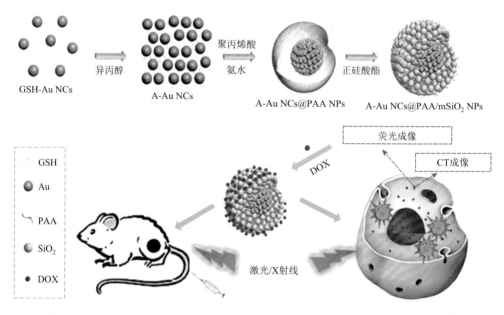

图 10-16　A-Au NCs@PAA/mSiO$_2$ NPs 的制备及其药物缓释和生物影像示意图[54]

谢建平教授等制备了一种具有超小尺寸的 Au NCs[Au$_{10}$(SG)$_{10}$]，通过表面修饰可有效提高其对肿瘤的特异性识别和摄取能力[55]。如图 10-17 所示，该 NCs 在相同时间内可有效控制肿瘤大小，在放疗后可基本消除肿瘤，因此，可作为一种理想的放疗增敏剂。

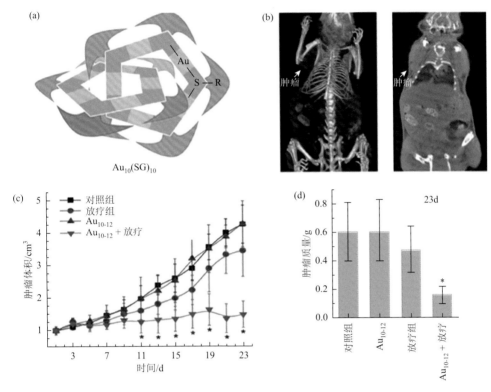

图 10-17 （a）$Au_{10}(SG)_{10}$ 的团簇结构；（b）小鼠的肿瘤 CT 影像；不同时间尺度和处理方式下的肿瘤体积（c）和肿瘤质量（d）[55]

10.5 总结与展望

　　迄今，金属 NCs 作为一类新型发光材料，具有十分独特的物理化学性质，包括 PL 发射、手性、顺磁性、催化作用及独特的电化学性质等，因而引起了广泛的研究兴趣。发光金属 NCs 由金属原子和有机金属模体的聚集体组成，典型直径小于 3 nm，具有重要的基础研究价值与应用前景。然而，金属 NCs 的发光机理仍未被完全理解，同时，其较大的比表面积导致发光易于猝灭，量子效率通常较低。上述因素在很大程度上限制了其实际应用。AIE 是提高有机发光体 PL 性能的有效策略。自 2001 年唐本忠院士课题组首次提出 AIE 概念以来，该策略已引起人们的极大关注。在最近十年，AIE 策略也被成功应用于金属 NCs 的设计合成，它克服了传统金属 NCs 的低发光效率，意义重大。纳米结构的聚集会极大地影响 NCs 间的电荷转移和能量传导过程，从而影响其聚集态下的光电性能。然而，目前对金属 NCs 结构与其 PL 特性之间关系的了解仍然有限，尚有待进一步探索。

本章主要讨论了金属 NCs 的发光机理，制备 AIE 型金属 NCs 的不同方法，AIE 型金属 NCs 的独特性能及其潜在应用。AIE 设计思想有助于研究者对原子级精确的金属 NCs 的 PL 强度、发射波长及荧光-磷光发射模式进行精确调控。然而，尽管 AIE 策略已被用来提高多种不同金属 NCs 的 PL 强度，但与经典发光金属 NCs 的相关研究相比，AIE 在金属 NCs 领域的研究还处于起步阶段。同时，与其他纳米材料如无机量子点、有机量子点相比，AIE NCs 领域的研究起步较晚，需要更多的工作来完善这一领域的基础研究与应用探索。

（杨天嘉　袁望章）

参 考 文 献

[1] Kang X，Zhu M Z. Tailoring the photoluminescence of atomically precise nanoclusters. Chemical Society Reviews，2019，48（8）：2422-2457.

[2] Jin R C，Zeng C J，Zhou M，et al. Atomically precise colloidal metal nanoclusters and nanoparticles: fundamentals and opportunities. Chemical Reviews，2016，116（18）：10346-10413.

[3] Yu H Z，Rao B，Jiang W，et al. The photoluminescent metal nanoclusters with atomic precision. Coordination Chemistry Reviews，2019，378：595-617.

[4] Hu X Q，Zheng Y K，Zhou J Y，et al. Silver-assisted thiolate ligand exchange induced photoluminescent boost of gold nanoclusters for selective imaging of intracellular glutathione. Chemistry of Materials，2018，30（6）：1947-1955.

[5] Dolamic I，Knoppe S，Dass A，et al. First enantioseparation and circular dichroism spectra of Au_{38} clusters protected by achiral ligands. Nature Communications，2012，3（1）：798.

[6] Zhu Y F，Wang H，Wan K W，et al. Enantioseparation of $Au_{20}(PP_3)_4Cl_4$ clusters with intrinsically chiral cores. Angewandte Chemie International Edition，2018，57（29）：9059-9063.

[7] Zhu M Z，Aikens C M，Hendrich M P，et al. Reversible switching of magnetism in thiolate-protected Au25 superatoms. Journal of the American Chemical Society，2009，131（7）：2490-2492.

[8] Agrachev M，Antonello S，Dainese T，et al. A magnetic look into the protecting layer of Au25 clusters. Chemical Science，2016，7（12）：6910-6918.

[9] Yamazoe S，Koyasu K，Tsukuda T. Nonscalable oxidation catalysis of gold clusters. Accounts of Chemical Research，2014，47（3）：816-824.

[10] Kwak K，Choi W，Tang Q，et al. A molecule-like $PtAu_{24}(SC_6H_{13})_{18}$ nanocluster as an electrocatalyst for hydrogen production. Nature Communications，2017，8（1）：14723.

[11] Kwak K，Tang Q，Kim M，et al. Interconversion between superatomic 6-electron and 8-electron configurations of $M@Au_{24}(SR)_{18}$ clusters（M = Pd，Pt）. Journal of the American Chemical Society，2015，137（33）：10833-10840.

[12] Kwak K，Lee D. Electrochemistry of atomically precise metal nanoclusters. Accounts of Chemical Research，2018，52（1）：12-22.

[13] Yao Q F，Chen T K，Yuan X，et al. Toward total synthesis of thiolate-protected metal nanoclusters. Accounts of Chemical Research，2018，51（6）：1338-1348.

[14] Higaki T，Zhou M，Lambright K J，et al. Sharp transition from nonmetallic Au246 to metallic Au279 with nascent surface plasmon resonance. Journal of the American Chemical Society，2018，140（17）：5691-5695.

[15] Zhou M，Zeng C J，Song Y B，et al. On the non-metallicity of 2.2 nm $Au_{246}(SR)_{80}$ nanoclusters. Angewandte Chemie International Edition，2017，129（51）：16475-16479.

[16] Song X R，Goswami N，Yang H H，et al. Functionalization of metal nanoclusters for biomedical applications. Analyst，2016，141（11）：3126-3140.

[17] Konishi K，Iwasaki M，Sugiuchi M，et al. Ligand-based toolboxes for tuning of the optical properties of subnanometer gold clusters. Journal of Physical Chemistry Letters，2016，7（21）：4267-4274.

[18] Shang L，Dong S J. Facile preparation of water-soluble fluorescent silver nanoclusters using a polyelectrolyte template. Chemical Communications，2008（9）：1088-1090.

[19] Luo J D，Xie Z L，Lam J W Y，et al. Aggregation-induced emission of 1-methyl-1, 2, 3, 4, 5-pentaphenylsilole. Chemical Communications，2001，21（18）：1740-1741.

[20] Yang T Q，Peng B，Shan B Q，et al. Origin of the photoluminescence of metal nanoclusters：from metal-centered emission to ligand-centered emission. Nanomaterials，2020，10（2）：261.

[21] Wu Z N，Liu J L，Gao Y，et al. Assembly-induced enhancement of Cu nanoclusters luminescence with mechanochromic property. Journal of the American Chemical Society，2015，137（40）：12906-12913.

[22] Liu Y，Yao D，Shen L，et al. Alkylthiol-enabled Se powder dissolution in oleylamine at room temperature for the phosphine-free synthesis of copper-based quaternary selenide nanocrystals. Journal of the American Chemical Society，2012，134（17）：7207-7210.

[23] Jia X F，Yang X，Li J，et al. Stable Cu nanoclusters：from an aggregation-induced emission mechanism to biosensing and catalytic applications. Chemical Communications，2014，50（2）：237-239.

[24] Luo Z T，Yuan X，Yu Y，et al. From aggregation-induced emission of Au（Ⅰ）-thiolate complexes to ultrabright Au(0)@Au（Ⅰ）-thiolate core-shell nanoclusters. Journal of the American Chemical Society，2012，134（40）：16662-16670.

[25] Yang T Q，Dai S，Yang S Q，et al. Interfacial clustering-triggered fluorescence-phosphorescence dual solvoluminescence of metal nanoclusters. Journal of Physical Chemistry Letters，2017，8（17）：3980-3985.

[26] Mooradian A. Photoluminescence of metals. Physical Review Letters，1969，22（5）：185.

[27] Díez I，Ras R H A. Fluorescent silver nanoclusters. Nanoscale，2011，3（5）：1963-1970.

[28] Wilcoxon J P，Martin J E，Parsapour F，et al. Photoluminescence from nanosize gold clusters. Journal of Chemical Physics，1998，108（21）：9137-9143.

[29] Link S，Beeby A，Fitz Gerald S，et al. Visible to infrared luminescence from a 28-atom gold cluster. Journal of Physical Chemistry B，2002，106（13）：3410-3415.

[30] Zheng J，Zhang C W，Dickson R M. Highly fluorescent，water-soluble，size-tunable gold quantum dots. Physical Review Letters，2004，93（7）：077402.

[31] Zheng J，Dickson R M. Individual water-soluble dendrimer-encapsulated silver nanodot fluorescence. Journal of the American Chemical Society，2002，124（47）：13982-13983.

[32] Zheng J，Petty J T，Dickson R M. High quantum yield blue emission from water-soluble Au8 nanodots. Journal of the American Chemical Society，2003，125（26）：7780-7781.

[33] Angel L A，Majors L T，Dharmaratne A C，et al. Ion mobility mass spectrometry of $Au_{25}(SCH_2CH_2Ph)_{18}$ nanoclusters. ACS Nano，2010，4（8）：4691-4700.

[34] Jin R C，Qian H F，Wu Z K，et al. Size focusing：a methodology for synthesizing atomically precise gold nanoclusters. Journal of Physical Chemistry Letters，2010，1（19）：2903-2910.

[35] Zheng J，Nicovich P R，Dickson R M. Highly fluorescent noble-metal quantum dots. Annual Review of Physical Chemistry，2007，58：409-431.

[36] Brewer L，King B A，Wang J L，et al. Absorption spectrum of silver atoms in solid argon，krypton，and xenon. Journal of Chemical Physics，1968，49（12）：5209-5213.

[37] Simo A，Polte J，Pfänder N，et al. Formation mechanism of silver nanoparticles stabilized in glassy matrices. Journal of the American Chemical Society，2012，134（45）：18824-18833.

[38] Grandjean D，Coutiño-Gonzalez E，Cuong N T，et al. Origin of the bright photoluminescence of few-atom silver clusters confined in LTA zeolites. Science，2018，361（6403）：686-690.

[39] Richards C I，Choi S，Hsiang J C，et al. Oligonucleotide-stabilized Ag nanocluster fluorophores. Journal of the American Chemical Society，2008，130（15）：5038-5039.

[40] Yeh H C，Sharma J，Han J J，et al. A DNA-silver nanocluster probe that fluoresces upon hybridization. Nano Letters，2010，10（8）：3106-3110.

[41] Zhou C，Sun C，Yu M X，et al. Luminescent gold nanoparticles with mixed valence states generated from dissociation of polymeric Au(Ⅰ) thiolates. Journal of Physical Chemistry C，2010，114（17）：7727-7732.

[42] Negishi Y，Chaki N K，Shichibu Y，et al. Origin of magic stability of thiolated gold clusters：a case study on $Au_{25}(SC_6H_{13})_{18}$. Journal of the American Chemical Society，2007，129（37）：11322-11323.

[43] Zhu M Z，Eckenhoff W T，Pintauer T，et al. Conversion of anionic $[Au_{25}(SCH_2CH_2Ph)_{18}]$-cluster to charge neutral cluster via air oxidation. Journal of Physical Chemistry C，2008，112（37）：14221-14224.

[44] Benito Q，Le Goff X F，Maron S，et al. Polymorphic copper iodide clusters：insights into the mechanochromic luminescence properties. Journal of the American Chemical Society，2014，136（32）：11311-11320.

[45] Yang T Q，Shan B Q，Huang F，et al. P band intermediate state（PBIS）tailors photoluminescence emission at confined nanoscale interface. Communications Chemistry，2019，2（1）：132.

[46] Yu Y，Luo Z T，Chevrier D M，et al. Identification of a highly luminescent $Au_{22}(SG)_{18}$ nanocluster. Journal of the American Chemical Society，2014，136（4）：1246-1249.

[47] Yu Y，Li J G，Chen T K，et al. Decoupling the CO-reduction protocol to generate luminescent $Au_{22}(SR)_{18}$ nanocluster. Journal of Physical Chemistry C，2015，119（20）：10910-10918.

[48] Wang J X，Lin X F，Shu T，et al. Self-assembly of metal nanoclusters for aggregation-induced emission. International Journal of Molecular Sciences，2019，20（8）：1891.

[49] Liu Y，Yao D，Zhang H. Self-assembly driven aggregation-induced emission of copper nanoclusters：a novel technology for lighting. ACS Applied Materials & Interfaces，2018，10（15）：12071-12080.

[50] Dou X Y，Yuan X，Yu Y，et al. Lighting up thiolated Au@Ag nanoclusters via aggregation-induced emission. Nanoscale，2014，6（1）：157-161.

[51] Pyo K，Thanthirige V D，Kwak K，et al. Ultrabright luminescence from gold nanoclusters：rigidifying the Au(Ⅰ)-thiolate shell. Journal of the American Chemical Society，2015，137（25）：8244-8250.

[52] Tian R，Zhang S T，Li M W，et al. Localization of Au nanoclusters on layered double hydroxides nanosheets：confinement-induced emission enhancement and temperature-responsive luminescence. Advanced Functional Materials，2015，25（31）：5006-5015.

[53] Tang C，Feng H，Huang Y Y，et al. Reversible luminescent nanoswitches based on aggregation-induced emission

enhancement of silver nanoclusters for luminescence turn-on assay of inorganic pyrophosphatase activity. Analytical Chemistry，2017，89（9）：4994-5002.

[54] Wu X T，Li L，Zhang L Y，et al. Multifunctional spherical gold nanocluster aggregate @ polyacrylic acid @ mesoporous silica nanoparticles for combined cancer dual-modal imaging and chemo-therapy. Journal of Materials Chemistry B，2015，3（12）：2421-2425.

[55] Zhang X D，Luo Z T，Chen J，et al. Ultrasmall $Au_{10-12}(SG)_{10-12}$ nanomolecules for high tumor specificity and cancer radiotherapy. Advanced Materials，2014，26（26）：4565-4568.

第11章

>>

簇发光的挑战、启示与展望

引言

前面章节对非典型发光化合物的结构特征、不同体系的共同光物理特征、发光机理、不同体系及其应用等进行了介绍。可以看到，随着研究的逐步推进，人们对这些常见但早前未被充分重视，甚至一度被认为是杂质引起的发光现象及其相关材料逐步重视起来，越来越多的新材料见诸报道[1-7]。需要指出的是，经典有机发光化合物，无论是聚集导致猝灭（ACQ）型还是聚集诱导发光（AIE）或聚集增强发光（AEE）型，皆具有较显著的大共轭结构，通常含较大的芳环、芳杂环结构，其构筑单元、光物理性质与影响因素、应用等得到广泛研究，已形成较完善的理论与应用体系[8-14]。而非典型发光化合物通常仅含脂肪胺、羟基、醚键、硫醚、羰基、氰基、羧基、酰胺、卤原子等亚结构单元。人们对其发光机理的理解仍处在初始阶段。前期，在天然产物等体系发光基础上，袁望章等提出了"簇聚诱导发光"（CTE）机理，即非典型生色团的簇聚、电子离域与构象刚硬化来解释发光现象[15-19]。目前，CTE 机理不仅合理地解释了该研究体系，也可较好地阐释其他研究者的工作体系，同时可用来指导新型发光化合物的合理设计或发现[18, 19]。

在快速发展的同时，非典型发光化合物体系依然面临着许多亟待解决的问题，如光吸收、激发与发射等更详细的光物理过程，是否存在相关的能量转移与电荷转移过程，如何通过调节化合物结构与聚集结构来调节其发光波长与效率，理论计算如何能更好地说明与预测相关体系的光物理性质，如何建模来定量地描述体系的相关性质，如何进一步利用其本征发光来实现新的技术应用等。此外，对非典型发光体系的性质与机理的初步认识也对其他研究领域具有一定的启示与借鉴意义，如何将这些认识与其他体系的研究结合起来，无疑也是值得我们进一步思考的。本章针对非典型发光化合物体系的这些问题将作简单探讨。

11.2 簇发光研究面临的挑战

11.2.1 对机理的进一步深入探索

CTE 机理可合理解释不同体系，并可指导发现新的非典型发光化合物，同时，还可指导相应的分子设计，从而为新型发光材料开发、构效关系研究及应用探索奠定了基础。尽管如此，非典型发光化合物的研究仍处于初始阶段，更详细的光物理过程与发光机理仍有待进一步探索。非典型生色团间电子相互作用的物理图像与数学描述、激子光物理动态过程、化合物/簇生色团电子-分子-聚集体多层次构效关系、簇生色团的具体尺寸与调控及其与光发射的相互关系等亟待进一步明确。

上述问题的解决，有赖于进一步的实验与理论探索。新体系的开发、新现象的发现、新实验手段的运用及新理论研究方法的发展都可能为非典型发光化合物的机理研究贡献新的知识。

11.2.2 光物理性质的调节

目前，依据 CTE 机理，非典型发光材料可通过合理分子设计获得。通常，富电子单元的引入、簇聚及构象刚硬化可实现体系发光。值得注意的是，除海因等少部分体系的发光效率可高达 87.5%外[20, 21]，非典型发光材料的发光效率通常低于 20%，其总体发光性能仍有待提高。此外，非典型发光化合物发光具有激发波长依赖性，但最佳发射主要集中于蓝光至绿光区域，其他颜色发光效率低下。如何通过分子工程、晶体工程、非典型生色团簇聚状态的调控来获得高效长波长发射仍有待深入探索。目前，文献报道了零星体系的黄光、红光甚至近红外光发射（详见第 8 章），但普适的分子设计原则仍需进一步完善[4, 22, 23]。发射波长与效率的合理调节将是未来非典型发光化合物研究努力的重要方向。

最近，中国科学院化学研究所张军研究员等采用阴离子聚合实现了聚马来酰亚胺（PM）的全色发光，从而为非典型发光化合物的光物理性质调节提供了重要借鉴[4]。如图 11-1 所示，商售 PM 由自由基聚合制备（Fr-PM），其重复单元通过 C—C 键连接，固体粉末具有蓝光发射（400～450 nm）。研究发现，通过路易斯碱可引发马来酰亚胺阴离子聚合，所得聚合物 A-PMs 重复单元具有—C—C—及—C—N—两种连接模式。改变路易斯碱的种类，A-PMs 固体和溶液发光均可实现由蓝光至红光的可控调节。这一结果为非典型发光化合物的发光机理与发光调节的探索提供了重要参考。

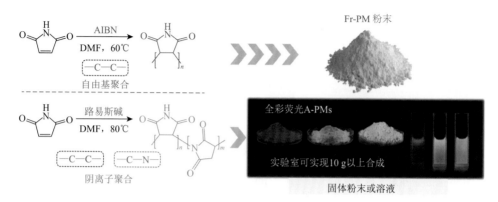

图 11-1 自由基聚合聚马来酰亚胺（Fr-PM）及阴离子聚合聚马来酰亚胺（A-PMs）的结构式；Fr-PM 粉末及不同 A-PMs 固体粉末或溶液在自然光或紫外光下的照片[4]

11.2.3 理论描述与预测

就实验证据而言，非典型发光化合物发光机理的深层理解与揭示有赖于对不同体系性质的全面了解与正确总结。而在理论方面，目前的计算方法通常能给出不同聚集体的电子离域趋势与能级变化趋势，却很难给出定量描述。因此，新的合理模型的建立，发光过程更清晰物理图像的获得显得极为重要。同时，目前理论计算在预测体系的激发波长依赖性及不同体系发光效率的高低等方面依然存在困难，更完善合理的理论计算方法也亟待开发。

11.3 簇发光带来的启示

11.3.1 CTE 机理在芳香体系中的适用性

尽管 CTE 机理的提出始于解释非典型发光化合物的发光现象，但其本质仍然是探讨聚集态下分子内和分子间的电子相互作用，而这些相互作用在芳香发光化合物中同样存在，因此可将该机理的适用范围进一步拓展。此外，对于芳香化合物而言，除单分子发射外，来自特定聚集体（如 H 聚集体、J 聚集体、X 聚集体及 M 聚集体）[24-26]的发光现象也被广泛报道。而典型生色团的簇聚也可能产生不同的发射种，特别是当其结构中含有较多的非典型生色团时。

笔者课题组研究了聚对苯二甲酸乙二醇酯（PET）的光物理性质，结果表明，PET 表现出明显的浓度增强发光及结晶诱导荧光-磷光双发射现象，且其薄膜量子效率高达 22.1%［图 11-2（a）］[27]。为对 PET 各发射峰位进行归属，进一步表征了模型化合物对苯二甲酸二甲酯（DMTPA）的光物理性质。如图 11-2（b）～（d）

所示，DMTPA 的单分子发射峰位为 332 nm，与 PET/三氟乙酸（TFA）稀溶液发射峰位类似，证实了 PET/TFA 稀溶液的发光应来源于对苯二甲酸乙二醇酯单元。此外，DMTPA 浓溶液具有明亮的蓝绿光发射，对应发射峰位为 460 nm/492 nm/534 nm，这显然已远超其单分子发射波长，应归属为 DMTPA 簇聚体的发射。

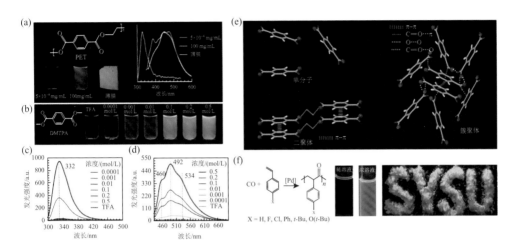

图 11-2　（a）PET 的化学结构，PET/TFA 溶液及 PET 薄膜在 312 nm 紫外光下的照片与发射光谱；（b~d）DMTPA/TFA 溶液在紫外光（312 nm）（b）下的照片与发射光谱（c，d），（c）中 λ_{ex} = 280 nm，（d）中 λ_{ex} = 410 nm；（e）PET 固体中单分子、二聚体及簇聚体的电子相互作用示意图[27]；（f）CO-苯乙烯衍生物交替共聚物的合成路线及其固体粉末与 THF 溶液在 365 nm 紫外光下的照片[28]

值得注意的是，PET 浓溶液和薄膜的发射光谱与 DMTPA 浓溶液类似，从而证实了簇聚体发射种的存在。DMTPA 单晶结构中存在大量的 π-π、C＝O⋯π、O⋯O 和 C＝O⋯O 等分子间相互作用 [图 11-2（e）]，这一方面有助于限制分子的振动与转动，抑制非辐射跃迁，另一方面也有助于产生空间共轭（TSC），形成具有不同发射波长的簇聚体发射种，导致多重发射峰的产生。这一情形，与天然产物、生物分子等非典型发光化合物体系极为相似。同样地，PET 薄膜的发光现象也应归因于对苯二甲酸乙二醇酯单元的簇聚，不同堆积方式的簇聚体发射种在 PET 中共存，对应着谱图中的多重发射峰。

高海洋教授等利用乙烯基单体和一氧化碳（CO）合成了一系列共聚物，其浓溶液和固体粉末在紫外光激发下均能产生明显的蓝光发射 [图 11-2（f）][28]。通过对模型化合物进行理论计算与单晶分析后指出，该聚合物结构中的羰基与苯环之间可产生空间共轭相互作用，促进簇生色团的形成，进而被紫外光激发产生蓝光发射。

上述示例表明，CTE 机理可用于解释芳香化合物的发光行为，特别是当体系的芳香单元共轭较小时。从 CTE 机理的角度考虑，典型生色团的不同簇聚方式可产生多重发射种，进而产生与非典型发光化合物体系类似的光发射行为，包括产生不同于单分子（monomer）及激基缔合物（excimer）发射的新发射和激发波长依赖性发射等行为。

为进一步获得 CTE 机理的更多信息，最近，房喻院士团队合成了两种邻碳硼烷（o-carborane，o-Cb）衍生物，即 Cb-Ph 与 Ad-4CP（图 11-3），并研究了它们的光物理性质[29]。Ad-4CP 是利用金刚烷（adamantane，Ad）将 4 个 Cb-Ph 单元缀合在一起的化合物。结果显示，Cb-Ph 几乎不发光且不具有 AIE 行为，而 Ad-4CP 在溶液中呈现局域态发射（localized emission）及分子内电荷转移（charge- transfer，CT）发射，具有 AIE 特性与固态高效发射，且表现出典型的 CTE 发射行为。他们将 CTE 归因于 Ad-4CP 的分子内 CT，而将 AIE 性质归因于分子内与分子间 CT 的同时存在。固态分子内与分子间 CT 的同时存在也使化合物呈现出显著的激发波长依赖性，这与非典型发光化合物的性质相似。笔者认为，溶液中 Ad-4CP 的发光和分子内电子相互作用与分子内 CT 相关，而固态的 CTE 发光则与 Cb-Ph 单元的簇聚和分子内、分子间 CT 都相关。这一工作对进一步理解 CTE 机理，设计合成新的发光化合物具有重要意义。

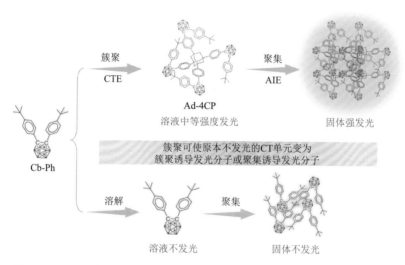

图 11-3　Cb-Ph 与 Ad-4CP 的结构式及其在溶液与固体中的发射行为示意图[29]

唐本忠院士课题组报道了一种仅含孤立苯环的非共轭分子——1, 1, 2, 2-四苯基乙烷（s-TPE）的光物理性质。结果表明，s-TPE 分子内与分子间存在明显的

TSC，促进其具有明显的蓝光发射［图 11-4（a）］[30]。近期，他们合成了两种非共轭分子，即 1, 2-二苯基乙烷（s-DPE）和 1, 2-双（2, 4, 5-三甲基苯基）乙烷（s-DPE-TM）。结果表明，这两种分子在固态下均可通过激发光调整构象，形成激发态空间复合物（ESTSC），其中存在着丰富的电子相互作用，与化合物固态发光密切相关［图 11-4（b）］[31]。

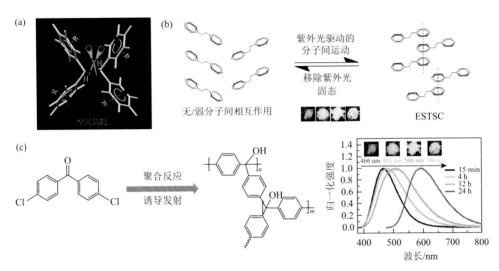

图 11-4　（a）s-TPE 的分子结构及分子内 TSC 示意图[30]；（b）s-DPE 分子在光驱动下的激发态空间共轭作用[31]；（c）4, 4′-二氯二苯甲酮的 Barbier 聚合反应示意图，以及其固体在 365 nm 紫外光激发下不同聚合时间的发光照片与光谱[32]

万文明教授等提出了聚合诱导发光（polymerization-induced emission，PIE）的策略来构筑发光聚合物[32]。如图 11-4（c）所示，当以 4, 4′-二氯二苯甲酮为单体进行 Barbier 聚合反应时，随着聚合时间的推移，聚合溶液体系发光微弱，但其相应固体由不发光逐渐转变为发光，且发光颜色由蓝色（15 min）逐渐转变为青色（4 h）、绿色（12 h）至黄色（24 h），对应的发射峰位为 466 nm、481 nm、508 nm、596 nm[32]。值得注意的是，不同聚合时间对应固体的光谱互相交叠，表明发射峰的位移实际上源于体系中不同发射种相对比例的变化。因此，该聚合体系的一系列发光现象可由 CTE 机理予以合理解释，即随着聚合反应的进行，空间共轭（TSC）增强，不同簇聚体发射种的相对比例发生变化，导致发射峰位红移。

需要指出的是，上述工作显示出聚合物在调节体系发光方面具有的独特作用，这是聚合物链缠结与分子内及分子间相互作用，以及其引起的生色团的不同电子相互作用与电子离域共同造成的。事实上，笔者认为，单体是否发光也应作全面考察。许多在报道中认为不发光的单体可能仅是由构象刚硬化程度不够或簇聚状态无法被实验用紫外光有效激发产生（可见）光发射所致，例如，马来酸酐单体在室温下其晶体并不发光，但 77 K 却具有明显光发射[19]。

11.3.2 典型生色团与非典型生色团的结合

CTE 机理在芳香体系的适用性赋予更多结合典型发光化合物与非典型发光化合物优势的机会。若将典型生色团与非典型生色团通过适当方式结合，或可获得具有较好发光效率与智能响应性的发光材料。例如，在苯环上并入酰脲基团，不仅有利于促进自旋轨道耦合（SOC），而且可形成氢键等分子间相互作用，从而有利于荧光与磷光发射。同时，酰脲基团还有利于不同分子聚集体的形成和不同 TSC 的产生，从而形成多重发射中心。因此，苯环（典型生色团）与酰脲基团（非典型生色团）的适当结合将有利于发光效率的提高及多重发射中心的形成。

如图 11-5 所示，笔者课题组研究了 BEU 及其甲基与氯原子取代物 MBEU-1、MBEU-2 及 CBEU。四种化合物晶体均呈现超长寿命室温磷光（p-RTP）发射，且 BEU 晶体的 p-RTP 余辉具有时间依赖性，这正是体系中形成了寿命可比但不同的多个 p-RTP 发射种造成的。利用 BEU 晶体及 MBEU-2 晶体的发光及 p-RTP 余辉性质，进一步实现了多重防伪。这一工作为综合不同类型生色团优势，构筑新型多功能发光材料提供了新途径。

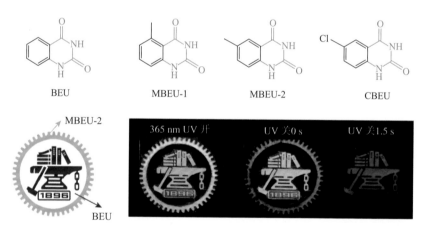

图 11-5 BEU 及其衍生物的结构；BEU、MBEU-2 固体用于多重防伪示意图[33]

11.3.3 非典型发光聚合物与典型生色团的结合

与 11.3.2 节典型生色团与非典型生色团的结合类似，若将典型生色团化学接枝到非典型发光聚合物链上或物理掺杂至非典型发光聚合物基质中，通过聚合物链结构、化学接枝单元结构、掺杂客体类别、分子内与分子间相互作用、聚合物与客体分子聚集态结构、能量转移等的调控，可能获得一系列新型可溶液加工、成膜性好、发光效率高、光物理性质可调且具有刺激响应性等性质的多功能发光材料。

　　海藻酸钠（SA）是一种天然的高分子多糖，其分子链可形成丰富的氢键、离子键等相互作用及链缠结，同时具有良好的水溶性及易于化学修饰等优点，使其可作为刚性基质网络抑制嵌入其中的小分子生色团的运动。笔者课题组与青岛大学谭业强教授课题组合作，通过酰胺化反应将一系列典型生色团接枝到 SA 链上，制备出余辉颜色由蓝色到红色的无定形态 p-RTP 材料［图 11-6（a）和（b）］。其中部分材料（如 SA-Np）还表现出显著的时间依赖性余辉［图 11-6（c）］，这是材料中同时存在着寿命不同但可比拟的多重超长寿命发光中心导致的[34]。

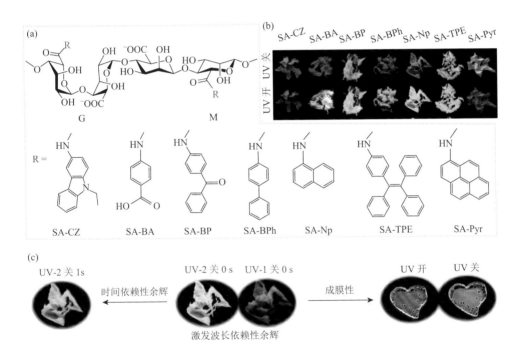

图 11-6　（a）典型生色团化学接枝的 SA 结构；（b）SA 基固体在紫外光激发下和停止激发后的照片；（c）SA-Np 粉末和薄膜在紫外光激发下和停止激发后不同时刻的发光照片

　　这些 SA 基材料表现出激发波长依赖性及时间依赖性多色余辉，可通过 CTE 机理合理解释：典型生色团在 SA 刚性网络作用下聚集，形成不同的簇发射中心；这些簇生色团由于电子离域程度不同而表现出不同的最佳激发波长和 p-RTP 寿命，因此总体呈现激发波长依赖性与时间依赖性 p-RTP 余辉[34]。上述 SA 基材料具有智能响应性多色余辉，有望应用于高级防伪加密领域。

为进一步简化制备方法，获得更可控的调节手段，进一步采用物理掺杂制备了一系列 SA 基 p-RTP 材料［图 11-7（a）］[35]。SA 高分子网络提供了刚性基质，使掺杂其中的离子化合物有效簇聚，并限制其振动与转动等非辐射跃迁，通过与化学接枝类似的作用机理实现高效 p-RTP 发射。随着离子化合物共轭长度的增加，相应 SA 基材料的余辉颜色可由深蓝色逐渐调节至红色［图 11-7（b）］。值得注意的是，掺杂膜也表现出时间依赖和激发波长依赖性余辉发射。这是由于化合物在 SA 基质中发生簇聚，进而形成多重具有不同最佳激发波长和磷光寿命的发射中心。同时，通过将两种最佳激发波长、磷光寿命和磷光发射波长差异较大的化合物进行共掺杂，所得材料具有更丰富的多色余辉发射及动态发光性质［图 11-7（b）］。其中，波长较短的紫外光更易激发具有较小共轭的化合物，而波长较长的紫外光则更易激发共轭程度较大的化合物，从而使 p-RTP 发射的有效调节范围增加。当两种化合物同时被紫外光有效激发后，其三重态激子寿命也存在差异，因此停止激发后材料余辉的时间依赖性也较单一组分更明显。此外，这些 SA 基 p-RTP 材料的薄膜还能与商业化有机荧光染料产生显著的能量转移，将掺杂剂三重态能量转移至荧光染料单重态，从而进一步实现余辉颜色的调节［图 11-7（b）］[35]。

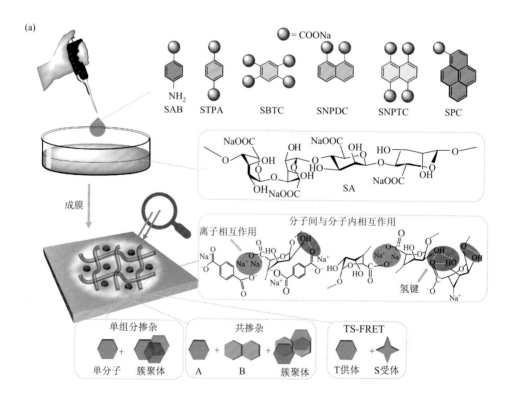

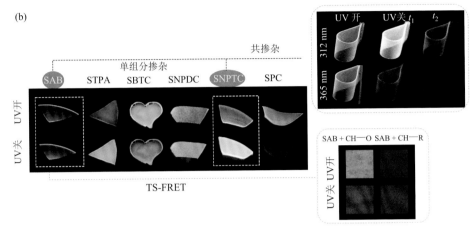

图 11-7　（a）物理掺杂制备 SA 基 p-RTP 材料示意图；（b）单组分、多组分掺杂 SA 基 p-RTP 材料及三重态-单重态能量转移体系的发光照片[35]

上述研究为进一步构筑聚合物基多功能发光材料，探索聚合物链结构、分子内与分子间相互作用（氢键、离子相互作用、疏水相互作用等）、聚集态结构、聚合物链和引入客体功能单元电子相互作用等因素与材料光物理性质的关系奠定了一定基础。

11.3.4　水发光之谜

水的结构一直是最具挑战性的科学问题之一，尽管一直扑朔迷离，但目前研究多认为其存在不同的簇聚体，或在限域空间内，水分子存在不同簇聚形式[36-41]。但水是否能发光一直存有争议。由于水分子是一种以氧为中心的富电子分子，依据 CTE 机理，水簇中氧原子间应可以形成氧簇，使簇生色团离域扩展，从而在足够构象刚硬化的条件下也可发光。对此，笔者课题组进行了相关的实验，图 11-8 给出了水在 77 K 时于不同激发波长下的发射现象[42]。需要指出的是，即便在 77 K，水的发光也非常微弱，但关灯后的余辉发射证实了水是可以发光的。特别地，在 312 nm 与 365 nm 紫外光激发下，其余辉颜色不同，这与其他非典型发光化合物低温磷光的激发波长依赖性相似，说明体系中多重簇聚体发射种的存在。

唐本忠院士团队在实验室也观察到了低温下水的发光现象，即将纯水冷冻至 77 K 观测到了蓝色荧光和绿色余辉[43]。值得注意的是，将不同状态的水用液氮淬冷至 77 K，笔者课题组在实验室观测到的发光现象不尽相同。例如，将水（室温）直接用液氮淬冷与将水先结冰再淬冷相比，后者得到的样品发光更明显，具有长达数秒的显著的长余辉发射。推测初始状态和动态冷却过程可能对水簇的形成和分子间相互作用产生重要影响，从而使其发光差异明显。水的发光进一步说明了

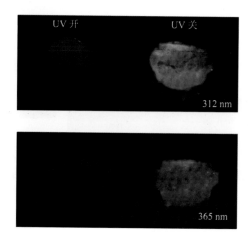

图 11-8 77 K 下，纯水在 312 nm 和 365 nm 紫外光照射或关闭下的照片[42]

CTE 机理的合理性，并对水结构的了解提供了新的信息。对 CTE 机理的深入理解与应用有助于研究者从一些看似不具有发光性质的分子中发现更多的发光体，并对其相关性质研究形成正向反馈。

11.3.5 自由基发光

对于有机发光体，目前的兴趣与重点主要集中在单重态和三重态发射上，由稳定自由基产生的双重态发光关注相对较少。如何利用三重态激子实现 100%的内量子效率（IQE）已成为 OLED 领域近 30 年来的研究热点和难点。而自由基发光材料在 OLED 的发光区中只形成双重态激子，且双重态激子没有跃迁过程中的自旋禁阻限制，器件理论 IQE 可达 100%，从而避开了长久以来的三重态激子利用问题。但有机自由基具有较高的反应活性，非常不稳定，很容易与电子重新结合，存在时间太短，孤立的稳定基团，尤其是空气中稳定的自由基仍然有限。此外，凝聚态下它们非常容易与其他物质进行电子转移或自旋交换，从而猝灭其发光，即存在聚集猝灭效应。

目前自由基发光的研究大多数结构限于典型生色团体系，例如，李峰教授团队于 2015 年首次将三苯基甲烷自由基衍生物应用于 OLED 发光层制得了红光器件，并证实器件的发光源于双重态激子，开辟了第四代 OLED——有机发光自由基 OLED 研究的新纪元[44]。随后的研究工作中，其团队不断改良自由基发光材料及器件结构，使器件效率不断提高，同时还证实了有机发光自由基 OLED 可实现100%双重态激子生成比例[45, 46]。池振国教授团队在对位取代的三甲基三苯胺晶体中意外地观察到了明显的可逆光诱导自由基发光现象[47]。然而由非典型生色团构建自由基发光化合物的尝试则相对更少。

2, 2, 6, 6-四甲基哌啶氧化物（TEMPO）由于可与荧光生色团分子进行电子交换，一直被认为是一种荧光猝灭剂。然而，笔者课题组在研究过程中发现，即便没有大的分子共轭，TEMPO 部分衍生物，如 4-羟基-TEMPO［HO-TEMPO，图 11-9（a）］在固态也能产生光发射，且其溶液展现出浓度依赖性发光［图 11-9（b）～（d）］[19]。这一现象可用 CTE 机理解释。单个自由基分子电子离域程度有限，其在稀溶液中难以受激发射，因此不发光。随着浓度的增加，HO-TEMPO 分子形成簇聚体，电子离域程度增加，构象刚硬化程度增强，发射波长逐渐红移，发光强度也逐渐增大。当浓度进一步增大时，其发射进一步红移，但自由基分子之间的强相互作用导致发光猝灭。

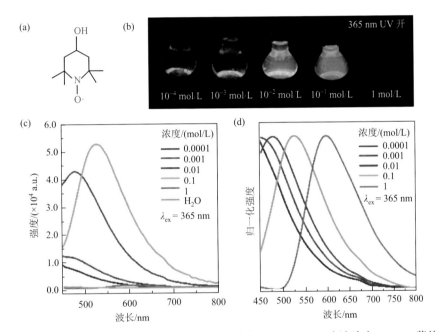

图 11-9　（a）HO-TEMPO 的结构式；（b）不同浓度 HO-TEMPO 水溶液在 365 nm 紫外光下的照片；不同浓度 HO-TEMPO 水溶液的发射光谱（c）及归一化后的发射光谱（d）

　　最近，唐本忠院士团队合成了一种基于 TEMPO 的自由基聚合物——PGTEMPO，该聚合物无芳香环等大的共轭结构，在 510～560 nm 光激发下却展现出明显的红光发射（图 11-10）[48]。这种长波发射可归因于 PGTEMPO 固体中形成的富电子团簇及分子间相互作用与链缠结导致的构象刚硬化。

　　上述结果说明了构建自由基类非典型发光化合物的可行性，这将促进更多非典型自由基发光化合物的相关研究与应用。同时，HO-TEMPO 的浓度依赖性光发射进一步说明了 CTE 机理的合理性。自由基类非典型发光化合物的发展也必将促进对发光机理的更深刻理解。

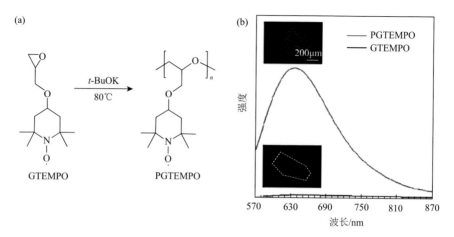

图 11-10 （a）PGTEMPO 自由基聚合物的合成路线；（b）PGTEMPO 及 GTEMPO 固体在 532 nm 光激发下的荧光光谱，插图为固体在 510～560 nm 光激发下拍摄的照片[48]

11.3.6 对探索细胞、组织自发光的启示

"自发荧光"（autofluorescence）是细胞或生物组织等吸收光子后自身通过辐射跃迁发射的光，即生物体系的内源性发光，用以区分源自人工荧光标记发光化合物的外源性发光。自发荧光会显著干扰外源性荧光染色结果的观察，从而限制了免疫荧光技术、生物影像等技术的应用。通常，人们将生物体系自发荧光归因于于芳香共轭结构的存在，如 NADPH、黄素（flavin）、色氨酸、酪氨酸及苯丙氨酸等[49]。

在前述章节已经提到，非芳香生物分子，包括氨基酸、多肽、聚肽、蛋白质都具有内源性发光，这些生物分子的发光对细胞和组织的发光具有哪些影响，目前仍需要进一步探索。但毫无疑问，在聚集态中，非芳香结构对生物体系的发光具有重要贡献。

此外，值得一提的是，天然蛋白质［如牛血清白蛋白（BSA）、人血清白蛋白（HSA）］在浓溶液和固态均呈现出可见光发射。特别是其固态发射具有激发波长依赖性荧光与 p-RTP 发射，这对进一步理解生物自发光现象具有启示意义[42]。特别地，蛋白质在固态的可见光发射也在一定程度上可以帮助我们回答为何正常市售奶粉在紫外光激发下会发光（妈妈们观察到此现象后可能会担心甚至恐慌），这正是其本质属性，而无关品质好坏。另外，奶粉等食品变质会造成其发光性质的改变，因此可通过发光监测技术手段来鉴别这些变化。

事实上，我们吃的大米、玉米、淀粉、水果、肉类等在一定条件下都能发光，尽管天然食品成分复杂，但非典型化合物的发光对理解这些体系的发光有所帮助。图 11-11 给出了笔者实验室拍摄到的水果在室内灯光及不同紫外光下的照片。可以看到,即便是在环境条件(25℃左右室温及空气环境)下,这些水果也能受激发射,且其发光呈现出一定的激发波长依赖性。结合非典型发光化合物领域的研究进展及 CTE 机理将有助于进一步阐明此类发光现象。

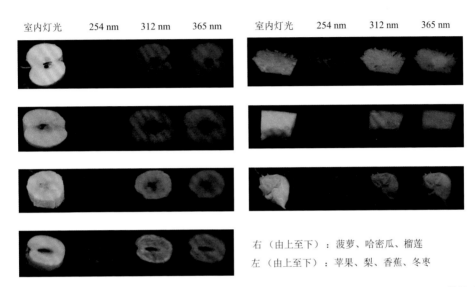

右（由上至下）：菠萝、哈密瓜、榴莲
左（由上至下）：苹果、梨、香蕉、冬枣

图 11-11 笔者课题组在实验室拍摄的常见水果于室内灯光及 **254 nm、312 nm、365 nm** 紫外光下的照片

11.4 总结与展望

11.4.1 磷光等三重态相关过程研究

目前,非典型发光化合物的研究主要集中于荧光,对磷光的研究相对较少。事实上,杂原子的孤对电子,C=O、卤素及其他重原子等基团的存在,均可促进 SOC 过程;此外,簇聚使能级下降且振动能级更为丰富,并使激发单重态、三重态能隙减小,从而有利于系间窜越。上述因素使三重态激子在非典型发光化合物体系较容易产生。因此,非典型发光化合物浓溶液在 77 K 通常可观测到激发波长依赖性磷光发射,而固体除低温磷光外,还较易产生 RTP 甚至 p-RTP[18, 19, 51, 52]。除磷光外,三重态激子还可能通过三重态-三重态湮灭(TTA)或通过反向系间窜越产生延迟荧光[20]。对这些三重态参与过程的关注,不仅有利于更深刻地理解其光物理过程及发光机理,更有利开拓非典型发光材料在新领域的应用。

11.4.2　刺激响应性智能发光材料

在自然界中，一些生物系统可灵敏地感知环境刺激并相应地改变其特性，如章鱼、蜥蜴的变色及含羞草的折叠等。受此启发，人们努力开发刺激响应性智能材料[53]。相应地，在发光材料领域，刺激响应性发光材料作为下一代智能材料在生物医学探针、信息存储、防伪、污染物的可视化及传感等领域具有重要应用，因此受到广泛关注[54-59]。刺激响应性发光材料是指在受到外部刺激（如力、热、光、pH、化学试剂、湿度、电磁场）而改变发光性质（颜色、强度）的一类智能材料。

和典型发光材料相比，非典型发光材料在刺激响应性发光方面有着巨大的发展空间。值得一提的是，由于簇生色团对环境的敏感性，非典型发光化合物在刺激响应性方面或较典型发光体系更灵敏。目前，热[60]、激发波长[20, 61, 62]、微环境溶剂[63]及机械刺激[64]敏感性非典型发光材料均已见诸报道，未来，此类材料的进一步发展与应用值得期待。

11.4.3　与晶体工程、聚合物合成、生物合成、超分子化学等的结合

非典型发光化合物的发展与晶体工程、聚合物设计与合成、生物分子设计与合成及超分子化学等领域密切相关。特别地，对于非典型发光化合物而言，分子内与分子间相互作用至关重要[19, 65]，如氢键、卤键、硫键、tetrel bond（富电子基团作为路易斯碱，与ⅣA族的原子间形成的弱相互作用）、$C=O\cdots C=O$、$O\cdots O$等的设计与利用，而这些也是晶体工程与超分子化学中不可或缺的重要驱动力[66, 67]。将非典型发光化合物研究与晶体工程及超分子化学结合，不仅有利于新功能材料的获得，也有利于获得发光机理相关的新信息[68]。

此外，依据CTE机理，新型非典型发光化合物的设计合成完全可行，但化合物/材料的制备的进一步发展则依赖于合成方法学的进步。目前，常用的自由基聚合、阴离子聚合、缩合聚合、点击化学（click chemistry）、第尔斯-阿尔德反应（Diels-Alder reaction，D-A反应）等已广泛应用于非典型发光材料的制备。而含非典型生色团化合物与聚合物的合成也正随着多元反应与多元聚合（如将 Ugi 四组分反应[69]及 Passerini 三组分反应[70]用于聚合物合成）及绿色化学的发展（如碳一化学将 CO_2、CS_2 等用于聚酯合成[5, 71]）而取得日新月异的进步。同时，生物分子（如聚类肽、聚肽、聚氨基酸）的合成新方法与结构控制也不断获得突破[72, 73]，这为非典型发光材料的制备、结构与光物理性质调控提供了新的机遇。

11.4.4 新应用的探索

非典型发光材料良好的生物相容性及其发光对外部环境的刺激响应性使其在生物成像、传感、数据存储与加密及光电器件等领域具有广阔的应用前景。第 9 章对非典型发光材料在探测分子运动转变、生物成像、防伪与加密等方面的应用进行了简单总结。这些应用尝试为进一步探索其在光电、生物与医疗等领域的应用奠定了基础。同时，也应看到这些材料的应用还亟待加强。

值得指出的是，许多非典型发光化合物本身或其同类材料已是广泛应用的通用材料或功能材料，如聚丙烯腈、尼龙、马来酸酐共聚物、聚氨基酸、蛋白质、天然产物、表面活性剂等。如何结合其特性和本征发光开展新应用，值得深入思考与探索。一方面，本征发光可作为新的手段表征材料的某些性质（如聚合物玻璃化转变温度的测定）；另一方面，或可作为探测分子运动与聚集的有力手段解决一些悬而未决的科学问题。例如，聚合诱导自组装（PISA）作为一种新的合成功能聚合物纳米材料的方法，引起了高分子科学家的广泛关注，但对 PISA 过程的理解和凝胶化行为的研究方法仍然有限。最近，基于 CTE 机理，邹纲教授等采用硫醇-烯的点击聚合和凝胶化，利用非典型发光化合物的簇聚诱导发光实现了聚合诱导凝胶过程的可视化（图 11-12）[74]。这一工作对监测和理解 PISA 过程具有重要意义。未来，诸如此类尝试必将更好地促进非典型发光材料的发展。

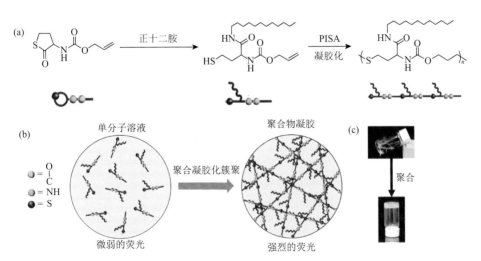

图 11-12　（a）聚硫醚的合成路线；（b）基于 CTE 机理可视化聚合诱导凝胶过程示意图；（c）单体（上）PISA 凝胶（下）过程[74]

11.4.5 大数据与人工智能时代的研究思考

目前，技术的不断发展已将我们置身于大数据与人工智能时代。"大数据"（big data）具有海量数据规模的信息资产，它通常超出了传统数据软件的处理能力，需要新的处理模式进行专业化处理。人工智能是一个包含众多研究领域的集合概念，其中机器学习，特别是基于神经网络算法架构的深度学习是其重要分支。时代的发展，技术的进步，促使科研工作者必须思考如何拥抱技术变化，通过改进科学研究范式，利用已有海量实验数据，融合人工智能，有效地获取和处理数据，通过机器学习等改进材料设计，并结合实验手段，以更好地促进科技的快速发展[75]。

当前，针对非典型发光化合物体系的理论计算还有待进一步完善。由于其激子过程的复杂性及激子对环境的敏感性，在典型发光化合物中可作近似处理的因素，在非典型发光化合物体系则不一定适用。但人工智能，特别是机器学习和神经网络算法的发展及计算机技术的进步，必将推动计算化学的进一步发展，从而为包括非典型发光化合物材料在内的相关理论研究提供新的机遇。例如，材料科学家采用数据驱动方法（data-driven methods）加速发现和发展发光材料，将其用于发现新化合物、预测光学性质及优化合成[76]。又如，Dral 和 Barbatti 等综述了如何利用机器学习来对分子中电子激发及其相关过程进行理论模拟[77]。机器学习为辅助分子激发态模拟开辟了许多新的途径，并帮助人们理解影响光物理过程的隐藏因素，从而更好地控制这些过程并获得光电应用材料设计的新规则。

总之，可以看到，在非典型发光化合物领域快速发展的同时，还存在一些亟待解决的问题，包括清晰的光物理过程及物理图像的绘制，机理的进一步深入理解，新的理论计算方法的建立，发光性能的调节与提高，新应用的开发等。因此，未来既要加强与数学、物理、人工智能等学科的融合，深化发光机理研究与模型建立，又要加强与生物、医学、工程等学科的交叉，开发材料在不同领域的新应用。对未来这一领域的发展，我们倍感乐观。我们期待非典型发光化合物领域有更多新现象的发现、更深刻机理过程的揭示、更新的具有独特性质的材料体系的创制及更好的新应用。我们坚信，未来多学科的共同努力，必能将这一领域的研究推向新的阶段。

（赵子豪　朱天文　侯武贝文　袁望章）

参 考 文 献

[1] Tang S X，Zhao Z H，Chen J Q，et al. Unprecedented and readily tunable photoluminescence from aliphatic quaternary ammonium salts. Angewandte Chemie International Edition，2022，61（16）：e202117368.

[2] Zhu T W，Yang T J，Zhang Q，et al. Clustering and halogen effects enabled red/near-infrared room temperature phosphorescence from aliphatic cyclic imides. Nature Communications，2022，13：2658.

[3] Guo L L，Yan L R，He Y Y，et al. Hyperbranched polyborate：a non-conjugated fluorescent polymer with unanticipated high quantum yield and multicolor emission. Angewandte Chemie International Edition，2022，61（29）：e202204383.

[4] Ji X，Tian W G，Jin K F，et al. Anionic polymerization of nonaromatic maleimide to achieve full-color nonconventional luminescence. Nature Communications，2022，13：3717.

[5] Chu B，Zhang H K，Chen K L，et al. Aliphatic polyesters with white-light clusteroluminescence. Journal of the American Chemical Society，2022，44：15286-15294.

[6] Yi M J，Qi P，Fan Q，et al. Ionic liquid crystals based on amino acids and gemini surfactants：tunable phase structure，circularly polarized luminescence and emission color. Journal of Materials Chemistry C，2022，10（5）：1645-1652.

[7] Xu L F，Meng Q Y，Zhang Z Q，et al. Chitosan-salicylide Schiff base with aggregation-induced emission property and its multiple applications. International Journal of Biological Macromolecules，2022，209：1124-1132.

[8] Lakowicz J R. Principles of Fluorescence Spectroscopy. Boston，MA：Springer US，2006.

[9] Mei J，Leung N L C，Kwok R T K，et al. Aggregation-induced emission：together we shine，united we soar! Chemical Reviews，2015，115（21）：11718-11940.

[10] Xu Y W，Xu P，Hu D H，et al. Recent progress in hot exciton materials for organic light-emitting diodes. Chemical Society Reviews，2021，50（2）：1030-1069.

[11] Ha J M，Hur S H，Pathak A，et al. Recent advances in organic luminescent materials with narrowband emission. NPG Asia Materials，2021，13：53.

[12] Wang Y，Wu H，Hu W P，et al. Color-tunable supramolecular luminescent materials. Advanced Materials，2022，34（22）：2105405.

[13] Fang M M，Yang J，Li Z. Light emission of organic luminogens：generation，mechanism and application. Progress in Materials Science，2022，25：100914.

[14] Shimizu M，Hiyama T. Organic fluorophores exhibiting highly efficient photoluminescence in the solid state. Chemistry：An Asian Journal，2010，5（7）：1516-1531.

[15] Gong Y Y，Tan Y Q，Mei J，et al. Room temperature phosphorescence from natural products：crystallization matters. Science China Chemistry，2013，56（9）：1178-1182.

[16] Zhou Q，Cao B Y，Zhu C X，et al. Clustering-triggered emission of nonconjugated polyacrylonitrile. Small，2016，12（47）：6586-6592.

[17] Chen X H，Luo W J，Ma H L，et al. Prevalent intrinsic emission from nonaromatic amino acids and poly(amino acids). Science China Chemistry，2018，61（3）：351-359.

[18] 陈晓红，王允中，张永明，等. 非典型发光化合物的簇聚诱导发光. 化学进展，2019，31（11）：1560-1575.

[19] Tang S X，Yang T J，Zhao Z H，et al. Nonconventional luminophores：characteristics，advancements and perspectives. Chemical Society Reviews，2021，50（22）：12616-12655.

[20] Wang Y Z, Tang S X, Wen Y T, et al. Nonconventional luminophores with unprecedented efficiencies and color-tunable afterglows. Materials Horizons, 2020, 7（8）: 2105-2112.

[21] Yan H X, Ali A, Blanc L, et al. Comprehensive phenotyping of erythropoiesis in human bone marrow: evaluation of normal and ineffective erythropoiesis. American Journal of Hematology, 2021, 96（9）: 1064-1076.

[22] Huang Q, Cheng J Q, Tang Y R, et al. Significantly red-shifted emissions of nonconventional AIE polymers containing zwitterionic components. Macromolecular Rapid Communications, 2021, 42（14）: 2100174.

[23] Deng J W, Jia H Y, Xie W D, et al. Nontraditional organic/polymeric luminogens with red-shifted fluorescence emissions. Macromolecular Chemistry and Physics, 2022, 223（5）: 2100425.

[24] Hestand N J, Spano F C. Expanded theory of H- and J-molecular aggregates: the effects of vibronic coupling and intermolecular charge transfer. Chemical Reviews, 2018, 118（15）: 7069-7163.

[25] Zhou J D, Zhang W Q, Jiang X F, et al. Magic-angle stacking and strong intermolecular π-π interaction in a perylene bisimide crystal: an approach for efficient near-infrared（NIR）emission and high electron mobility. Journal of Physical Chemistry Letters, 2018, 9（3）: 596-600.

[26] Xie Z Q, Yang B, Li F, et al. Cross dipole stacking in the crystal of distyrylbenzene derivative: the approach toward high solid-state luminescence efficiency. Journal of the American Chemical Society, 2005, 127（41）: 14152-14153.

[27] Chen X H, He Z H, Kausar F, et al. Aggregation-induced dual emission and unusual luminescence beyond excimer emission of poly(ethylene terephthalate). Macromolecules, 2018, 51（21）: 9035-9042.

[28] Du C, Chu H L, Xiao Z F, et al. Alternating vinylarene-carbon monoxide copolymers: simple and efficient nonconjugated luminescent macromolecules. Macromolecules, 2020, 53（21）: 9337-9344.

[29] Xu W J, Hu D F, Wang Z L, et al. Insight into the clustering-triggered emission and aggregation-induced emission exhibited by an adamantane-based molecular system. Journal of Physical Chemistry Letters, 2022, 13（23）: 5358-5364.

[30] Zhang H K, Zheng X Y, Xie N, et al. Why do simple molecules with "isolated" phenyl rings emit visible light? Journal of the American Chemical Society, 2017, 139（45）: 16264-16272.

[31] Zhang H K, Du L L, Wang L, et al. Visualization and manipulation of molecular motion in solid state through photo- induced clusteroluminescence. Journal of Physical Chemistry Letters, 2019, 10（22）: 7077-7085.

[32] Jing Y N, Li S S, Su M, et al. Barbier hyperbranching polymerization-induced emission toward facile fabrication of white light-emitting diode and light-harvesting film. Journal of the American Chemical Society, 2019, 141（42）: 16839-16848.

[33] Yang T J, Wang Y Z, Duan J X, et al. Time-dependent afterglow from a single component organic luminogen. Research, 2021, 2021: 9757460.

[34] Dou X Y, Zhu T W, Wang Z S, et al. Color-tunable, excitation-dependent, and time-dependent afterglows from pure organic amorphous polymers. Advanced Materials, 2020, 32（47）: 2004768.

[35] Wang Z S, Li A Z, Zhao Z H, et al. Accessing excitation- and time-responsive afterglows from aqueous processable amorphous polymer films through doping and energy transfer. Advanced Materials, 2022, 34: 2022182.

[36] Vaitheeswaran S, Yin H, Rasaiah J C, et al. Water clusters in nonpolar cavities. Proceedings of the National Academy of Sciences, 2004, 101（49）: 17002-17005.

[37] Richardson J O, Pérez C, Lobsiger S, et al. Concerted hydrogen-bond breaking by quantum tunneling in the water hexamer prism. Science, 2016, 351（6279）: 1310-1313.

[38] Keutsch F N, Cruzan J D, Saykally R J. The water trimer. Chemical Reviews, 2003, 103（7）: 2533-2578.

[39] Althorpe S C，Clary D C. Calculation of the intermolecular bound states for water dimer. Journal of Chemical Physics，1994，101（5）：3603-3609.

[40] Liu K，Brown M G，Carter C，et al. Characterization of a cage form of the water hexamer. Nature，1996，381（6582）：501-503.

[41] Bukowski R，Szalewicz K，Groenenboom G C，et al. Predictions of the properties of water from first principles. Science，2007，315（5816）：1249-1252.

[42] Wang Q，Dou X Y，Chen X H，et al. Reevaluating protein photoluminescence：remarkable visible luminescence upon concentration and insight into the emission mechanism. Angewandte Chemie International Edition，2019，58（36）：12667-12673.

[43] Zhang H K，Zhao Z，McGonigal P R，et al. Clusterization-triggered emission：uncommon luminescence from common materials. Materials Today，2020，32：275-292.

[44] Peng Q M，Obolda A，Zhang M，et al. Organic light-emitting diodes using a neutral π radical as emitter：the emission from a doublet. Angewandte Chemie International Edition，2015，54（24）：7091-7095.

[45] Ai X，Evans E W，Dong S Z，et al. Efficient radical-based light-emitting diodes with doublet emission. Nature，2018，563（7732）：536-540.

[46] Cui Z，Abdurahman A，Ai X，et al. Stable luminescent radicals and radical-based LEDs with doublet emission. CCS Chemistry，2020，2（4）：1129-1145.

[47] Mu Y X，Liu Y Y，Tian H Y，et al. Sensitive and repeatable photoinduced luminescent radicals from a simple organic crystal. Angewandte Chemie International Edition，2021，60（12）：6367-6371.

[48] Wang Z Y，Zou X H，Xie Y，et al. A nonconjugated radical polymer with stable red luminescence in solid state. Materials Horizons，2022，9（10）：2564-2571.

[49] Croce A C. Light and autofluorescence，multitasking features in living organisms. Photochem，2021，1（2）：67-124.

[50] Yang T J，Li Y X，Zhao Z H，et al. Clustering-triggered phosphorescence of nonconventional luminophores. Science China Chemistry，2023，66（2）：367-387.

[51] Dou X Y，Zhou Q，Chen X H，et al. Clustering-triggered emission and persistent room temperature phosphorescence of sodium alginate. Biomacromolecules，2018，19（6）：2014-2022.

[52] Wang Y Z，Zhao Z H，Yuan W Z. Intrinsic luminescence from nonaromatic biomolecules. ChemPlusChem，2020，85（5）：1065-1080.

[53] Theato P，Sumerlin B S，O'Reilly R K，et al. Stimuli responsive materials. Chemical Society Reviews，2013，42（17）：7055-7056.

[54] Zhang X，Chen L F，Lim K H，et al. The pathway to intelligence：using stimuli-responsive materials as building blocks for constructing smart and functional systems. Advanced Materials，2019，31（11）：1804540.

[55] Ito S，Gon M，Tanaka K，et al. Recent developments in stimuli-responsive luminescent polymers composed of boron compounds. Polymer Chemistry，2021，12（44）：6372-6380.

[56] Zong Z Z，Zhang Q，Qiu S H，et al. Dynamic timing control over multicolor molecular emission by temporal chemical locking. Angewandte Chemie International Edition，2022，134（13）：e202116414.

[57] Huang Z Z，Ma X. Tailoring tunable luminescence via supramolecular assembly strategies. Cell Reports Physical Science，2020，1（8）：100167.

[58] Yang J，Fang M M，Li Z. Stimulus-responsive room temperature phosphorescence materials：internal mechanism，design strategy，and potential application. Accounts of Materials Research，2021，2（8）：644-654.

[59] Gao R, Yan D P, Duan X. Layered double hydroxides-based smart luminescent materials and the tuning of their excited states. Cell Reports Physical Science, 2021, 2 (8): 100536.

[60] Zhou Q, Wang Z Y, Dou X Y, et al. Emission mechanism understanding and tunable persistent room temperature phosphorescence of amorphous nonaromatic polymers. Materials Chemistry Frontiers, 2019, 3 (2): 257-264.

[61] Zheng S Y, Zhu T W, Wang Y Z, et al. Accessing tunable afterglows from highly twisted nonaromatic organic AIEgens via effective through-space conjugation. Angewandte Chemie International Edition, 2020, 59 (25): 10018-10022.

[62] Lai Y Y, Zhu T W, Geng T, et al. Effective internal and external modulation of nontraditional intrinsic luminescence. Small, 2020, 16 (49): 2005035.

[63] 来悦颖, 赵子豪, 郑书源, 等. 具有同质多晶依赖性发射的非芳香性发光化合物. 化学学报, 2021, 79 (1): 93-99.

[64] Chen X X, Zhong Q Y, Cui C H, et al. Extremely tough, puncture-resistant, transparent, and photoluminescent polyurethane elastomers for crack self-diagnose and healing tracking. ACS Applied Materials & Interfaces, 2020, 12 (27): 30847-30855.

[65] Liao P L, Huang J B, Yan Y, et al. Clusterization-triggered emission (CTE): one for all, all for one. Materials Chemistry Frontiers, 2021, 5 (18): 6693-6717.

[66] Nangia A K, Desiraju G R. Crystal engineering: an outlook for the future. Angewandte Chemie International Edition, 2019, 58 (13): 4100-4107.

[67] Lehn J M. Supramolecular chemistry: where from? Where to? Chemical Society Reviews, 2017, 46 (9): 2378-2379.

[68] Liao P L, Zang S H, Wu T Y, et al. Generating circularly polarized luminescence from clusterization-triggered emission using solid phase molecular self-assembly. Nature Communications, 2021, 12: 5496.

[69] Sehlinger A, Meier M A R. Passerini and Ugi multicomponent reactions in polymer science. Multi-component and sequential reactions in polymer synthesis, 2014: 61-86.

[70] Kan X W, Deng X X, Du F S, et al. Concurrent oxidation of alcohols and the Passerini three-component polymerization for the synthesis of functional poly(ester amide)s. Macromolecular Chemistry and Physics, 2014, 215 (22): 2221-2228.

[71] Yang G W, Zhang Y Y, Wu G P. Modular organoboron catalysts enable transformations with unprecedented reactivity. Accounts Chemical Research, 2021, 54 (23): 4434-4448.

[72] Li M S, Zhang S, Zhang X Y, et al. Unimolecular anion-binding catalysts for selective ring-opening polymerization of O-carboxyanhydrides. Angewandte Chemie International Edition, 2021, 60 (11): 6003-6012.

[73] Tian Z Y, Zhang Z C, Wang S, et al. A moisture-tolerant route to unprotected α/β-amino acid N-carboxyanhydrides and facile synthesis of hyperbranched polypeptides. Nature Communications, 2021, 12: 5810.

[74] Zhao L Y, Tian Y, Wang X N, et al. A polymerization-induced gelation process visualized by nontraditional clustering- triggered emission. Polymer Chemistry, 2022, 13 (15): 2195-2200.

[75] Zhuo Y, Brgoch J. Opportunities for next-generation luminescent materials through artificial intelligence. Journal of Physical Chemistry Letters, 2021, 12 (2): 764-772.

[76] Wang A Y T, Murdock R J, Kauwe S K, et al. Machine learning for materials scientists: an introductory guide toward best practices. Chemistry of Materials, 2020, 32 (12): 4954-4965.

[77] Dral P O, Barbatti M. Molecular excited states through a machine learning lens. Nature Reviews Chemistry, 2021, 5 (6): 388-405.

关键词索引